国家出版基金项目
NATIONAL PUBLICATION FOUNDATION

“十四五”时期国家重点出版物出版专项规划项目

新一代人工智能理论、技术及应用丛书

因素空间理论
——统一智能理论的数学基础

汪培庄　曾繁慧　著

科学出版社

北　京

内 容 简 介

因素空间是信息、智能和数据科学的数学基础理论。本书将介绍因素空间如何将智能生成的统一机制落实到各行各业，开展全民智能孵化的洛神工程。

本书主要内容包括：介绍因素的范式特质和智能孵化洛神工程的内容；介绍因素空间对智能生成机制的落实细则；介绍因素显隐的理论，将现有人工智能数学算法归结到回归和优化两大方面，突出支持向量机与因素空间对支持向量机的改进，并介绍作者在线性规划方面的独特贡献；强调智能的核心是因果分析，支持珀尔的因果革命论，并对其中的瑕疵进行改进；作为智能孵化的一个应用，介绍循证因素工程。

本书可供从事人工智能和数据科学研究的科研人员和工程技术人员参考，也可供相关专业高年级本科生和研究生阅读。

图书在版编目（CIP）数据

因素空间理论 : 统一智能理论的数学基础 / 汪培庄，曾繁慧著. -- 北京 : 科学出版社，2024. 8. -- （新一代人工智能理论、技术及应用丛书）. -- ISBN 978-7-03-079295-2

Ⅰ. TP18

中国国家版本馆 CIP 数据核字第 20242QQ451 号

责任编辑：张艳芬　李　娜 / 责任校对：崔向琳
责任印制：师艳茹 / 封面设计：无极书装

科学出版社 出版
北京东黄城根北街 16 号
邮政编码：100717
http://www.sciencep.com
北京建宏印刷有限公司印刷
科学出版社发行　各地新华书店经销
*
2024 年 8 月第　一　版　开本：720 × 1000　1/16
2024 年 8 月第一次印刷　印张：18 1/2
字数：370 000

定价：150.00 元

“新一代人工智能理论、技术及应用丛书”编委会

“新一代人工智能理论、技术及应用丛书”序

科学技术发展的历史就是一部不断模拟和扩展人类能力的历史。按照人类能力复杂的程度和科技发展成熟的程度，科学技术最早聚焦于模拟和扩展人类的体质能力，这就是从古代就启动的材料科学技术。在此基础上，模拟和扩展人类的体力能力是近代才蓬勃兴起的能量科学技术。有了上述的成就做基础，科学技术便进展到模拟和扩展人类的智力能力。这便是20世纪中叶迅速崛起的现代信息科学技术，包括它的高端产物——智能科学技术。

人工智能，是以自然智能(特别是人类智能)为原型、以扩展人类的智能为目的、以相关的现代科学技术为手段而发展起来的一门科学技术。这是有史以来科学技术最高级、最复杂、最精彩、最有意义的篇章。人工智能对于人类进步和人类社会发展的重要性，已是不言而喻。

有鉴于此，世界各主要国家都高度重视人工智能的发展，纷纷把发展人工智能作为战略国策。越来越多的国家也在陆续跟进。可以预料，人工智能的发展和应用必将成为推动世界发展和改变世界面貌的世纪大潮。

我国的人工智能研究与应用，已经获得可喜的发展与长足的进步：涌现了一批具有世界水平的理论研究成果，造就了一批朝气蓬勃的龙头企业，培育了大批富有创新意识和创新能力的人才，实现了越来越多的实际应用，为公众提供了越来越好、越来越多的人工智能惠益。我国的人工智能事业正在开足马力，向世界强国的目标努力奋进。

“新一代人工智能理论、技术及应用丛书”是科学出版社在长期跟踪我国科技发展前沿、广泛征求专家意见的基础上，经过长期考察、反复论证后组织出版的。人工智能是众多学科交叉互促的结晶，因此丛书高度重视与人工智能紧密交叉的相关学科的优秀研究成果，包括脑神经科学、认知科学、信息科学、逻辑科学、数学、人文科学、人类学、社会学和相关哲学等研究成果。特别鼓励创造性的研究成果，着重出版我国的人工智能创新著作，同时介绍一些优秀的国外人工智能成果。

尤其值得注意的是，我们所处的时代是工业时代向信息时代转变的时代，也是传统科学向信息科学转变的时代，是传统科学的科学观和方法论向信息科学的科学观和方法论转变的时代。因此，丛书将以极大的热情期待与欢迎具有开创性的跨越时代的科学研究成果。

“新一代人工智能理论、技术及应用丛书”是一个开放的出版平台，将长期为我国人工智能的发展提供交流平台和出版服务。我们相信，这个正在朝着“两个一百年”目标奋力前进的英雄时代，必将是一个人才辈出百业繁荣的时代。

希望这套丛书的出版，能为我国一代又一代科技工作者不断为人工智能的发展做出引领性的积极贡献带来一些启迪和帮助。

李衍达

前　言

西方至今还没有建立一个能指导和牵引人工智能实践发展的统一智能理论，出现理论远远落后于实践的被动局面。人工智能虽然取得了一些成果，但其生智的水平仍然远低于人脑。其根本原因在于西方学者沿用约 300 年物质科学的旧研究范式来研究新的信息科学。要发展人工智能，必须首先进行信息科学的范式变革，这正是钟义信教授和何华灿教授多年来一直探寻的重大问题。信息是物质的映象，但同一事物有不同的映象，映象的拍摄者称为认识主体。信息学科与物质学科的分水岭就在于有无认识主体的参与。认识主体(人或 Agent)有自己的目的性，一切形式信息都要因其对目标的效用而被取舍，进而提取形式与效用相匹配的信息，生成语义而形成概念，这就是概念的生成机制。类似地，有知识的生成机制和策略的生成机制，这就是对任何知识领域都行之有效的统一智能理论，可对所有知识领域进行孵化。我国将开展一个自上而下的智能化的洛神工程，为数字化中国增添色彩和力量。统一的智能生成机制需要逻辑和数学两方面的协作，两方面都需要进行范式变革。本书就是一本有关统一智能生成机制的数学理论。

1982 年，一个新的元词“属性”(attribute)同时在两个数学学派中出现：一是德国数学家 Wille 所提出的形式概念分析；二是波兰数学家 Pawlak 所提出的粗糙集，二者共同引领着关系数据库知识挖掘的前沿领域。但是，“属性”并不是信息学科与物质学科的分水岭。同年，汪培庄创立了因素空间理论，另行提出了“因素”(factor)这一元词。智能生成的核心是认识主体对事物的注意和由此产生的对信息的选择，因素就是认识主体的视角。一个因素统领着一串属性值，例如，“颜色”这一因素统领着“红”“橙”……“紫”等一串属性。因素是比属性更深层次的东西，具有更高的视角，离开了因素，属性就像断线的珍珠散落满地。人脑是高效率的信息处理器，人的感觉神经细胞是按因素分区、分片、分层来组织的。孟德尔深感生物属性的繁杂，提出了“基因”的概念，每个基因统领一串生物属性，他最初给基因命名为 Factor，就是因素，后来才被人们狭义化为 Gene。因此，因素就是广义的基因，基因打开了生命科学的大门，因素将打开信息和智能科学的大门。整个宇宙运动就是两个字：因果。因素是因果分析的要素，是智能数学所要增加的元词。

洛神工程强调，智能孵化的演化与归宿都要落实到库，但这不是普通的数据库，而是生智的作战库，称为洛神天库。洛神天库有明确的数学定义，在数学上它就是一个因素谱系，谱系上的蓓蕾就是因素空间，因素空间是智能孵化的战术作战库，因素谱系是战役联络图，指挥全局。统一机制理论与洛神天库两者的虚实结合是智能孵化成功的基本保证。

本书由曾繁慧教授统稿；刘晓同、孙慧、王莹、张凯杰、林凯乐、胡光闪、毕晓昱、刘亚茹、王天媛、蒲凌杰、万润君等研究生参与辅助工作；王莹、孙慧、王豫欣、张鹏雪、王金鹏和姚同等研究生和本科生负责全书校对和图表制作及投稿事务。书中借鉴和引用了姜斌祥、郑宏杰、孟祥福、包研科、帅艳民、李洪兴、欧阳合、李兴森、吕浩中、鲁晨光、郭嗣琮、冯嘉礼、刘海涛、崔铁军、曲国华等教授，以及吕金辉、蒲凌杰、万润君、刘晓同、薛珊珊、许雪燕、孙慧、王莹等研究生的研究成果，在此一并表示感谢。

因素空间的研究得到中山大学军队委托基金(300221225)的特别资助，本书的出版也是对基金支持的汇报和答谢。

感谢郭桂蓉院士、李衍达院士、石勇教授、陈曾平教授、何静教授、张小红教授、张欣阳博士、余鲲总工、曹炳元教授、翟刚总工的帮助；感谢辽宁工程技术大学和北京师范大学领导、教师和同学的支持，感谢人工智能学术界钟义信教授、何华灿教授、史忠植教授、韩力群教授、邬焜教授、周延泉副教授和陈志成博士的帮助。

由于作者水平有限，书中难免存在不妥之处，恳请读者批评指正。

汪培庄　曾繁慧

2023 年 10 月

目　　录

第 1 章　因素表达的知识图谱

本章首先介绍因素的范式特性及因素空间的定义，其次从因素的视角提出因素谱系及因素空间藤，最后给出知识本体的 DNA——因素编码及其应用原则。

1.1　因素与信息科学的范式变革

1.1.1　信息科学的范式变革

随着信息革命的到来，智能科学和数据科学应运而生，智能网络时代使人类面临重大的机遇和挑战(石勇，2014)。西方学者用局部分割的科学观和机械还原的方法论，曾经在物质科学研究中取得过辉煌的成就，但在后来的生命科学中遇到了挑战。人体不能像机器那样分割还原，人是一个整体，它的精、气、神是解剖不到的。中医的阴阳平衡、经络调理体现了整体的科学观，望闻问切、因果权配体现了辩证方法论，显示了一种范式优势。这种优势正是信息科学特别需要的，钟义信(2021)和何华灿(2018)提出了在信息科学中要进行范式变革的主张，要用整体科学观和辩证方法论来指导信息科学研究，推动人工智能的发展，正确地反映了时代要求。

信息是物质与精神相结合的产物，它是物质在人脑中的反映。这种反映不同于镜像，同一事物在人脑中可以产生不同的映像。视角选择体现了认识主体对信息提取的目的性和主动性。机制主义人工智能理论强调：一切智能活动都是有目的的活动，客体的形式信息数不胜数，认识主体要根据目标考察形式信息的效用，删除与目标无关的信息，过滤出少数有用的形式、效用与目标相结合的语义信息，转化为知识。又从简单知识中提取形式、效用与目标相结合的高级知识，从简单策略中提取形式、效用与目标相结合的高级策略，这就是智能生成的统一机制。当前人工智能的发展，应当将这种普适性的机制孵化到各行各业，形成一种全民的工程，这将是信息科学范式变革所要产生的实践效应。

1.1.2　范式变革的元词

每次重大的科技革命都要伴随着一门新数学的诞生，微积分催生了工业革命，微积分是工业革命的数学象征。信息革命时代是比工业革命时代更加伟大的时代，它的数学符号是什么?

“数”与“形”是数学最早的两个元词，分别得出代数与几何。工业革命在两个元词前面都加上一个变字，得到“变数”和“变形”，再与笛卡儿坐标结合就出现了微积分，智能科学需要数学再增加新的元词。

德国数学家 Wille(1982)提出了形式概念分析，波兰数学家 Pawlak(1991)提出了粗糙集，“属性”(attribute)一词同时在两个数学学派中出现。汪培庄(1982)创立了因素空间理论，提出了“因素”(factor)一词。但是，Wille(1982)和 Pawlak(1991)提出的“属性”并不是区分物质科学与信息科学的关键词，而且他们对“属性”的字义还存在分歧：Wille(1982)所说的“属性”是指属性值，如“红”“橙”“黄”“绿”“蓝”“靛”“紫”；Pawlak(1991)所说的“属性”是指属性名，如“颜色”。属性值与属性名有不同的地位和作用，不能混淆。因素空间理论则说明一个因素串联出一串属性值，例如，“颜色”这一因素就串联着“红”“橙”“黄”“绿”“蓝”“靛”“紫”这一串属性。因素要统帅属性，比属性的层次更深，具有更高的视角。因素就是信息范式变革在数学中的启动点，是智能科学要求数学所增加的元词。以因素为元词的数学称为因素空间，它的历史使命就是为智能生成机制的落地开花和各行各业的智能孵化提供对口的数学工具。

1.1.3 因素的知识表示

1) 因素的知元表达式

人脑面对事物的第一反应就是要回答“这是什么？”。神经中枢把对象信息传递到记忆单元，查找该对象的存储位置，或者建立新档，或者用旧档进行对比判断，迅速做出应答。这是最基本的思维活动环节，它应该有一个基本的数学表达形式。因素的知元表达式是什么?

以前，因素的知元表达式是 e is p，其中，e 是对象或实体(包括物和事)，p 是对象 e 的信息。现在，按照钟义信(1988)的观点，这种表达方式混淆了信息与对象的界限，没有突出认识主体的目的性。在对象和信息之间不能画等号，从对象到信息，必须通过人脑有目的的视角映射，因素在数学上被定义成这种映射。

定义 1.1 因素是一个映射 $f: D\to I(f)$，其中，D 称为 f 的定义域或论域，$I(f)$ 称为 f 的相域或信息域。

例如，因素 f=颜色，D=楼前停的 5 辆车=$\{d_1,d_2,d_3,d_4,d_5\}$，$I(f)$= {红,白,黑}。f 是把车变为车颜色的映射，如 $f(d_1)$=红，$f(d_2)$=白，$f(d_3)$=红，$f(d_4)$=黑，$f(d_5)$=白。

因素也称为属性映射(冯嘉礼，1990)，更一般地说，因素是把对象变为信息的映射，信息是物质在因素映射之下的相。只有通过因素才能用数学对信息

进行描述，因此本书把对象 e 改为它在因素 f 之下的相 $f(e)$，得到因素的知元表达式为

$$f(e)=p \tag{1.1}$$

例如，e 代表所停的某辆车，f 代表颜色，p 代表红，式(1.1)的含义是：这辆车的颜色是红的。

知元表达式在感知的源头上引入了一个新的数学符号，即因素。

2) 因素的哲理

因素是认识的基元。中国古人首先抓的是普适因素，例如，阴阳就是一个普适因素，它把任何事物都分为阴阳二相，不是硬分而是辩证地分，根据环境和上下文区分。因素的精髓早已蕴含在辩证法的哲理之中。因素就是矛盾，找主要因素就是抓主要矛盾。

大道至简，再复杂的事情放在因素的面前进行思考，都会显示出清楚的脉络。再复杂的系统放在因素谱系之下进行梳理，都会呈现出一个清晰的概念体系(即知识本体)，再难处理的事务通过因素之间的主次分析都可以快捷地做出反应，再繁难的数学计算利用因素空间的方法都可以用相对简洁的算法进行有效处理。人们要应用因素空间，首先自己要学会用因素进行思考，在应用中永远都要问一问：这是否遵循了大道至简的原理?

3) 因素是因果分析的要素

人的智力发展不是来自条件反射，动物都有条件反射，却没有人的智力。人脑具有因果分析的能力，因素是因果分析的要素。机器智能的本质是靠人把因果分析的机理变为程序移植到机器上，程序依靠循环和代入等手段，使机器自动获得结果。但是，机器可以自动推理、自动答问、调理人的情绪，却永远无法自动选择视角，无法像人一样产生因素。因素要靠人来输入，人给机器输入多少因素，机器就会有多少智能。

因素非因，乃因之素。雨量充沛是取得好收成的原因，却不是因素，这里的因素是降雨量。它是一个变量，其变化可以使农作物丰收，也可以使农作物颗粒无收，显示了它对收成有重要影响，这才使人断定雨量充沛是取得好收成的原因。因果分析的核心思想不是从属性或状态层面孤立、静止地去寻找原因，而是先从更深层面去寻找对结果影响最大的因素，只有找到了这组因素，才能找到最佳的原因。从找原因到找因素是人脑认识的一种升华，也是因果性科学的思想核心。

4) 因素是广义的变量

因素之所以是因果分析的要素，是因为它具有可变性。因素的相域是一串属性、效用或欲望词汇，相域 $I(f)$ 不是相的随机凑合，颜色的相域只能包括

“红”“黄”“蓝”等颜色而不能混入“圆”“大”等词汇，相域必须是人脑许可的一个整齐阵列；这种许可出自人脑的自然判断；这种判断是学龄前儿童都能显示出来的一种本能；这种本能是把一个阵列变成具有可比性的一组相，而所比的内容就是因素。因此，提取因素是人脑的一种本能，当然，这种本能是可以通过训练不断提高的。聪明和智慧就出自人对因素的把握和历练。

因素是变相，它在自己的相域中取值变化。因素是广义的变量。传统数学中的变量和函数都符合因素的定义，都是因素；概率论与数理统计中的随机变量和样本也都符合因素的定义，也都是因素。

因素可以把定性的相域嵌入欧氏空间的定量相域中，转化为普通的变量，前提是要把相域按一定目标有序化，例如，职业相域={工人，农民，士兵，企业主，雇员，教师，医生，律师，官员……}，这些职业之间没有次序，但是在高考考生报考志愿时就要对未来的职业进行排序，看工资待遇是一种排法，看社会需要是另一种排法，看兴趣爱好是一种排法，看综合加权又是另一种排法。当$I(f)$变成了全序集合或者偏序集合时，定性相域就可以嵌入一个实数区间或多维超矩形中。这个实数区间可以选择为$[0,1]$或者$[0,1]^n$，这时，所有相都是对目标的某种满足度，而满足度又可以转化为某种逻辑真值，这是因素空间为泛逻辑理论的施展而搭建的平台。

嵌入实数区间的相域是离散的，可取二值相域$I(f)=\{0,1\}$，或三值相域$I(f)=\{1,2,3\}$或$\{-1,0,1\}$，当然，也可以分成更多的等级。离散值相域称为格子架或托架。

因素有以下几种特殊的表示方法：

(1) 两极表示方法，如“美丑”；

(2) 后面加问号，如“美丽？”；

(3) 前面加“有无”或“是否”，如“是否美丽”；

(4) 后面加“性”字，如“美丽性”。

既然因素是广义的变量，那么传统数学中的精华都可以移植到因素空间的理论中来。

5) 因素与属性的区别

因素与属性不能混淆。属性能问是非，如“这花是紫的吗？”，因素不能问是非，如“这花是颜色吗？”。属性是被动描述的静态词；因素是主动牵引思想的动态词。这种区别不是绝对的，而是相对的，在一个语境中的相词在另一个语境中可以转化为一个因素词，或者相反，例如，以“评价标准”作为考察一件衣服的因素f，$I(f)$={颜色，式样，价格}，这里的“颜色”“式样”“价格”都是不变的相值，它们的含义是评价标准的一个候选项。但是，其中的某个相一旦被选中，它就变成了一个派生的评价因素，例如，对商品的价格进行细化，“价格”就变成因素而具有相域 I(价格)={便宜,适度,昂贵}。既然同一个词有不同的含义，那么就要随时区分该词究竟是因素还是相。当有迷惑时，就把相域写出来。给定了相域，才能真正认识一个因素。

1.2　因素空间的定义

给定一组定义在论域 D 上的简单因素集 $°F=\{°f_1,°f_2,\cdots,°f_n\}$，幂 $F=P(\underline{F})$ 是由简单因素组成的一切子集的集合，任意子集 $\{f_{(1)},f_{(2)},\cdots,f_{(k)}\}\subseteq F$ 都是定义在 D 上的一个复杂因素，它们构成了一个因素空间。

定义 1.2　称 $°\phi=(D,°F)=(D,°f_1,°f_2,\cdots,°f_m)$ 为 D 上的一个元因素空间，如果对于任意 $\{°f_{(1)},°f_{(2)},\cdots,°f_{(k)}\}\subseteq F(0\leqslant k\leqslant m)$，都有

$$I(\{°f_{(1)},°f_{(2)},\cdots,°f_{(k)}\})=I(°f_{(1)})\times I(°f_{(2)})\times\cdots\times I(°f_{(k)}) \tag{1.2}$$

那么称 $°f_1,°f_2,\cdots,°f_m$ 为元因素或简单因素；如果 $f_1, f_2,\cdots, f_n(n\leqslant 2^m)$都是由元因素构成的集合，那么称 $\phi=(D,f_1,f_2,\cdots,f_n)$ 为 $°\phi$ 因素空间。若 $f_i=\{°f_{(1)},°f_{(2)},\cdots,°f_{(k)}\}$ 且 $k>1$，则称 f_i 是由 $\{°f_{(1)},°f_{(2)},\cdots,°f_{(k)}\}$ 合成的复杂因素；当 $k=1$ 时，视 $\{f_{(1)}\}=f_{(1)}$，当 $k=m$ 时，记 $1=\{f_1, f_2,\cdots, f_m\}$，称为全因素；当 $k=0$ 时，记 0 有单点相域 $I(0)=\varnothing$，称为零因素。

式(1.2)表明元因素之间是不相关的，当然这在现实中只是一种近似，如“色”“香”“味”是三个元因素，但它们之间不一定就是不相关的，也可能会分离出更加元质的因素。

式(1.2)只能被元因素满足而不能被复杂因素满足，若两个复杂因素包含相同的简单因素，则它们一定相关，式(1.2)就不再成立。定义中提到了因素的合成，其含义将在后面进行解释。

这个定义对原本的因素空间定义进行了一点修改(汪培庄等，1994)，把元因素空间 $°\phi$ 与合成因素空间 ϕ 进行了两步叙述。简单起见，本书以后直接提出合成因素空间 $\phi=(D,f_1,f_2,\cdots,f_n)$，而不处处强调它对元因素空间 $°\phi$ 的依赖。当 $n=2^m$ 时，$\{f_1,f_2,\cdots,f_n\}=F$，$\phi=(D,F)$，此时的因素个数会呈指数增加，而其中的大部分都与问题求解无关，因此不强调所有的复杂因素。

$I=I(f_1)\times I(f_2)\times\cdots\times I(f_n)$ 称为全因素的信息空间。每个因素的相域是一个坐标轴，I 就是由多个坐标轴张成的坐标架。张三可以通过年龄、身高、体重、爱好等因素被描述为信息空间中的一个点，如图 1.1 所示，任何事物都可以经过一组(元或非元)因素而被映射成信息空间中的一个点，因素空间便成为事物描述的普适性框架，它是笛卡儿坐标的推广。

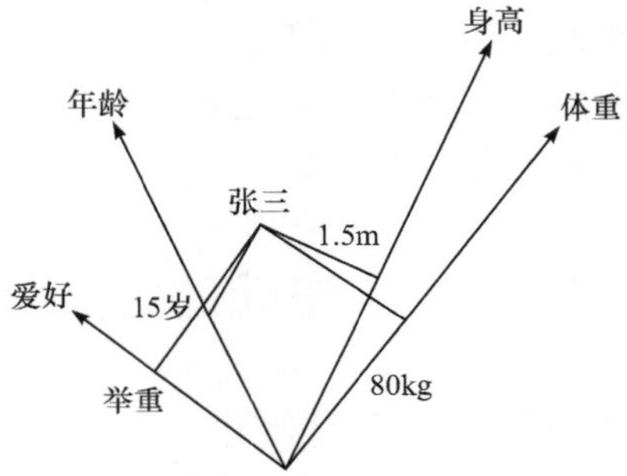

图 1.1　张三被描述成信息空间中的一个点

笛卡儿坐标的维数是固定的，因素空间的维数是变化的。将 F 视为足码集，因素 $f\in F$ 是足码，相空间 $I(f)$ 随着足码的变化而从高维突降到低维或从低维突升到高维，运用起来十分灵活。

因素空间是物理空间的推广，所有的物理空间都是因素空间。

例 1.1　设 x_1= “上下”、x_2= “左右”、x_3= “前后”。把 x_1、x_2、x_3 视为 3 个元因素，F 共有 8 个合成因素。记 $x_4=x_2\cup x_3$、$x_5=x_1\cup x_3$、$x_6=x_1\cup x_2$、$x_7=x_1\cup x_2\cup x_3$，变量 x_0 对应于零因素 0。这 8 个合成因素构成幂 2^F，形成一个布尔代数 $F=(F,\cup,\cap,^c)$。把变量名称 f 看作变动的参数，$I(f)$ 就是一个变维空间。

按照因素空间的思想，向量空间的基底可理解为视角，基底的并造成视觉维度的增加，因素从简单变为复杂，从分析走向综合，所观察的对象从抽象走向具体；基底的交造成视觉维度的减少，因素从复杂变为简单，从综合走向分析，所观察的对象从具体走向抽象。例毕。

值得指出的是，人工智能中所提到的状态空间不是数学上的空间而是一个变量体系。但是，其中的每个变量都是一个因素，都有一个相域，这些相域的笛卡儿乘积空间就是一个因素空间。因此，状态空间就是因素空间，因素空间是状态空间的提升，是知识表示的平台。

1.3　知识图谱简评

人出生时的脑结构都一样，但后来却千差万别，这是因为人脑在处理信息的过程中塑造了自己。人脑是人进行智能决策的中心，指挥着人改造客观世界；但在所有外向行为目标的背后，隐藏着同一个内向性的目标：塑造自己的脑结构——知识库。一个好的决策中心必须有好的知识库，两者相辅相成。

统一智能理论特别强调智能发展的目标与归宿问题。离开了语义数据库，人工智能就成了无源之水、无本之木。语义数据库是人工智能所要塑造的目标与归宿。关系数据库孕育了数据挖掘的一些智能算法。可惜的是，关系数据库对数据的语义性没有做出正确的全信息解释，不能正确地描述智能的生成机制，它是被动的数据存储查询器而不是主动生智的作战部。

1.3.1　知识图谱的数学定义

人工智能的主战场是要在范式变革的需求下开展智能生成机制的孵化工程，钟义信(2021)等称其为洛神工程，这一科技变革所要塑造的目标，就可以称为洛神天库。其数学定义见第 2 章。

关于人工智能的内在目标与归宿问题在西方已得到广泛关注，相关学者提出的 agent 与本书所说的洛神天库有一定的关系，但没有具体的内涵，不容易比较。然而，近年来西方所提的知识图谱有具体的内涵，与本书所说的洛神天库类似，但因范式不同，不能苟同。为了进行比较，本章从知识图谱说起。知识图谱的数学定义如下：

定义 1.3　知识图谱是一个有向图$(E; F)$，其中，E 是节点集，F 是有向边的集合；F 是从 E 到 E 的一个二元关系，即对任意一个 $f\in F$，都有$(e,e')\in E\times E$，使 e、e'是 f 所连接的两个节点，每个节点和边都有固定的名称。

本节再给出知识图谱一个更广的定义。

定义 1.4　知识图谱(汪培庄，2021)是一个有向图$(E,E'; F)$，其中，E、E'分别是前节点集和后节点集，F 是有向边的集合；F 是从 E 到 E'的一个二元关系，即对任意一个 $f\in F$，都有 $e\in E$ 和 $e'\in E'$，使 e 和 e'分别为 f 的前节点和后节点，每个前后节点和边都有固定的名称。

当 $E=E'$时，定义 1.4 就变成了定义 1.3，定义 1.4 概括了定义 1.3。

知识表示的每一种方法都要表达事实，无论存在何种差异，都要在语言上符合主、谓、宾的表达形式，把主语和宾语视为前后节点，把谓语视为有向边，每种知识表示都可以表示成一种知识图谱，因此知识图谱是知识表示的一种普遍形式，这对于本书所要构建的知识库而言也不例外。

1.3.2　知识图谱的贡献

SPARQL(simple protocol and RDF query language)建立的初心是为了打破网站的垄断，在网站上建立去中心化的透明数据库。这一点是具有历史意义的，它为区块链的发展做出了重要铺垫。但在西方，SPARQL 被误导到一些错误方向，给智能伦理带来了巨大的伤害。

知识图谱的实际成效在于自然语言理解。文本数据是人类知识的储藏品，是智能含金量最高的东西。人工智能本应先把文本信息从图书、文件、信函中转移给机器，然后让机器模拟人脑来认识和改造世界。但事实恰好相反，文本数据的处理比非文本数据要困难得多。直到 2012 年前后，知识图谱的名称才在谷歌受到关注，掌握互联网资源的几家巨头公司竞相利用知识图谱技术来开发新的搜索引擎。互联网是传递信函的渠道，知识图谱首先处理的就是文本数据，它的出现加速了自然语言理解的研究进程，部分实现了图书、文件、信函的数字化，使自然语言理解从数据驱动的字频统计方法转向知识与数据联合驱动的研究途径。知识图谱图模型已经在跨越同义字、反义字等类歧义鸿沟方面取得并将继续取得明显的成效。

1.3.3　对知识图谱发展方向的质疑

知识图谱与传统的知识表示的分界线在于其语言的分离：关系数据库的查询依靠结构查询语言(structured query language，SQL)；知识图谱的查询依靠 SPARQL。SQL 称为表库语言，SPARQL 称为图库语言，图数据库的名称由此而来。

在这种分界下，人们只把 SPARQL 编程的知识图表称为知识图谱，以前的关系数据库表因所用的语言是 SQL 而非 SPARQL 便被排除在知识图谱的范畴之外，但这种排斥是非理性的，并不符合知识图谱的数学定义。关系数据库表(即信息系统表)以对象为行，以属性名为列，项 s_{ij} 表示第 i 对象对第 j 属性所具有的属性值。表中的每一项都是以属性名为边，从对象节点指向属性值节点的一个图基元。一张关系数据库表提供了一组图基元，有多少个格子，就有多少个图基元，它们形成了一个集合，按照知识图谱的定义，一张关系数据库表就是一个知识图谱。

有人说，关系数据库表是一张表，没有画成图，这不就是分界吗？回答是：数学中的图论确实要研究一些与视觉有关的抽象问题，但是知识图谱被定义成有向图，要求节点和边都带有固定的名称，这就使知识图谱与图论之间存在一定的区别。有向图是被定义成节点集与有向边集之间的一种关系，这种关系是笛卡儿乘积空间的子集，就是一组图基元的集合，并没有规定一定要把图画出来。当节点多于 1000 个时，很难画出来，即使能画出来也看不清。不能用生活中的词义来解释数学概念，知识图谱并不都是能够画得出、看得见的。

知识图谱的命名者之所以称 SPARQL 为图库语言，是因为 web 有节点、有边，是直观的图，但 web 节点的名称与节点内所存放的文本内容毫无联系，文本是不断变化的，并非固定的对象或概念，这与知识图谱的定义并不一致。严格地说，号称知识图谱的 web 语言并不是数学定义的知识图谱。在此必须强调的是：数学定义的知识图谱不同于原有的知识图谱。

知识图谱把关系数据库从表格形式倒推到 3 元组的形式。SPARQL 并不是理想的语言，其程序在阅读和编写上极其烦琐，其推理功能也弱于 SQL。当然，这些缺点并不能说明 SPARQL 可以取消，提出 SPARQL 的初心是要构建一种去中心化的透明数据库，如果 SPARQL 能在实践中成为必需品，那么所有这些缺点就会变成合理的代价。

现在，图语言与深度学习相结合在自然语言理解方面所取得的“三重境界”可以使机器人对人类的提问对答如流，其智商似乎超过了人类。但质疑的声音却是：机器人的回答是从人类海量问答中优选出来的下半句，不含有任何语义理解机制，这样的机器操作能算作理解吗？其回答能保证不出错吗？

SPARQL 打破了人们的惯性思维，开源的知识图谱可以在几周时间内就发展到节点过亿的规模。各种限制都可以考虑被取消，新的设想和构思不断涌现，这是值得珍惜的局面，但是这种开源热潮可能会走向反面，值得警惕。出于目的性的考虑，这些开源数据库是否值得保留？这就要问保留每幅图要干什么？它们有什么效用？如果是找关联或进行判断，那么所求的解答一定正确吗？知识图谱可能会出现错误。于是，必须有寻找错误的算法，找到错误再修正，使每幅图都不出现错误。据权威专家说，可以通过回路来寻找出错的地方，但是要在庞大的知识图谱中找出所有的回路，势必在计算的复杂性上陷入困境。

还有一种观点是：人脑是容错的智能体，知识图谱出点错没有什么关系。其实，人脑的容错能力是一种超智能，恰恰是机器最难学习到的，即使能学习到，也要付出巨大的代价，这也是一个大问题。虽然计算机的计算速度使人们可以对超大的知识图谱进行计算，但是，超大规模的计算要消耗大量能源。在构建开源图数据库时，必须接受因素约简性的制约，作者相信，从今往后学术界或实践项目中所进行的超大规模计算，都会加上一种评价指标来杜绝浪费。开源超大知识图谱效用低且耗时、耗电，除少数学术基地争跑探路以外，不宜普遍跟跑。

本书只是对 SPARQL 的应用提出质疑，与图数据和图机器学习无关。

1.4 因素谱系和因素空间藤

知识图谱是一种简明有效的知识表示的普遍形式，因素空间要加以采纳。本章要讨论的是一种新型的知识图谱，称为因素知识图谱。为了避免与当前的知识图谱相混淆，本书用另一个名称来表示，即因素谱系，因素谱系的精华部分就是因素空间藤，它将是洛神天库的本体结构。

1.4.1 知识增长表达式

概念是智能创生的基本产物，每个概念都是一个语义单元，都是目标驱动下形式和效用信息的结合体。概念的首要功效是鉴别事物。鉴别的功效要求概念不断细化，由上位概念划分出子概念，这是一种最基本的智能创生模式。

在数学上，一个概念是一个 2 元组$\alpha=(\underline{\alpha},[\alpha])$，其中，$\underline{\alpha}$是对概念$\alpha$的描述语句，称为$\alpha$的内涵，$[\alpha]$是由满足内涵描述的全体对象组成的集合，称为$\alpha$的外延。

婴儿出生时只有零概念，内涵是零描述，外延是整个宇宙混沌一团。人类知识是从零概念开始经过一步一步概念团粒分裂细化演变而来的。每次分裂，概念团粒缩小，内涵描述语句增加，一个上位概念分裂成几个下位概念，这就是知识的增长。那么，概念团粒是依靠什么来细化的呢?

每一个概念内涵描述单元都是因素所表达的一个知元表示句(见式(1.1))，而概念团粒依靠因素来细化。

一个概念必须通过一组因素来表达其内涵，这组因素称为该概念的内涵素。每一个内涵句就是一个内涵素的赋值句(取定一个相)。每个内涵素在概念外延中必须取相同的相值，既然如此，外延就不能靠它的内涵素来分裂；只有找到在概念团粒中取不同相值的新因素，才能实现概念团粒的分裂，这个新因素就是概念团粒细化的划分器。

例如，人的共性就是人内涵素的共有赋值。“性别”不是人的内涵素，因为它对人没有共同相，它就是一个对人的划分器，把人分成了“男”和“女”两个子概念。这两个子概念一出来，“性别”就成为两者的内涵素而不再是划分器。

定义 1.5 记$D(f)=\{u\in U \mid f$对u有意义$\}$，它是对因素f有意义的一切对象所组成的集合，称为因素f的辖域，这里U是某个预先设置的概念的外延。这个预先设置的概念可以是零概念，以宇宙为外延，也可以是某个上位概念的外延。

什么称为f对u有意义?

设$f=$“生命性”，$I(f)=\{$有生命,无生命$\}$，$u=$“飞鸟”，因$f(u)=$“有生命”，答案在相域$I(f)$中，故称f对u有意义。

设$f=$“生命性”，$I(f)=\{$有生命,无生命$\}$，$u=$“石头”，因$f(u)=$“无生命”，答案在相域$I(f)$中，故称f对u有意义。

无论回答是“有”还是“无”，只要答案在相域$I(f)$中，提问有意义，f对u就有意义。

设$f=$“生命性”，$I(f)=\{$有生命,无生命$\}$，$u=$“仁”，u是儒家的一个精神概念，问它有无生命，没有意义，没法回答，既不能说“有”，也不能说“无”，因“仁”不在相域$I(f)$中，故称f对u没有意义。

因素的定义域可以是其辖域，也可以是其辖域的一个子集，但往往是某个概念的内涵。给定定义在D上一个待分的上位概念α。设f不是α的内涵素，但对$D=[\alpha]$中所有元素都有意义。因为它不是α的内涵素，所以它所映射出来的相值不唯一，于是按照它所映射出来的相值把D中的对象进行了分类，f就称为α的一个划分因素。它所划分出来的每个类都是一个子概念的外延，其内涵就是在上位概念的内涵描述之外加上 f 的相值描述。这样分出的子概念称为上位概念的下位概念，这就是因素划分概念的过程，而这也是知识增长的基本模式。

知识增长表达式为

$$f:\alpha \to \{\alpha_1,\alpha_2,\cdots,\alpha_k\} \tag{1.3}$$

式中，α是上位概念；$\alpha_1,\alpha_2,\cdots,\alpha_k$是$\alpha$所划分出来的一组下位概念。

式(1.3)也将成为知识定量计算的依据。

每一个知识增长表达式都是用一个划分因素 f 把一个上位概念的外延分解成几个子概念的外延。

例 1.2　"虚实"：宇宙 →{精神，物质}。

这是首个知识增长表达式，"虚实"是定义在万事万物上的一个普适因素，它把宇宙划分成"物质"与"精神"两个子概念。继续划分可以有一系列的知识增长表达式，如下所示。

"生命？"：物质→{生物，非生物}；

"文理？"：精神→{文科，理科}；

"能动？"：生物→{动物，植物}；

"有机？"：非生物→{无机物，有机物}；

"脊椎？"：动物→{脊椎动物，非脊椎动物}；

"高度？"：植物→{乔，灌，草，苔}；

"哺乳？"：脊椎动物→{哺乳脊椎动物，非哺乳脊椎动物}。

1.4.2　因素谱系的定义

把每个知识增长表达式前面的因素挪到箭头上面命名一个有向边，该有向边以上位概念为前节点，以下位概念为后节点，便形成一个图基元。由于后节点不止一个，所以这样的图基元称为多支图基元，由多支图基元形成的知识图谱称为超知识图谱。

因素空间不仅要表示概念划分的图基元，也应包括表达关系和联想的图基元。可以出现只有一个后节点的情况，例如，因素 f = "局部"，f："江苏" → "南京"所对应的图基元就只有一个后节点。此时的因素 f 不是从江苏到各个市、县的概念划分，而是注意力的一种收缩，从江苏省收缩到南京市。对象和概念都是不同层次的粒度，若图基元以对象为前后节点，则可实现注意力从一个对象到另一个对象的转移，此时的因素也就演变成一种联想或关系。因素可以概括这些知识表示。

例 1.2 中八条概念划分语句所形成的因素谱系如图 1.2 所示。其中，每个图基元边上都加一个菱形，用来标注因素的名称，以突显因素的地位，同时显示因素起着程序判别器的作用。

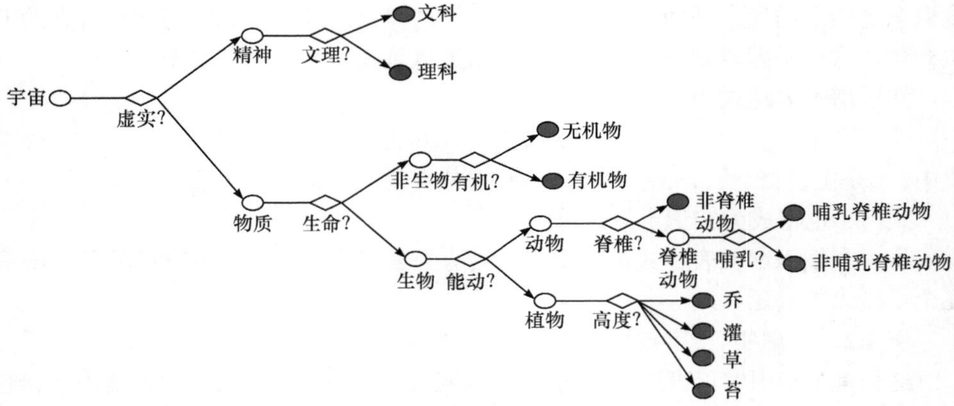

图 1.2　八条概念划分语句所形成的因素谱系

定义 1.6　由以因素为边的图基元构成的集合称为一个因素谱系。

因素谱系就是数学定义的知识图谱，但不是世面所理解的知识图谱。

单一目标所确定的因素谱系都是因素谱树。多目标所确定的因素谱系不是树状的，而是林状的。

1.4.3　因素的祖裔矩阵

因素谱系主要是指用因素来分割概念的谱系。因素在划分概念的过程中，也塑造出自己的形象结构。因素被定义域制约，在定义域之外，因素会失去意义。于是，在因素与因素之间出现了生与被生的关系：没有因素“虚实？”的划分，就没有“物质”的概念，没有“物质”的外延，就没有因素“生命？”的定义域，“生命？”就失去了生存的土壤。因此，因素“虚实？”生出了因素“生命？”。

定义 1.7　如果因素 f 的辖域 $D(f)$ 真包含(包含而不相等)因素 g 的辖域 $D(g)$，即 $D(f)\supset D(g)$，那么称 f 是 g 的祖辈，而称 g 是 f 的后裔，f 对 g 形成祖裔关系。

给定一组因素 $f_1,f_2,\cdots,f_n$，怎样确定它们的因素谱系呢？先写出一个 0-1 矩阵 $\boldsymbol{C}$，$c_{ij}=1$ 当且仅当因素 f_i 是因素 f_j 的祖裔；否则，$c_{ij}=0$。$\boldsymbol{C}$ 称为这组因素的祖裔矩阵。

显然，祖裔关系应当具有传递性，而 $\boldsymbol{C}$ 却不一定是可传递的，因此需要构建 $\boldsymbol{C}$ 的传递闭包$[\boldsymbol{C}]$：记 $\boldsymbol{C}^2=\boldsymbol{C}\times\boldsymbol{C}$，这里，$\boldsymbol{C}\times\boldsymbol{C}$ 是矩阵的模糊乘积，其仿照 $\boldsymbol{C}$ 与 $\boldsymbol{C}$ 的普通矩阵乘法，只不过把数的加法改成取大，乘法改成取小。若 $\boldsymbol{C}^2=\boldsymbol{C}$，则说明 $\boldsymbol{C}$ 是自己的传递闭包，得到$[\boldsymbol{C}]=\boldsymbol{C}$；否则，计算 $\boldsymbol{C}^4=\boldsymbol{C}^2\times\boldsymbol{C}^2$，若 $\boldsymbol{C}^4=\boldsymbol{C}^2$，则 $\boldsymbol{C}^2$ 就是 $\boldsymbol{C}$ 的传递闭包，记为$[\boldsymbol{C}]=\boldsymbol{C}^2$。如此继续下去，总可以得到 $\boldsymbol{C}$ 的传递闭包$[\boldsymbol{C}]$。

为了画出因素谱系图，需要将$[\boldsymbol{C}]$改造成父子矩阵。对传递闭包$[\boldsymbol{C}]$中的每个非零元素进行甄别：设 $c_{ij}=1$，若存在 k，使得 $c_{ik}=1$ 且 $c_{kj}=1$，则表示在第 i 因

素和第 j 因素之间还至少隔着第 k 因素，并不是直接的父子关系。

例如，因素祖裔表见表 1.1，设 i=1(“虚实？”)，j=3(“动物？”)，有 c_{ij} =1(“虚实？”是“动物？”的祖辈)，但因存在 k=2(“生命？”)，使 c_{ik}=1(“虚实？”是“生命？”的祖辈)且 c_{kj} =1(“生命？”是“动物？”的祖辈)，故知“虚实？”与“动物？”不是父子关系。要得到父子矩阵，删除非父子的祖裔关系，就要改令 c_{ij} =0。记改后的矩阵为 $\boldsymbol{C}^*$: c^*_{ij} =1，意味着 f_i 是 f_j 之父，矩阵 $\boldsymbol{C}^*$称为父子因素矩阵。在表 1.1 中，具有父子关系的格子在“×”之下加横杠($\underline{\times}$)，若把不加横杠的格子(×)都看成取 0 的空白格，则[$\boldsymbol{C}$]就成为父子因素矩阵 $\boldsymbol{C}^*$。根据 $\boldsymbol{C}^*$就可以直接画出这组概念的因素谱系(图 1.2)。

表 1.1　因素祖裔表

因素	虚实?	生命?	能动?	脊椎?	哺乳?	高度?	有机?	文理?
虚实?		$\underline{\times}$	×	×	×	×	×	×
生命?			$\underline{\times}$	×	×	×	×	
能动?				$\underline{\times}$	×	×		
脊椎?					$\underline{\times}$			
哺乳?								
高度?								
有机?								
文理?								

1.4.4　因素谱系的嵌入结构

因素谱系可以通过嵌入的方式展开。如果一张因素图谱的始祖节点是另一张因素图谱的一个末节点，那么就可以把前一张因素图谱整个移植到此末节点上而形成一个更大的因素图谱。这一过程称为嵌入。嵌入的反过程称为关闭，可嵌入和关闭的节点称为一个窗口，这是现行网站不可缺少的特性。

例 1.3　在图 1.2 中，概念“理科”是一个末节点。现以它为始祖概念，引入 2 个知识增长表达式，即

“理科结构？”: 理科→ {数学，物理，化学}；

“数学结构？”: 数学→ {几何，代数，分析}。

图 1.3 给出了两条概念划分句所成的因素谱树。

现在，把[理科]起始的因素谱树嵌入宇宙起始的因素谱树，就集成了更复杂的宇宙因素谱系。十条概念划分句所成的因素谱树如图 1.4 所示，节点“理科”就是一个窗口。

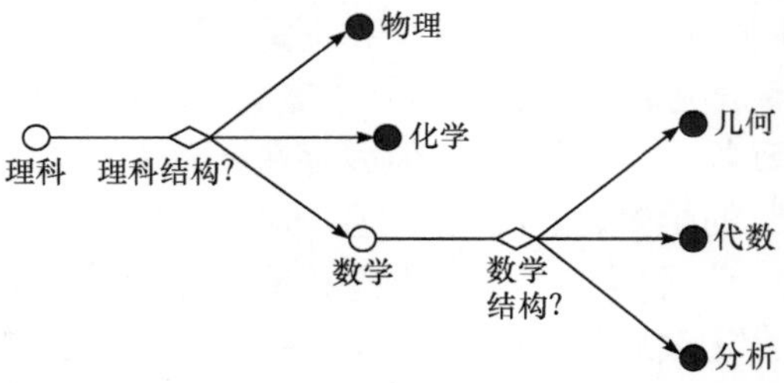

图 1.3　两条概念划分句所成的因素谱树

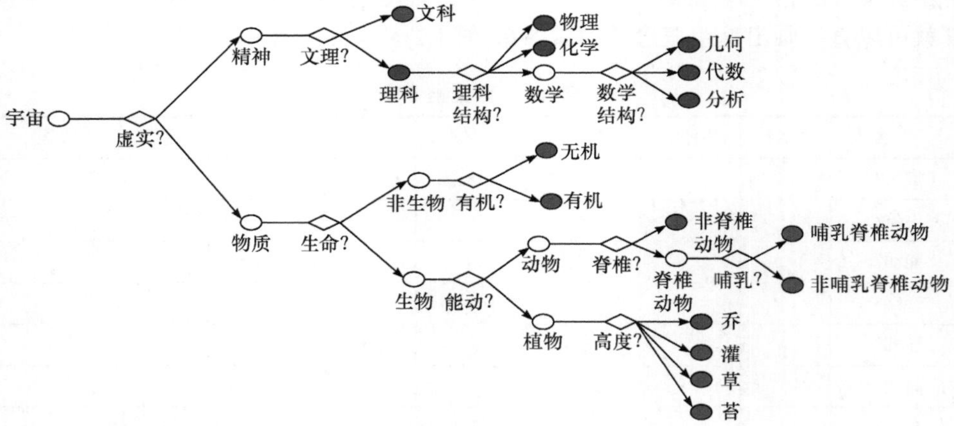

图 1.4　十条概念划分句所成的因素谱树

1.4.5　根因素与派生因素

因素谱系是以因素为边而连成的谱系。因素是数不尽的，为了减少因素的数目，需要提出根因素和派生因素的概念。设因素 f 表示“形态”，又设 D=[头像]是由一组头像组成的外延，因素“面部形态”可以写作[头像]f，[头像]称为 f 的限制域；D'=[眼睛]是由一组眼睛组成的论域，因素“眼部形态”可以写作[眼睛] f，[眼睛]也称为 f 的限制域。把“形态”称为根因素，把“面部形态”和“眼部形态”都称为“形态”的派生因素。“面部形态”关心的是五官的搭配，“眼部形态”关心的是眼睛的大小和亮度，两者具有不同的相域，信息的刻画方式完全不同，是两个不同的因素。但用根因素来串联，可以大大减少因素名称。根因素与派生因素是相对而言的，但目标、形式和效用是人工智能绝对意义上的 3 个根因素。

人的思考离不开目标，目标因素 o 可以称为“目的？”，其定义域暂且限制在人类，对于每个人的每次智能活动，目标因素都要问活动的目的是什么？人的愿望是错综复杂的，这个复杂的因素必须分解成若干较为简单的因素，在第 3 章将定义因素合成运算，其表达式为

o=目的？=生存∧德育∧智育∧体育∧美育∧和谐∧劳动。

意思是说，目标因素可以分解成 7 个较为简单的目标因素。

目标因素“生存”是一个变量，它的相域是 $I(o)$={2=无忧无虑,1=尚可,0=挣扎在死亡线上}，或者是别的设置；目标因素“德育”也是一个变量，它的相域是 $I(o)$={2=高尚,0=一般,−1=邪恶}，或者是别的设置。目标不是目标因素，而是它的一个相，其他各目标因素也是如此。

和谐指的是天地人和，包括家人和谐、社会和谐、国家和谐、人与自然和谐。

劳动包括体力劳动和脑力劳动，指的是人改造自然和改造社会的个人行为和集体行为。

这 7 个一级目标因素不能囊括所有的编码需求，在实践中会不断增加，但会逐渐稳定在一个极小的范围之内。

一级目标因素还可以再分，例如

生存=衣∧食∧住∧行∧医∧养

智育=科学教育∧实践学习

体育=运动∧心态∧饮食∧习惯

美育=气质∧文化∧环境

劳动=职业∧工程∧事业∧管理

这些二级基本目标因素并不能囊括所有的编码需求，在实践中会不断增加，但也逐渐稳定在一个相当小的范围内。

目标因素的级别可以不断细化，但级别的数目不能太多，因为基本因素的个数会随着级别数目的升高而呈指数增长。基本因素集只能由有关的专家来确定。

效用因素与目标因素共用相同的基本因素集，不同的是，目标是所追求的东西，效用是所实现的东西。

在固定目标或效用以后，形式因素可以用一个根因素 x 把全部派生因素写出来。

定义 1.8　根因素 x 称为“形式”。给定一个基本目标或效用因素 y，设其因素谱树是 $[\alpha]^y$，则对 α 的任意子概念 β(即 $\alpha\subset\beta$)，都有根因素 x 的派生因素 $[\beta]x$，它以 $[\beta]$ 为定义域，但具有与 x 不同的相域，需要另行规定，这样由根因素 x 生成的派生因素集合也构成一个因素谱树，记作 $[\alpha]^y x$，称其为 x 关于 $[\alpha]^y$ 的派生因素谱树。

1.4.6　因素谱系的蓓蕾和因素空间藤

一个因素谱树是在一定目标之下所形成的树结构。相对于一个起始概念，每个概念节点都有明确的代别，可以用第几代子概念来称呼。不同的目标会产生不同的树结构而成为林。就像家谱一样，表哥可以变成舅舅，出现混代的现象，这并不可怕，家谱不至于因此而出现大的混乱。林状的因素谱系会出现多个图基元共享同一个前节点。以这种节点为窗口，打开的就是一个因素空间。

定义 1.9　有两个以上因素图基元的边所共有的前节点，称为因素谱系的一个蓓蕾，只保留蓓蕾的一个因素谱系称为一个因素空间藤。

在应用中，真正的蓓蕾必须具有实际应用价值，它必须是智能孵化所要求展开的应用平台。以后会介绍因素空间是智能孵化的武器库。

1.5　因 素 编 码

1.5.1　因素编码——知识本体的 DNA

因素是概念内涵的码字，是概念的编码。现在有无数编码，都是出于安全目的而把概念隐藏起来，唯独因素编码是揭示概念本义的东西。所有的知识体系都是概念体系，因素编码是概念体系的 DNA，是人工智能未来发展的“核武器”。

词汇的歧义性、多义性和反义性是自然语言理解的障碍，语言学家曾试图寻找编码，但因没有一种数学理论来分析语素，一直未能实现突破，因素空间正是他们所需要的数学工具。现在，因素编码在理论上已经获得突破，剩下的只是实践问题。

概念α的内涵$\underline{\alpha}$由概念的内涵素$f_1, f_2,\cdots, f_n$来描述，将描述句“$f_i(e)=u_i$”简记为$f_{(i)}^{i}$，这里，足码(i)指示u_i在$I(f_i)$中是第几个相。

定义 1.10　设概念α的内涵素是$f_1,f_2,\cdots,f_n$，分别具有相域$I(f_j)=\{a_{j1},a_{j2},\cdots, a_{jk}\}$ $(j=1,2,\cdots,n)$。记

$$\alpha^{\#}=f_{(1)}^{1}f_{(2)}^{2}\cdots f_{(n)}^{n} \tag{1.4}$$

符号序列$\alpha^{\#}$称为概念α的因素编码；$f^j=f_j$称为码字或码名；足码(j)称为码子或码值$(j=1,2,\cdots,n)$。

例如，设$\alpha=$“雪”，内涵素$f_1=$“颜色”，$I(f_1)=\{1$黄，2 白，3 黑$\}$，内涵素$f_2=$“来源”，$I(f_2)=\{1$雨水，2 纸张，3 其他$\}$，取$(1)=2$，$(2)=1$，则概念“雪”的因素编码是

$$\alpha^{\#}=f_{(1)}^{1}f_{(2)}^{2}=f_2^1 f_1^2$$

从这一编码就直接解读出雪的内涵是：“它的颜色是白的”且“它是雨水变的”。

因素编码的逻辑特征：若概念甲的因素编码是乙的一部分，则概念乙蕴

涵甲。

人的概念虽然不计其数，但都是由上位概念逐次分化出来的。知识增长表达式(1.3)给出了上位概念和下位概念的划分过程，这也就是因素编码的生成途径。

1.5.2　因素编码原理

定义 1.11　若 $f_1, f_2, \cdots, f_n$ 是概念 β 关于上位概念 α 的内涵素，记

$$\beta_\alpha^{\#} = f_{(1)}^1 f_{(2)}^2 \cdots f_{(n)}^n \tag{1.5}$$

符号序列 $\beta_\alpha{}^{\#}$ 称为概念 β 关于 α 的相对因素编码。

例如，上位概念 α 是“猴子”，因素 g 是“雌雄”，下位概念 β 是“公猴子”，“性别为雄”就是“公猴”对“猴子”的相对内涵，相对于上位概念而言，这条内涵描述已经足够充分，但若离开了“猴子”的范畴，则所面对的对象可以是一匹公马，描述就不够充分。

公理 1.1　下位概念的内涵等于上位概念的内涵与下位概念关于上位概念的相对内涵的合取。

由此得到一个重要的原理：

因素编码原理　下位概念的因素编码等于上位概念 α 的因素编码加上 β 关于 α 的相对编码，即

$$\beta^{\#} = \alpha^{\#} + \beta_\alpha^{\#} \tag{1.6}$$

式中，“#”表示码子序列的连接。

相对编码可以通过链接加法增加编码的长度，即

$$\beta_{3\ \beta1}^{\#} = \beta_{3\ \beta2}^{\#} + \beta_{2\ \beta1}^{\#}$$

易证，相对编码的链接加法满足结合律，即

$$\beta_{4\ \beta3}^{\#} + (\beta_{3\ \beta2}^{\#} + \beta_{2\ \beta1}^{\#}) = (\beta_{4\ \beta3}^{\#} + \beta_{3\ \beta2}^{\#}) + \beta_{2\ \beta1}^{\#}$$

因素编码原理说明：概念的因素编码由上下位相对编码唯一确定，对于一棵确定的概念树，无论多长，其因素编码都是确定的。

不同目标所形成的因素谱系，因打破了概念的世代关系，同一概念会有不同的编码。但这并没有坏处，就像图书馆为读者设计不同的索引一样，可以更方便读者查阅。无论一个概念是否可能有多种编码，只要任意两个不同的概念都不会得出相同的编码，那么这样的编码就具有可用性。在自然语言理解中，一字多义，按义编码。

1.5.3　基于因素谱系的因素编码

理论上已经解决了因素编码的生成机制，剩下的只是具体实现问题，其中的

关键问题就是将码字控制在不太大的范围内。

尽管因素多不胜数，但前面已经说过，因素 x = “形式”可以作为一个根因素挂在一个因素谱系上而把有关的一切形式因素都派生出来。

原始概念是零概念，其内涵描述是空的，其外延是宇宙。在宇宙上定义的因素不止一个，究竟选哪一个，与目标因素有关。假定目标是求知，则可选择根因素 x = “形式”，其具有相域 $I(x)$={实，虚}。

按知识增长表达式得到例 1.2 中的第一个 2 支图基元，即

$$x\text{: 宇宙} \rightarrow \{\text{物质，精神}\}$$

于是，得到“物质”与“精神”这两个子概念的因素编码为

$$\text{物质}^{\#}=K\,x_1,\quad \text{精神}^{\#}=K\,x_2 \tag{1.7}$$

式中，K 表示智育因素“科学教育”的目标“真知”，它不是码字而是码子，所以不必再带足码。在学科领域中，概念的因素编码前面都要带符号 K。

以“物质”为上位概念，利用“生命”来进行概念划分，得到例 1.2 中的第二个 2 支图基元，即

$$\text{“生命？”：物质} \rightarrow \{\text{生物，非生物}\}$$

“生命”是根因素 x 关于“物质”的派生因素，即“生命”=[物质]x，故生物和非生物关于“物质”的相对因素编码分别是

$$\text{生物}^{\#}=K([\text{物质}]x)_1,\quad \text{非生物}^{\#}=K([\text{物质}]x)_2$$

根据因素编码原理(1.6)和“物质”的因素编码(1.7)，它们的绝对因素编码分别为

$$\text{生物}^{\#}=Kx_1([\text{物质}]x)_1,\quad \text{非生物}^{\#}=Kx_1([\text{物质}]x)_2$$

简化原则：去掉第 1 个 x 以后的所有 x，去掉所有的圆括号。

恢复方法：添加所有的字母和圆括号，足码由相继两个方括号的关系自然确定。

前述几对概念的绝对因素编码简化为

$$\text{生物}^{\#}=Kx_1[\text{物质}]_1\text{，非生物}^{\#}=Kx_1[\text{物质}]_2$$

$$\text{动物}^{\#}=Kx_1[\text{物质}]_1[\text{生物}]_1\text{，植物}^{\#}=Kx_1[\text{物质}]_1[\text{生物}]_2$$

$$\text{有机物}^{\#}=Kx_1[\text{物质}]_1[\text{生物}]_2[\text{非生物}]_1\text{，无机物}^{\#}=Kx_1[\text{物质}]_1[\text{生物}]_2[\text{非生物}]_2$$

简化的因素编码称为因素简码，它写起来简单，本书后面就使用因素简码。

例 1.2 中其余概念的绝对因素编码都可以进行简化，恢复原状也十分简单，这里不再枚举。简化的因素编码称为因素简码，只要形式因素都是元因素 x 的派生因素，都可以用因素简码。

由前面的介绍可知，在相对编码的前面把限制域逐步放大，直到“物质”或“精神”(根因素 x 的定义域是宇宙)，便可得到绝对的因素简码。从右往左，方括

号是一步步扩大的，即

$$[\text{脊椎动物}]\subset[\text{动物}]\subset[\text{生物}]\subset[\text{物质}]$$

这说明，因素谱系可以由概念谱系作为代表。如果对一个因素谱系的图基元不记有向边的因素名称(所有的边都称为“分解”)，而只注意前后节点的概念名称，那么因素谱系就蜕化为一个概念谱系。

人们说概念谱系比寻求因素谱系要简单得多，从宇宙分解出“精神”与“物质”，从“物质”分解出“生物”与“非生物”，如此等等，是不假思索就能回答出来的。但如果要问：是什么因素把宇宙分解成“精神”与“物质”的呢？这就需要思索了。因素是虚的东西，虚的东西比实的东西更本质，也需要更多的投入。概念体系简单，却不能对概念进行编码，因素谱系来之不易，却自然地带出了因素编码。

因素编码的好处多，但需要先付出代价：对于每一个因素 f，无论是根因素还是派生因素，都要将其相域 $I(f)$ 详尽地定义出来，例如

$$\begin{aligned}
I(\text{身高}) &= \{\text{低，中，高}\} \\
&= \{<1.6,\ [1.6,1.75],\ >1.75\}(\mathrm{m}) \qquad (\text{南方男子}) \\
&= \{<1.5,\ [1.5,1.65],\ >1.65\}(\mathrm{m}) \qquad (\text{南方女子}) \\
&= \{<1.65,\ [1.65,1.8],\ >1.8\}(\mathrm{m}) \qquad (\text{北方男子}) \\
&= \{<1.6,\ [1.6,1.7],\ >1.7\}(\mathrm{m}) \qquad (\text{北方女子}) \\
&= \{<1.9,\ [1.9,2.1],\ >2.1\}(\mathrm{m}) \qquad (\text{男子篮球运动员})
\end{aligned}$$

这说明，因素编码要作为附件存放在第一次出现此因素的库表中。必要时，数据总库要建立因素字典。更必要时，要编纂跨项目、跨行业的因素辞典。

1.5.4　因素编码应用与实现原则

1) 尽量使用相对因素编码

务必编好对于上位概念的相对因素编码。

2) 采用分层负责制

$[\alpha_i]$起始的因素谱树指挥员负责建立除 α_i 以外各节点概念对 α_i 的相对因素编码。但无权也无义务调整起始点 α_i 的因素编码，起始点的编码调整是上层指挥员的责任。

3) 自下而上地建立全国一盘棋

只要基层单元做好了以上工作，因素谱系的上层建筑便可以顺利地构建出来，本节的目标是构建跨部门、跨系统、跨行业的因素谱系及多目标的因素编码系列。最后要建立因素词典，这是一项全民工程。

4) 要保障安全

要分清敌、我、友人，做好因素编码的加密。

1.5.5　中医因素谱系

孟祥福(2021)将因素空间用于中医学，建立了感冒症候因素谱系。

感冒症候因素谱系以“感冒”为上位概念，“感冒”的外延是由感冒患者的病例记录所构成的集合。以“症状”为因素，分出“头痛”“发热”“自汗”3 个子概念，形成一个图基元。以“头痛”为上位概念，以“[头痛]副症状”为因素，分出“咳嗽”“发热”“呕吐”“神昏”4 个子概念，形成第二代的一个 4 支图基元。这里，根因素“副症状”必须限制在“头痛”上，否则，就分不清楚它们究竟是谁的副症状。以“发热”为上位概念，以“[发热]副症状”为因素，分出“头痛”“咳嗽”“腹痛”“痢疾”4 个子概念，形成第二代的又一个 4 支图基元。节点概念“自汗”没有图基元引出，表示医学研究尚待深入。

第二代的子概念自上而下有 8 个，分别是“咳嗽”“发热”“呕吐”“神昏”“头痛”“咳嗽”“腹痛”“痢疾”。在图中没法细写，实际上，它们分别是“头痛-咳嗽”“头痛-发热”“头痛-呕吐”“头痛-神昏”“发热-头痛”“发热-咳嗽”“发热-腹痛”“发热-痢疾”8 个子概念，“头痛-咳嗽”表示头痛辅以咳嗽，以此类推。因此，第 2 个子概念“头痛-发热”与第 5 个子概念“发热-头痛”是不相同的。

在这 8 个子概念中，第 1、2、3、4 子概念可以确诊开方，第 5、6、7、8 子概念都尚待研究；以“[头痛-发热]副症状”为因素，分出“呕吐”“神昏不寐”“咳血”3 个子概念，形成第 3 代的一个 3 支图基元。第 1、3 个子概念节点待深入，第 2 个子概念节点可以确诊开方。感冒症候如图 1.5 所示。

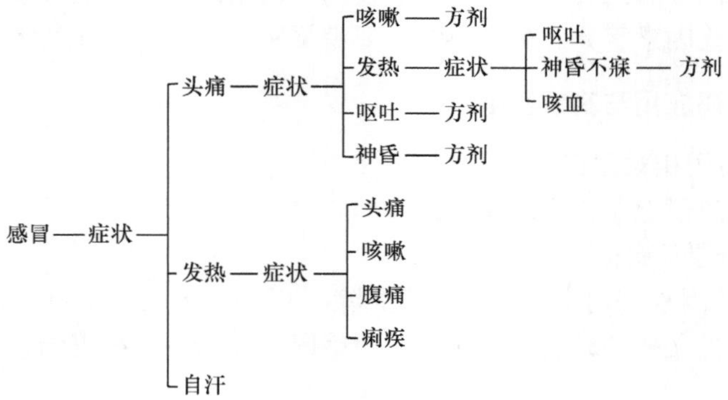

图 1.5　感冒症候

中药方剂因素谱系是以某名医所辖的一类“疾病”为上位概念，以“系别”为因素，分出子概念“脾系病类”和“肝系病类”两个子概念，形成一个图基元。以“脾系病类”为上位概念，以“[脾系病类]脾系方剂”为因素，分出子概念“藿香正气散”和“二陈汤”两个子概念，形成一个图基元。以“肝系病类”为上位概念，以“[肝系病类]肝系方剂”为因素，分出子概念“异功散”“桂枝汤”“玉屏风散”“疏邪实表汤”4 个子概念，形成一个图基元。以上两个图基元构成图的第二代图基元。以“藿香正气散”为上位概念，以“[藿香正气散]饮片”为因素，分出“西洋参”“天麻”“生姜”“香薷”“黄连”“元明粉”6个子概念，形成一个图基元。其中，子概念“生姜”又通过因素[生姜]匹配药对，分出“枳实”和“生姜”两个子概念。这里，生姜为什么成了生姜的子概念的子概念呢？前一个生姜是指纯生姜，后一个生姜是指稀释后作为配对中的生姜部分。类似地，图 1.6 给出了中药方剂因素谱系。

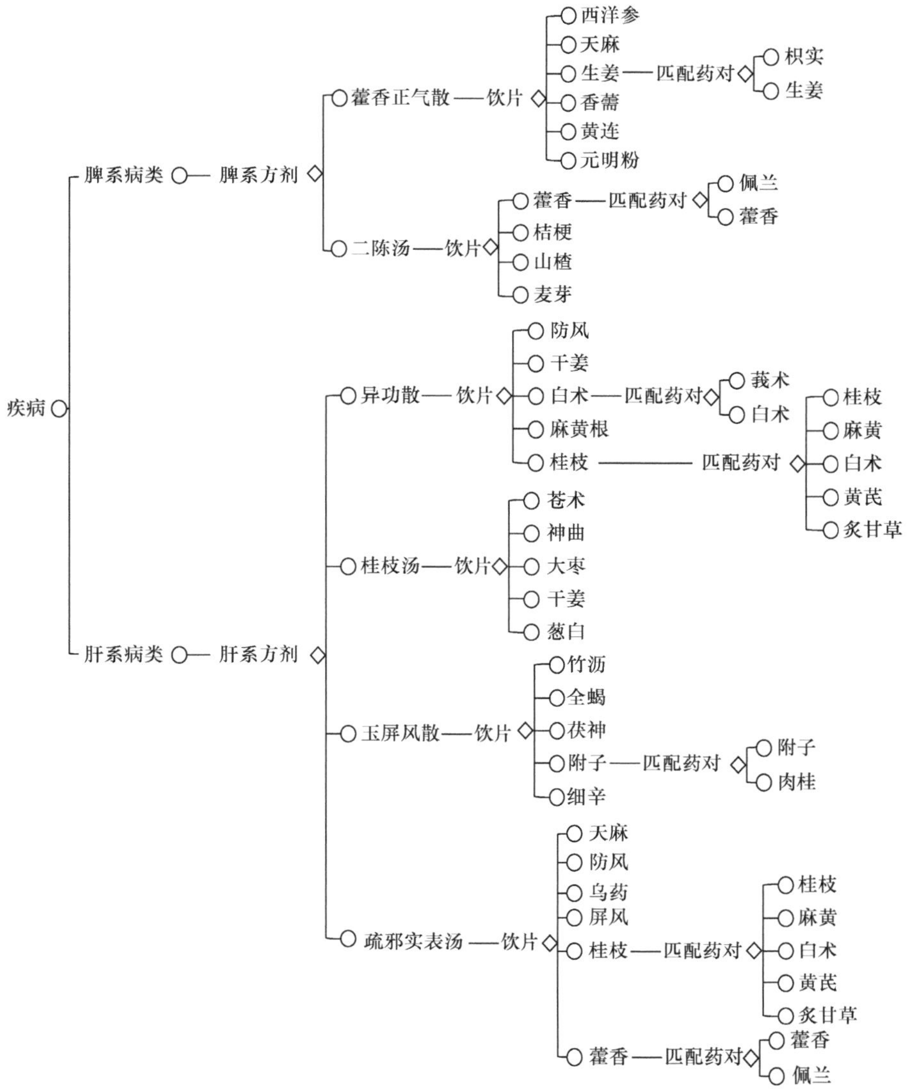

图 1.6　中药方剂因素谱系

孟祥福(2021)所建立的因素谱系符合中医对感冒的辩证认知，表明因素谱系是把中医辨证施治的因果本体简明表现出来的有效工具。

因素谱系是嵌入式的，例如，在图 1.5 的节点“神昏不寐”后面，接上方剂的图基元，就得到图 1.7，其他的确诊节点虽然可以开出方剂，但不必打开窗口，何时打开，视需要而定。

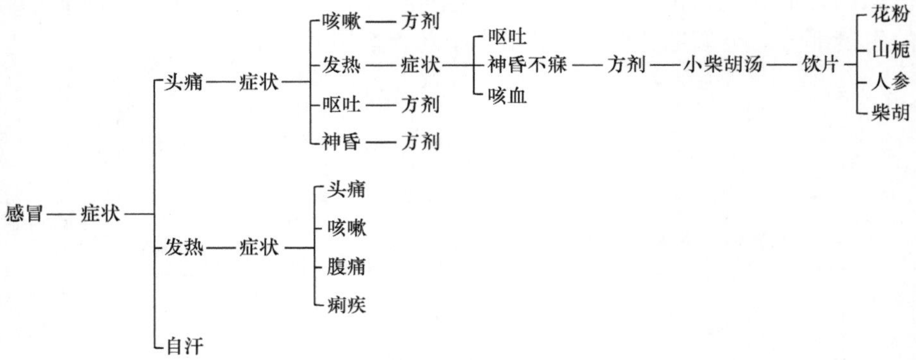

图 1.7　可嵌入的感冒症候方剂图

感冒症候因素谱系是把人视为客体，把人身上的病症视为客体的形式因素，方剂因素谱系是医生医治病人的手段或效用因素。中医求解就是确定病症，对症下药。两个因素谱系的对接就是中医求解的医谱。

孟祥福(2021)设计了有关因素谱系的因素知识图谱，对于洛神天库的构建起到了先锋作用。

1.6 小　　结

人工智能需要进行范式变革，对于数学而言，因素是认识主体提取事物信息的视角，是信息科学与物质科学的鉴别词，是广义的基因，是因果分析的要素。因素空间是信息科学、智能科学和数据科学的数学理论基础。

以因素为边的图基元所构成的集合称为一个因素谱系。因素谱系是由多支图基元构成的知识图谱。知识结构本质上就是概念结构，因素谱系就是知识领域的本体，是人工智能知识表示的核心。

人们通常对知识图谱的概念有误解，开源的知识图谱可以在几周时间内就发展到节点过亿的规模，这种开源热潮可能会走向反面，值得警惕。

中医是中华文化的结晶，是整体观和辩证论的典型学科，为中华民族强身祛病、战胜瘟疫、健康繁衍建立了不朽的历史功勋，是因素空间理论及应用领域值得发掘的宝藏。

第 2 章　智能生成机制的实践探索

统一智能理论的核心是信息转换和智能创生原理，该原理提出了智能生成机制。智能生成机制具有普适性，能够在各行各业都得到应用。按照智能生成机制将各行各业智能孵化的过程，称为智能化。智能化是数字化运动的核心。洛神天库是数字化和智能化所要构建的目标，本章研究洛神天库与智能孵化的关系，建立智能生成的感知模型，并将其应用于金融系统智能孵化研究中。

2.1　数字化时代的智能孵化

1) 数字化的重大意义

数字化是智能革命进入网络时代的必然产物。网络化催生了大数据。大数据的处理必须依靠计算机，必须先将非数字的信息数字化。但数字化不是目标，其目标是要通过计算机处理实现智能化。全程分为三步：第一步是数字化；第二步是自动化。理想状态是这种自动化能实现一个项目的全流程穿越，但总有一些环节还存在不确定性，需要依靠专家做出决策，这时就必须转入第三步，即智能化。智能化是把人脑的智力劳动解放出来，代替人脑进行计算。数字化时代，各个行业、领域实现这三步的意义都无法估量。

2) 智能孵化是数字化的核心技术

数字化不仅以智能化为目的，而且从第一步就需要以智能孵化的理论为指导，这是数字化成败的关键。以智造银行为例，金融数据本来就是数字数据，但有数字数据并不能称为数字化。银行数字化的标准是要看货币的收支过程能否用机器进行模拟和跟踪。但是，一个大银行内有庞大的分支架构，外连众多部门行业，因素纷至沓来，若没有统一的智能孵化理论，没有因素空间的数学思想，各种表格杂乱无章，无法统一，数据根本无法输入，数字化的任务将旷日持久，耗费大量的人力、物力。数字化的难点不在于如何把非数字信息转化为数字信息。专家难以应对的是怎样把因素众多、表格混乱的信息整理成显示本体结构的简明库表，怎样规范化和标准化，这是数字化面临的一个普遍性问题和挑战。只有按全信息的语义理论和因素空间的要求对数字数据设档建库，对表名进行严格的因素编码，对参数做出明确的规范，有目的地造数，才能高、快、好、省地完成数字化任务。

2.2 因素空间是智能孵化的平台

智能孵化的任务就是要把智能生成机制落实到各个知识领域，使理论落地开花。知识领域千变万化，但都是在一定目标下效用因素对形式因素的选择和匹配过程，其中，包括智能生成感知、智能生成认知、智能生成谋行和智能生成行动等过程，分别依靠统一智能理论的智能生成原理来解决。

智能生成机制具有普适性，因为其中定义的所有因素(感知、认知、谋行、行动)都是具有普适性的。普适性智能生成机制的本质内涵就是信息转换与智能生成原理。若以→表示转换算法，原理就表示为：客体信息→感知信息→知识→智能策略→智能行为(钟义信，2021)。通过这种方式，信息学科范式的信息生态方法论就创造出一种基于普适性智能生成机制的统一智能研究路径。

本节通过火警系统的例子来说明因素空间描述智能生成的途径。为了说明问题，所举的例子尽量简化，在实际应用时，必须再进行进一步的审核改造。

2.2.1 智能生成的感知模型

1. 全信息定律

在信息学科中，钟义信(2021)所提出的目的、形式和效用是三个普适因素。由因素的定义和知元表达式可知，因素是注意的化身，是“注意”二字的数学符号，它把事物映射到所注意到的信息上，既注意客体的形式信息(形态、属性)、客体的效用，也注意自己和他人的目的和欲望，由此可将因素分为三大类：目标因素 $\boldsymbol{o}$、形式因素 $\boldsymbol{x}$ 和效用因素 $\boldsymbol{y}$。形式因素提取事物的形式信息 X，效用因素根据目标的需求提取事物的效用信息 Z。由两个因素的结合，可以获得语义信息 Y 为

$$Y=\lambda(X,Z) \tag{2.1}$$

式中，λ 为结合函数，称为全信息定律(钟义信，1988)。

全信息定律把范式变革的信息理论与香农(Shannon)信息论区别开来，Shannon信息论中的信息只看形式而没有语义，是片面的信息。语义信息必须是形式信息与效用信息的有机结合，三者的融合称为全信息。提出全信息的含义不是要求罗列全部信息，因为罗列不尽。因素空间理论不怕涉及的因素太少，而是要避免罗列的因素太多，时刻都要删除无关的或可以忽略的因素，筛选出为数不多的主要因素，但再少也必须坚持全信息，形式信息与效用信息二者缺一不可。全信息定律是因素空间知识表示的基础。

智能生成首先要实现主体对客体的感知，产生主体的感知信息，这就是感知

过程。驾驭全局的是目标 G。由它来确定外来刺激(客体信息 S)与系统目标究竟是有关的(包括有利和有害)还是无关的，据此确定系统对这个客体信息究竟该引起注意还是不予理会(过滤)。并非一切外部刺激都能启动系统的智能生成机制，这是主体目标把握“系统注意力”的第一大关。

钟义信(2020)在信息的感知过程(图 2.1)中所列“察觉系统”就是传感系统，它能够察觉和表达系统面临什么形式的刺激(形式信息 X)，但它不懂得刺激的内容。图中的“评价系统”就是主体对刺激的价值评估：这个刺激对于达成主体目标有什么利害关系(效用信息 Z)？这里的评价系统存储在新型数据库中。目标提出需求，形式因素观其形，效用因素观其功，形式与效用构成语义全信息。

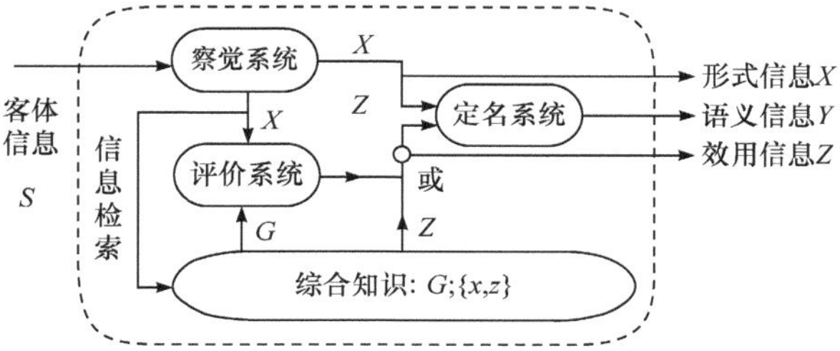

图 2.1　信息的感知过程

2. 智能生成感知

智能生成感知的关键是认识主体根据目标从众多的形式因素中挑选为数不多的对效用因素有影响的形式因素。

把每一次火警事件或经历看作一次实验 u，每次实验都有一个记录 $(x_1,x_2,\cdots,x_n;z)$：$x_1=X_1(u),x_2=X_2(u),\cdots,x_n=X_n(u);z=Z(u)$。这里，$X_1,X_2,\cdots,X_n$ 代表 n 个形式因素，分别具有相域 $X_1=I(X_1),X_2=I(X_2),\cdots,X_n=I(X_n)$，$x_k=X_k(u)$ 表示因素 X_k 在实验 u 下所取的一个具体相值。Z 代表效用信息，具有相域 $Z=I(Z)$，为了简便，只取一个效用因素。$z=Z(u)$ 表示效用因素 Z 在实验 u 下所取的一个具体相值。

消防的目标是及时预报火警，由它定出效用因素“警情”Z，为了简便，只取两个相：$I(Z)$={安全，有警}。形式因素有很多，为了简便，只取 5 个，其中形式因素 X_5 的选取是为了说明如何对其进行删除。

$I(X_1$=现场温度)={高,低}

$I(X_2$=湿度)={干,湿}

$I(X_3$=电路)={通路,短路}

$I(X_4$=气味)={焦味,常味}

$I(X_5$=警场观感)={美,丑}

问题 1 哪些形式因素对效用因素有影响?

解 在作战之前，要积累数据，在库中建立因果匹配表。以因素为列，把形式因素作为条件放在左边，把效用因素作为结果放在右边(Z 列)。火警因果匹配频率如表 2.1 所示，表的每一行代表因果之间的一种匹配。

表 2.1 火警因果匹配频率

X_1	X_2	X_3	X_4	X_5	Z	频率
高	干	短路	常味	美	有警	0.10
高	湿	短路	常味	丑	安全	0.05
低	干	短路	常味	丑	安全	0.15
高	湿	通路	焦味	美	安全	0.15
低	干	通路	焦味	美	安全	0.05
高	湿	通路	常味	丑	安全	0.05
低	干	通路	常味	美	安全	0.10
高	干	短路	焦味	丑	有警	0.15
高	湿	短路	焦味	丑	有警	0.10
低	干	短路	焦味	美	有警	0.10

对于每个形式因素，逐一考察它们对效用因素的影响。先考察现场温度 X_1 对 Z 的影响，取表 2.1 中 X_1 所在列与 Z 列，得到 X_1 对 Z 的因果匹配，如表 2.2 所示。

表 2.2 X_1 对 Z 的因果匹配

X_1	Z	频率	X_1	Z	频率
高	有警	0.10	高	安全	0.05
高	安全	0.05	低	安全	0.10
低	安全	0.15	高	有警	0.15
高	安全	0.15	高	有警	0.10
低	安全	0.05	低	有警	0.10

步骤 1 整理出匹配频率：

高有警 0.35，高安全 0.25，低有警 0.1，低安全 0.3

步骤 2 将频数转化为概率：

p(高有警)=0.35，p(高安全)=0.25，p(低有警)=0.1，p(低安全)=0.3

步骤 3　计算边缘分布：

p(高)=p(高有警)+p(高安全)=0.6，p(低)=p(低有警)+p(低安全)=0.4

步骤 4　计算条件分布：

p(有警|高)=p(高有警)/p(高)=0.58，p(安全|高)=p(高安全)/p(高)=0.42

p(有警|低)=p(低有警)/p(低)=0.25，p(安全|低)=p(低安全)/p(低)=0.75

Z 自有的概率分布是 p(有警)=0.1+0.15+0.1+0.1=0.45，p(安全)=0.55

步骤 5　记

$$\begin{aligned}\delta_1 &= \max\{|p(\text{有警}\mid\text{高})-p(\text{有警})|,|p(\text{有警}\mid\text{低})-p(\text{有警})|,\\ &= |p(\text{安全}\mid\text{高})-p(\text{安全})|,|p(\text{安全}\mid\text{低})-p(\text{安全})|\}\\ &= \max\{|0.58-0.45|,|0.25-0.45|,|0.42-0.55|,|0.75-0.55|\}\\ &= \max\{0.13,\ 0.20,\ 0.13,\ 0.20\}=0.2\end{aligned} \tag{2.2}$$

称 δ_1 为 X_1 对灾情 Z 的影响度。

这 5 个步骤能求出一个形式因素对效用因素的影响度。从形式因素对效用因素的不同影响度中，便可以选择影响度高的因素进行形式与效用的匹配，删除影响度低的形式因素。

现在，计算现场湿度 X_2 对 Z 的影响度，取表 2.1 中 X_2 所在列与 Z 列，得到 X_2 对 Z 的因果匹配，如表 2.3 所示。

表 2.3　X_2 对 Z 的因果匹配

X_2	Z	频率	X_2	Z	频率
干	有警	0.10	湿	安全	0.05
湿	安全	0.05	干	安全	0.10
干	安全	0.15	干	有警	0.15
湿	安全	0.15	湿	有警	0.10
干	安全	0.05	干	有警	0.10

整理出匹配频率：

干有警 0.35，干安全 0.3，湿有警 0.1，湿安全 0.25

类似可得出：

p(干有警)=0.35，p(干安全)=0.3，p(湿有警)=0.1，p(湿安全)=0.25

p(干)=p(干有警)+p(干安全)=0.65，p(湿)=p(湿有警)+p(湿安全)=0.35

p(有警|干)=p(干有警)/p(干)=0.54，p(安全|干)=p(干安全)/p(干)=0.46

p(有警|湿)=p(湿有警)/p(湿)=0.29，p(安全|湿)=p(湿安全)/p(湿)=0.71

Z 自有的概率分布为

p(有警)=0.45，p(安全)=0.55

由式(2.2)可求得现场湿度 X_2 对灾情 Z 的影响度为

$$\begin{aligned}\delta_2 &= \max\{|\,p(\text{有警}\mid\text{干})-p(\text{有警})\,|,|\,p(\text{有警}\mid\text{湿})-p(\text{有警})\,|,\\ &=|\,p(\text{安全}\mid\text{干})-p(\text{安全})\,|,|\,p(\text{安全}\mid\text{湿})-p(\text{安全})\,|\}\\ &=\max\{|0.54-0.45|,|0.29-0.45|,|0.46-0.55|,|0.71-0.55|\}\\ &=\max\{0.09,\ 0.16,\ 0.09,\ 0.16\}=0.16\end{aligned}$$

现在计算场电路 X_3 对 Z 的影响度，取表 2.1 中 X_3 所在列与 Z 列，得到 X_3 对 Z 的因果匹配，如表 2.4 所示。

表 2.4 X_3 对 Z 的因果匹配

X_3	Z	频率	X_3	Z	频率
短路	有警	0.10	通路	安全	0.05
短路	安全	0.05	通路	安全	0.10
短路	安全	0.15	短路	有警	0.15
通路	安全	0.15	短路	有警	0.10
通路	安全	0.05	短路	有警	0.10

整理出匹配频率：

短路有警 0.45，短路安全 0.2，通路有警 0，通路安全 0.35

类似可得出：

p(短路有警)=0.45，p(短路安全)=0.2，p(通路有警)=0，p(通路安全)=0.35

p(短路)=p(短路有警)+p(短路安全)=0.65，p(通路)=p(通路有警)+p(通路安全)=0.35

p(有警|短路)=p(短路有警)/p(短路)=0.69，p(安全|短路)=p(短路安全)/p(短路)=0.31

p(有警|通路)=p(通路有警)/p(通路)=0，p(安全|通路)=p(通路安全)/p(通路)=1

Z 自有的概率分布为

p(有警)=0.45，p(安全)=0.55

由式(2.2)可算得电路 X_3 对灾情 Z 的影响度为

$$\begin{aligned}\delta_3 &= \max\{|\,p(\text{有警}\mid\text{短路})-p(\text{有警})\,|,|\,p(\text{有警}\mid\text{通路})-p(\text{有警})\,|,\\ &=|\,p(\text{安全}\mid\text{短路})-p(\text{安全})\,|,|\,p(\text{安全}\mid\text{通路})-p(\text{安全})\,|\}\\ &=\max\{|0.69-0.45|,|0-0.45|,|0.31-0.55|,|1-0.55|\}\\ &=\max\{0.24,\ 0.45,\ 0.24,\ 0.45\}=0.45\end{aligned}$$

现在计算现场气味 X_4 对 Z 的影响度，取表 2.1 中 X_4 所在列与 Z 列，得到 X_4 对 Z 的因果匹配，如表 2.5 所示。

表 2.5　X_4 对 Z 的因果匹配

X_4	Z	频率	X_4	Z	频率
常味	有警	0.10	常味	安全	0.15
常味	安全	0.05	焦味	安全	0.15
焦味	安全	0.05	焦味	有警	0.15
常味	安全	0.05	焦味	有警	0.10
常味	安全	0.10	焦味	有警	0.10

整理出匹配频率：

焦味有警 0.35，焦味安全 0.2，常味有警 0.1，常味安全 0.35

类似可得出：

p(焦味有警)=0.35，p(焦味安全)=0.2，p(常味有警)=0.1，p(常味安全)=0.35

p(焦味)=p(焦味有警)+p(焦味安全)=0.55，p(常味)=p(常味有警)+p(常味安全)=0.45

p(有警|焦味)=p(焦味有警)/p(焦味)=0.64，p(安全|焦味)=p(焦味安全)/p(焦味)=0.36

p(有警|常味)=p(常味有警)/p(常味)=0.22，p(安全|常味)=p(常味安全)/p(常味)=0.78

Z 自有的概率分布为

p(有警)=0.45，p(安全)=0.55

由式(2.2)可算得电路 X_4 对灾情 Z 的影响度为

$$\begin{aligned}\delta_4 &= \max\{|p(\text{有警}\mid\text{焦味})-p(\text{有警})|,|p(\text{有警}\mid\text{常味})-p(\text{有警})|,\\ &=|p(\text{安全}\mid\text{焦味})-p(\text{安全})|,|p(\text{安全}\mid\text{常味})-p(\text{安全})|\}\\ &=\max\{|0.64-0.45|,|0.22-0.45|,|0.36-0.55|,|0.78-0.55|\}\\ &=\max\{0.19,\ 0.23,\ 0.19,\ 0.23\}=0.23\end{aligned}$$

现在计算现场观感 X_5 对 Z 的影响度，取表 2.1 中 X_5 所在列与 Z 列，得到 X_5 对 Z 的因果匹配，如表 2.6 所示。

表 2.6　X_5 对 Z 的因果匹配

X_5	Z	频率	X_5	Z	频率
美	有警	0.10	丑	安全	0.05
丑	安全	0.05	美	安全	0.10
丑	安全	0.15	丑	有警	0.15
美	安全	0.15	丑	有警	0.10
美	安全	0.05	美	有警	0.10

整理出匹配频率：

丑有警 0.25，丑安全 0.25，美有警 0.2，美安全 0.3

类似可得出：

p(丑有警)=0.25，p(丑安全)=0.25，p(美有警)=0.2，p(美安全)=0.3

p(丑)=p(丑有警)+p(丑安全)=0.5，p(美)=p(美有警)+p(美安全)=0.5

p(有警|丑)=p(丑有警)/p(丑)=0.5，p(安全|丑)=p(丑安全)/p(丑)=0.5

p(有警|美)=p(美有警)/p(美)=0.4，p(安全|美)=p(美安全)/p(美)=0.6

Z 自有的概率分布为

p(有警)=0.45，p(安全)=0.55

按式(2.2)，可算得电路 X_5 对灾情 Z 的影响度为

$$\begin{aligned}\delta_5 &= \max\{|p(\text{有警}\mid\text{丑})-p(\text{有警})|,|p(\text{有警}\mid\text{美})-p(\text{有警})|,\\ &=|p(\text{安全}\mid\text{丑})-p(\text{安全})|,|p(\text{安全}\mid\text{美})-p(\text{安全})|\}\\ &=\max\{|0.5-0.45|,|0.4-0.45|,|0.5-0.55|,|0.6-0.55|\}\\ &=\max\{0.05,\ 0.05,\ 0.05,\ 0.05\}=0.05\end{aligned}$$

求出 5 个形式因素对 Z 的影响度后，将其按从大到小排序：

$$\delta_3>\delta_4>\delta_1>\delta_2>\delta_5 \tag{2.3}$$

式(2.3)称为匹配亲疏序列。

设定门槛 δ^*=0.1，因 δ_5=0.05< 0.1，故可将“警场观感”作为对灾情没有影响的形式因素删除。

以上步骤就是感知过程的机器实现。感知过程的核心就是要通过形式因素与效用因素的匹配，有目的地选择出有明显效用的形式因素，而删除大量无关的形式因素，体现出认识主体对信息的选择性。本例中只删除了一个形式因素，在实际应用中被删除的是大多数形式因素。

第 3 章还将提出多种不同的度量方式，称为决定度。这里的影响度是最简单的度量方式。

问题 1 涉及洛神天库的构建而不是现场的实时应用。问题 1 的现场应用是：某个形式因素发生突变，指战员要迅速判断是否与火警有关，就要查看该因素对灾情是否有影响，除了指战员的经验以外，查一下匹配亲疏序列即可得知。若发生变化的形式因素对灾情的影响度大，则立刻发出警报；否则，继续观察。

2.2.2 智能生成的认知模型

问题 2　怎样获取形式效用的因果归纳知识？(归纳不是感知，也不同于推理，属于认知)

解　从表 2.1 中删掉第 5 列，所得火警因果匹配频率如表 2.7 所示。

表 2.7　删除 X_5 的火警因果匹配频率

编号	X_1	X_2	X_3	X_4	Z	频率
1	高	干	短路	常味	有警	0.10
2	高	湿	短路	常味	安全	0.05
3	低	干	短路	常味	安全	0.15
4	高	湿	通路	焦味	安全	0.15
5	低	干	通路	焦味	安全	0.05
6	高	湿	通路	常味	安全	0.05
7	低	干	通路	常味	安全	0.10
8	高	干	短路	焦味	有警	0.15
9	高	湿	短路	焦味	有警	0.10
10	低	干	短路	焦味	有警	0.10

步骤 1　按影响度最大的形式因素对表的行数(代表不同的组相)进行分类。

现在对灾情影响最大的形式因素是 X_3=电路，具有相域 I_3={通路,短路}，所有行数分成两类：

“通路”类={4,5,6,7}；“短路”类={1,2,3,8,9,10}

步骤 2　提取规则。

由于“通路”类中的形式因素组相所对应的结果都是“安全”，所以称{通路}类钻入{安全}类。这就归纳出一条规则。

规则 1　电路通路→系统安全。(0.35)

括号中的数 0.35 称为规则 1 的呈现率。

步骤 3　删除表 2.7 所有“通路”类所对应的行，若删空，则停止；否则，得到一个新表，如表 2.8 所示。

表 2.8　删除表 2.7 所有“通路”类所对应的行

编号	X_1	X_2	X_3	X_4	Z	频率
1	高	干	短路	常味	有警	0.10
2	高	湿	短路	常味	安全	0.05
3	低	干	短路	常味	安全	0.15

续表

编号	X_1	X_2	X_3	X_4	Z	频率
8	高	干	短路	焦味	有警	0.15
9	高	湿	短路	焦味	有警	0.10
10	低	干	短路	焦味	有警	0.10

回到步骤 2，重新求匹配亲疏序列。现在，影响度最大的因素是 X_4=气味，I_4={焦味，常味}，取 X_3 和 X_4 的联合划分，得到

“短路常味”类={1, 2, 3}；“短路焦味”类={8, 9, 10}

短路焦味必定有警，得到

规则 2 短路且有焦味→有警。(0.35)

步骤 4 删去表 2.8“短路焦味”类所对应的行，得到新表 2.9。

回到步骤 2，重新求匹配亲疏序列。影响度最大的因素是 X_2，取 X_2 和 X_3、X_4 的联合划分，得到{干短路常味}和{湿短路常味}2 个子类，即

“干短路常味”类={1, 3}；“湿短路常味”类={2}

其中，湿短路常味必安全，得到

规则 3 短路且气味常且湿→安全。(0.05)

表 2.9 删除表 2.8“短路焦味”类所对应的行

编号	X_1	X_2	X_3	X_4	Z	频率
1	高	干	短路	常味	有警	0.10
2	高	湿	短路	常味	安全	0.05
3	低	干	短路	常味	安全	0.15

步骤 5 删去表 2.9“湿短路常味”组相，得到表 2.10。

表 2.10 删除表 2.9“湿短路常味”组相

编号	X_1	X_2	X_3	X_4	Z	频率
1	高	干	短路	常味	有警	0.10
3	低	干	短路	常味	安全	0.15

回到步骤2，重新求得最亲因素 X_1，取 X_1 和 X_2、X_3、X_4 的联合划分，得“高干短路常味”={1}、“低干短路常味”={3}2 个子类，分别得到

规则 4　短路且常味且干且低温→安全。(0.15)

规则 5　短路且常味且干且高温→有警。(0.1)

至此，一个数据表完全转化成 5 条因果规则，停机。

需要注意的是，规则的呈现率并不是规则的重要度，往往呈现率小的规则所提供的经验更珍贵。

步骤 6　按形式因素的匹配亲疏序列 X_3、X_4、X_1、X_2 改变因果匹配表 2.7 的列序，如表 2.11 所示。

表 2.11　按匹配亲疏序列做列置换

编号	X_3	X_4	X_1	X_2	Z
1	短路	常味	高	干	有警
2	短路	常味	高	湿	安全
3	短路	常味	低	干	安全
4	通路	焦味	高	湿	安全
5	通路	焦味	低	干	安全
6	通路	常味	高	湿	安全
7	通路	常味	低	干	安全
8	短路	焦味	高	干	有警
9	短路	焦味	高	湿	有警
10	短路	焦味	低	干	有警

步骤 7　在表 2.11 的基础上，按字典次序进行行行互换：按第一列先“通路”后“短路”的原则进行行置换；再在第一列同字行间按先“常味”后“焦味”的原则进行行置换；再在上两列的同字行间按先“低”后“高”的原则进行行置换；再在上三列的同字行间按先“湿”后“干”的原则进行行置换，所得的表，称为形式效用匹配字典，如表 2.12 所示。在进行行置换时，要把行号带上。

表 2.12　形式效用匹配字典

编号	X_3	X_4	X_1	X_2	Z
7	通路	常味	低	干	安全
6	通路	常味	高	湿	安全
5	通路	焦味	低	干	安全

续表

编号	X_3	X_4	X_1	X_2	Z
4	通路	焦味	高	湿	安全
3	短路	常味	低	干	安全
2	短路	常味	高	湿	安全
1	短路	常味	高	干	有警
10	短路	焦味	低	干	有警
9	短路	焦味	高	湿	有警
8	短路	焦味	高	干	有警

步骤 8 机器自动提取的规则不是怕太少而是怕太多。在洛神天库中本来就存储着有关的因果匹配规则，它们是用文本形式记载下来的，其数量不会太多，由专家对机器提取的规则进行甄别。去掉与常理明显不符的规则，去掉过细过杂的规则，并转化为文字记录下来放入洛神天库。

问题 2 的解答属于构建式，其现场应用是：根据现场情况(输入)，运用问题 2 中所提供的规则判断是否有警。

设输入的形式因素的组相不在上述组相之中，即不是上述规则的前件，将其插入这些组相之中，若前后组相的结果相同，便定为相同的结果，若结果不同，则以灾情严重者论。

例如，设输入组相是(通路焦味高湿)，它处于表 2.12 第 4 行，按表判断其所对应灾情为“安全”。

设输入的组相是(通路常味低湿)，表中没有这一组相，但按字典次序，它处于表的第 1 行与第 2 行之间，而这两行所对应的灾情都是“安全”，则判断夹在中间的组相(通路常味低湿)所对应的灾情为“安全”。

设输入的组相是(短路焦味低湿)，表中没有这一组相，但按字典次序，它处于表的倒数第 2 行与第 3 行之间，而这两行所对应的灾情都是“有警”，则判断夹在中间的组相(短路焦味低湿)所对应的灾情为“有警”，立即组织力量救火。

2.2.3 全信息定律的数学实现

问题 3 怎样命名？(λ 算子的数学实现)。

步骤 1 获取形式效用匹配字典，如表 2.12 所示。

步骤 2 把规则换成概念。

回忆规则提取的过程，都是以形式因素的组相为条件而以效用因素的取值为结果，每条规则都是形式因素与效用因素的匹配，这是机制主义的全信息，就是概念的内涵。其主要任务是把规则换成概念。

例如，规则 1 是电路通路→系统安全，就是形式“通路”与效用“安全”的匹配，是一个概念的外延，记为“通路安全”，取得规则 1 以后，将“通路”类={4,5,6,7}从形式效用匹配表中删除，即将其转置表的前 4 行删除。规则换成概念的删除项，重复这一过程，得到表 2.13。

表 2.13 规则换成概念的删除项

规则	X_3	X_4	X_2	X_1	Z
规则 1	通路	常味	干	低	安全
规则 1	通路	焦味	湿	高	安全
规则 1	通路	焦味	干	低	安全
规则 2	短路	焦味	湿	高	有警
规则 2	短路	焦味	干	低	有警

最后剩下的 5 行就是 5 个火警的原子概念：

a_1 通路安全

a_2 短路常味湿安全

a_3 短路常味干低安全

a_4 短路常味干高有警

a_5 短路焦味有警

步骤 3 命名。

命名方式有以下 4 种：①根据表中的字列命名；②根据表进行因素编码，因素是码字，相值改为 1,0 就是码字；③按照“安全、有警”的程度分级取名；④专家人为赋名。

2.2.4 智能生成的谋行模型

问题 4 怎样通过因素空间由语义信息生成智能策略?(谋行)

解 从洛神天库中提取 K_1(本能知识+常识知识)或 K_2(本能知识+常识知识+经验知识)或 K_3(本能知识+常识知识+经验知识+规范知识)。从所有这些知识中寻找从语义信息到 R_1(基础意识策略因素)或 R_2(情感策略因素)或 R_3(理智策略因素)的归纳知识或推理规则，再从库的因素空间中打开因果数据表。

将已知的语义信息作为条件左移，最右列改为策略因素(R_1 或 R_2 或 R_3)，利用与问题 2 相同的解法，求得从语义信息到智能策略的因果规则。这是库的备战表。其现场应用类似于问题 2 的现场应用。战斗完结后，由人审查规则，进行文字调整。

2.2.5　智能生成的行动模型

问题 5　怎样对行动进行评估和调整？(行动)

解　在库中要积蓄以评价为目的的因果分析表的数据资料，将考核因素作为条件因素放在左列，将评分放在右列，建立评价分析表。利用与问题 2 相同的解法，求得从语义信息到策略评估和调整的因果规则。这是库的备战表。临战发挥类似于问题 2 的现场应用。战斗完结后，由人对评估和调整进行文字记录，积累经验。

2.2.6　智能创生总过程

问题 6　谋行与行动是一个过程，怎样描写这一过程？

解　救火的过程会涉及一大堆因素，如安全通道、类型、地理位置、爆炸、化工、老弱病残、电源、救护车数量、水龙头设备、消防员、升降机、直升机、无人机、室内布局、室内探测、电梯、救火程序、指挥员部署等。

人脑不是“眉毛胡子一把抓”，而是理出一种因素谱系。

面对火警的报告，指挥员脑中所考虑的因素首先是警情，它的相是急、缓、虚惊。为了简单，不妨将它简化为一个 2 相因素。I(警情)={1 有警,0 安全}，这个因素把概念“火警”划分成两个子概念“灭火”和“防火”，得到一个图基元，如图 2.2 所示。

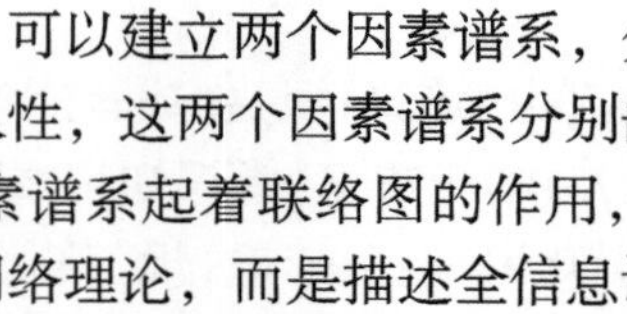

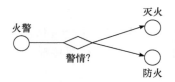

图 2.2　火警图基元

以灭火与防火为起点，可以建立两个因素谱系，分别如图 2.3 和图 2.4 所示。

按照因素谱系的可嵌入性，这两个因素谱系分别嵌入图 2.2 的两个节点形成一个更大的因素谱系。因素谱系起着联络图的作用，是全信息语义所形成的网络；这并不是现有的语义网络理论，而是描述全信息语义谋行与行动过程的数学框架；是统一智能理论虚(理论)实(洛神天库)相连的桥梁。

节点“灭火”所辖的因素是“类型”，它的相域包括“仓库灭火”和“居民楼灭火”，通常还包括“医院灭火”“夜总会灭火”“灾场灭火”“空袭灭火”等。

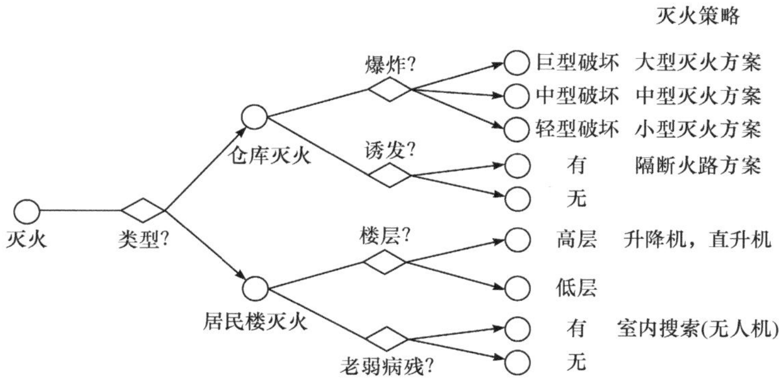

图 2.3　灭火因素谱系

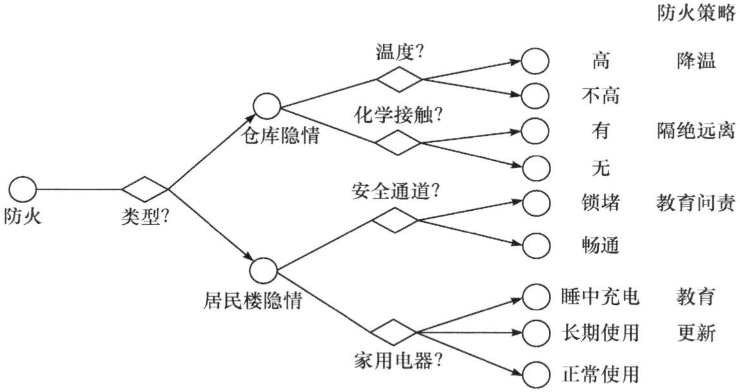

图 2.4　防火因素谱系

2.3　洛神天库

有第 1 章、2.1 节和 2.2 节的内容作为铺垫，这里重新对洛神天库进行简要介绍。

2.3.1　洛神天库的定义

定义 2.1　一个以 $T\to Q$ 为图基元的数学定义的知识图谱称为洛神天库。其中，T 是项目，Q 是因素空间藤；对于 Q 中的每一个蓓蕾都可以打开一个以该节点命名的子库，每个子库提供因素空间所需的数据处理表格、实时数据以及图、文、音像资料，子库在选用中被优化。

只要一个项目的因素谱系包含两个以上的蓓蕾，就符合洛神天库的定义。符合定义的洛神天库不是一个库而是众多的库。由于世界还不是一个命运共同体，所以不可能把世界范围内所有的数据库都统一在一起。但是，若利益相通，它们的联络图(因素谱系)都有因素编码，则洛神天库之间可以任意联合。

洛神天库之间存在两种联合形式：一是小库嵌入大库。因素谱系具有可嵌入性，若小库的库名等同于大库因素谱系中的一个概念节点名，则可嵌入大库；二是大库按下该节点的按键，就能打开小库。这种扩大方法称为嵌入法。若两个洛神天库的库名之间不存在蕴含关系，则两个洛神天库的概念名称按因素谱系总可以上溯到一个上确界概念，以它为起始点，就可以并成一个大的洛神天库。

2.3.2 洛神天库与智能孵化的关系

洛神天库与智能孵化是两位一体的关系。离开了智能孵化，洛神天库就因失去理论而无法构建；离开了洛神天库，智能孵化就失去了用武之地。

洛神天库必须是具有全信息的语义，以因素为牵引，以泛逻辑为基础的实时应用和成长的生态系统；它与统一智能理论相对应，一虚一实，辩证结合，具有以下特点：

(1) 洛神天库是主动生智的作战库。

人脑不是被动的知识存储与查询库，而是主动生智的，形象地比喻为作战库。关系数据库是知识存储与查询库，数据挖掘算法使它具有一定的智能，但是还没有到达主动生智的层次，知识图谱的进展也离此目标很远。洛神天库是关系数据库和知识图谱的升级版，更形象地，洛神天库是一个战役-战术的联动体，因素空间是战术作战部，因素谱系是战役联络图。可以利用因素空间藤的嵌入式跨层次结构，瞬间点开蓓蕾，精准投放，具有较强的变幻能力和灵动性。

(2) 洛神天库的构建是一项全民工程。

构建洛神天库是洛神工程的目标与归宿，要把数据库从“寡头作坊”和“网络大亨”的垄断局面改为“万家灯火”。原始数据都藏在知识领域的最前线，靠全民来精耕细作，因此洛神天库的构建是一项全民工程。

(3) 洛神天库是信息科学范式变革的产物。

为什么叫洛神？因为洛神是中华文化的一种符号。中华文化注重整体观和辩证法。智能生成机制不是西方还原论的承袭品，而是中华文明的哲理的产物。

为什么称为天库？因为这种库可以从小变大，没有上限。因大而可上云端，要在云上合理存储、高效配置、降低电耗、防止污染。

(4) 洛神天库是数据有生有灭论者。

现在已经出现了对数据囤积居奇、重复制造、高价倒卖的危险倾向。数据只生不灭，泛滥成灾。有生有灭是万物演化的天理。数据只生不灭将毁掉人类文明。

洛神天库是数据有生有灭论者，数据是手段不是目的，在掌握数据所携带的知识和规律后，数据就完成了它的历史使命，除了保留信息压缩后的必要数据之外，其他数据均可以消除。按照因素空间背景基的理论，所有内点数据一律清除

(在必要时，还可以复原)，面对大数据的浪潮，天库都使用背景基作为过滤器，始终在网上沉着吞吐一个不大的数据集。

(5) 洛神天库是数据的节约论者。

对于超高速、超大规模的计算，必须拟定财耗、物耗控制指标，按性价比来行事。洛神天库承袭人脑按因素组织知识的秘籍，用最少的重复、最小的云盘、最短的计算时间和最少的电能耗费。

2.4　智造银行

有学者已经打造出一条金融系统智能孵化的道路，构建了洛神天库。本节的论述和图表都来自郑宏杰(2019)的文献。

2.4.1　金融行业所面临的挑战与解决思路

金融行业所面临的挑战可以用四个字来概括。

广：银行业务范围广，问题多元化，难以抓住主因；

难：没有简明有效的组合管理数学模型，依靠的是决策者的经验，多目标相互影响，难以统筹管理；

慢：系统配置复杂，精细化计算慢，管理力度粗，容易错失良机；

高：需要大量懂金融、懂经营、懂建模、懂系统的高级人才来从事疲劳烦琐的智力劳动。

但是，以因素空间为数学基础的机制主义人工智能理论也可用四个字来概括。

准：因素思维敏于算计，善于聚焦主要矛盾，抓准主因；

易：利用因素空间理论操作数据，立足深，看得透，问题洞察可化难为易；

快：基于因素空间理论提出的人工智能算法更便捷、快速；

省：以机制主义人工智能理论为指导，可以增进机器学习的层次，更好地学习专家经验，节省智力劳动。

用智能的“准”、“易”、“快”、“省”等优势，解决传统金融行业遇到的“广”、“难”、“慢”、“高”等问题是当代金融科技领域的研究热点。其中，以因素空间理论为数学基础的机制主义人工智能理论，为解决多目标智能决策带来了新的思路与方向。

2.4.2　智造银行的因素谱系

智能孵化在银行服务和管理方面的目标是为经济社会发展提供优质服务，并在控制风险的前提下提高利润。

若以某个银行为上位概念，其外延 D 就是由该银行的每一笔交易或收支行动为对象所组成的集合，定义在 D 上的因素把每次交易都映射成一个结果记录(数据)。因为银行的数据都是实数，所以金融因素都是普通的变量。

金融形式因素很多，但最基本的形式因素只有：流入量 AX 和流出量 LX。

设银行有多个出纳部门，则将因素 AX 和 LX 在第 i 部门的限制分别记为 AX_i 和 LX_i。类似的形式因素还有：流入利率 AR 和流出利率 LR，因素 AR 和 LR 在第 i 部门的限制分别记为 AR_i 和 LR_i；生息周期 AT 和付息周期 LT，因素 AT 和 LT 在第 i 部门的限制分别记为 AT_i 和 LT_i。

提高利润是一个重要目标，围绕此目标，主要的效用因素是净利息收入，即

$$\mathrm{NII} = \mathrm{AX}_i \times \mathrm{AR}_i - \mathrm{LX}_i \times \mathrm{LR}_i$$

NII 越大，银行的实际盈利就越大。

控制流动性风险是一个重要目标，围绕此目标，主要的效用因素是

$$\mathrm{LCR} = (\mathrm{AX}_1 + \mathrm{AX}_2 + \mathrm{AX}_3)\Big/\left(\sum_{i=1}^{n}\mathrm{LX}_i - \sum_{i=1}^{n}\mathrm{AX}_i\right)$$

$$= \text{优质流动性资产 / 未来30天资金压力情况下的净流出}$$

LCR 覆盖资金净流出的比例越小，银行现金断流的风险(称为流动性风险)就越大。

还有一个效用因素是

$$\text{错配比}=\sum\nolimits_i\left(\mathrm{AT}_i \times \left(\mathrm{AX}_i/\sum\nolimits_j \mathrm{AX}_j\right)\right)/\sum\nolimits_i\left(\mathrm{LT}_i \times \left(\mathrm{LX}_i/\sum\nolimits_j \mathrm{LX}_j\right)\right)$$

$$=\text{生息加权平均周期/付息加权平均周期，} i=1,2,\cdots,n$$

资产负债期限错配比越大，预期现金断流和利率重定价风险(称为错配风险)就越大。以上因素对目标的具体描述如下。

目标：ΔNII 净利息收入的增幅大于 10%(预期值)；LCR 达标，超过 100%(监管值)；错配比良好，低于 3%(监测值)。

上述效用因素分别确定图基元如下。

NII: 银行状况→{2 大赢，1 小赢，0 平，−1 小亏，−2 大亏}

LCR: 银行状况→{1 安全，2 警戒，3 流动险境}

错配比: 银行状况→{1 安全，2 警戒，3 错配险境}

银行业务可以视为调控效用因素，它又确定了一个图基元为

“银行业务”：银行业务→{负债，资产}

将“银行业务”限制在[负债]和[资产]上分别得到因素“负债业务”和“资产业务”，又分别确定图基元为

“负债业务”：负债→{活期存款，定期存款，同业存款、央行借款}

“资产业务”：资产→{贷款产品，同业借款，债券投资}

类似地，可以不断进行细化，例如

“定期存款业务”：定期存款→{…,6 个月，1 年，3 年，5 年，…}

把这些图基元连接起来，就得到银行业务因素谱系图，如图 2.5 所示。

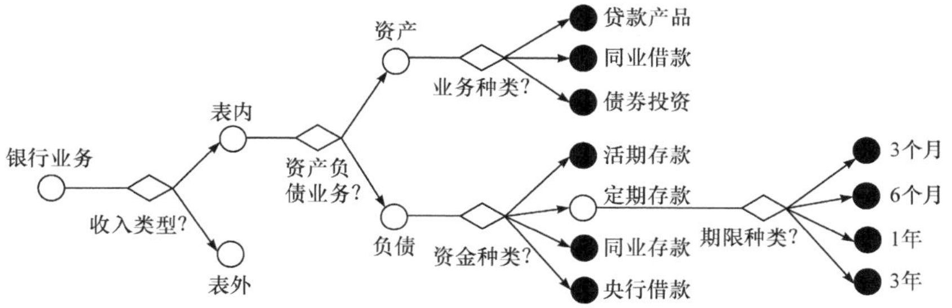

图 2.5　银行业务因素谱系图

2.4.3　统筹状态空间

以效用因素为轴张成一个因素空间 X，称为银行经营状态空间，其导出的因素谱系对该空间进行了一个状态概念的划分。每个概念有因素编码，例如，设效用因素只有 NII、LCR 和错配比，则#011 表示状态“NII 平常、LCR 安全、错配比安全”，这样的状态有 5×3×3=45 个，因素多了这样的状态会更多。要求这些因素形成背景关系(详见第 3 章)，即把没有数据落入的状态去掉，剩下的状态就实现了对空间 X 的状态概念划分。

统筹状态空间提供了一个多人多场景分析决策调控的可视化图像，银行经营的状况随时点在图上，测量它与预期的理想目标状态的距离，距离警戒线足够远，就可以进行多人多场景谋行决策。

统筹状态空间二维标注点及优化情况下的原始构图，如图 2.6 所示。

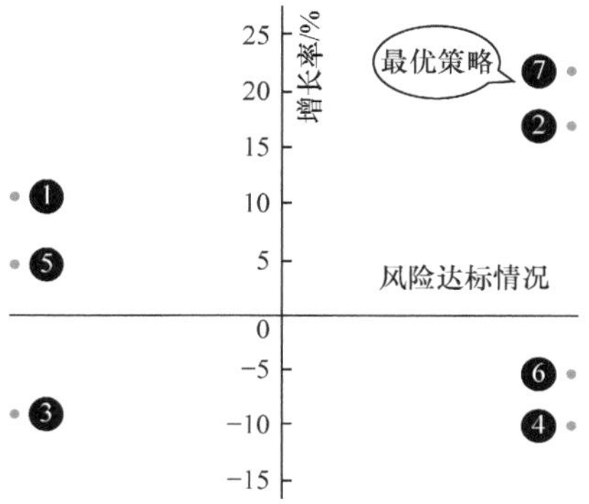

图 2.6　统筹状态空间二维标注点及优化情况下的原始构图

2.4.4　银行统筹分析法

郑宏杰(2019)提出的统筹分析法是在因果归纳算法(将在第 4 章介绍)的基础上发展的分析方法，其统筹因果分析图如图 2.7 所示，统筹因素分析法如表 2.14 所示。

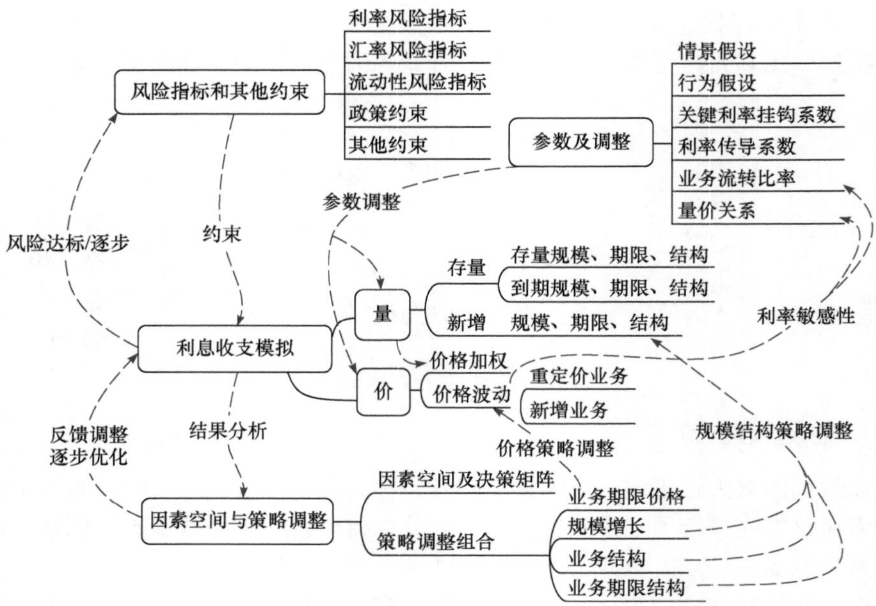

图 2.7　统筹因果分析图

表 2.14　统筹因素分析法

因素空间维度	决策因素									状态结果	
	规模增长率	业务结构变动		业务期限结构变动			业务期限价格变动			结果评价	
		业务品种	结构占比变动	业务品种	期限	期限占比变动	业务品种	期限	价格变动	风险达标情况	NII 变动情况
策略组合	10%	活期存款	−5%	定期存款	1 年	+5%	对公贷款	10 年	+10BP	1	+2%
		定期存款	0%		5 年	0%					
决定度	x/m	y/m									

1. 因素分析法步骤

因素分析法的步骤如下。

步骤 1　统计各因素空间的决定类与决定域；

步骤 2　计量出决策因素的决定度；

步骤 3　以此排序，选择决定度最高的进行推理；

步骤 4　在论域中删除已形成推理的部分，对剩余部分重复步骤 1～3。

当多维因素对应多维结果进行推理时，若某步骤出现决定类均为 0，即难以进一步推理，则

(1) 先对可确定的目标进行推理，将其他目标作为不定相，进行进一步推理；

(2) 将因素进行组合或按板块拆分成新因素；

(3) 将目标结果进行组合。

在此基础上，本书提出了组合策略集简一化。组合策略的统筹因果分析如表 2.15 所示。

表 2.15　组合策略的统筹因果分析

训练集	决策因素				目标结果		
	规模增长率	业务结构占比变动	业务期限结构占比变动	价格变动	NII	LCR	错配比
U_1	正	是	升	A	1	1	−1
U_2	正	是	降	A	0	1	1
U_3	平	是	升	A	1	0	−1
U_4	负	是	升	B	−1	1	−1
U_5	负	否	升	C	0	1	−1
U_6	负	否	降	C	−1	1	1
U_7	平	否	降	C	0	1	1
U_8	正	是	升	B	1	1	−1
U_9	正	否	升	C	1	0	−1
U_{10}	负	否	升	B	0	1	−1
U_{11}	负	否	降	B	0	0	1
U_{12}	平	是	降	B	−1	1	1
U_{13}	平	否	升	A	1	0	−1
U_{14}	负	是	降	B	−1	1	0

2. 组合策略集简一化

表 2.15 中决策因素和目标结果的属性及含义见表 2.16。

表 2.16　组合策略的属性及含义

属性	含义
正	总规模增长 10%
平	总规模不增长
负	总规模减少 10%
是	同业负债活期的结构占比减少 5%
否	结构占比不变
升	单位贷款 5 年期限占比增加 5%
降	单位贷款 5 年期限占比降低 5%
A	5 年贷款和同业负债价格均升高

续表

属性	含义
B	仅 5 年期单位贷款价格升高
C	仅同业负债活期价格升高
NII	1 增长；0 不变；–1 减少
LCR	1 达标；0 不达标
错配比	1 改善；0 不变；–1 恶化

组合策略的统筹因素分析的部分分析过程如表 2.17～表 2.20 所示。

表 2.17 U_1 的组合策略因果分析过程

训练集	决策因素				目标结果		
	规模增长率	业务结构占比变动	业务期限结构占比变动	价格变动	NII	LCR	错配比
U_8	正	是	升	B	1	1	–1
U_1	正	是	升	A	1	1	–1
U_9	正	否	升	C	1	0	–1
U_3	平	是	升	A	1	1	–1
U_{13}	平	否	升	A	1	0	–1
U_4	负	是	升	B	–1	1	–1
U_5	负	否	升	C	0	1	–1
U_{10}	负	否	升	B	0	1	–1
决定度	(5,3,8)/8=2	(0,4,8)/8=1.5		(3,3,8)/8=1.75			

表 2.18 U_{11} 的组合策略因果分析过程

训练集	决策因素				目标结果		
	规模增长率	业务结构占比变动	业务期限结构占比变动	价格变动	NII	LCR	错配比
U_8	正	是	升	B	1	1	–1
U_1	正	是	升	A	1	1	–1
U_9	正	否	升	C	1	0	–1
决定度		(3,3,3)/3=3		(3,3,3)/3=3			

表 2.19 U_{12} 的组合策略因果分析过程

训练集	决策因素				目标结果		
	规模增长率	业务结构占比变动	业务期限结构占比变动	价格变动	NII	LCR	错配比
U_3	平	是	升	A	1	1	–1
U_{13}	平	否	升	A	1	0	–1
决定度		(2,2,2)/2=3		(2,0,2)/2=2			

表 2.20　U_{13} 的组合策略因果分析过程

训练集	决策因素				目标结果		
	规模增长率	业务结构占比变动	业务期限结构占比变动	价格变动	NII	LCR	错配比
U_4	负	是	升	B	−1	1	−1
U_5	负	否	升	C	0	1	−1
U_{10}	负	否	升	B	0	1	−1
决定度		(3,3,3)/3=3		(3,3,3)/3=2.33			

下面选择决定度最高的进行推理，得到推理 1：

$$升平是 \to 1,1,-1$$
$$升平否 \to 1,0,-1$$
$$升正是 \to 1,1,-1$$
$$升正否 \to 1,0,-1$$
$$升负是 \to -1,1,-1$$
$$升负否 \to 0,1,-1$$

组合策略的统筹因素分析结果如图 2.8 所示。

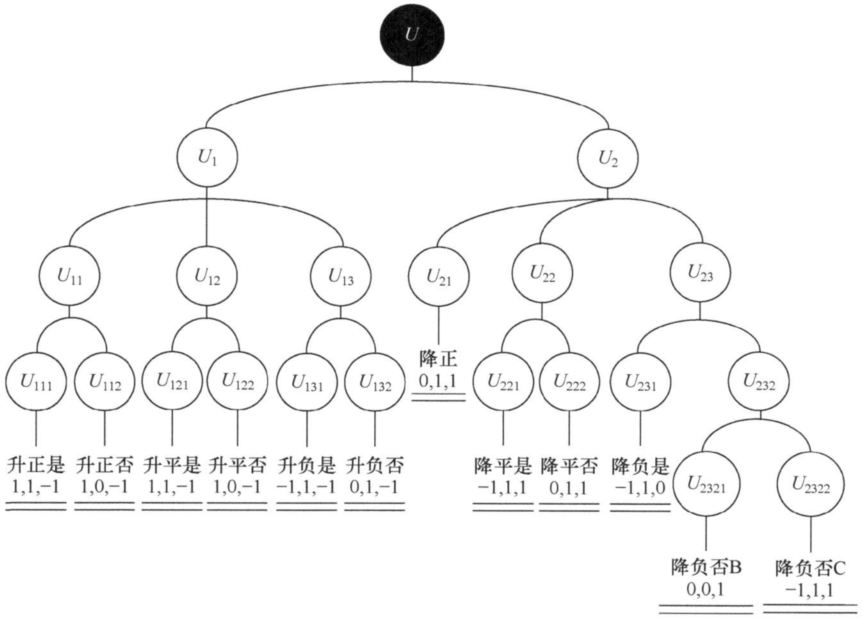

图 2.8　组合策略的统筹因素分析结果

2.4.5　智造银行的天库结构

智造银行实际上就是一种洛神天库。统筹调节系统是集认知、谋行与调节于一身的因素库。智造银行天库结构图如图 2.9 所示。

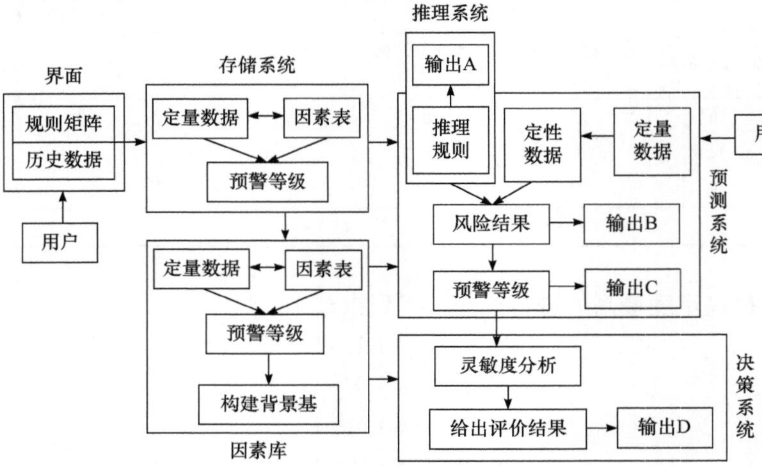

图 2.9　智造银行天库结构图

2.4.6　试错

智造银行因素库可以在试错中进行调整，智造银行天库的试错机制如图 2.10 所示。

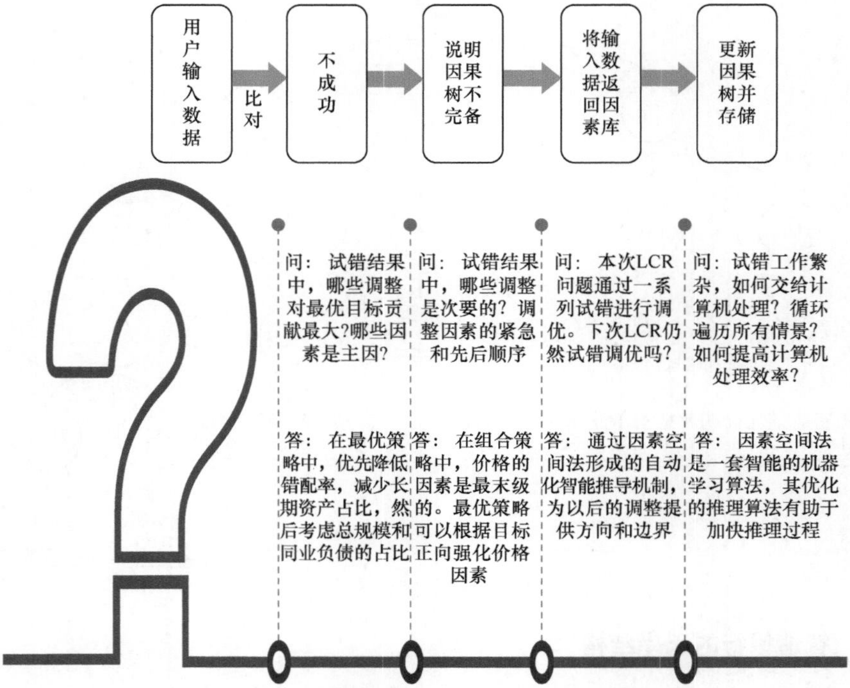

图 2.10　智造银行天库的试错机制

因素空间法是一套完备的机器学习算法，在一定的背景基下，对大数据进行识别、推理和学习，为管理决策提供自动化服务、效率服务、智能服务。

基于统筹因素分析法，通过智造银行因素库在试错机制下不断进行调整，组合策略的统筹因果分析试错结果比较如表 2.21 所示。

表 2.21　组合策略的统筹因果分析试错结果比较

规模增长率/%	决策因素			目标结果		
	业务结构占比变动	业务期限结构占比变动	价格变动	NII	LCR	错配比
0	是	升	—	1	1	−1
0	否	升	—	1	0	−1
10	是	升	—	1	1	−1
10	否	升	—	1	0	−1
−10	是	升	—	−1	1	−1
−10	否	升	—	0	1	−1
10	—	降	—	0	1	1
0	是	降	—	−1	1	1
0	否	降	—	0	1	1
−10	是	降	—	−1	1	0
−10	否	降	5 年期单位贷款+20%，其他产品价格不变	0	0	1
−10	否	降	同业负债活期+5%，其他产品价格不变	−1	1	1

2.4.7　灵敏度分析

在因素空间理论中，灵敏度分析是指形式因素单位变量对效用因素单位变量的敏感性分析，是辅助决策的重要感知性参数指标。灵敏度分析可以用于效用目标调节、主因分析、谋行规划。灵敏度分析的建设流程分为灵敏度计量和辅助决策分析，统筹决策系统的灵敏度分析如图 2.11 所示。

决策系统灵敏度分析流程如图 2.12 所示。

以自助采样法为基础，假设给定的数据集包含 n 个样本，该数据集有放回地抽样 n 次，产生 n 个样本的训练集，这样原数据样本中的某些样本很可能在该样本集中出现多次。没有进入该训练集的样本最终形成检验集(测试集)。显然，每个样本点一次被抽取的概率是 $1/n$，未被选中的概率是 $1-1/n$，这样一个样本点变为测试点的概率是$(1-1/n)^n$。当 n 趋于无穷大时，这一概率将趋近于 $1/\mathrm{e}=0.368$，所以留在训练集中的样本大概占原来数据集的 63.2%。

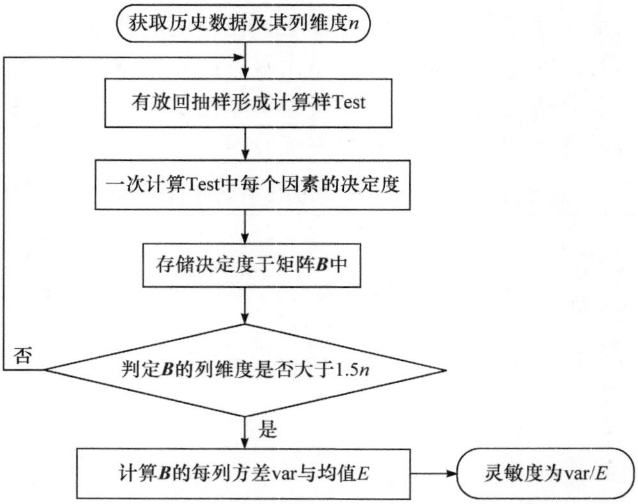

图 2.11　统筹决策系统的灵敏度分析

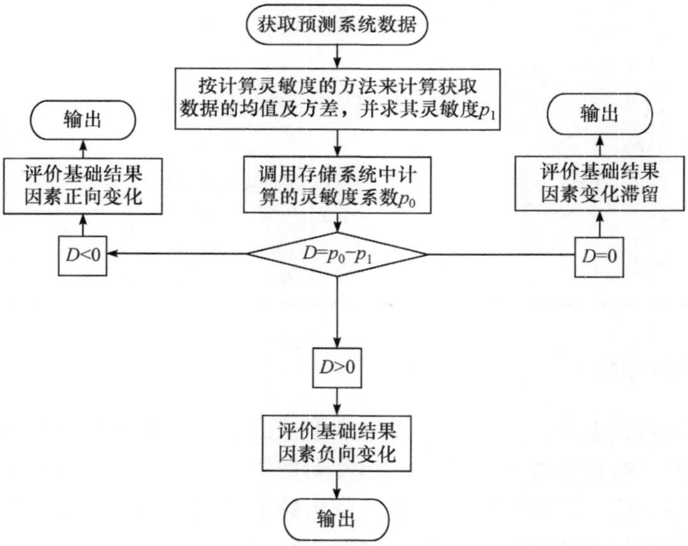

图 2.12　决策系统灵敏度分析流程

2.4.8　智造银行的问答系统

洛神天库能回答银行服务过程中“是什么”、“为什么”和“怎么办”的问题。

建立经营策略的智能问答系统在预见变革方面可取得如下重要效果。

问：本月度这样的业务组合策略，将对目标的实现有何影响？ 风险约束指标承压状况如何？

答：取代人工复杂配置与测算，节省高级人才的人工预测时间，节省高级人才的数量。

问：为了实现这样的组合目标，应该优先考虑哪些因素最有效？有效的策略又有哪些？

答：取代高级专家经验的频繁输入研讨，节省大量业务组合策略研究与测算。

问：本月度各项业务情况对哪个目标不利？是由哪些业务因素的不利变化导致的？应该怎样改善？

答：取代对指标变化的频繁人工归因分析和策略改善研讨，节省大量分析报告时间，节约高级人才的时间。

2.5　因素化查询语言

人工智能已有的知识表示语言是 SQL 以及由之产生的 Ora，现在需要建立自己的新语言，即一种以因素化 cle 等为一类的数据库语言；现在又转向以 SPARQL 为基础的图数据库的语言开发，但还没有一定的章法。洛神天库查询语言是以因素化查询语言(factorial query language，FQL)(孟祥福，2021)为基础的洛神天库语言。

2.5.1　FQL 的数据定义

因素是起牵引作用的隐性物，FQL 是因素化的查询系统。编写 FQL 只需要对 SQL 进行升级：SQL 的定义语言很简单，只针对一张本地表，而 FQL 则要面对一系列的图。所有知识表示都可以转化为知识图谱，表库也是图库，所有图库可分为 3 种类型：①表示本体的多支图，简称谱系图 A；②以因素为有向边图基元所构成的图，简称三元图 B，其中，所有前节点的对象都属于谱系图中同一个节点的三元图，称为类型图；③以关系因素为边，前后节点都是谱系图中同一个节点的对象，这样的一组图基元所构成的图称为关系图 C。这三种图概括了所有经典的知识图谱。

此外，对于本体谱系中带花苞的末节点，打开窗口是一张因果分析表，表头是对象|条件因素 1|⋯|条件因素 j||结果因素 1|⋯|结果因素 k|；它是一个 m 行、$j+k+1$ 列矩阵，称为因果分析图 D，D 是关系数据库表的因素化。

FQL 数据定义的最大特点是自上而下的统一性。总库要求所有子库的因素定义必须一致，因素的名称、定义域和相域的规定必须一致。相域的相数和划分界限都必须一致，并在首次亮相的子库中写明。

谱系图 A 反映了总库知识的本体结构，是记忆库的纲。一方面，每个节点概念都有可能作为起始概念而生出一个新的谱系图，将新的谱系图嵌入原谱系图中，便得到一个更大的谱系图，如此不断扩张，没有止境；另一方面，给定总库的一个子库，无论它是三种图型中的哪一种，若其图基元的前节点是概念，则必是谱系图 A 中的一个节点，若是对象，则该子库所有图基元的前节点对象必同属于谱系图 A 中的一个节点概念，以这个节点概念来命名该子库。若按因素对谱系图中的谱系概念进行编码，则库中所有子库名都被编码。

在数据定义中，所有的属性名都不称为属性而改称为因素，所有的属性值都改称为相，相可以是属性、状态、目标、效用或情感。

2.5.2 FQL 的数据查询

FQL 的数据查询与 SQL 的数据查询类似，正体字相同但内容不同。

SELECT 目标子库中表的因素名或因素表示序列
FROM 总库名和(或)视图序列
[WHERE 前节点对象表达式]
[GROUP BY 因素名序列]
[HAVING 组条件表达式]
[ORDER BY 因素名序列|ASC|DESC|,…]

这可以免去 SPARQL，事实上，任意输入一个图基元：

[WHERE 前节点对象=h]
[GROUP BY 因素=f]
[HAVING 前节点对象=h]

若所得的结果表是空的，则说明此图基元不在目标子库中，否则，便在目标子库中。SPARQL 的查询功能可以由 FQL 实现，不难证明，插入功能也可以由 FQL 实现。

这样定义的 FQL 不仅适用于谱系图 A、三元图 B、关系图 C，也适用于因果分析图 D，只需把列换为因素，把行换为前节点对象。但为了提升 FQL 的生智功能，还需要对因果分析图 D 的查询进一步叙述。

(1) 表的因素格式。

“因素”与“列”可以混用；“前节点对象”与“行”可以混用。

(2) 背景分布。

为了简单，假定因果分析图的因素只有一个条件因素和一个结果因素。每个因素都有 3 个相。两个因素的乘积空间有 3^2=9 个格子。格子(i, j)表示因素 f 取第 i 相且因素 g 取第 j 相。由于因素规定在总库中的一致性，只要表头相同，无论在哪个目标子库中，同表头的表都可以合并成一个结果表。设有 K 个目标子库，每个目标子库中都有一个同表头的表。设第 k 表的行数为 m_k，记 $M=\sum_{k=1}^{n} m_k$ ；设

第 k 表中有 r_{ij}^k 个对象在 f 下取第 i 相且在 g 下取第 j 相，记 $r_{ij}=\sum_{k=1}^{n}r_{ij}^k$ ，总有 $p_{ij}=r_{ij}/M$ 。对于固定的 i 和 j，增加一种聚合函数 p_{ij}，所成的聚合函数族 $\{p_{ij}\}(i=1,2,\cdots;j=1,2,\cdots)$称为因素 f 与 g 的背景分布。当条件因素和结果因素增多时，因素相的组态呈指数增加，n 个因素必须用 n 个足码来表示一个组相 $(i_1,i_2,\cdots,i_n)$ ，4 个因素以上的相域的笛卡儿乘积空间在图上难以展现。

若把因素看作随机变量，背景分布就是它们的联合概率(样本)分布。将背景分布引入 FQL 以后，记忆库的生智功能便可以大幅度提高。

(1) 因素约简：使用条件期望 $E(g|f)$可以衡量因素对因素影响的大小。

(2) 近似推理：用条件概率表示推理句的真值 $p(g=b|f=a)=t$(若 $f=a$，则 $g=b$)。

(3) 概念自动生成：从条件因素乘积相空间中去掉 $p_{ij}=0$ 的格子点，剩下的全体格子所形成的集合称为诸条件因素之间的背景关系，每个格子点生成一个原子概念，由它生成初等概念半格，再经过专家筛选命名，存储归档。

(4) 背景基的提取(见第 3 章定义)。

2.5.3　FQL 的数据操作

FQL 的数据操作完全等同于 SQL 的数据操作。统一的 FQL 接口如图 2.13 所示。

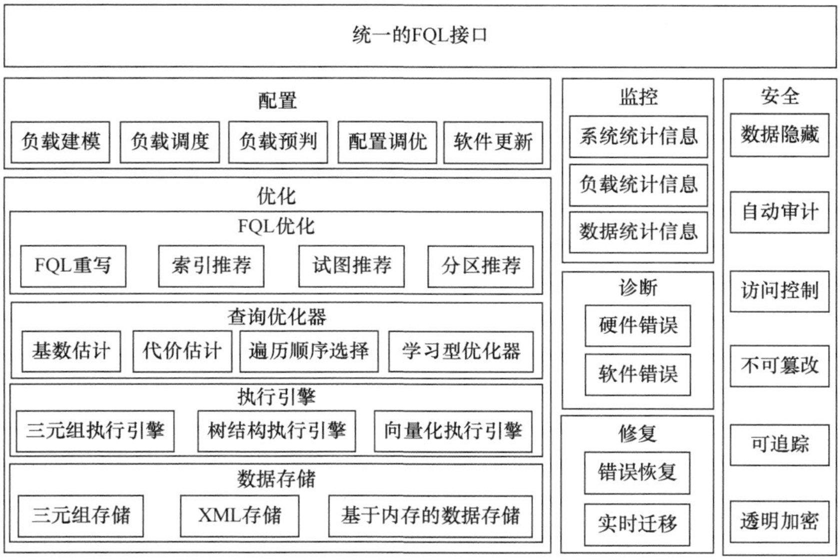

图 2.13　统一的 FQL 接口

操作 1　数据插入(Insert)。

插入单个节点，该节点可以是本体或实例，语句为

Insert into 表名称 values(n:节点名称)

插入单个因素，语句为

Insert into 表名称 values(f:因素名称)

插入单个因素+节点的结构，语句为

Insert into 表名称 values(n:节点名称，f:因素名称)

操作 2　数据删除(Delete)。

删除单个节点，语句为

Delete from 表名称 where n = “节点名称”

删除单个因素，语句为

Delete from 表名称 where f = “因素名称”

删除节点和因素，语句为

Delete from 表名称 where n = “节点名称” and f = “因素名称”

操作 3　数据更新(Update)。

更新单个节点值，语句为

Update 表名称 set n = “新的节点名称” where n = “旧的节点名称”

更新单个因素，语句为

Update 表名称 set n = “新的因素名称” where n = “旧的因素名称”

更新一组节点和因素，语句为

Update 表名称 set n = “新的节点名称”，f = “新的因素名称” where n = “旧的节点名称” and f = “旧的因素名称”

2.5.4　FQL 的特点

FQL 的特点有如下几方面。

(1) 分布性。由于因素规定在总库中的一致性，只要表头相同，不论在哪个子库中，同表头的表都可以合并成一个结果表，这种合并过程可以分布式进行。分布式使表的行数变为大数，按照大数定律，样本分布就变成母体分布，基于样本所归纳出来的因果规则就具有严格的可靠性。

(2) 隐私性。FQL 的操作不取对象列，只取因素列，因而所要征用的数据都不涉及隐私，这就保证了操作的合法性，降低了相应的阻力和成本。

(3) 实时性。用背景基取代背景关系，能实现大幅度的信息压缩，使大数据变为小数据操作，实时地在网上吞吐数据，成为大数据的克星。

(4) 嵌入性。

(5) 可理解性。

总之，FQL 使因素知识图谱的特点都得到满足。

2.5.5　FQL 的概括

图 2.14 是对 FQL 的概括。图中，XML 表示可扩展标记语言(extensible markup language)，是一种标记语言，被广泛应用于数据交换的领域，它可以用来描述和存储各种类型的数据；ARM 表示高级精简指令集处理器(advanced RISC machines)，是一种处理器架构；AI 表示人工智能(artificial intelligence)，AI 芯片一般是指专为人工智能应用而设计的芯片；NVM 表示非易失性存储器(non-volatile memory)，是一种在断电或掉电后依然能够保存数据的存储媒介；SSD 表示固态硬盘(solid state drive)。

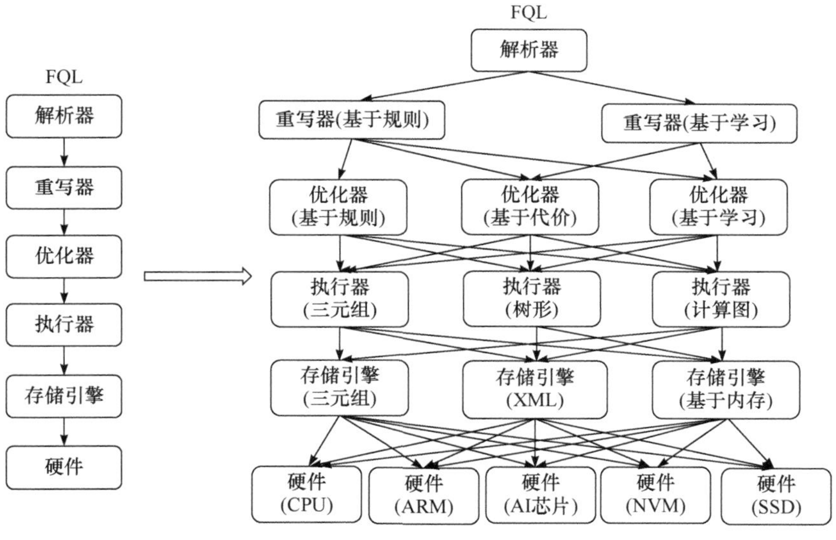

图 2.14　FQL 的概括

2.6　因素空间对本能常识的刻画

因素空间是实笛卡儿空间的推广，本节将因素空间作为知识表示的平台。知识的单元是概念，知识表示的主要任务是刻画概念和应用概念识别对象。概念有本能性的和常识性的，有从因素的属性合成而得到的概念生成，有经过归纳或推理而得到的高级概念，本节只选其中几个特殊难点来进行讨论，下面首先介绍本能常识的刻画问题。

1. 本能常识的刻画

机制主义人工智能理论把人的本能与潜在知识放在特殊的位置，因为它是人工智能待开垦的处女地。Minsky(1986)一反常态地指出：像逻辑演绎这样的高等级理性思维只需要相对很少的计算能力，而实现感知、运动等低等级智能活动却需要耗费巨大的计算资源。这一违反常理的说法称为莫拉维克悖论。语言学家和认知科学家 Pinker(2007)认为莫拉维克悖论的提出是人工智能研究者的最重要发现。他指出：经过对人工智能的研究，人们学到的主要经验是：看似困难的问题往往简单，而看似简单的问题却往往困难。Liu 等(2020a)提出图 2.15 中的问题，该问题原本是幼儿园和小学生课本中常见的一种智力训练(稍带难度)，孩子们无须老师教，仅凭本能就能回答出来。但是，机器却无法解答此问题，这给莫拉维克悖论又增添了一项新例。

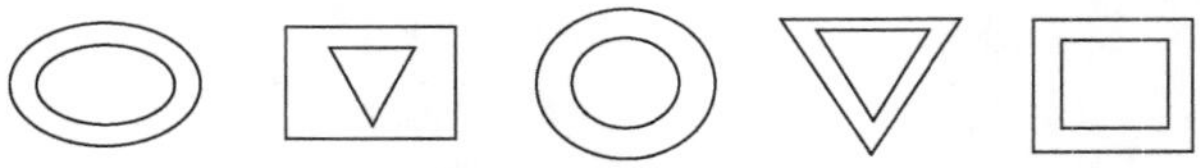

图 2.15　拿走哪一个你才看得顺眼

2. 因素空间对本能常识的刻画

图2.15所给的训练就是寻找因素的训练。“看得顺眼”的图形序列，就是一个因素的相域。拿走左起第二个图，其余图形就是因素“相似套的形状”的部分相域。早在 20 世纪初，美国心理学家 Thurstone(1931)就把因素视为心理学研究的基本要素。相域训练是心理学家精心设计的题目，其目的是要让儿童学会找因素。

能否通过编写一个程序来回答图 2.16 所提的问题?

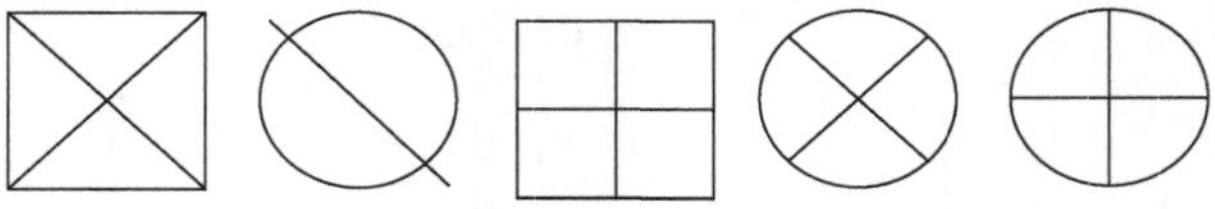

图 2.16　拿走一个使看得顺眼

要求：①不依靠心理测试来编写程序；②共测试 10 次，每次测试员不会告诉你你的答案是否正确，测试员每次都可任意改变五个图形的次序，10 次不得有一次出错，这样才算胜出。按照 Liu 等(2020a)的见解，这个程序很难编写出来。因素空间理论利用下面的原理来阐述此问题。

因素输送原理　人有发现因素的能力，机器没有，这是人与机器的分水岭。因素必须由人输送给机器，人输送多少因素给机器，机器就有多少智能。

若人不输送因素给机器，机器不可能解答此问题。若把因素输送给机器，机器会很快解答此问题。例如，输入以下因素：f = “有无封闭线路”，$I(f)$={有，无}；g = “封闭线以外的笔画数”，$I(g)$ = {1,2}。假定机器能自动地针对每个图形对这两个因素的呈相做出判断，则必然将图 2.16 中的 5 个图形转化成如下 5 个组相，即

(有，2)，(有，1)，(有，2)，(有，2)，(有，2)　　(2.4)

式(2.4)称为“掺沙子序列”。从这种序列中拿走像(有，1)这样的“沙子”，机器也就“看顺眼了”。

有读者会说，这不是将因素输送给机器让机器挑选因素吗？是的，根据因素输送原理，机器自己不会制造因素，但可先罗列一堆因素，对每个因素用式(2.4)进行“掺沙子”观察，机器便有可能找到一个合用的因素，这正是自监督学习应走的路径。

2.7　小　结

数字数据不等于数字化。银行的数据都是数字数据，但银行的数字化却要耗费漫长的时间。数字化的难点在于标准化，要标准化就必须用到因素和因素谱系。因素空间是数字化不可或缺的。数字是有形的，因素是无形的，因素赋予数字以内涵，只有应用因素思维，才能显现隐藏在数字背后的知识结构。

洛神天库是数字化和智能化所要构建的目标。它并不神秘，每个基层单位都可以建立自己的小天库。但是，小天库可以联合成大的天库，囊括的范围是没有止境的，按洛神天库的定义来建立即可。

相关学者探索了一条金融系统智能孵化道路，构建了一种新型的生智的因素数据库，为天库的构建迈出了第一步。孟祥福(2021)等学者为天库编制了新的机器语言(FQL)。

第 3 章　因素空间与知识表示

第 1 章介绍了因素空间藤的概念，它的每个蓓蕾一打开就是一个因素空间。第 2 章勾画了智能生成机制的因素描述。3.1 节将介绍只有在因素空间中才能定义因素之间的关系和运算；因素空间进行知识表示；背景关系与背景基。3.2 节和 3.3 节进一步介绍知识表示的基本问题：对象识别和概念生成。3.4 节介绍因素空间的另一种表现形式：因素神经网络。

3.1　背景关系、因素运算和背景基

3.1.1　背景关系

定义 3.1(背景关系)　给定因素空间 $\phi=(D,f_1,f_2,\cdots,f_n)$ ， $I=I(f_1)I(f_2)\cdots I(f_n)$ ，记

$$R=\{\boldsymbol{a}=(a_1,a_2,\cdots,a_n)\in I\mid \exists d\in D;f_1(d)=a_1,f_2(d)=a_2,\cdots,f_n(d)=a_n\} \tag{3.1}$$

则称 R 为 $f_1,f_2,\cdots,f_n$ 的背景关系或背景集。若因素 $f_1,f_2,\cdots,f_n$ 称为互不相关，则 $R=I(f_1)I(f_2)\cdots I(f_n)$ 。$I=I(f_1)I(f_2)\cdots I(f_n)$ 是 n 个因素的联合相域，它所包含的相较单个因素的相多得多。若每个因素有三个相，则 10 个因素就有 3^{10} 个相，这些相中很多是无意义的。在 D 中没有对象去取的相就视为实际不存在的虚组态，R 就是排除虚组态以后实际出现的组态集，是实际存在的笛卡儿乘积空间。

气温和降雨量是两个因素，低气温的北方不可能出现很高的年降雨量。于是，在气温和降雨量笛卡儿乘积空间中就存在很多虚组态。去掉虚组态之后所成的集合就是气温和降雨量的背景关系，它能描述气温与降雨量之间呈现的正变关系。

因素空间是研究因素相关性的数学，背景关系是因素空间理论的核心概念。

3.1.2　因素的质根运算和逻辑运算

给定因素 $f:D\to I(f)=\{a_1,a_2,\cdots,a_n\}$ ，记

$$[a_i]=\{d\in D\mid f(d)=a_i\}\text{，}\quad i=1,2,\cdots,n \tag{3.2}$$

称为相 a_i 的反馈外延。例如，因素 f 确定了一个划分关系 $\sim: d\sim d'$ ，当且仅当

$f(d)=f(d')$。不难证明，这是一个等价关系(即满足反身性、对称性和传递性的二元关系)，数学上一个熟知的事实是：等价关系决定了对定义域 D 的分类。

记 $H(D,f)=\{[a_i]\mid i=1,2,\cdots,n\}$，称为 f 对 D 的划分。把每个类 $c_i=[a_i]$ 看作一个元素而形成一个集合 $D/f=\{c_i\mid i=1,2,\cdots,n\}$，称为 D 关于 f 的商集。

若 $H(D,f)$ 中的任意一个类都被 $H(D,g)$ 中的一个类包含，则称 f 的划分比 g 细，或者称 f 的划分能力比 g 强，记作 $H(D,f)\prec H(D,g)$ 或 $f\geqslant g$。

粗弱细强，分辨的粗细与划分的强弱具有互逆向的倾向。

命题 3.1　记 F_D 是在 D 上有定义的所有因素构成的集合，其按强弱关系"$\geqslant$"构成一个偏序集($F_D,\geqslant$)。

证明　只需证明"$\geqslant$"是 F_D 上的二元关系，满足反身性(若 $f\in F_D$，则 $f\geqslant f$)和传递性(若 $f\geqslant g$ 且 $g\geqslant h$，则 $f\geqslant h$)。这都是显然的事情。证毕。

偏序不一定是全序，任给两个因素，可能其划分能力相当。在这种情况下，可以引用一种临时的全序关系。记 f 对 D 的分类如下：

设 $H(D,f)=\{c_k=(d_{k1},d_{k2},\cdots,d_{kn(k)})\}(k=1,2,\cdots,K)$，其中，$n(k)$是第 k 类中所包含的对象个数，K 是类别的总数。

定义 3.2

$$e_f=1-[n(1)(n(1)-1)+n(2)(n(2)-1)+\cdots+n(K)(n(K)-1)]/[m(m-1)] \tag{3.3}$$

称为因素 f 对 D 的分辨度，这里，m 是 D 中的对象总数。

解释一下，设想 K 类对象分别涂有 K 种不同的颜色。从 m 个对象中先后取出两个，共有 $m(m-1)$种二元排列，其中，同色对子的二元排列有 $[n(1)(n(1)-1)+n(2)(n(2)-1)+\cdots+n(K)(n(K)-1)]$ 种，e_f 是异色对子数目与总对子数目之比。e_f 越大，因素 f 对 D 的分辨能力越强。

最强的因素能把 D 划分成单点集，每类都只含有一个对象；最弱的因素是把 D 中的任何因素都映射成一个相的因素，它不对 D 进行划分，划分能力为零，这样的因素称为零因素。

事物是量与质的统一，属性是质表，因素是质根。若把质根想象成一种有形的团粒，则零因素是空团粒，质根越粗，因素的分辨能力越强。多个因素的合取使质根的团粒变粗。要提高因素的划分能力，单靠一个因素不够，需要把多个简单的质根并成一个复杂的质根，这就涉及因素的运算。要讲清楚因素的运算，必须先介绍因素之间的关系。

定义 3.3(因素的质根运算)　如果因素 h 的质根是 f 和 g 的质根之并，那么 h 称为因素 f 与 g 的合成，记作 $h=f\cup g$，如果 h 的质根是 f 和 g 的质根之交，那么 h 称为因素 f 与 g 的分解，记作 $h=f\cap g$。

例 3.1　美食家评价菜肴，论域 D =接受评判的所有菜肴所成之集。判别的元因素有：f_1=色，$I(f_1)=\{$美,中,丑$\}$；f_2=香，$I(f_2)=\{$香,臭$\}$；f_3=味，$I(f_3)=\{$鲜,常,差$\}$。由合成产生的复杂因素有：$f_4=f_2\cup f_3=$香味；$f_5=f_1\cup f_3=$色味；$f_6=f_1\cup f_2=$色香；$f_7=f_1\cup f_2\cup f_3=$色香味。这些复杂因素又可分解成简单因素，如 $f_4\cap f_5=$味，$f_4\cap f_6=$香，$f_5\cap f_6=$色；$f_1\cap f_2=f_2\cap f_3=f_1\cap f_3=0$(零因素)。

因素团粒的合成使属性的团粒变细，因素团粒的分解使属性的团粒变粗，因素与属性的团粒观呈现互反趋向。

合成(分解)运算使注意的分辨率提高(降低)，对论域的划分能力增强(减弱)。

命题 3.2　$f\cup g=\mathrm{Sup}(f,g), f\cap g=\mathrm{Inf}(f,g)$，这里 Sup 和 Inf 分别是因素按序关系“⩾”定义的上、下确界。

证明　$f\cup g$ 造成的划分 $H(D,f\cup g)$ 是两因素划分 $H(D,f)$ 和 $H(D,g)$ 的叠加，必有 $H(D,f\cup g)\{H(D,f)\}$ 和 $H(D,f\cup g)\{H(D,g)\}$，亦即 $f\cup g\geqslant f$ 和 $f\cup g\geqslant g$，故 $f\cup g$ 是 f 和 g 的上界。

设有因素 h 是 f 和 g 的上界，对于 h 所分出的任何一个子类 c，它必同时被 f 的某个子类 c_i 和 g 的某个子类 c_j 所包含，也就自然会被 $c_i\cap c_j$ 所包含，而 $c_i\cap c_j$ 就是 $f\cup g$ 所分出的一个子类，故有 $h\geqslant f\cup g$，这说明 $f\cup g$ 是 f 和 g 的上确界。类似地可证明另一等式。证毕。

定义 3.4(因素的逻辑运算)　给定因素 f、g 和 h，如果因素 h 对论域的划分关系$\sim_{且}$被定义为 $d\sim_{且}d'$，当且仅当 $f(d)=f(d')$ 且 $g(d)=g(d')$，那么称因素 h 是 f 和 g 的合取，记作 $h=f\wedge g$；如果因素 h 对论域的划分关系$\sim_{或}$被定义为 $d\sim_{或}d'$，当且仅当 $f(d)=f(d')$ 或 $g(d)=g(d')$，那么称因素 h 是 f 和 g 的析取，记作 $h=f\vee g$，这里，$\sim_{且}$和$\sim_{或}$是$\sim$的传递闭包。

合取运算使注意的分辨率提高，对论域的划分能力增强；析取运算使注意的分辨率降低，对论域的划分能力减弱。

命题 3.3(两种运算的逆向对合性)：

$$f\wedge g=f\cup g,\quad f\vee g=f\cap g \tag{3.4}$$

证明　与命题 3.2 类似，因素的合取与析取在划分上所产生的效果是相同的，即

$$f\wedge g=\sup(f,g),\quad f\vee g=\inf(f,g)$$

由此可知，式(3.4)为真。证毕。

不难证明，在因素的划分效用下，因素空间装备着两个同构的格结构，即 $(F_D,\wedge,\vee)$ 和 $(F_D,\cup,\cap)$，甚至在一定条件下，可以分别加进“非”和“余”运算

而形成两个同构的布尔代数。这是理论上的研究课题，本书暂不深入，有兴趣的读者可以参考相关文献(包研科，2021)。

因素运算的难点不在于合取而在于析取。合取使因素的划分叠加而分得更细，析取运算呢？它究竟如何影响因素对论域 D 的划分？回到例 3.1，假定某厨师的品尝习惯是综合性的，他能按 f_4 和 f_6 来品尝菜肴，即他能综合地分辨味香和色香，其任务是要探索怎样帮助他把因素“香”析取出来？显然有

$$I(f_4)=I(f_3)\times I(f_2)=\{\text{鲜香，鲜臭，常香，常臭，差香，差臭}\}$$

$$I(f_6)=I(f_1)\times I(f_2)=\{\text{美香，美臭，中香，中臭，丑香，丑臭}\}$$

问题的关键是要在 f_4 和 f_6 这两个复杂因素的相互关系中寻找公共的信息，需要考虑的是四维空间 $I(f_4)\times I(f_6)$ 。注意，由于 f_4 和 f_6 都含有因素“香”，一盘菜肴在一次比赛中，若按 f_4 被评为鲜香，则它按 f_6 就不能被评为美臭、中臭或丑臭，而只能被评为美香、中香或丑香，这个“香”字不能变，这就是要把握的关键。于是，会发现 $I(f_4)\times I(f_6)$ 的四维空间是想象中虚构的性状搭配空间，其中有许多是虚搭配，唯有三维约束的空间才是真正的性状搭配相域。这个真正的搭配空间正是 f_4 和 f_6 的背景关系 R 。

具体来说，$I(f_4)\times I(f_6)$ 共包含 6×6=36 个项，但背景关系 R 只包含以下 18 个项：

R={美**香**鲜，中**香**鲜，丑**香**鲜，美**香**常，中**香**常，丑**香**常，
美**香**差，中**香**差，丑**香**差，美**臭**鲜，中**臭**鲜，丑**臭**鲜，
美**臭**常，中**臭**常，丑**臭**常，美**臭**差，中**臭**差，丑**臭**差}

它是一个三维体，更确切一点说，是两个平行的二维平面：前 9 相都带“香”字，把“香”拿出来，剩下的就是

$$I(f_1)\times I(f_2)=\{\text{美鲜，中鲜，丑鲜，美常，中常，丑常，美差，中差，丑差}\}$$

后 9 相都带“臭”字，把“臭”字拿出来，剩下的也是 $I(f_1)\times I(f_2)$ 。这样平行的两个二维平面称为两个层面。

再来解释一下划分关系。因素 f 和 g 分别在 $I(f)$ 和 $I(g)$ 中确定了两个划分关系 $\sim_f$ 和 $\sim_g$。它们分别把联合相域 $I(f)\times I(g)$ 划分成若干行和列，同行同 f 类，同列同 g 类。合取划分关系 $\sim_{\text{且}}$ 被定义为 $d\sim_{\text{且}}d'$ ，当且仅当 $f(d)=f(d')$ 且 $g(d)=g(d')$，意思是，两个对象在联合相域中的合取相既要同行又要同列才算同类。这样定义的关系满足传递性：若甲与乙既同行又同列，且乙与丙既同行又同列，则甲与丙必既同行又同列。反身性和对称性是自然满足的，于是 $\sim_{\text{且}}$ 便是一个等价关系，利用此关系就可以分类。但是，析取划分关系 $\sim_{\text{或}}$ 被定义为 $d\sim_{\text{或}}d'$ 当且仅当 $f(d)=f(d')$ 或 $g(d)=g(d')$，意思是，两个对象在联合相域中的析取相

同类只需同行或者同列即可。此时的类别是按十字架来分的，十字架互相交叉是无法对平面进行分类的。从数学上说，它不满足传递性：若甲与乙同行或同列，且乙与丙同行或同列，则甲与丙未必同行或同列。故对析取运算来说，$\sim_{或}$ 无法做出分类，要进行分类，必须在析取运算的定义中对关系 $\sim_{或}$ 取闭包 $\sim_{或}^{*}$。关系～的闭包定义是：如果存在一个自然数 n，使 $(\sim)^n=(\sim)^{n+1}$，那么记 $\sim^*=(\sim)^n$，称为关系～的闭包。按此定义，不难证明永远有 $\sim_{或}^{*}=(\sim_{或})^2$。$d(\sim_{或})^2 d''$ 的意思是存在 $d'\in D$ 使 $d\sim_{或}d'$ 且 $d\sim_{或}d''$。十字架式的划分关系 $\sim_{或}$ 像病毒传播，传播能力特别强，只需搭一步桥就可以游遍整个层面。析取的十字架关系如图 3.1 所示，对于以任意两相 $\boldsymbol{a}=(a_1,a_2)$ 和 $\boldsymbol{b}=(b_1,b_2)$ 为中心的两个十字架，其边必有两个交点，例如，$\boldsymbol{c}=(a_1,b_2)$ 就是其中之一，用它来搭桥，$\boldsymbol{c}$ 与 $\boldsymbol{a}$ 同行同类，$\boldsymbol{c}$ 与 $\boldsymbol{b}$ 同列同类，于是 $\boldsymbol{a}(\sim_{或})^2\boldsymbol{b}$，$\boldsymbol{a}$ 与 $\boldsymbol{b}$ 同类。这不仅说明关系 $(\sim_{或})^2$ 具有传递性，是等价关系，可以分类，而且等价关系 $(\sim_{或})^2$ 可以把整个层面都变成同类。现在就是两个类，它们分别对应“香”“臭”二字。此时所得到的商空间正好是因素“香”的相域，即

$$I(f_4\vee f_6)=D/_{\sim或*}=\{\boldsymbol{c}_{鲜},\boldsymbol{c}_{臭}\}=\{香，臭\}=I(f_2)$$

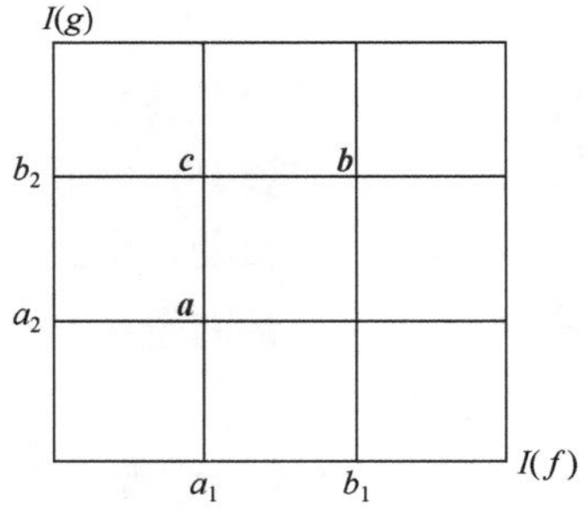

图 3.1　析取的十字架关系

前面的解释，通俗地说明了析取就是取因素的公因子。有公因子的因素之间必有特殊的背景关系，它把笛卡儿乘积空间划分成几个平行的层面。“或”的闭包关系，把每层并为一类，所得商空间就是公因子因素的相域。从中可以看到，背景关系 R 的重要性是它分出了层。若 f 与 g 不相关，即 R 等于笛卡儿空间 $I(f)\times I(g)$，则整个空间只有一个层面，其商空间蜕化为一个单点集，对应的因素就蜕化为零因素，这就证明了命题 3.4。

命题 3.4(公因子性)　$f\vee g=0$ (即 $f\cap g=0$)当且仅当 f 与 g 不相关。

证明　当下所提倡的精致的工匠精神，需要提取新的因素。好的工匠、厨师超越了普通人，能够掌握一些人们没有意识到的因素，而这些因素往往是人们感

知到的因素的公共子因素。能将因素析取理论转化为数据实验，得到精细化过程的核心技术，是很有意义的课题。

前面曾经提到过，因素空间定义中的元因素是不可再分的独立体，但现实并不是不可再分的因素，如色、香、味。因素除了逻辑运算与质根运算之外，评价和决策还不能离开因素的权重运算。

传统数学中的变量都是因素，它们之间的数值运算也都应保留在因素空间的框架之内，只需把相域放到实欧氏空间。

3.1.3 背景基

因素空间理论的核心是要处理同代因素之间的相互关系。现有能涉及因素或属性名的理论，都只考虑独立因素而不考虑相关因素。因素空间处理非独立因素之间相互关系的诀窍就是，它提出了背景关系。背景关系的重要性等同于联合分布对于随机变量理论的重要性。在一个实线性空间 $X=\mathbf{R}^n$ 中，集合 A 称为一个凸集，如果从 A 中任取两点 $\boldsymbol{a}=(a_1,a_2,\cdots,a_n)$ 和 $\boldsymbol{b}=(b_1,b_2,\cdots,b_n)$，那么这两点所连线段必在 A 之内，即

$$\lambda\boldsymbol{a}+(1-\lambda)\boldsymbol{b}\in A\text{，}\quad 0\leqslant\lambda\leqslant 1 \tag{3.5}$$

设 $E=\{\boldsymbol{e}_i=(e_{i1},e_{i2},\cdots,e_{in})\,|\,i=1,2,\cdots,m\}$ 是 n 维空间中的 m 个点，称点 $\boldsymbol{a}=(a_1,a_2,\cdots,a_n)$ 为 E 的一个凸组合，即存在 m 个实数 $\lambda_1,\lambda_2,\cdots,\lambda_m$ 满足 $0\leqslant\lambda_j\leqslant 1(j=1,2,\cdots,m)$，使 $\boldsymbol{a}=\lambda_1\boldsymbol{e}_1,\lambda_2\boldsymbol{e}_2,\cdots,\lambda_m\boldsymbol{e}_m$。$E$ 是 A 的一个基，如果它是 A 的子集，且 A 的点都是 E 的凸组合，那么 E 中的点称为 A 的顶点。

1. 背景基的定义

定义 3.5　给定因素空间 $(D,f_1,f_2,\cdots,f_n)$，R 是其元因素的背景关系。若 R 是凸集，则称其所有顶点所成之集 $B=B(R)$ 为该空间的背景基。背景基中的点称为基点。

背景关系是因果分析的数学依据，是因素空间知识表示理论的核心。背景基可以生成背景关系，是背景关系的无信息损失的压缩。因素空间的数据处理思想就是要把网上吞吐的数据实时地转化为背景基点，面对大数据的涌入，数据库只接收一个饱含信息的小数据集。每输入一个新的数据，都要判断其是否是背景基的内点，若是，则不理会它，否则，将其纳入样本背景基，并对原有的顶点进行审查，及时淘汰蜕化为内点的旧顶点。

2. 背景基的提取

给定一个背景样本点集 S，究竟怎样寻找它的顶点呢？这可以归结为一个数

学问题：在 n 维空间中，给定 m 个点 $a_1,a_2,\cdots,a_m$ 和一点 $\boldsymbol{d}$，试问点 $\boldsymbol{d}$ 能否由 $a_1,a_2,\cdots,a_m$ 生成？亦即是否存在一组非负实数 $\lambda_1,\lambda_2,\cdots,\lambda_m$ 使 $\lambda_1a_1+\lambda_2a_2+\cdots+\lambda_ma_m=\boldsymbol{d}$？如果 $m=n$，而且它们的秩 $r(\boldsymbol{a}_1,\boldsymbol{a}_2,\cdots,\boldsymbol{a}_m)=n$，那么由等式 $\lambda_1a_1+\lambda_2a_2+\cdots+\lambda_ma_m=\boldsymbol{d}$ 写出一个方程组，可解得唯一确定的解 $(\lambda_1,\lambda_2,\cdots,\lambda_m)$，此时，问题得到肯定回答，当且仅当此解非负。但是，当秩 $r(P_1,P_2,\cdots,P_m)<n$ 时，方程有无穷多组解，要从无穷多组解中判断是否存在一组非负解，随着 n 的增大，这是一个 NP 问题。同样，当 $m>n$ 时，要判断是否存在一组非负解，同样是一个难题。对此，汪培庄(2020)提出了一个近似的简洁算法。

算法 3.1 夹角判别法。

给定样本点集 S，设 $\boldsymbol{o}$ 是 S 的中心，$\boldsymbol{d}$ 是一个被判断的点。若对于 S 中所有点 $\boldsymbol{a}$，射线 DA 与射线 DO 均成锐角，即

$$(\boldsymbol{a}-\boldsymbol{d},\boldsymbol{o}-\boldsymbol{d})>0 \tag{3.6}$$

则判定 $\boldsymbol{d}$ 不是 S 的内点，而把它接纳成 S 的新顶点；若有一个 $\boldsymbol{a}$ 使式(3.6)不成立，则判定 $\boldsymbol{d}$ 是 S 的内点而被删除。

例 3.2 在图 3.2 中，S 包含三个点 $\boldsymbol{a}=(2,1)$、$\boldsymbol{b}=(4,5)$、$\boldsymbol{c}=(5,3)$，试问 $\boldsymbol{d}=(2,4)$ 能由 S 生成吗？$\boldsymbol{e}=(3,2)$ 呢？

解 先把 S 的中心 $\boldsymbol{o}$ 找出来：$\boldsymbol{o}=(\boldsymbol{a}+\boldsymbol{b}+\boldsymbol{c})/3=(11/3,3)$。再判断点 $\boldsymbol{d}$ 对三点与中心所张成的角是否为锐角，只需看以下内积是否大于零，即

$$(\boldsymbol{o}-\boldsymbol{d},\boldsymbol{a}-\boldsymbol{d})=((5/3,-1),(0,-3))=3>0$$

$$(\boldsymbol{o}-\boldsymbol{d},\boldsymbol{b}-\boldsymbol{d})=((5/3,-1),(2,1))=7/3>0$$

$$(\boldsymbol{o}-\boldsymbol{d},\boldsymbol{c}-\boldsymbol{d})=((5/3,-1),(3,-1))=6>0$$

以上内积都是正的，则说明交成锐角，$\boldsymbol{d}$ 被接纳成新的顶点。

$$(\boldsymbol{o}-\boldsymbol{e},\boldsymbol{a}-\boldsymbol{e})=((2/3,1),(-1,-1))=-5/3<0$$

一旦内积出现负数，则说明交成钝角，便认为 $\boldsymbol{e}$ 可由 S 生成。例毕。

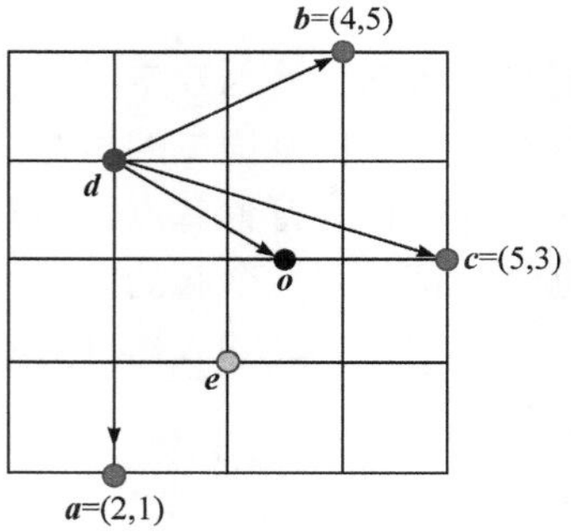

图 3.2 基点判别准则

夹角判别法不是一个准确的算法，当夹角是钝角时，点 $\boldsymbol{d}$ 就一定是内点吗？答案是不一定。在图 3.3 中，设 $S=\{A,B,C,D\}$。四边形 $ABCD$ 就是 S 的凸闭包 $[S]$，O 是 S 的中心。分别以线段 OA、OB、OC、OD 为直径画 4 个圆。以 OA 为直径的圆周上任意一点向 O、A 两点连线的夹角必是直角，此夹角为钝角当且仅当角顶在 OA 圆内其他诸圆以此类推。由此可见，夹角判别法所判断的内点范围不是凸闭包 $[S]$，而是诸圆之并。用诸球之并来逼近，如图 3.3 所示，图中所绘的阴影区域就是误判区。

为了消除这一误差，吕金辉等(2017)进行了进一步探索，证明了一个三维的精确判别定理，但很难推广到高维。近似逼近也有好处：球的大小与顶点的疏密程度有关，即稀疏的地方误差大，稠密的地方误差小。这符合近似逼近的要求。精确方法论对大数据往往是不适应的，近似算法或许更加有效。

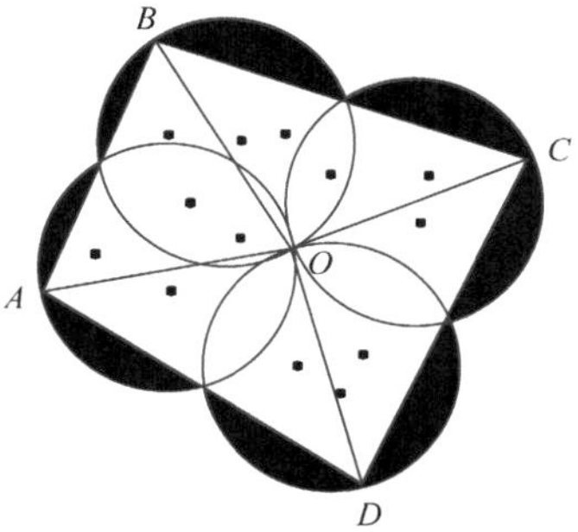

图 3.3 用诸球之并来逼近

3. 背景基的背景关系内点删除算法

样本点集 S 是一个大数据集，会随着时间和环境的变迁发生变化。背景基的背景关系内点删除算法的主要任务是以小数量背景基点来把握 S，背景基的构建过程必须是快速的。先从 S 中随意取出两个样本点作为背景基的点集 B，从取出的两个样本点之外再任意选择一个背景样本点 $\boldsymbol{x}$，建立一个便于迭代的子程序。

背景基扩展程序 BBE($\boldsymbol{x}$, B)：

输入 背景基点集 $B\subset S$ 和 B 外一点 $\boldsymbol{x}\in S\setminus B$。

输出 新的背景基点集 B。

步骤 1 计算 B 的中心 $\boldsymbol{o}$：

$$\boldsymbol{o}=\left(1/|B|\right)\sum_{i=1}^{n}\{\boldsymbol{b}_i \mid \boldsymbol{b}_i\in B\} \qquad (|B|\text{表示 }B\text{ 中点的个数})$$

对于 $j=1,2,\cdots,|B|$，计算内积 $V_j=(\boldsymbol{o}-\boldsymbol{x},\boldsymbol{b}_j-\boldsymbol{x})$。

若$V_j < 0$，则停止，并输出$B := B$，即将$\boldsymbol{b}_j$当作内点而弃之不顾，否则，$j = j+1$；若所有$V_j \geqslant 0$，则令$B := B + \{\boldsymbol{x}\}$；转步骤 2。

步骤 2　加入$\boldsymbol{x}$可能会使B中原有的点由基点变成内点，需要被删除：

对原来B中的每个基点$\boldsymbol{b}_k$，将$\boldsymbol{x}$和$\boldsymbol{b}_k$互换，执行步骤 1；若$\boldsymbol{x}$被当作内点删除，则令$B := B - \{\boldsymbol{b}_k\}$；否则，$k := k+1$；$\boldsymbol{x}$与新的$\boldsymbol{b}_k$重新换位，执行步骤 1，直到$k = |B|$。

步骤 3　输出新的背景基。

(1) 输入背景关系的样本点集$S = \{\boldsymbol{x}_i = (x_{i1}, x_{i2}, \cdots, x_{im}) \mid i = 1, 2, \cdots, m\}$。

(2) 从背景集点 S 中任意取一组点$\boldsymbol{x}_1, \boldsymbol{x}_2, \cdots, \boldsymbol{x}_k$，把它们当作初始的基点$\boldsymbol{b}_1, \boldsymbol{b}_2, \cdots, \boldsymbol{b}_k$，$B := \{\boldsymbol{b}_1, \boldsymbol{b}_2, \cdots, \boldsymbol{b}_k\}$。

(3) 对任意$\boldsymbol{x} \in S - B$，执行 BBE($\boldsymbol{x}$,B)，并令$S := S - \{\boldsymbol{x}\}$，回到背景基扩展程序的步骤 1，直到$B = S$。

(4) 输出背景基点集B。

初始的背景基点集B究竟取 2 个还是多个？怎样取？读者自定。当然从S的边界上取更好。

3.1.4　背景基提取算法的进一步发展

本书对背景基提出了新的圆轮滚动定义。

1. 背景基的圆轮滚动定义

(毕晓昱，2023)将因素空间理论与 α-shape 算法(Edelsbrunner et al.，1983)结合，提出新的基点定义。在 $\mathbf{R}^2$ 中，用一个半径为 r 的圆在样本点集 S 外滚动，当圆的半径 r 足够大时，圆只会在点集外部滚动，不会滚动到点集内部，图 3.4 画出了 S 的一组同半径的滚动圆。

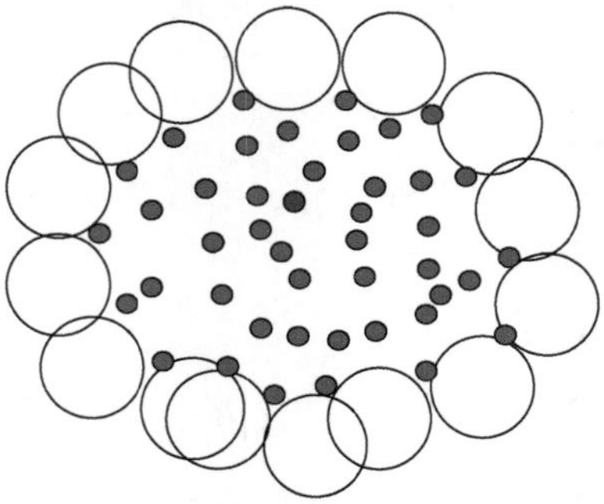

图 3.4　圆轮滚动示例

定义 3.6　给定因素空间 $(D, f_1, f_2, \cdots, f_n)$，设 S 是背景关系 R 的一个凸子集，如果闭圆 $O(\boldsymbol{o}, r)$(包括圆周和圆内)不包含 S 的内点且其圆周至少包含 S 的一个基点，那么称闭圆 $O(\boldsymbol{o}, r)$是 S 外的一个滚动圆。

因滚动圆不含 S 的任何内点，若 S 中的点 A 在某一个滚动圆的圆周上，则 A 不可能是 S 的内点而必是 S 的基点。这样，就可以得到一个新的提取基点的检测算法：若 A 在某一个滚动圆的圆周上，则它必是 S 的一个基点。

给定半径 $r>0$，若过 S 中的任意两点 A、A'的距离不大于 $2r$，则必有且仅有两个圆。

命题 3.5　在过 A、A'的两个圆中，只要有一个是 S 外的滚动圆，则 A、A' 皆为 S 的基点，过 A 和 A' 两点的圆如图 3.5 所示。

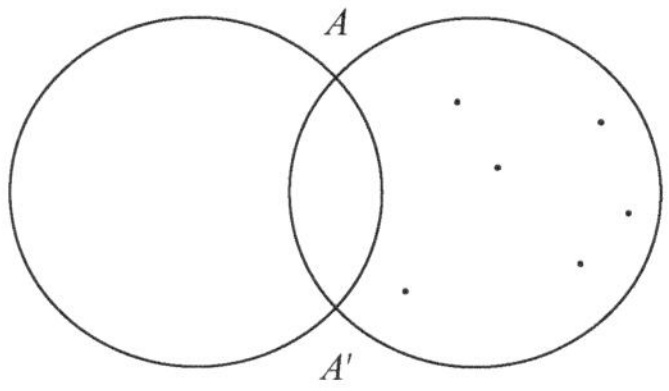

图 3.5　过 A 和 A' 两点的圆

证明　设 $O(\boldsymbol{o}, r)$是过 A 和 A' 的一个滚动圆，则在闭圆 $O(\boldsymbol{o}, r)$上不能见到 S 的内点。因 A 和 A' 在圆周上，故 A 和 A' 都不是 S 的内点，它们都是 S 的基点。证毕。

根据命题 3.5，基点检测算法的步骤是遍历 S 中的所有点 A，判断 S 中是否存在另一点 A' 使得以 r 为半径且过这两点的圆中不存在其他 S 内点。

将滚动圆半径 r 取为点集 S 中两点间的最大距离 d 的 1/2，即 $r = d/2$，则过 S 中任意两点必有且仅有两个可供检测的圆。

下面给出基点检测算法。

算法 3.2　基点检测算法。

输入　样本点集 S，滚动圆半径 $r = d/2$。

输出　背景基 S^*。

步骤 1　$T \leftarrow [\,]$。

步骤 2　$S^* \leftarrow [\,]$。

步骤 3　对 S 中的每个样本点 A 进行检测。

步骤 4　如果 S 中存在 A'使得 A'与 A 之间的距离小于 $2r$，则执行步骤 5。

步骤 5　将 A' 存入列表 T。

步骤 6　过 A、A'作圆，此时圆有两个，分别以 O、O'为圆心。

步骤 7 若 T 中除 A'外的所有点到 O 的距离均大于 r，则 $O(\boldsymbol{o}, r)$是 S 外的滚动圆；转向下行；若 T 中除 A'外的所有点到 O'的距离均大于 r，则 $O(\boldsymbol{o}', r)$是 S 外的滚动圆；转向下行；若两圆均不是滚动圆，则返回步骤 6。

步骤 8 $S^* \leftarrow A, A'$。

步骤 9 返回 S^*。

给定两因素下的一组背景关系数据 R，设数据点数为 m。取 $S := R$，将滚动圆半径 r 取为 S 中两点间的最大距离 d 的 1/2，即 $r = d/2$，采用基点检测算法求出所有基点，其计算复杂度为 $O(m^2)$，十分简洁。

该算法不难推广到多因素，在 n 因素分析中，因素相空间是 $\mathbf{R}^n$，可像滚动圆一样来定义滚动球。将滚动球半径 r 取为点集 S 中两点间的最大距离 d 的 1/2，即 $r = d/2$，对 S 中任意 n 个满秩点，必有且仅有两个球，其球面要经过这些点。只要两球中有一个是 S 外的滚动球，则这些点必是基点。

根据背景基和背景分布的定义可以得出：背景关系 R 保证了集合 X 与集合 Y 的因果关系；背景基则限定了背景关系区域；背景分布则是因果关系的概率表示。背景分布-背景关系-背景基三者之间的关系如图 3.6 所示。

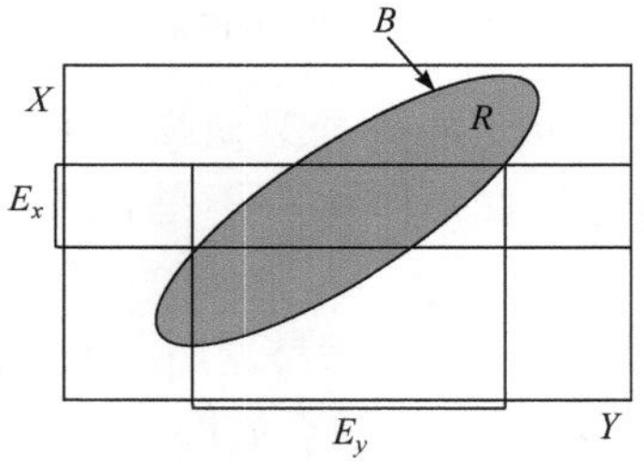

图 3.6 背景分布-背景关系-背景基三者之间的关系

为了验证基点检测算法的检测效果，本节对基点检测算法进行仿真实验。仿真数据分布类型为均匀分布，共 1500 个样本，每个样本有 2 个因素。设计基点分类算法流程，得到背景基提取结果，如图 3.7 所示。

在图 3.7 中，外围黑色背景部分为集合 X 与集合 Y 的背景关系，表示集合 X 与集合 Y 的关系程度，基点用红色表示。最终得到基点坐标，所有基点组成的集合即为背景基点集 B。

本节针对背景基提出了背景基异常检测算法。

2. 基于孤立森林算法的背景基异常检测算法

异常检测可以应用到很多领域，如金融欺诈(曹旭，2014)，异常检测算法有很多种，相比于其他基于密度和距离的异常检测算法，如 K-means 聚类算法、局

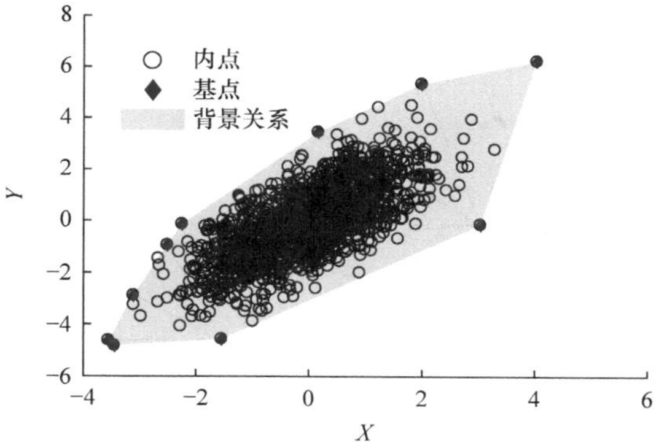

图 3.7　基点检测结果

部离群因子(local outlier factor，LOF)，孤立森林算法使用的是机器学习中的集成方法，孤立森林算法只需要很小的时间复杂度和空间复杂度，因此孤立森林算法更适用于高维、大规模的背景基样本异常检测。本节基于孤立森林算法设计一种应用于因素空间理论的背景基异常检测算法(毕晓昱，2023)，识别出样本中的异常数据，提高背景基算法的准确率。基于孤立森林算法的背景基异常检测算法流程如图 3.8 所示。

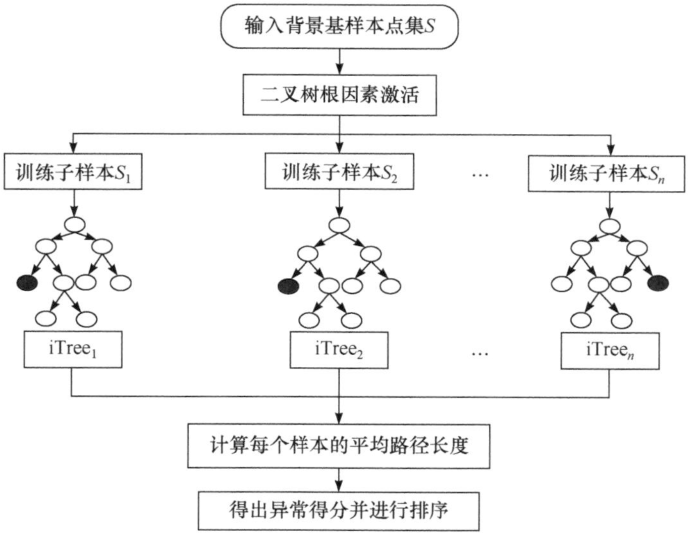

图 3.8　基于孤立森林算法的背景基异常检测算法流程

具体步骤如下：

1) 构建背景基异常检测算法孤立森林

步骤 1　从样本点数据 D 中随机选择 Ψ 个点作为子样本，并作为孤立森林的根节点(记为 D')；因素空间的因素集用 F 表示。

步骤 2 从 F 中随机指定一个因素 f，在因素 f 的相域，随机产生一个因素划分点 p，p 在 f 相域的最大值与最小值之间；因素划分点 p 作为超平面将当前 D' 切分为 2 个数据空间：把因素 f 中小于 p 的点放在当前节点的左分支，将大于等于 p 的点放在当前节点的右分支。

步骤 3 重复步骤 2，不断构造新的叶子节点，直到叶子节点上只有一个数据(无法再继续划分)或树已经生长到所设定的高度 h，此时一棵 iTree 构造完成。

构造背景基样本点孤立森林中的一棵树 iTree 的过程如下。

算法 3.3 iTree(F, D')。

输入 因素集 F；背景基点集 D。

输出 D 的一棵孤立森林树 iTree。

exNode: =空；inNode:=D；D_l: =空；D_r: =空。

步骤 1 若 D 不能再划分，则 exNode: = exNode + D，否则从因素空间的因素集 F 中随机选择因素 f，再从 $I(f)$ 中随机选择划分点 p，$D_l := \{d \in D' \mid f(d) < p\}$；$D_r := \{d \in D' \mid f(d) \geqslant p\}$；画出树的一个分叉：$D \to (D_1, D_r)$。

步骤 2 先令 $D := D_l$，回到步骤 1，再令 $D := D_r$，回到步骤 1，若划分出的 4 个新集还可以再继续划分，则不断循环下去，直到所有子集全都不能再划分。

步骤 3 画出并输出 iTree。

经实验测试，t=100 时收敛效果最好，因此默认 t=100，当 iTree 数量训练到 100 时，孤立森林构建完成，构建背景基样本孤立森林的过程如下。

算法 3.4 iForest(D, t, Ψ)。

输入 背景基点集 D，树的数量 t，随机样本点个数 Ψ。

输出 t 棵 iTree 构成的孤立森林。

```
for  i=1 to t  do
    D ←样本(D,Ψ)
    iForest←iForest∪iTree(D)
    结束
返回 iForest
```

2) 利用孤立森林实现背景基异常检测

背景基样本点数据 $\boldsymbol{x}$ 是否异常，要看样本点数据 $\boldsymbol{x}$ 的异常分数。首先计算样本 $\boldsymbol{x}$ 遍历所有 iTree 的平均路径长度 $h(\boldsymbol{x})$。由于 iTree 和二叉排序树的结构等价，所以样本点数据 $\boldsymbol{x}$ 遍历 iTree 的平均路径长度等价于二叉排序树搜索失败的路径长度。二叉排序树搜索失败的平均路径长度的计算公式为

$$c(\psi)=\begin{cases}2H(\psi-1)-2(\psi-1)/n, & \psi>2\\ 1, & \psi=2\\ 0, & \text{其他}\end{cases}$$

式中，$H(n)$为欧尔调和数，它的近似公式为 $H(n)=\ln(n)+c$，c 为欧拉常量。

样本 $\boldsymbol{x}$ 的异常分数为

$$s(\boldsymbol{x})=2^{-\frac{E(h(\boldsymbol{x}))}{c(\psi)}}$$

式中，$E(h(\boldsymbol{x}))$为所有 iTrees 的 $h(\boldsymbol{x})$均值，包含以下三种情况：

(1) 当 $s(\boldsymbol{x})\to 1$ 时，$\boldsymbol{x}$ 为背景基异常样本点，应该剔除。

(2) 当 $s(\boldsymbol{x})\to 0$ 时，$\boldsymbol{x}$ 为背景基正常样本点。

(3) 当 $s(\boldsymbol{x})\to 0.5$ 时，样本 D 为正常点集，没有异常样本点。

3) 背景基异常检测算法评价

曲线下面积(area under curve，AUC)常被用来评估二分类分类器的优劣，AUC 的计算方法同时考虑了分类器对正例和负例的分类能力，在样本不平衡的情况下，依然能够对分类器做出合理的评价。本算法将背景基样本点分为异常样本点和正常样本点，因此将 AUC 作为评估指标。

首先介绍 AUC 的相关概念。

(1) 假正例(false positive，FP)：模型判定为正，实际是负。

(2) 真正例(true positive，TP)，TP=TP/(TP+FN)：模型判定为正，实际也是正。

(3) 假反例(false negative，FN)：正中，被模型判定为反。

(4) 真反例(true negative，TN)：反中，被模型判定为反。

由此得出混淆矩阵(表 3.1)，混淆矩阵可以最简单直观地看出二分类模型的分类准确率。

表 3.1　混淆矩阵

真实情况	预测结果	
	正例	反例
正例	TP(真正例)	FN(假反例)
反例	FP(假正例)	TN(真反例)

AUC 为受试者操作特性(receiver operator characteristic，ROC)曲线与下坐标围成的面积，ROC 曲线的横坐标是假阳性率(false positive rate，FPR)，FPR = FP/(FP + TN)纵坐标是真阳性率(true positive rate，TPR)，由此得出 ROC 曲线，如图 3.9 所示。

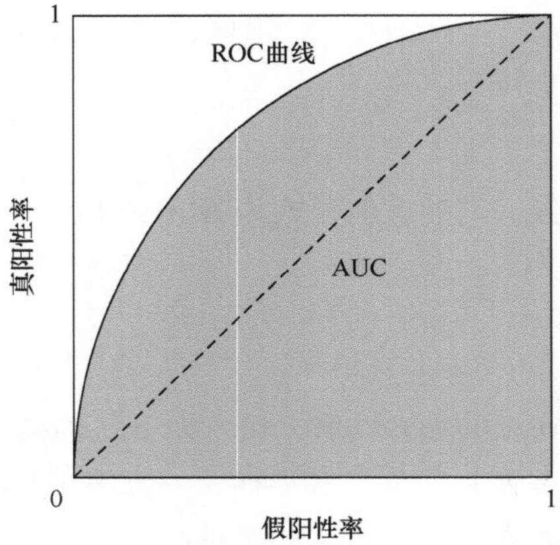

图 3.9 ROC 曲线和 AUC 曲线

在异常检测算法中，当 AUC=1 时，分类效果最理想，实际不存在这种情况，因此 AUC 值越接近于 1，分类效果越好。

3. 新背景基提取算法

背景基异常检测算法可以识别出背景基样本中的异常样本点，避免异常样本点干扰基点检测，这也是对一个初始样本数据的预处理，可以确保高质量检测基点。基点检测算法能够快速、高效地遍历样本集中的所有点，并将算法扩展到高维空间。新背景基提取算法是由野值点检测算法和基点检测算法构成的。新背景基提取算法首先将样本点数据经由背景基异常检测算法进行检测，检测后剔除异常样本点，并将剩余样本利用基点检测算法来提取背景基。下面给出新背景基提取算法的流程。

算法 3.5 新背景基提取算法。

输入 样本点集 S，异常检测算法 Algorithm_AD，异常检测算法 Algorithm_BPD，异常值 outliers，基点 b。

输出 基点集 S^*。

步骤 1 $S_1 \leftarrow [\,]$。

步骤 2 $S^* \leftarrow [\,]$，对 S 运行异常检测算法。

步骤 3 $S_1 \leftarrow S$-{outliers}。

步骤 4 对 S_1 运行基点检测算法。

步骤 5 $S^* \leftarrow b$。

步骤 6 返回 S^*。

传统背景基提取算法的迭代次数过多，迭代次数呈指数增加，不适用于大规模的数量级，也不能扩展到高维空间。新背景基提取算法的主要思想是：用自定义半径的球碾过所有基点，生成背景基。因此，新背景基提取算法不需要进行反复迭代，可以应用到大数据上，也可以扩展到 n 维空间。

4. 数值实验

为了验证新背景基提取算法的可行性以及在高维空间的应用效果，本节设计了两个实验。实验的基础设备是具备 Windows10 运行系统和标配内存服务器，在此基础上将原始数据导入新背景基提取算法中，进行异常检测和背景基提取。

(1) 实验一：2 因素新背景基的提取效果。

实验一的数据集采用红酒的质量评价因素分析表，表中共有 37000 个样本，包含酒精度、pH、口感、糖度、酸度、二氧化硫、硫酸盐含量 7 个葡萄酒的感官与理化指标因素，新背景基提取算法设置 iTree 数量为 100，随机选取样本数 Ψ 为 256，维度为二维，识别异常样本点的阈值为 0.013。

为对新背景基提取算法进行可视化，选取红酒的质量评价因素分析表中的 pH 与酒精度两个因素。对 37000 个样本进行背景基异常检测，检测结果如图 3.10 所示。

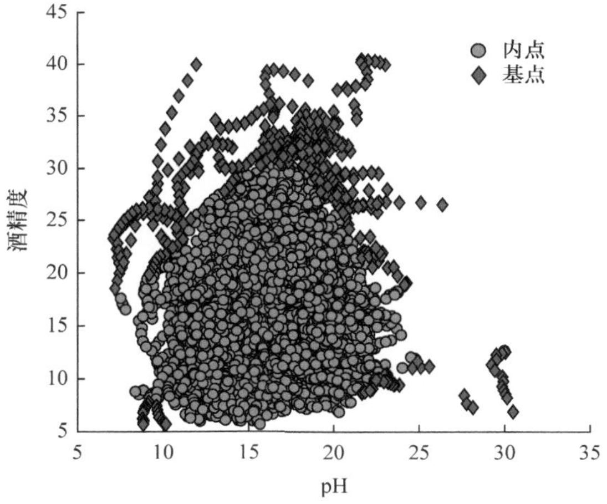

图 3.10　背景基异常检测结果

图 3.10 中横坐标代表因素 pH，纵坐标代表因素酒精度。四边形的点是提取出的异常样本点，圆圈的点代表正常样本点，可以用于样本点到下一步的背景基提取中。由图 3.10 可以看出，新背景基提取算法可以很好地检测出异常样本点，接下来绘制 ROC 曲线图，对异常检测结果进行评价。

背景基检测 ROC 曲线如图 3.11 所示，图中横坐标是 FPR，纵坐标是 TPR，ROC 曲线下方的面积为 AUC 值，AUC 值越接近于 1，说明检测效果越好，此时的 AUC 值为 0.896，说明检测效果很好，将检测到的异常样本点删除，作为新样本进行背景基提取。

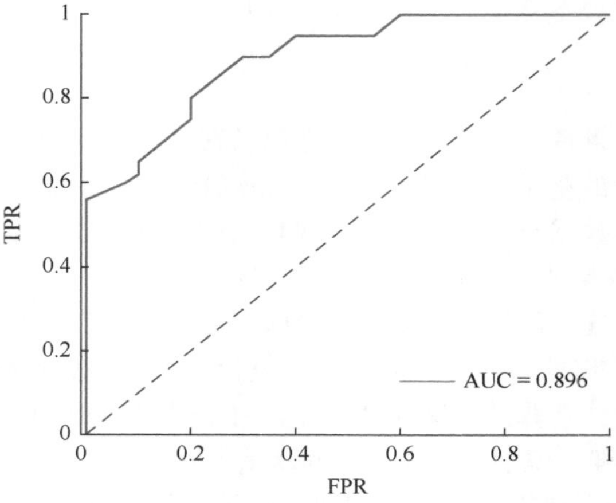

图 3.11　背景基检测 ROC 曲线

删除异常样本点后的样本如图 3.12 所示。

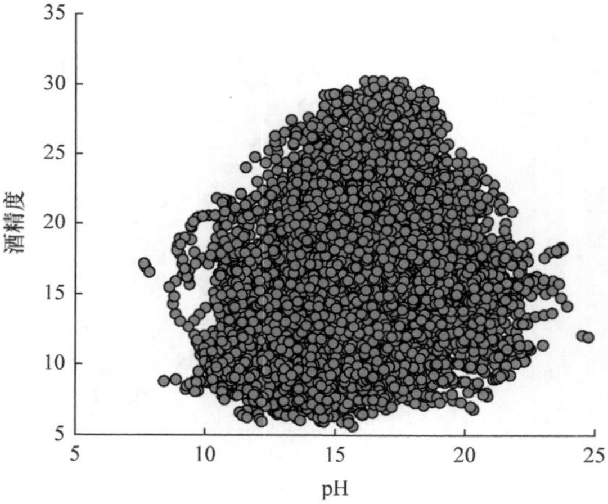

图 3.12　删除异常样本点后的样本

将图 3.12 中的样本点进行背景基提取，提取结果如图 3.13 所示。

图 3.13 表示背景基提取结果，其中，由四边形表示的点是基点，在基点内部的圆圈表示的点是内点，虚线中的空隙部分为“pH”与“酒精度”之间的背景关系，这一部分可以归结为一个类别，完成一个知识的学习。利用数学软件返回所有基点的坐标，完成背景基的提取。新背景基提取算法提取结果准确，减少了迭代步骤，节省了计算时间，进而可以应用到大规模数据和高维空间。

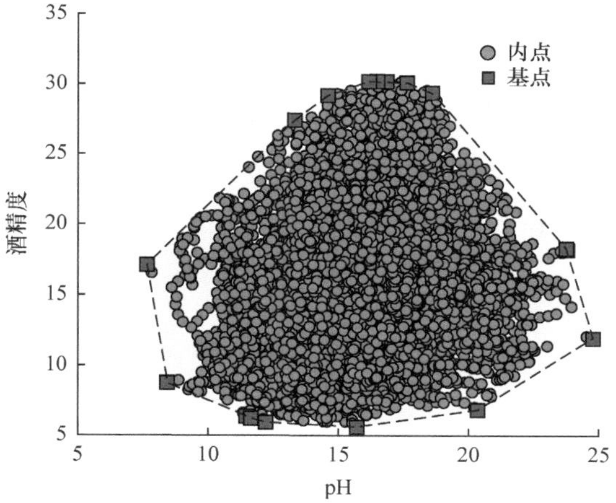

图 3.13　背景基提取结果

为验证新背景基提取算法的提取效果，将新背景基提取算法与 3.1.3 节所介绍的背景基扩展算法进行对比实验。采用相同数据集，同样选取因素集的 pH 和酒精度两个因素，背景基提取算法检测结果如图 3.14 所示。

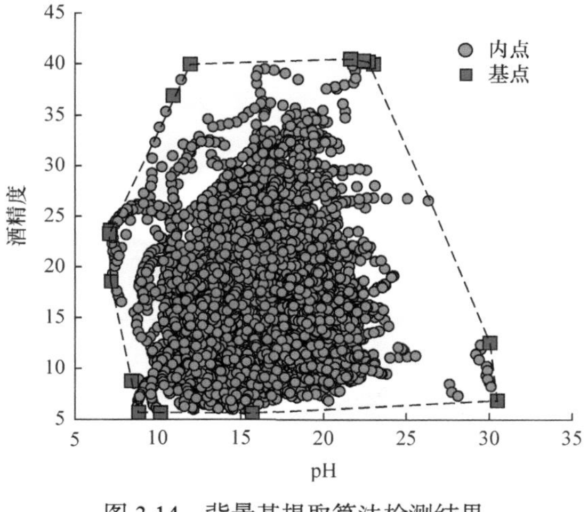

图 3.14　背景基提取算法检测结果

由图 3.14 可以看出，背景基提取算法可以提取背景基，但由于未经过异常检测，背景基提取算法会将异常样本点也纳入背景基中。背景基提取是数据压缩的过程，冗余基点会对分类结果产生影响，因此新背景基提取算法提取背景基的效果更好，且迭代次数更少。

(2) 实验二：多因素背景基的提取效果。

实验二依然使用红酒质量评价数据集，为验证新背景基提取算法在高维空间

(多因素)背景基提取的效果，对因素集中所有因素(共 7 个)进行背景基提取。首先对样本进行异常检测。高维数据难以可视，因此计算出所有样本点的异常分数，异常分数的概率密度如图 3.15 所示。

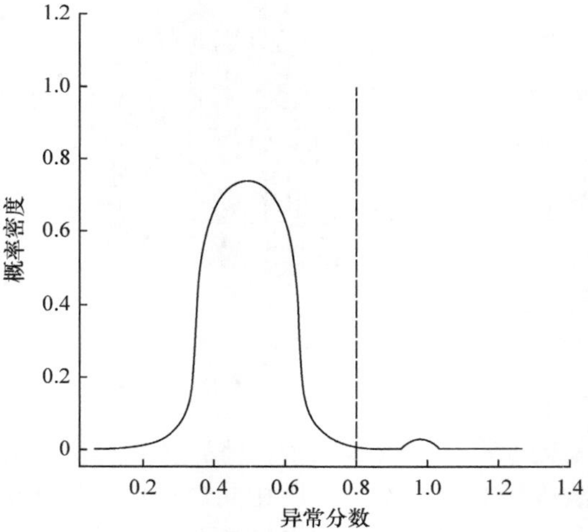

图 3.15　异常分数的概率密度

由图 3.15 可以看出，算法的异常分数在[0,1]，且大部分点为正常样本点，异常值在[0,0.5]；异常样本点的异常分数在(0.5,1]，表明背景基异常检测算法可以有效检测出高维数据的异常样本点。将异常值剔除，纳入新背景基提取算法中，返回基点序号即可得到背景基。新背景基提取算法与背景基提取算法三个评价指标对比如表 3.2 所示。

表 3.2　新背景基提取算法与背景基提取算法三个评价指标对比

算法	运行时间/s	准确率	是否含有异常值
新背景基提取算法	1.003	0.993	否
背景基提取算法	9.830	0.971	是

综上所述，由异常检测+球滚动基点检测所构成的新背景基提取算法比原有的背景基提取算法运行速度更快，准确率更高，可以更好地应对大数据的挑战，在海量数据面前始终用小数据沉着应对；更有甚者，新的背景基计算为新概念的自动生成打开了新窗口，具有自我学习成长机制。

3.2　因素空间区分对象

2.6 节介绍了本能常识的刻画问题，知识表示的两个经典问题是区分对象和概念生成，本节先介绍对象的区分。

3.2.1　事物异同的因素定义

任意两个事物都有不同点，也都有共同点；天下事物，离开因素无所谓同，也无所谓异，只有用因素才能区别事物的异同。

定义 3.7　给定两个事物 d_i 和 d_j，若因素 f 对它们都有意义，且 $f(d_i)=f(d_j)$，则称 d_i 和 d_j 在因素 f 下相同；若 $f(d_i)\neq f(d_j)$，则称 d_i 和 d_j 在因素 f 下不同，或称因素 f 可以区分 d_i 和 d_j。

3.2.2　对象区分的基本问题

给定一个有限对象集 $D=\{d_1,d_2,\cdots,d_m\}$ 及其上的简单因素空间 $(D,f_1,f_2,\cdots,f_n)$，一个基本问题是：能否保证 D 中的对象能够两两区分？怎样实现这种区分?

命题 3.6　合取因素 $f\wedge g$ 能区分 d_i 和 d_j 的充分必要条件是，f 和 g 中至少有一个因素能区分 d_i 和 d_j。

证明　合取因素 $f\wedge g$ 不能区分 d_i 和 d_j，即 d_i 和 d_j 在因素 $f\wedge g$ 下相同，当且仅当 d_i 和 d_j 在因素 $f\wedge g$ 的划分下属于同类，亦即 $f\wedge g(d_i)=f\wedge g(d_j)$。根据因素合取的定义，当且仅当 $f(d_i)=f(d_j)$ 且 $g(d_i)=g(d_j)$ 时，f 和 g 中没有 1 个因素能区分 d_i 和 d_j。这就证明了命题 3.6 的逆反定理，故命题 3.6 为真。证毕。

注意　f 和 g 都能区分 d_i 和 d_j 只是 $f\vee g$ 能区分 d_i 和 d_j 的必要条件，但不是充分条件，也就是说，即使 f 和 g 都能区分 d_i 和 d_j，也不能保证 $f\vee g$ 能把 d_i 和 d_j 区分开。原因很简单：当元因素 f 和 g 不相关时，它们的析取是零因素，而零因素对任意两个对象都不能进行区分。

3.2.3　基本问题的解答

(1) 给定 D 上的简单因素空间 $(D,f_1,f_2,\cdots,f_n)$。对任意 $1\leqslant i<j\leqslant m$，记 b_{ij} 为能够区分 d_i 和 d_j 的元因素所成之集。由命题 3.6 可知，若有 (i,j) 使 b_{ij} 成为空集，则任何一个元因素都不能区分 d_i 和 d_j。

(2) 对任意 $1\leqslant i<j\leqslant m$，$b_{ij}$ 都不为空。在此前提下，记 b_{ij} 中的元因素集为 $g_{ij}=\vee\{f_t\mid f_t\in b_{ij}\}$，再对所有这些析取因素 g_{ij} 进行合取，得到 $h=\wedge\{g_{ij}|1\leqslant I<j\leqslant m\}$。$h$ 就是能将 D 中对象两两区分的合成划分因素，它可以将 D 中的对象两两分开。

基本问题曾由粗糙集引出，并由它引出了属性约简问题。读者可阅读粗糙集文献(Pawlak，1991)中有关区分矩阵和区分函数的部分。在该文献中，属性指的是属性名，也就相当于本书所说的因素，但在没有定义属性运算的情况下无法谈论属性运算，只能借用一组布尔变元来定义区分函数，并且做了一个错误的规定：若 b_{ij} 为空，则规定 $\sum_{i=1}^{n}\sum_{j=1}^{n}\alpha(d_i,d_j)=1$ (最大元)。在合取范式中，若有一项是 1，则有区分函数值 $\varDelta=\wedge(\sum_{i=1}^{n}\sum_{j=1}^{n}\alpha_{ij})=1$，说明 D 中对象一定可以两两区分。然而，命题 3.6 证明，若 b_{ij} 为空，则 d_i 和 d_j 是无法区分的，这就导致错判。实际上，当 $\varDelta=1$ 时，析取范式与合取范式都合为一项，没有相互转化的余地。

若对任意 $1\leqslant i<j\leqslant m$，$b_{ij}$ 都不为空，则表示在所属的集合下，D 中对象都可以通过至少一个因素被两两区分开。粗糙集所提的将合取范式转化为析取范式的求解思路不错，但其计算的繁杂性涉及 NP 问题。有学者还想把它转化为整值规划来求解，而整值规划的复杂性已被证明不是多项式型的。

基本问题的解决途径是，根据因素对 D 的分辨度从大到小排序，先后对 D 中对象进行两两区分，直到把所有对象区分完毕，未出场的因素可以全部删除。这也等同于粗糙集所采取的普通算法，这里不再细述。

3.3　因素空间生成概念

计算机早就能够进行自动推理，但一直不能自动生成概念，推理只能在给定的概念系统中打圈子，不能推出新概念。没有新概念就没有真正的智能。Wille(1982)在形式概念分析中首次给概念进行了严格的定义：任给一组对象 E，$A(E)$ 表示 E 中所有对象的共有属性集，任给一组属性 A，$E(A)$ 表示 A 中所有属性的共享对象集，$\alpha=(A,E)$ 称为一个概念，若 $A(E)=A$ 且 $E(A)=E$，则称 A、E 满足对合性，分别称为概念 α 的内涵和外延。这一对合性也可称为伽罗瓦变换。Wille(1982)的算法就是在一张形式背景表中找出所有的概念，并按蕴含关系构造出概念格。Wille(1982)的贡献很大，但是其算法复杂，存在 NP 问题，因素空间在其理论基础上进行了提升，简化了算法，避免了指数爆炸的危险，减少了概念格中的冗余概念，便于理解。

3.3.1　原子概念

因素空间对形式概念分析进行了重要简化：

给定一个简单因素空间 $(D,f_1,f_2,\cdots,f_n)$，设对任意 $j=1,2,\cdots,n$，$I(f_j)$ 都只包

含有限个相，其相数为 $\left|I(f_j)\right| = l_j$，它们的笛卡儿乘积集 $A = I(f_1) \times I(f_2) \times \cdots \times I(f_n)$ 是一个有限集，所包含的组合相数为 $L = l_1 \times l_2 \times \cdots \times l_n$。此时，背景关系称为离散背景关系。离散背景关系只有有限个点，每个点都称为一个背景元。

定义 3.8(原子概念)　对离散背景关系中的任意一个背景元 $\boldsymbol{a} = (a_1, a_2, \cdots, a_n)$，记其原像类为 $[a] = \{d \mid d \in D, f_1(d_1) = a_1, f_2(d_2) = a_2, \cdots, f_n(d_n) = a_n\}$，称 $\alpha = (\boldsymbol{a}, [\boldsymbol{a}])$ 是一个原子概念。

命题 3.7　原子概念必须满足 Wille(1982)所给出的对合性条件。

证明　设 D 中有 m 个对象，写出矩阵 $\boldsymbol{B} = \boldsymbol{B}_{m \times L}$，其中，第 i 行表示 D 中的第 i 个对象，从第 1 列到第 l_1 列分别表示因素 f_1 的各个相，也就是 Wille(1982)所说的第 1 组属性值；从第 $l_1 + 1$ 列到第 $l_1 + l_2$ 列分别表示因素 f_2 的各个相，也就是 Wille(1982)所说的第 2 组属性值；如此继续下去，表的 L 列可以把 Wille(1982)所要表述的所有各组的属性值全都表示出来，使 l 从 1 变到 L，$b_{il} = 1$ 当且仅当第 i 对象具有 wille(1982)所说的第 l 个属性值；$b_{il} = 0$，当且仅当 $b_{il} \neq 1$。这样所得到的矩阵 $\boldsymbol{B}$ 就等价于一张 Wille(1982)的形式背景表。

任意一个背景元 $\boldsymbol{a} = (a_1, a_2, \cdots, a_n)$ 对应于 Wille(1982)所说的一组属性值：第 1 组中的第 a_1 个属性值；第 2 组中的第 a_2 个属性值；…；第 n 组中的第 a_n 个属性值。按照 Wille(1982)所提出的伽罗瓦变换，显然有 $E(\boldsymbol{a}) = [\boldsymbol{a}]$ 和 $A([\boldsymbol{a}]) = \boldsymbol{a}$。因此，原子概念 $\alpha = (\boldsymbol{a}, [\boldsymbol{a}])$ 满足 Wille(1982)所要求的对合性。证毕。

根据命题 3.7，只要有了背景关系 R，不用计算，便可直接由 R 写出全部原子概念。如果有 10 个原子概念，则可以进一步写出 2^{10} 个概念。概念的自动生成，不是怕生出来的概念太少而是怕太多，只需生成一类特殊概念。

定义 3.9　一个概念满足对合性且内涵可以用合取范式来表述，称为基本概念。

合取范式是数理逻辑中的一个术语，是指一个逻辑表达式可以写成先析取后合取的形式：$\boldsymbol{a} = (a_{11} \vee a_{12} \vee \cdots \vee a_{1n(1)}) \wedge \cdots \wedge (a_{m1} \vee a_{m2} \vee \cdots \vee a_{mn(m)})$。在信息空间 I 中，合取范式的几何形象就是超矩形，但每一边不一定连通。每个原子概念都是基本概念。

设 G 为 $(D, f_1, f_2, \cdots, f_m)$ 上全体基本概念所成的集合。对合取运算封闭，即两个基本概念按内涵取“且”以后仍然是一个基本概念，因此 G 按合取形成一个半格 $(G, \wedge)$。G 对析取运算不封闭，因而 $(G, \vee, \wedge)$ 不能形成一个格。Wille(1982)所说的概念格是 $(G, \vee^*, \wedge)$，这里的析取运算 $\vee^*$ 应该这样定义：设 α 和 β 是两个基本概念，$\alpha \vee^* \beta$ 在外延叙述上是所有包含 $\alpha \vee \beta$ 的基本概念之交，用内涵语言来定义，即 $\alpha \vee^* \beta = \wedge\{\gamma \in G \mid \gamma \geqslant \alpha \vee \beta\}$。在实用中，只求基本概念半格就够用。要找一个从上位概念细分到原子概念个数尽可能小的基本概念半格，本书借用 Wille(1982)所举的一个具体例子来介绍因素空间的概念生成和提取基本概念半格的方法。

3.3.2　水生物形式概念举例

针对水生物形式概念，Ganter 等(2005)给出如下实例。

例 3.3　Wille(1982)曾在水文学文本分析中将一堆专有名词进行了加工处理，以提取有益的概念，共有 21 个对象: 1. tarn(冰斗湖)，2. trickle，3. rill，4. beck，5. rivuler，6. runnel，7. brook，8. bum，9. stream(溪流)，10. torrent，11. river(江)，12. canal(运河)，13. lagoon(潟湖)，14. lake(湖)，15. mere，16. plash，17. pond，18. pool(池)，19. puddle，20. reservoir(水库)，21. sea(海)。在这些对象中，本书只给出一部分中文翻译，不是说这里存在字典中查不出来的字，而是字典的翻译已经无法传递水文专业量级划分的信息。Wille(1982)根据自己的形式概念分析方法从这些对象的属性匹配表格中提取了概念格。本节后面将叙述因素空间的概念生成方法。

Wille(1982)实际上提出了 4 个因素：

f_1，水体是人造的还是自然的？$I(f_1)$={人造，自然}={A,N}

f_2，水体是流畅的还是堵塞的？$I(f_2)$={运行，泥泞}={R,M}

f_3，水体归属在陆地还是海洋？$I(f_3)$={海洋，内陆}={S,I}

f_4，水体是长远的还是临时的？$I(f_4)$={常在，临时}={C,T}

给定因素空间 $(D,F=(f_1,f_2,f_3,f_4))$，从文中引用数据得到一组样本点组成表 3.3。

表 3.3　水文概念提取的因素表

D	1	2	3	4	5	6	7	8	9	10	11	12	13	14	15	16	17	18	19	20	21
f_1	N	N	N	N	N	N	N	N	N	N	N	A	N	N	A	N	A	N	N	A	N
f_2	M	R	R	R	R	R	R	R	R	R	R	R	M	M	M	M	M	M	M	M	M
f_3	S	S	S	S	S	S	S	S	S	S	S	S	I	S	S	S	S	S	S	S	I
f_4	C	C	C	C	C	C	C	C	C	C	C	C	C	C	C	T	C	C	T	C	C

信息空间 I 应该包含 2×2×2×2=16 个属性组态，但是，表 3.3 中出现不少相同列，合并得到 6 个原子内涵：

$$R=\{\text{NMSC, NRSC, ARSC, NMIC, AMSC, NMST}\}$$

由这 6 种属性组态直接得到 6 个原子概念：

$$\alpha_1=(\text{NMSC},\{1,14,18\}),\ \ \alpha_2=(\text{NRSC},\{2,3,4,5,6,7,8,9,10,11\}),\ \ \alpha_3=(\text{ARSC},\{12\})$$

$\alpha_4 = (\text{NMIC},\{13,21\})$，$\alpha_5 = (\text{AMSC},\{15,17,20\})$，$\alpha_6 = (\text{NMST},\{16,19\})$

3.3.3　基本概念半格的提取算法

γ =(NMC,{1,14,18,13,21})是一个基本概念，因为它的内涵可以写为合取范式 $\text{N} \wedge \text{M} \wedge (\text{S} \vee \text{I}) \wedge \text{C}$，它在信息空间 I 中能画成一个超矩形。下面给出基本概念半格的提取算法的基本步骤。

步骤 1　计算每个因素的分辨度(见 3.1 节)，选取最大分辨度的因素来重新排列表 3.3 的行列，以显现该因素的划分类别，结果如表 3.4 所示。

$$m = 21$$

$$f_1 : n(\text{N}) = 17\,,\quad n(\text{A}) = 4\,,\quad c_{f_1} = 1 - (17\times16 + 4\times3)/(21\times20) = 0.3$$

$$f_2 : n(\text{R}) = 11\,,\quad n(\text{M}) = 10\,,\quad c_{f_2} = 1 - (11\times10 + 10\times9)/(21\times20) = 0.5$$

$$f_3 : n(\text{S}) = 19\,,\quad n(\text{I}) = 2\,,\quad c_{f_3} = 1 - (19\times18 + 2\times1)/(21\times20) = 0.2$$

$$f_4 : n(\text{C}) = 19\,,\quad n(\text{T}) = 2\,,\quad c_{f_4} = 0.2$$

$$c_{f_2} > c_{f_1} > c_{f_3} = c_{f_4}$$

表 3.4　对象重排

D	12	2	3	4	5	6	7	8	9	10	11	1	13	14	15	16	17	18	19	20	21
f_1	A	N	N	N	N	N	N	N	N	N	N	N	N	N	A	N	A	N	N	A	N
f_2	R	R	R	R	R	R	R	R	R	R	R	M	M	M	M	M	M	M	M	M	M
f_3	S	S	S	S	S	S	S	S	S	S	S	S	I	S	S	S	S	S	S	S	I
f_4	C	C	C	C	C	C	C	C	C	C	C	C	C	C	C	T	C	C	T	C	C

步骤 2　取最大分辨度因素对论域进行分类，每个类就是一个基本概念。得到 f_2-划分为

$$D=D_1\{2,3,4,5,6,7,8,9,10,11,12\}+D_2\{1,13,14,15,16,17,18,19,20,21\}$$

D_1 的内涵是 $(\text{A} \vee \text{N}) \wedge \text{R} \wedge \text{S} \wedge \text{C}$，是合取范式，因此 $\alpha_1 = ((\text{A} \vee \text{N}) \wedge \text{R} \wedge \text{S} \wedge \text{C}, D_1)$ 是一个基本概念。D_2 的内涵是 $(\text{A} \vee \text{N}) \wedge \text{M} \wedge (\text{S} \vee \text{I}) \wedge (\text{C} \vee \text{T})$，是合取范式，因此 $\alpha_2 = ((\text{A} \vee \text{N}) \wedge \text{M} \wedge (\text{S} \vee \text{I}) \wedge (\text{C} \vee \text{T}), D_2)$ 是一个基本概念。

对于每一个类，若非原子，则取它为论域，回到步骤 1 和步骤 2，直到所有类都变成原子，画出基本概念半格。现在，D_1 不是原子，$D := D_1$ 回到步骤 1，得到表 3.5。

表 3.5　子类列表

D_1	12	2	3	4	5	6	7	8	9	10	11
f_1	A	N	N	N	N	N	N	N	N	N	N
f_2	R	R	R	R	R	R	R	R	R	R	R
f_3	S	S	S	S	S	S	S	S	S	S	S
f_4	C	C	C	C	C	C	C	C	C	C	C

$$m=11$$

$$f_1:n(\mathrm{N})=10,\quad n(\mathrm{A})=1,\quad c_{f_1}=1-(10\times 9+1\times 0)/(11\times 10)=2/11$$

$$f_2:n(\mathrm{R})=11,\quad n(\mathrm{M})=0,\quad c_{f_2}=1-(11\times 10)/(11\times 10)=0$$

$$f_3:n(\mathrm{S})=11,\quad n(\mathrm{I})=0,\quad c_{f_3}=1-(11\times 10)/(11\times 10)=0$$

$$f_4:n(\mathrm{C})=11,\quad n(\mathrm{T})=0,\quad c_{f_4}=1-(11\times 10)/(11\times 10)=0$$

$$c_{f_1}>c_{f_2}=c_{f_3}=c_{f_4}$$

得到 f_1-划分为

$$D_1=D_{11}\{12\}+D_{12}\{2,3,4,5,6,7,8,9,10,11\}$$

D_{11} 的内涵是 $A\wedge R\wedge S\wedge C$，是合取范式，因此 $\alpha_{11}=(\mathrm{A}\wedge\mathrm{R}\wedge\mathrm{S}\wedge\mathrm{C},D_{11})$ 是一个基本概念。D_{12} 的内涵是 $\mathrm{N}\wedge\mathrm{R}\wedge\mathrm{S}\wedge\mathrm{C}$，是合取范式，因此 $\alpha_{12}=(\mathrm{N}\wedge\mathrm{R}\wedge\mathrm{S}\wedge\mathrm{C},U_2)$ 是一个基本概念。

类似地，对其他子类重复运用步骤 1 和步骤 2，得到如下划分：

$$D_2=D_{21}\{1,13,14,16,18,19,21\}+D_{22}\{15,17,20\};$$

$$D_{21}=D_{211}\{13,21\}+D_{212}\{1,14,16,18,19\}$$

$$D_{212}=D_{2121}\{1,14,18\}+D_{2122}\{16,19\}$$

其中，非原子的基本概念有两个，即

$$\alpha_{212}=(\mathrm{N}\wedge\mathrm{M}\wedge(\mathrm{S}\vee\mathrm{I})\wedge(\mathrm{C}\vee\mathrm{T}),D_{21}),\quad \alpha_{21}=(\mathrm{N}\wedge\mathrm{M}\wedge\mathrm{S}\wedge(\mathrm{C}\vee\mathrm{T}),D_{212})$$

所绘出的基本概念半格见图 3.16(a)。例毕。

在图 3.16(a)中，每个节点都是基本概念。顶部的节点是以 D 为外延的上位概念。从上到下，内涵的叙述不断增多，而概念划分的外延却不断减少。

3.3.4　因素空间与形式概念分析的一致性

Wille(1982)所绘的水文概念格见图 3.16(b)。

如图 3.16(a)所示，节点(3)、(4)、(6)、(7)、(9)、(10)是原子概念，标以空心圈(图 3.16(b))；节点(1)、(2)、(5)、(8)是非原子基本概念，标以实心圈(图 3.16(b))。仔细察看可知，图 3.16(a)与图 3.16(b)一致，但图 3.16(b)中有 15 个非原子基本概念，图 3.16(a)中减少到 4 个。概念自动生成的个数不是怕少而是怕多，越少图形越简洁，基本概念的含义越明确，越容易被人理解。

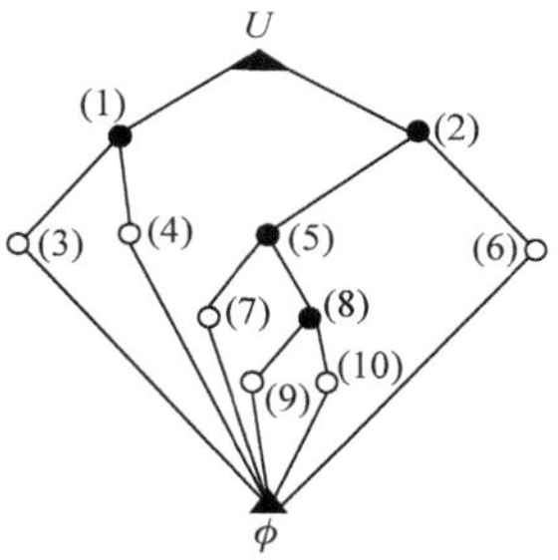

(a) 基本概念半格

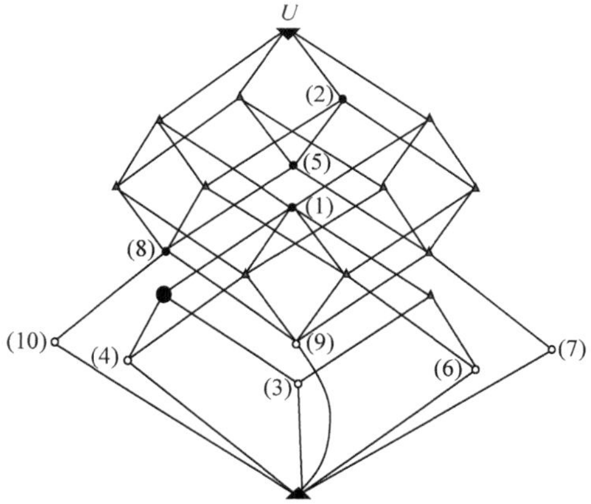

(b) 水文概念格

图 3.16　基本概念半格和水文概念格

在算法上，因素空间算法比 Wille 算法要简单得多。后者存在 NP 问题，因素空间算法的计算复杂度总是 $O(m^2n)$，其中，m 是样本点个数，n 是因素个数。

3.4　因素神经网络

因素空间要为人工智能提供统一的数学理论基础，就必须考虑智能描述中结构与功能之间的统一性问题。以形式因素为因，以效用因素为果，通过因素空间上的因果分析可以实现形式信息与效用信息的对接，体现一种功能性的智能；结构性智能把形式因素视为输入节点，把效用因素视为输出节点，通过对权重的调整来实现形式信息与效用信息的对接。要使两者统一起来，就需要扩展因素的表现方式：因素不仅具有空间的延展性，还具有节点的传递性，这就是因素神经网络。

1. 因素神经网络

刘增良(1990)提出了因素神经网络理论，具体实现了将因素作为神经网络中的节点。形象地说，因素神经网络是一种神经网络，它的每一个节点都是一个因素，节点的输入就是该因素的实数相，两节点 f 和 g 所连接的边就是两因素互施影响的通道，通道的权重越大，影响越大。其实，用“权重”二字不太妥当，一般的权重都是非负实数，但这里的权重却可正可负，反映了相生相克的关系，将其称为关联值更贴切。若关联值为零，则两因素是无关的。对于同定义域 D 上的一组因素 $f_1,f_2,\cdots,f_n$，其就是一行节点，给定对象 $d_i\in D$，这组因素的相值 $x_1=f_1(d_i),x_2=f_2(d_i),\cdots,x_{ni}=f_n(d_i)$ 便形成神经网络的一个输入向量 $\boldsymbol{x}_i=(x_{i1},x_{i2},\cdots,x_{in})$，而它就是因素空间 $(D,f_1,f_2,\cdots,f_n)$ 中的一个样本点。换句话说，因素空间中的一个样本点转化为因素神经网络的一个输入向量。

这种转化为因果分析打开了一个新窗口。给定因果空间 $(D,f_1,f_2,\cdots,f_n,g)$，将条件因素 $f_1,f_2,\cdots,f_n$ 排在下面一行，结果因素 g 放在上面，训练数据集是 $\{(\boldsymbol{x}_i,y_i)\}_{(i=1,2,\cdots,m)}$，下面一行的输入向量 x_i 经过节点通道的传递，可以向上面的节点输出 g 的一个估计相值 $\hat{y}_i=\sum_{j=1}^{n}{}_j a_j x_{ij}$，其中，$a_j$ 是节点 f_j 与节点 g 之间的关联值，开始时都取为 1。利用训练数据的 g 值 y_i 来检验，得到误差 $\delta=\hat{y}_i-y_i$，利用逆向修正的方法调整各通道的关联值，逐步减小误差使其小到可接受的范围，这就是因素神经网络所要解决的问题。它的职责就是调整各边的关联值，这样可以得到条件因素与结果因素之间的关联结构，本书将要学习的就是这个结构，学习算法就是神经网络的结构论方法。

深度学习缺乏可理性解，因素神经网络对神经网络的贡献是：因素神经网络对节点进行了因素解释，因而有可能携带语义信息，使深度学习变成可理解的操作。当然，这还只是一个初步设想。

因素空间是凭借空间来展现因素之间相互影响的，由此察看形式因素对效用因素的因果关系，形成智能的功能论方法。因素神经网络对因素空间的贡献是：因素神经网络给因素空间提供了方便有效的逆向调整方法，使因素空间在空间延展和节点传输两个方面互相转化，可以大大提升为人工智能服务的水平。

2. 泛逻辑下因素空间转化为神经元模型

何华灿等(2021)所提出的泛逻辑是对各种非经典逻辑的一种统一的柔性概括。它的一个重要特点就是把逻辑的空间延展性与节点的流通性紧密结合起来。

命题泛逻辑的基模型是有界逻辑算子组，共有以下 7 种基本运算。

非：$\neg x = 1 - x$

与：$x \wedge y = \Gamma[x + y - 1]$

或：$x \vee y = 1 - \Gamma[((1 - x) + (1 - y) - 1)]$

蕴含：$x \rightarrow y = \Gamma[1 - x + y]$

等价：$x \leftrightarrow y = 1 - |x - y|$

平均：$x ® y = 1 - ((1 - x)/2 + (1 - y)/2)$

组合：$x ©^{e} y = \Gamma[x + y - e]$

这 7 种有界算子都是对真值先进行四则运算，后选定门槛进行截断，何华灿等(2021)认为这也正是神经元的工作特点，他根据这一共同特点把这 7 种有界算子都找到了神经元的实现。而后扩大成 18 种有神经元配备的泛逻辑运算，这是逻辑学上的一个重要突破。何华灿等(2021)对因素空间提出了以下要求和构想。

1. 因素空间的神经元结构

因素空间必须具有描述最基本的柔性逻辑关系的能力，因素空间的节点结构如图 3.17 所示，因素空间应该形成一个神经元。二元运算要包含 P_1、P_2、P_3 共 3 个柔性因素节点(n 元运算要包含 n+1 个柔性因素节点)，还要包含一个柔性转换节点 T(用方形节点表示)。柔性有向边 F_i 表示信息流的方向。一个动态的神经元需要对节点提出“激活”的概念。用令牌(token)表示一个节点正处于激活状态。当柔性转换节点 T 的所有输入节点 P_i 都具有令牌时，T 的转换过程开始，令牌可与 T 的变换结果一起传递到输出节点 P_j 。

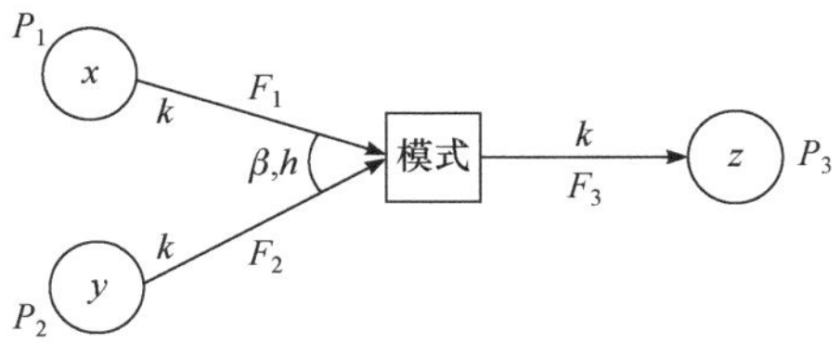

图 3.17　因素空间的节点结构

2. 因素空间网的运行规则

有向边 F 是有方向的，信息不能反向流动。两个 P 节点之间、两个 T 节点之间都不允许有 F 存在。P 节点可拥有多个不同用途的令牌。如果一个 T 节点的所有输入节点 P_i 都拥有令牌，那么该转换过程即被激活。转换的结果是所有输入节点 P_i 的令牌被消耗，所有的输出节点 P_j 都获得了令牌。T 节点的转换过程是完整的，不可能半途而废。两个转换过程争夺同一个令牌称为冲突。为严格避免冲突发生，网络可按节拍同步进行，一拍可激活多个 T 节点，但要严格保证转换的结果与转换的先后顺序无关。因素空间藤的动态由令牌在网络中的分布决定。在转换过程中网络的状态是不确定的，一拍转换完成，等待下一拍开始前网络的状态是确定的。同步网可有效避免冲突，但它需要等待最长的转换过程完成，时间开销很大。若已知应用场景不会发生冲突，或发生冲突时可按照轻重缓急化解冲突，则最好使用步网，它没有统一的时序约束，允许不同时长的转换过程独立进行。为了让因素空间藤的结构在学习演化过程中具有动态变化的能力，应该允许网络中的各种节点有逐步消失或新生的性能，具体由柔性演化模块实现，因素节点的生成由柔性归纳模块实现，转换节点的转换过程由柔性演绎模块完成。

3.5　小　　结

因素空间为事物描述提供了普适性框架，是笛卡儿坐标的推广。笛卡儿坐标的维数是固定的，因素空间是变维的空间。人工智能中所提到的状态空间不是数学上的空间而是一个变量体系。但是，其中的每个变量都是一个因素，都有一个相域，这些相域的笛卡儿乘积空间就是一个因素空间。因此，状态空间就是因素空间。

粗糙集的局限性是它在条件因素之间没有引入背景关系而要求条件因素的组相必须遍历这些因素的笛卡儿乘积空间(完备性)，这就要求条件因素是相互独立的，从而极大地限制了粗糙集的应用范围。没有背景关系也是一种关系，就是因素之间彼此无关。无关的因素之间无法谈论因果，因素空间的背景关系理论使粗糙集理论得到提升。如果背景关系是凸集，凸集有顶点，那么删除内点后，就得到背景基。背景基的近似算法可以对数据实现大幅压缩，面对大数据，实时地把它转换为小数据，化大为小，以小制大，这是因素空间的贡献。

如果因素空间的坐标架是一种几何模式，那么因素神经网络就是把每个因素变为一个点的神经网络模式。它既可以表现深度学习，又是因素空间与泛逻辑交叉的一个平台。泛逻辑的思想方法可以指导因素空间，因素空间的思想方法也可以融入泛逻辑。

第 4 章　因素空间中的因果分析

本章对因素空间知识表示进行进一步的刻画，提出因素空间中的因果分析。知识表示除了表现人脑区分对象和生成概念的能力外，还要表现人脑进行归纳与推理的能力。这里的归纳指的是因果归纳，推理指的是因果推理，合称为因果分析。

4.1　因素空间是因果分析的平台

4.1.1　因果归纳、推理和因果分析

因果分析包含两个重要环节：归纳与推理。推理是人的高级智能，它经亚里士多德的提升而成为逻辑与数学的基本模式。人工智能从一开始就会运用计算机进行推理，归纳则很晚才被人工智能涉猎。按照布尔逻辑的公理化定义，一个逻辑系统是一个 5 元组，其中除了逻辑的字(原子概念)、公式(命题)、真值 3 个必需名目之外，最重要的就是演绎规则 MP 和一组公理 Γ。这里的 MP 就是亚里士多德的三段论法，通俗来说，三段论法就是三个圈圈一个往一个里钻，具有传递性。"金属是导电体"(大前提，金属的圈圈钻入导电体的圈圈)，"铜是金属"(小前提，铜的圈圈钻入金属的圈圈)，传递性使铜的圈圈钻入了导电体的圈圈，于是得到结论"铜是导电体"。逻辑系统要写出所有的恒真命题，它的使命实际上就是要把圈圈梳理成套套。要完成这一使命，总有一组公理 Γ 是不可缺少的。阿基米德证明了一个又一个几何定理，但总有不能证明的源头，就是公理。公理的确认要依靠人的归纳，而归纳比推理更生动，却难以机器化。

因果归纳是人脑发现事物因果联系的生智活动，推理是基于归纳的逻辑活动。因果归纳将所发现的因果联系画成因果树，因果分析要寻找节点(小前提)来得出叶片(结论)。逻辑推理早就进入了人工智能领域，但因果归纳较晚才用机器实现。因此，本章的重点是因果归纳。因果归纳的研究首先要归功于粗糙集和相关的决策树理论。因素空间是这些理论的根源，本章只是从源头上稍作梳理和推进。

因果分析有多种目的，以结果因素 g 的名称为标志：若 g 是类别因素，则因果分析的目的就是做出分类，因果归纳为其提供分类的学习算法；若 g 是预测因素，则因果分析的目的就是做出预测，因果归纳为其提供预测算法；若 g 是评价因素，则因果分析的目的就是做出评价，因果归纳为其提供评价算法；若 g 是决策因素，则因果分析的目的就是做出决策，因果归纳为其提供决策算法；若 g 是

控制因素，则因果分析的目的就是进行控制，因果归纳为其提供控制算法。

4.1.2　因果归纳的普遍形式和原理

1. 因果空间

定义 4.1　因素空间 (D, f, g) 称为一个因果空间，若 f 和 g 分别表示条件因素和结果因素，则因果空间中的一组样本点形成的表称为因果分析表。

通常，形式因素被当作条件，而效用因素被当作结果。

当样本变大时，有很多对象具有相同的相值，此时因果分析表不按对象分行，而按相分行，并在后面记下取此项的对象数，这样的因果分析表不再是背景关系表而是一张背景分布表。这样做的好处是可以通过总频数知道样本的大小。背景分布去掉了对象的隐私信息，可以利用大数据，而大数据可以用样本代表母体，保证了数据因果分析的有效性。

条件因素 f 可以是很复杂的因素，它是一组元因素的合取 $f = \{f_1 \wedge f_2 \wedge \cdots \wedge f_n\}$；结果因素 g 也可以很复杂，如果它是一组元因素的组合 $g = \{g_1 \wedge g_2 \wedge \cdots \wedge g_k\}$，那么这样的因果归纳称为多目标因果归纳。若无特殊声明，本书只考虑单目标因果归纳。

2. 因果归纳的一般原理

给定因果空间 (D, f, g)，为了简单，假定 f 和 g 这两个因素都具有相域，即 $X = I(f)$ 和 $Y = I(g)$，而 X、Y 是两个实数区间。对任意 $d \in D$，有 $(f(d), g(d)) = (x, y) \in X \times Y$。设 P 和 Q 分别是 X 和 Y 的两个子区间，谓词 $P(x)$ 表示语句"$f(d)$ 在 P 中"；$Q(y)$ 表示语句"$g(d)$ 在 Q 中"。若要进行推理，则必须对这两个区间向二维空间 $X \times Y$ 进行柱体扩张，得到两个长条 $P \times Y$ 和 $X \times Q$。若要推理句 $P(x) \to Q(y)$ 成立，则必须使 $P \times Y \subseteq X \times Q$。因素推理的直观模型如图 4.1 所示，从图中可知，横条 $P \times Y$ 总要从竖条 $X \times Q$ 中伸出双翼，这就是图中两块阴影区域。这就意味着，$P(x) \to Q(y)$ 不可能处处成立，$P(x) \to Q(y)$ 不可能成为一个恒真句。因果推理的描述比较困难。

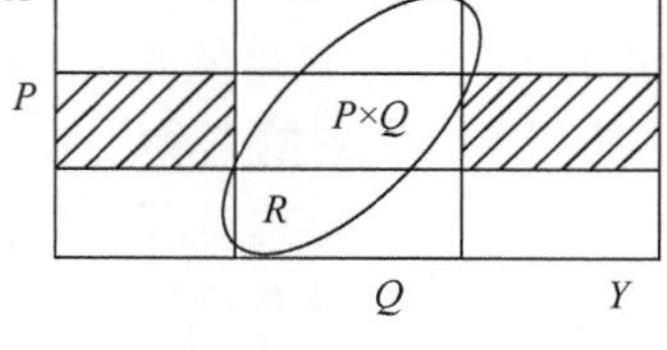

图 4.1　因素推理的直观模型

能摆脱此困境的是背景关系。背景关系 R 是因果分析的关键概念。在讨论两因素的因果关系时，背景集是实际存在的笛卡儿乘积相空间。由此，得到原理 4.1。

原理 4.1　背景关系决定一切推理。

$P(x)\to Q(y)$ 是恒真句当且仅当

$$(P\times Y)\cap R\subseteq(X\times Q)\cap R \tag{4.1}$$

如图 4.1 所示，式(4.1)的作用就是使图中两块阴影区域消失在虚空之中。背景关系在这里起到了决定性作用。在 R 固定以后，任给 P 和 Q，由式(4.1)便可以判定究竟 $P(x)\to Q(y)$ 是不是一个恒真句。在这个意义下，背景关系 R 决定了从 f 到 g 的一切推理。

原理 4.2　内涵的逻辑蕴含就是外延的被包含(或称钻入)。

$P(x)\to Q(y)$ 表示 $P(x)$ 蕴含 $Q(y)$，式(4.1)的左右两端分别称为谓词 $P(x)$ 和 $Q(y)$ 的表现外延，原理 4.1 的含义是：$P(x)$ 蕴含 $Q(y)$ 当且仅当 Q 的表现外延包含 P 的表现外延，或者说 $P(x)$ 蕴含 $Q(y)$ 当且仅当 P 的表现外延钻入 Q 的表现外延。

原理 4.3　不相关因素之间不存在有意义的推理句。

这是因为不相关因素的背景集 S 等于整个笛卡儿乘积相空间。如图 4.1 所示，当没有虚空时，图中两块阴影区域无处躲藏，除了 $Q=Y$ 以外，$P(x)\to Q(y)$ 永远不是恒真句。

限于证明的烦琐，这里不对原理 4.1 进行详细证明。原理 4.2 可由著名的 Stone 表现定理得到证明。

3. 钻入算法

1) 条件类和结果类

条件因素 f 在 D 中形成划分 $H(D,f)$，其中的类称为条件类，结果因素 g 也在 D 中形成划分 $H(D,f)$，其中的类称为结果类。条件因素 f 所含的元因素个数越多，其类的表现外延越小，一旦它的某个类 a_f 钻入某个结果类 b_g，则称 a_f 是 f 对 g 的一个决定类。按原理 4.2 便产生一条推理句 $a_f\to b_g$，称为因果提枝。每提出一枝，就把决定类从 D 中删除，如此重复下去，直到将 D 全部删空，从枝到叶形成一棵树，称为因果树。这就是因果归纳的过程。

2) 条件因素对结果的决定度

要用条件因素分割论域 D，使其所分出的类尽快地钻入结果类，有多个条件元因素，究竟谁先谁后，是实现算法快慢的关键。

定义 4.2　给定因果空间 $(D,f_1,f_2,\cdots,f_n;g)$，记

$$Z_f = t / s \tag{4.2}$$

Z_f 称为 f 对 g 的钻入决定度(汪培庄，2013a，2013b)。式中，t 是 f 对 g 所有决定类之并中的对象个数；s 是表中对象的总数。

4. 因果归纳算法

算法 4.1　因果归纳(causal induction，CI)算法。

$$\mathrm{CI}(\psi) \to \mathrm{Tr}$$

输入　因果分析表 ψ；推理句集合 T:=空集；D:=表 ψ 中的对象所成之集。

输出　因果归纳树。

步骤 1　对于表中每个条件因素 f_j，求其对结果因素 g 的决定度 Y_i，即

$$Y_j := \text{钻入决定度 } Z_j \text{ 或其他定义的决定度}$$

步骤 2　按 Y_j 从大到小更换列号，新的列号记为(1)，(2)，…。

步骤 3　寻找最左列的决定类，将每个钻入类写成推理句，放入 T 中；从表中删除所有决定类对象所在的行，即 D:=D\{决定类中的对象}；若 D 为空，则转步骤 4，否则，转步骤 1。

步骤 4　将 T 中的推理句首尾相连，画出决策树 Tr。

例 4.1　给定因果分析表(表 4.1)，试用钻入决定度进行因果归纳。

解　有 4 个条件元因素：

$I(f_1$=年龄)={老，壮，青}

$I(f_2$=职业)={教师，学生，雇主}

$I(f_3$=信用)={好，可，平，差}

$I(f_4$=收入)={高，中，低}

首先检查表 4.1 是否相容，对于条件因素性状完全相同的两行，若结果不同，则表 4.1 不相容；若结果相同，则表 4.1 相容，不影响规则提取。

求各条件因素对评价的钻入决定度，它们依次写在表 4.1 的最下行。例如，信用对评价的决定度是多少？先按信用对 D 分类：[好]={徐二，宋九}，[平]={张三，王五，赵六}，[可]={孙一，李四}，[差]={周七，朱八}。

表 4.1　因果分析表

D	年龄	职业	信用	收入	评价
孙一	老	教师	可	中	负
徐二	壮	教师	好	中	正
张三	青	学生	平	低	正

续表

D	年龄	职业	信用	收入	评价
李四	壮	雇主	可	中	正
王五	老	雇主	平	低	负
赵六	老	雇主	平	高	正
周七	青	学生	差	高	负
朱八	青	学生	差	低	负
宋九	壮	教师	好	高	正
Z	3/9	0	4/9	0	

评价的分类是：[正]={徐二，张三，李四，赵六，宋九}，[负]={孙一，王五，周七，朱八}。

信用的[好]类钻入评价的[正]类，信用的[差]类钻入评价的[负]类，故[好]和[差]是信用对评价的两个决定类，共有 4 个对象。[平]和[可]都不是信用的决定类，故信用对评价的决定度是 4/9，以此类推。按钻入决定度来排序，有

$$Z(\text{信用})>Z(\text{年龄})>Z(\text{收入})=Z(\text{职业})$$

由于信用对评价的决定度最大，所以先按它的决定类来提取因果规则：

信用好→评价正

信用差→评价负

将这两个前件类从 D 中删除，得到表 4.2，重新计算决定度。年龄和职业对评价的决定度都是 3/5，最大，从中随意取一个，按年龄提取三条规则：

信用平且青年→评价正

信用可且壮年→评价正

信用可且老年→评价负

表 4.2　表 4.1 的删除

D_1	年龄	职业	信用	收入	评价
张三	青	学生	平	低	正
王五	老	雇主	平	低	负
赵六	老	雇主	平	高	正
孙一	老	教师	可	中	负
李四	壮	雇主	可	中	正
Z	3/5	3/5	0	1/5	

需要强调的是，由于这次是从信用[平]这个类中提取的，所以推理句的前件必须指明信用是[平]。

删去钻入类{张三,孙一,李四}，继续对剩余论域 D_2={王五,赵六}进行分析，得到表 4.3。

表 4.3　表 4.2 的继续删除

D_2	年龄	职业	信用	收入	评价
王五	老	雇主	平	低	负
赵六	老	雇主	平	高	正
Z	0	0	0	1	

继续对候选因素计算决定度，收入对评价的决定度最高，按它提取推理句：

信用平且老年且收入高→评价正

信用平且老年且收入低→评价负

删去钻入类，论域空，因果归纳的过程结束，画出因果归纳树，如图 4.2 所示。

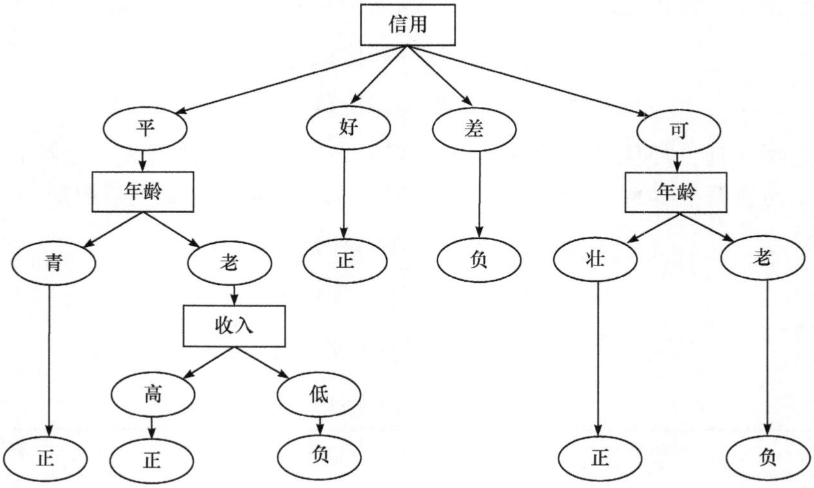

图 4.2　因果归纳树

4.1.3　多种决定度

钻入决定度能将众多的条件因素进行排序，加速因果归纳过程，十分重要。但是，它并不是唯一的排序度量。扰动决定度可用于对形式因素的效用排序。下面列举一些不同的决定度。

1. 信息增益决定度

因果归纳算法是对决策树理论的承袭。决策树使用信息熵对属性进行排序，若某属性对结果的条件熵使结果原有分布的熵减小，即条件信息量加大，则称此加大量为该属性所带来的信息增益，这也是一种决定度。

2. 分辨决定度

定义 4.3　(包研科，2021)设 $f_1, f_2, \cdots, f_n$ 都是定量因素，$I(g)=\{1,0\}$，记

$$[1]_i=\{f_i(d) | d\in D, g(d)=1\},\quad [0]_j=\{f_i(d) | d\in D, g(d)=0\}$$

又记

$$H_i = L([1]_j \setminus [0]_j) + L([0]_j \setminus [1]_j) \tag{4.3}$$

式中，H_i 为因素 f_i 对 g 的分辨决定度；L 为勒贝格测度。

非决定域是 $[1]_i \cap [0]_i$，在此区域中，因素 f_i 失去了对结果 g 的分辨力。

3. 背景决定度

定义 4.4　(郭嗣琮，2014)设 $I(f_i)=\{1,2,\cdots,n\}$，$I(g)=\{1,2,\cdots,k\}$，$D=\{d_1, d_2,\cdots,d_m\}$。记 $n_{ij}=|\{d | f(d)=i, g(d)=j\}|$，于是可得 f_i 与 g 的背景分布 $r_{ij}=n_{ij}/m$ (记 $R=\{(i,j) | n_{ij}>0\}$，R 就是 f_i 与 g 的背景关系)。f_i 的边缘分布是 $p_i=\sum_j r_{ij}$，由此可以求得因素 g 在 $f=i$ 处的均值 $a_i=\left(\sum_j jr_{ij}\right)/p_i$，记

$$E_i = 1\Big/\left[1+\sum_i (i-a_i)^2\right] \tag{4.4}$$

E_i 称为 f 对 g 的背景决定度。不难将这个定义拓展到一般的 $I(g)$。

4. 背景分布的影响决定度

对任意条件因素 f_i，因素 f_i 和 g 的背景分布记为 $r^i=\{r^i_{jk}\}(j=1,2,\cdots,J; k=1,2,\cdots,K)$ (r^i_{jk} 是 f_i 取第 j 相值且 g 取第 k 相值的概率)，记 $p^i_{k|j}=r^i_{jk}/\sum_t r^i_{tk}$，它是在 f_i 取第 j 相值且 g 取第 k 相值的条件概率。

定义 4.5　(刘晓同等，2021)记

$$L_i = (1/J)\sum_j \sum_k (p^i_{k|j}) \tag{4.5}$$

L_i 称为 f_i 对 g 的背景分布的影响决定度，简称影响度。

钻入决定度所确定的因果归纳算法并不是最佳算法，将上述四种决定度或未列入的其他决定度代入因果归纳算法的步骤 1，便可得到不同的因果归纳程序，效果可能更好。

决策树采用的是信息增益决定度。从理论上来说，这是衡量因素之间影响程度最合理的测度，但是不能把它绝对化。在例 4.1 中，如果用信息增益来排序，那么一张普通的因果分析表可以视为一张随机因果分析表，如果每一行的最右端都放上一个频率$1/K$，其中 K 是剩余对象个数，那么就可以将条件因素按对结果的信息增益来排序，经过计算得到的排序是

$$h(\text{收入})>h(\text{年龄})>h(\text{信用})>h(\text{职业})$$

但钻入决定度的排序是

$$Z(\text{信用})>Z(\text{年龄})>Z(\text{收入})=Z(\text{职业})$$

这两个决定度的排序截然不同。从表 4.1 中可以看出，信用对结果有重要影响，但其增益决定度很小。首先，是因为样本太小，不能反映出熵的概率特征。其次，决定度是条件类钻入结果类的入口量，谁钻得快谁就排先。总之，不同的决定度会在不同的场合显示出各自的特色，适用于不同场合，不能一概而论。

在数据的流动中，如何在动态中计算决定度，可以减少计算时间，做到对大数据的及时处理，陈万景等(2018)提出了决定度的动态算法，由于篇幅所限，这里不再详述。

4.1.4　因果归纳的理论问题

1. 可靠性

通过样本来归纳因果规则，其正确性只对样本负责。若样本代表母体，则所提取的规则绝对正确；若样本小，不能反映母体全貌，则所提取的规则可能是错的。大数据的好处就是能反映母体的全貌，这里的母体信息指的是背景关系或背景分布。

2. 覆盖率

因果分析的提取和判断过程会出现不能判断的情况，这是因为所提取规则的前件不能覆盖整个背景集 R。

定义 4.6(覆盖与完备性)　因果归纳出来的所有规则的前件在条件因素相域中的表现外延所形成的并集称为归纳的前件覆盖。若前件能覆盖背景关系 R 在条件因素相域中的投影，则称这种归纳是完备的；否则，称这种归纳是不完备的。若由一个因果数据表得不到完备的因果分析图，则称该因果数据表是不完

备的。

多数人心目中的完备定义是要对整个信息空间 $I = I(f_1)\times I(f_2)\times\cdots\times I(f_n)$ 全覆盖。因素空间理论所要坚持的一项原则是：因素空间理论下所指的完备只是覆盖背景关系 R，对 $I = I(f_1)\times I(f_2)\times\cdots\times I(f_n)$ 的全覆盖既不应当，也不可能，除非诸条件因素是独立的，而要求条件因素独立的理论是软弱乏力的。

3. 缺位数据

当表达相值 $\boldsymbol{a}=(a_1,a_2,\cdots,a_n)$ 的某些项是空的或未知的时，其数据 $\boldsymbol{x}=(x_1,x_2,\cdots,x_n)$ 称为缺位数据。因素空间理论明确指出，在训练集中禁止出现缺位数据，但在规则前件中则希望出现缺位向量，只靠少量因素的取相就可对结果做出论断。

4.2　连续变量因果归纳算法

因果归纳法是离散化的操作，下面介绍连续变量的因果归纳算法。

4.2.1　差转算法

基于因素空间理论，包研科等(2017b)提出差转算法，赵静(2020)对该算法进行了进一步研究。

给定因果空间 $(D,f_1,f_2,\cdots,f_n;g)$，$I(f_j)$ $(j=1,2,\cdots,n)$ 是实数区间。$I(g)=\{1,2,\cdots,K\}$，按结果因素 g 论域 D 被分成了 K 类，记为 $D_1,D_2,\cdots,D_K$。

1) 步骤

对于每一单因素 f_j，$D_1,D_2,\cdots,D_K$ 被它映射到 $I(f_j)$ 中得到 K 个不同的区间 $f_j(D_1)=\left[a_{j1},b_{j1}\right),f_j(D_2)=\left[a_{j2},b_{j2}\right),\cdots,f_j(D_K)=\left[a_{jK},b_{jK}\right)$，分别记为 ${}_jE_1,{}_jE_2,\cdots,{}_jE_K$。若条件因素值 $\boldsymbol{x}\in{}_jE_1\setminus{}_jE_1^c={}_jE_1\setminus({}_jE_2\cup{}_jE_3\cup\cdots\cup{}_jE_K)\neq\varnothing$，则由 $\boldsymbol{x}$ 可辨别出结果必是 $g=1$，类似地，若 $\boldsymbol{x}\in{}_jE_k\setminus{}_jE_k{}^c\neq\varnothing$，则由 $\boldsymbol{x}$ 可辨别出结果必是 $g=k$。这就是分辨决定类，对它们进行因果提枝，写出相应的因果规则。当规则数目达到一个给定数目 L 时，将所转化的规则集为一层，并删除所有参与因果提枝的决定类。重复训练步骤，获得下一层规则，直到 D 被删空。

2) 测试

输入一个测试数据，让它逐层逐个地与所有规则的前件匹配，若不匹配，则不计其所对应的结果是什么，若匹配，则记其所对应的结果是什么。得到 $I(g)$ 上的一个频率分布，取频率最大者为此测试点的类别。差转算法的创新意义在于：决策树和现有因果归纳算法都是取一个枝，删一个类。类中有关其他因素的信息还没有充分应用就被丢失，差转算法是用一批才删一批，从数据中获取更多的信息。

包研科等(2017a, 2017b)创立了因素的关联分析和数据的相似性理论，提出了一种基于因素空间理论的群体整体优势的投影评价模型与实证，具有广泛的意义，他所提出的差转计算的算法与实证在因素空间领域的应用效果中位居前列。

4.2.2 等距划分算法

针对连续变量的因果归纳，刘海涛等(2017a，2017b)提出了等距划分算法。该算法只考虑二相结果：$I(g)=Y=\{1,0\}$。至于多值结果，可以此类推。

例 4.2 给定连续变量的因果分析表(表 4.4)，试进行因果归纳。

表 4.4 连续变量的因果分析表

D	年龄	信用	月收入/元	评价
1	65	3	4800	差
2	45	5	5000	好
3	25	3	1000	好
4	38	3	5000	好
5	70	4	1500	差
6	65	4	9000	好
7	18	2	1200	差
8	20	2	200	差
9	45	5	10000	好

步骤 1 将所有条件数据变换到区间[0,1]，亦即 $I(f_j)=[0,1](j=1,2,\cdots,n)$。例如，首先对表 4.4 中的每一列数据进行最小-最大规范化，可得表 4.5。

表 4.5 表 4.4 的最小-最大规范化

D	年龄	信用	月收入/元	评价
1	0.90	0.33	0.47	差
2	0.52	1.00	0.49	好
3	0.13	0.33	0.08	好
4	0.38	0.33	0.49	好
5	1.00	0.67	0.13	差
6	0.90	0.67	0.90	好

续表

D	年龄	信用	月收入/元	评价
7	0.00	0.00	0.10	差
8	0.04	0.00	0.00	差
9	0.52	1.00	1.00	好

步骤 2　对所有变量，将区间[0,1]进行 $k(k>1)$ 等分，得到 k^n 个格子，如 $k=3$，可把 $I=[0,1]$ 分成三档：[0,0.33)记为 A，[0.33,0.66)记为 B，[0.66,1]记为 C，将表 4.5 转换成表 4.6。这里所举的例子数据太少，如果数据点很多，三分的格子太大，会出现两类兼容的格子，称为混格。只要有混格存在，表就不相容。对于混格，需要再分，重复此过程，直到不存在混格。若这个过程始终是三等分，则只需将十进制转换成三进制，则称其为三进制划分，当然，也可根据具体情况采用不同的进制。

表 4.6　离散变量的因果分析表

D	年龄	信用	月收入/元	评价
1	C	B	B	差
2	B	C	B	好
3	A	B	A	好
4	B	B	B	好
5	C	C	A	差
6	C	C	C	好
7	A	A	A	差
8	A	A	A	差
9	B	C	C	好

步骤 3　表 4.6 是一个离散变量的因果分析表，对其进行因果归纳，从而获得如下一组因果规则：

(1) 年龄 $B\to$好。

(2) 年龄 A 信用 $B\to$好。

(3) 年龄 A 信用 $A\to$差。

(4) 年龄 C 信用 B 收入 $B\to$差。

(5) 年龄 C 信用 C 收入 $C\to$好。

(6) 年龄 B 信用 B 收入 B→好。

(7) 年龄 B 信用 C 收入 C→好。

这便是所提取的一组定性规则。

4.3 多目标因果归纳算法

4.1 节和 4.2 节所介绍的是多个条件因素对单一结果因素进行的因果归纳，如果有多个结果因素，那么要进行多目标的因果归纳，多目标的因果归纳与多目标规划类似，比单目标因果归纳要复杂得多，需要对这些目标设立权重，或者把某些目标当作限制因素。本节所要介绍的不是常规的思路，而是带有因素空间特色的方法。

多目标的降维算法是在目标因素之间再寻找因果联系，删除对其他目标依赖性较强的目标，减小目标维度。

前后件归并降维算法是按照条件因素对结果因素的决定度进行决定度矩阵的整体归并运算，以达到降低目标维度的效果。

4.3.1 多目标因果归纳基本算法

在因果归纳算法中，只有一个结果因素，若有多个结果因素 $g_1,g_2,\cdots,g_k$，则称为多目标因果归纳(mutiple causal induction，MCI)。其算法是把多个结果转化为一个合成因素 g，具有相域 $I(g)=I(g_1)\times I(g_2)\times\cdots\times I(g_k)$。

算法 4.2 多目标因果归纳算法。

$$\mathrm{MCI}(\psi,g_1,g_2,\cdots,g_k)\to\mathrm{Tr}$$

输入 因果分析表 ψ。

输出 因果归纳树 Tr。

步骤 1 变多目标为单目标，即

$$I(\boldsymbol{g})=I(g_1)\times I(g_2)\times\cdots\times I(g_k)$$

步骤 2 $\mathrm{CI}(\psi)\to\mathrm{Tr}$，输出因果归纳树 Tr。

多目标因果归纳算法是本书为了架构的完整性而预设的一个算法，其应用存在较大的局限性。它将多个目标视为相互独立的因素，没有考虑它们之间的相互关系，但只有先预设此算法，以后才有改进的起点。

4.3.2 多目标因果归纳降维算法

目标因素之间往往不是独立的，如果它们不独立，那么可先在目标因素之间研究因果分析，如果目标甲和目标乙决定目标丙，那么就可以先拿开目标丙，仅对甲和乙这两个目标进行因果分析，得到一组推理规则以后，再把目标丙的相值按照目标因素之间的关系填补回去。这种算法称为多目标因果归纳降维(multiple causal induction descending dimension，MCIDD)算法。

当钻入决定度为 1 时，条件因素的取相完全决定了结果因素的取相。这是多目标降维的依据。

给定多目标因果分析表，其结果是 r 个因素，其合取因素记为 $g=\{g_1,g_2,\cdots,g_r\}$，把其中任何一个因素拿出来当作结果因素，考察其余因素的合取因素对它的决定度是否为 1，亦即对于 $j=1,2,\cdots,r$，记 $g_{\backslash j}=g\backslash g_j$，求因素 $g_{\backslash j}$ 对因素 g_j 的决定度 Z_j。若所有 $Z_j<1$，则放弃目标降维，用常规的多后件进行因果分析处理，否则，任意取定一个具有决定度 $Z_j=1$ 的因素 h_j，记下相应的函数关系式；去掉目标因素 g_j；对剩下的因素再重复这一过程，把 $g_{\backslash j}$ 中任何一个因素拿出来当作结果因素，考察其余因素的合取因素对它的决定度是否等于 1，若是，则继续删除目标，直到不可再删除。这样就实现了目标降维的目的。根据降维后的目标，使用常用算法求多目标因果分析，再按函数关系把被删除的目标值一一补齐，就得到原多目标因果分析。

算法 4.3　多目标因果归纳降维算法(孙慧等，2021)。

$$\mathrm{MCIDD}(\psi)\to\mathrm{Tr}$$

输入　因果分析表 ψ。

输出　因果归纳树 Tr。

设置目标因素指标集 $J:=\{1,2,\cdots,r\}$。

步骤 1　对于 $j\in J$，计算合取因素 $g_{\backslash j}$ 对 g_j 的决定度 Z_j；若 $Z_j<1$，则在 J 中更换下一个指标 j，若 J 中无其他指标，则转向步骤 2；若 $Z_j=1$，则写出函数句，将足码从 J 中删掉；若 $|J|=1$，则转向步骤 2；否则，重新执行步骤 1。

步骤 2　将 J 中剩下的指标对应的因素作为后件，运用多目标因果归纳算法所得到的规则，按函数补齐。

步骤 3　画出因果归纳树并输出。

例 4.3　给定超市用户的因果分析表 4.7，试用降维算法进行因果归纳。

表 4.7　超市用户的因果分析表

用户	年龄	收入	职业	还贷能力	价钱	购买力	间隔时间
1	老	平	教师	差	3	2	2
2	中	平	教师	好	2	1	2

续表

用户	年龄	收入	职业	还贷能力	价钱	购买力	间隔时间
3	青	低	学生	可	3	1	1
4	壮	高	雇主	可	1	1	1
5	老	低	雇主	可	2	2	1
6	老	高	雇主	好	1	1	1
7	青	平	学生	差	3	2	2
8	青	低	学生	差	3	2	2
9	壮	高	教师	好	1	1	1

解　有以下 4 个条件因素：

$$I(f_1=\text{年龄})=\{\text{老},\text{壮},\text{青}\}$$
$$I(f_2=\text{收入})=\{\text{高},\text{平},\text{低}\}$$
$$I(f_3=\text{职业})=\{\text{教师},\text{学生},\text{雇主}\}$$
$$I(f_4=\text{还贷能力})=\{\text{好},\text{可},\text{差}\}$$

有以下 3 个目标因素：

$$I(g_1=\text{价钱})=\{\text{昂贵},\text{适中},\text{便宜}\}=\{1,2,3\}$$
$$I(g_2=\text{购买力})=\{\text{买},\text{不买}\}=\{1,2\}$$
$$I(g_3=\text{间隔时间})=\{\text{短},\text{长}\}=\{1,2\}$$

设置目标因素指标集 $J:=\{1,2,3\}$ 。

步骤 1　取 $j=1$ ，记 $g_{\backslash 1}=g_2\wedge g_3$ ，计算合取因素 $g_{\backslash 1}$ 对 g_1 的决定度 Z_1 ，这里合取因素 $g_2\wedge g_3$ 的相值是表 4.7 中右 2 与右 1 两列相值的组合，例如，用户 1 的合取相值是向量(2,2)，用户 2 的合取相值是向量(1,2)。全体用户的相应相值共有(2,2)、(1,2)、(2,1)和(1,1)四类。若使 $Z_1=1$ ，当且仅当这四类都能钻入由 g_1 所分出的类中，现在(2,2)类所对应的 g_1 值是 3，(1,2)类所对应的 g_1 值是 2，(2,1)类所对应的 g_1 值是 2，都钻入了 g_1 的类，但是，(1,1)类的 g_1 值有的是 1，有的是 3，不能钻入 g_1 的类，因而 $Z_1<1$ 。程序要求在 J 中更换下一个指标 2，重新执行步骤 1。

步骤 2　取 $j=2$ ，记 $g_{\backslash 2}=g_1\wedge g_3$ ，计算合取因素 $g_{\backslash 2}$ 对 g_2 的决定度 Z_1 ，这里合取因素 $g_1\wedge g_3$ 的相值是表 4.7 中右 3 与右 1 两列相值的组合。全体用户的相值共有(3,2)、(3,1)、(2,2)、(2,1)和(1,1)五类。(2,2)类、(1,1)类和(3,1)类所对应的 g_2 值都是 1，(2,1)类和(3,2)类所对应的 g_2 值都是 2，都钻入了 g_2 的类，因而 $Z_2=1$ 。于是，目标 g_2 可被视为 g_2 的函数，写成目标取值的函数关系句为

$$(g_1=3\text{且}g_3=2)\to g_2=2 \tag{Ⅰ}$$

$$(g_1=3\text{且}g_3=1)\to g_2=1 \tag{Ⅱ}$$

$$(g_1=2\text{且}g_3=2)\to g_2=1 \tag{Ⅲ}$$

$$(g_1=2\text{且}g_3=1)\to g_2=2 \tag{Ⅳ}$$

$$(g_1=1\text{且}g_3=1)\to g_2=1 \tag{Ⅴ}$$

记下这组推理句以后，把 2 从 J 中删除，变为 $J=\{1,3\}$。

重新执行步骤 1 和步骤 2，为与前面进行区分，这里称为步骤 1′和步骤 2′。

步骤 1′　取 $j=1$，有 $g_{\backslash 1}=g_3$，此时，要问 $g_{\backslash 1}=g_3$ 对 g_1 的决定度是否为 1，因 $g_3=2$ 时，g_1 有时取 2，有时取 3，故决定度不可能等于 1：按照程序，从中取出另一个指标，取 $j=3$，有 $g_{\backslash 3}=g_1$，要问 $g_{\backslash 3}=g_1$ 对 g_3 的决定度是否为 1，因 $g_1=3$ 时，g_3 有时取 2，有时取 1，故决定度不可能等于 1，按照程序，转向步骤 2′。

步骤 2′　前件是 f_1、f_2、f_3、f_4，后件是 J 中现有指标所对应的目标因素 g_1 和 g_3，进行常规的多目标因果分析。这里不进行细算，只给出转化的因果规则：

$$\text{还贷能力差}\to g_1=3\text{ 且 }g_3=2 \tag{1}$$

$$\text{还贷能力可且青年}\to g_1=3\text{ 且 }g_3=1 \tag{2}$$

$$\text{还贷能力可且中年}\to g_1=1\text{ 且 }g_3=1 \tag{3}$$

$$\text{还贷能力可且老年}\to g_1=2\text{ 且 }g_3=1 \tag{4}$$

$$\text{还贷能力好且平收入}\to g_1=2\text{ 且 }g_3=2 \tag{5}$$

$$\text{还贷能力好且高收入}\to g_1=1\text{ 且 }g_3=1 \tag{6}$$

所得到的规则只包含两个目标，要想得到被约简的目标的取值情况，参照目标取值的函数关系句(Ⅰ)～(Ⅴ)来补齐。例如，把关系(1) $(g_1=3\text{且}g_3=2)\to g_2=2$ 连接在推理句(1)之后，便有：还贷差 $\to g_1=3$ 且 $g_3=2\to g_2=2$，写成补齐式为

$$\text{还贷能力差}\to g_1=3\text{ 且 }g_2=2\text{ 且 }g_3=2 \quad (\text{根据(Ⅰ)})$$

$$\text{还贷能力可且青年}\to g_1=3\text{ 且 }g_2=1\text{ 且 }g_3=1 \quad (\text{根据(Ⅱ)})$$

$$\text{还贷能力可且中年}\to g_1=1\text{ 且 }g_2=1\text{ 且 }g_3=1 \quad (\text{根据(Ⅴ)})$$

$$\text{还贷能力可且老年}\to g_1=2\text{ 且 }g_2=2\text{ 且 }g_3=1 \quad (\text{根据(Ⅳ)})$$

$$\text{还贷能力好且平收入}\to g_1=2\text{ 且 }g_2=1\text{ 且 }g_3=2 \quad (\text{根据(Ⅲ)})$$

$$\text{还贷能力好且高收入}\to g_1=1\text{ 且 }g_2=1\text{ 且 }g_3=1 \quad (\text{根据(Ⅴ)})$$

步骤 3　输出多目标因果归纳树，如图 4.3 所示。

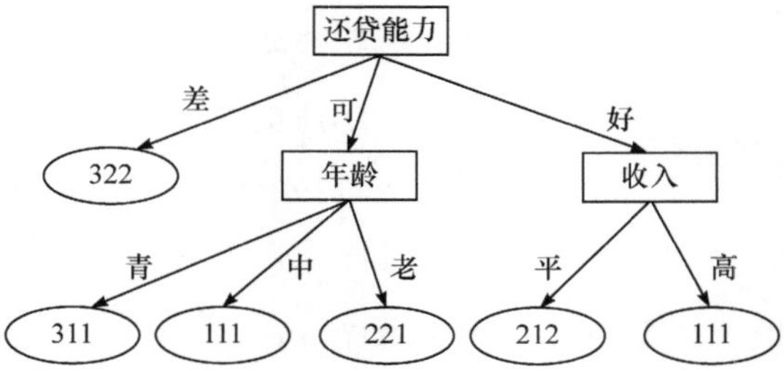

图 4.3　多目标因果归纳树

4.4　其他因果归纳算法

4.4.1　逆向因果归纳算法

因果归纳表的每一行都是从条件因素 $f_1, f_2, \cdots, f_n$ 到类别因素 g 的一个推理句，所具有的形式为

$$(f_1(d_i) = a_{i1}) \wedge (f_2(d_i) = a_{i2}) \wedge \cdots \wedge (f_n(d_i) = a_{in}) \to (g(d_i) = Y) \tag{4.6}$$

式中，Y 为 g 所取的一个相。

将式(4.6)简化为

$$a_{i1} \wedge a_{i2} \wedge \cdots \wedge a_{in} \to Y$$

把所有以 Y 为类别的诸行连在一起，不妨假设这些行的行号是$1,2,\cdots,I$，便可以写成一个推理式，即

$$(a_{11} \wedge a_{12} \wedge \cdots \wedge a_{1n}) \vee (a_{21} \wedge a_{22} \wedge \cdots \wedge a_{2n}) \vee \cdots \vee (a_{I1} \wedge a_{I2} \wedge \cdots \wedge a_{In}) \to Y \tag{4.7}$$

这是一个析取范式。于是，一张因果归纳表就是针对各个类别标签的析取范式的推理规则，已经把规则都归纳好了，问题是要回过头来，把这组规则树倒转过来，找到便于决策的因果树。从这个意义上说，要进行的是一种逆向推理。

在电路逻辑中有熟知的极小化约简理论：一个开关电路有并联和串联两种基本连接方式，形成合取与析取的开关逻辑，每个系统都可以表示成析取范式，其极小化就是要提取逆向的决策树。该理论正好可以借鉴，但因电路逻辑的着眼点不在于分类，故不同的情况要用不同的方法进行处理。

电路逻辑用到字和字组的概念，现在 $I = I(f_1) + I(f_2) + \cdots + I(f_n)$ 中的每一个相都称为一个字。字的合取称为字组。根据极小化约简理论，给定结构为

$$A_1 \vee A_2 \vee \cdots \vee A_I \to Y \tag{4.8}$$

式中，$A_1 \vee A_2 \vee \cdots \vee A_I$ 都是字组。若 Y 代表“开”或“关”，有字或字组 $p \neq A_i$

满足 $A_i \to p \to Y$，则可用 p 取代 A_i；若不存在这样的字组 p，则称 A_i 是 Y 的素蕴含式。极小化完毕，并被视为一个极小化电路的极小化表达式，当且仅当析取范式所有字组都是素蕴含式。电路逻辑不能保证实现最小化，但能保证实现极小化，因此极小化表达式可能不是唯一的。

子组的个数越少，越容易成为素蕴含式，所以总是先从单字查起，然后是 2 字组，往后依次累加。同一单字可能同时在“开”“关”两类逻辑表达式中出现，但必须至少在两者之一中出现。

4.4.2　异类查字因果归纳算法

崔铁军等(2016)提出了异类查字因果归纳(heterogenious word causal inductin，HWCI)算法。

算法 4.4　异类查字因果归纳算法。

$$\mathrm{HWCI}(\psi, I) \to \mathrm{Tr}$$

输入　因果分析表 ψ；结果因素的相域 $I(g)$={正,负}；字集合 $I = I^+ + I^-$。

输出　因果归纳树 Tr。

将因果归纳表 ψ 整理成正负两类的析取范式。

$$I : I(f_1) + I(f_2) + \cdots + I(f_n)$$

I^+:={在正类析取式中所出现的单字}

I^-:={在负类析取式中所出现的单字}

步骤 1　从正类表达式(正)中查找不在字集 I^-中出现的单字，用它取代(正)中包含该字的字组；再在化简的(正)表达式的各字组中查看所出现的 2 字组，若它不在原(负)表达式的任何字组中出现，则用它取代(正)中包含该字的字组；如此重复至多字组，直到无法再简化表达式(正)。

步骤 2　从负类表达式(负)中查找不在字集 I^+中出现的单字，用它取代(负)中包含该字的字组；再在化简的(负)表达式的各字组中查看所出现的 2 字组，若它不在原(正)表达式的任何字组中出现，则用它取代(负)中包含该字的字组；如此重复至多字组，直到无法再简化表达式(负)。

步骤 3　利用(正)和(负)两式画出决策树 Tr 并输出。

例 4.4　因果数据表如表 4.8 所示。

表 4.8　因果数据表

D	年龄	信用	收入	评价
1	老	可	中	负
2	壮	好	中	正

续表

D	年龄	信用	收入	评价
3	青	平	低	正
4	壮	可	中	正
5	老	平	低	负
6	老	平	高	正
7	青	差	高	负
8	青	差	低	负
9	壮	好	高	正

设 $I(f_1=$年龄$)=\{$老,壮,青$\}$, $I(f_2=$信用$)=\{$好,可,平,差$\}$, $I(f_3=$收入$)=\{$高,中,低$\}$, $I(g=$评价$)=\{$正,负$\}$，则下面的一组推理句就代表了一个 9 行的因果分析表。

壮好高→正，壮好中→正，青平低→正

壮可中→正，老平高→正，老平低→负

青差高→负，青差低→负，老可中→负

把所有正类的推理句合为正类析取范式：

壮好高 ∨ 壮好中 ∨ 青平低 ∨ 壮可中 ∨ 老平高→正

把所有负类的推理句合为负类析取范式：

老平低 ∨ 青差高 ∨ 青差低 ∨ 老可中→负

$I := I(f_1)+I(f_2)+I(f_3)=\{$老,壮,青,好,可,平,差,高,中,低$\}$

$I^+ := \{$老,壮,青,好,可,平,高,中,低$\}$

$I^- := \{$老,青,可,平,差,高,中,低$\}$

步骤 1　考虑获正类推理句的化简问题。

因“壮”字不在负的单字集 I^-中出现，故有：壮好中→壮→正，可用“壮”取代“壮好中”；同理可取代“壮可中”和“壮好高”，将“壮好中”“壮可中”“壮好高”简化，得到

壮∨青平低∨老平高→正

考虑 2 字组。“青平低”这一项中包含三个 2 字组：青平、青低和平低。看它们是否在负析取范式的某一项中出现：“青平”在获负表达式左端所有项中都没有出现，所以它必在且仅在获正表达式左端出现，则有：青平低→青平→正，故可用“青平”取代“青平低”。

将壮∨青平∨青平低∨老平高→正进行简化后得到

壮∨青平∨老平高→正

“老平高”又可被“平高”取代，故得到正类简化式为

$$壮\vee青平\vee平高\to正 \qquad (正)$$

由于左端三项都是“正”的素蕴含式，所以这是一个正类极小简化式。

步骤 2　考虑负类推理句式的极小化问题。因“差”字不在单字集 Γ^{+}中出现，故它必在且仅在Ⅱ中出现。在负析取范式中有：青差高→差→负，于是将

$$老可中\vee老平低\vee差\vee青差高\vee青差低\to负$$

进行简化，最后得到负类极小简化式为

$$老可中\vee老平低\vee差\to负 \qquad (负)$$

步骤 3　由(正)和(负)两式可以得到因果归纳树，如图 4.4 所示。

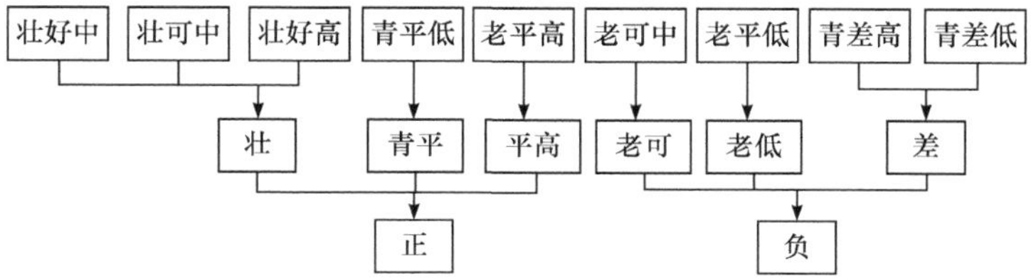

图 4.4　异类查字因果归纳树

4.5　简单棋中智能孵化的双向夹逼过程

将智能生成机制移植到机器中的数学机理，用于解决目标驱使下形式因素与效用因素的因果匹配问题，是从正逆两个方向夹逼的求解过程。传统人工智能教科书上以三子棋(九宫格)为例来讲述搜索策略，为了说明思想，本节以三子棋和五子棋为例进行阐述(汪培庄，2018)。

4.5.1　用因素空间下三子棋

1) 确立目标，选定目标因素

智能是一个目标驱动的活动，下棋也是一样，在任何比赛中，棋手的目标是赢得比赛。获胜是棋手的目标因素。

2) 注意对象，确定对象因素

目标因素的实现离不开对象描述。一字棋的对象描述依赖以下两个形式因素。

(1) 棋盘。一字棋的棋盘是由 3 条横线和 3 条竖线绘制的 9 点阵。在人工智能中，是三行三列的九宫格，这里把 9 个格子改为 9 个点。

(2) 游戏规则。由分别执黑、白棋子的棋手交替落子于棋盘未被占用的格子点上，黑子先行。若一方在一条线(水平、垂直或对角线)上连接落了 3 个棋子，

则该方赢棋；若棋盘的所有格子点都被占用时都未出现赢棋，则为和棋。这两种结局都称为下完一盘棋。

一盘棋在下完第 t 步棋时，黑、白子在棋盘上的分布状态可以被描述为一个 3×3 矩阵 $B(t)$，其中元素 b_{ij} 描述第 i 条横线和第 j 条竖线交点所呈现的状况(白、黑或空)，$B(t)$ 称为一个棋局。每下完一盘棋，记 $u=\{\{B(t)\}\mid t=1,2,\cdots,t^*\}$，其中 t^* 是下完一盘棋的步数，总有 $t^*\leqslant 9$。所有记录的全体 U 就是下三子棋的论域。

3) 目标与条件的对接

因素空间在目标与条件(棋局状况)对接的过程中出现。设 O 是目标因素，有相域 $I(O)$={白胜,黑胜,和棋}。对象因素是什么？黑方为了取胜，首先需要从棋盘中选择落子的位置，这就要考虑九个格子点在博弈中各自具有的战略地位。对于每一步棋，建立一个因素 f_t，称为第 t 步棋的“点势”，其相域是 $I(f_t)$={中心,角,边点}。九个格子点中有一个中心、四个顶点和四个边点。中心是四条线的交汇，顶点是三条线的交汇，边点是两条线的交汇。抢占中心决定胜负的关键。黑子下一步棋之后，还要考虑因素 g_t，它是白子的应对策略，具有相域 $I(g_t)$={抢心,堵角,堵边,放任}，于是因素空间藤需要打开的蓓蕾是因素空间 (U,F)，其中 $F=\{f_1,g_2,f_3,O\}$。

有了因素空间，就可以应用因素空间理论。将 f_1,g_2,f_3 当作条件因素，O 当作结果因素来设计因素数据库。从数据库中选取 100 个样本点，也就是下 100 盘棋来进行学习，得到三子棋的因果分析表，如表 4.9 所示，其中，u_1～u_9 表示 9 个格子点。

表 4.9　三子棋的因果分析表

U	u_1	u_2	u_3	u_4	u_5	u_6	u_7	u_8	u_9
f_1	中心	中心	中心	中心	中心	角	角	边点	边点
g_2	堵角	堵角	堵边	堵边	放任	抢心	抢心	抢心	抢心
f_3	角	角	边点	边点	角或边点	角或边点	角或边点	角或边点	角或边点
$O(t^*)$	黑胜	和	黑胜	和	黑胜	白胜	和	白胜	和
频率	40	2	40	2	6	2	3	3	2

应用因素空间的因果归纳算法，可以从表 4.9 中提取因果规则：

$$f_1=\text{中心}\rightarrow O(t^*)=\text{黑胜(频率 86/90)}$$

这一规则说明，只要黑子在第一步占领中心，黑方就几乎会取胜。

4) 精细化与棋谱

白子应当如何应对呢？这就要区分不同情况，把问题精细化。在黑子占领中心以后，再落一子，无论落在何处，必与中心相连而构成一字的胜利威胁。此时白子必须在顶点上堵截。在图 4.5 的第(2)步局势中，白子占了左上角，第(3)步，黑子占右上角，第(4)步白子在左下角堵，黑子在第(5)步只能占线的边点堵白子，白子在第(6)步堵在对称的边点上堵黑子，黑子在第(7)步占剩下边点中的一个，白子在第(8)步堵在对称的边点上，黑子始终无法连成一条线，双方只能言和，这就形成一个棋谱。

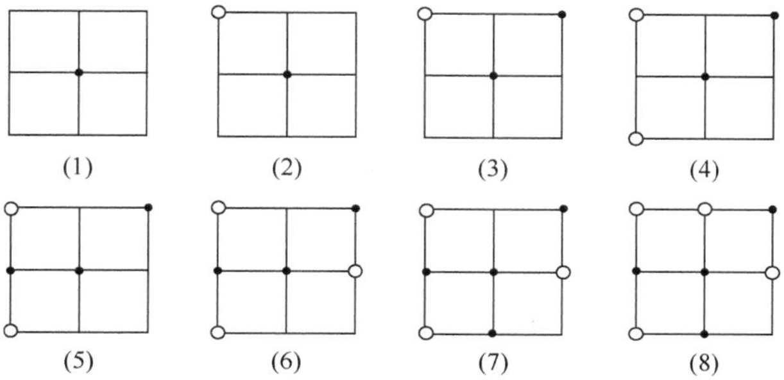

图 4.5　棋谱 1 的图示

棋谱 1 在黑子第一子占领中心的情况下，若白子在顶点上堵截，则白子可以逼和。

白子可采取另一种下法。若白子首先堵在边上，在图 4.6 的第(2)步局势中，白子占了上方的边点，第(3)步黑子占左上角，第(4)步白子必须在左下角堵，黑子在第(5)步占左下角，白子在第(6)步必须堵在右上角，黑子在第(7)步占左边点而连成一条竖线获胜。若白子在第(6)步切在左方的边点上，见图中的(8)，则黑子占右下角也连成一对角线而获胜，这就形成另一个棋谱。

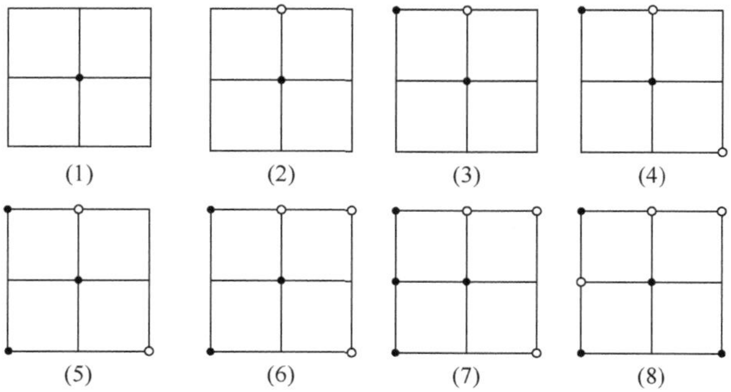

图 4.6　棋谱 2 的图示

棋谱 2 在黑子第一子占领中心的情况下，若白子先在边点上落子，则白方必败。

4.5.2 用因素空间下五子棋

1. 对象的因素描述

(1) 棋盘。棋盘的相被固定成一个由 10 条横线和 10 条竖线交出的 100 个格点。每个格点至多能放一个白球或一个黑球。

(2) 下棋规则。下棋规则是黑方与白方交替落子，谁先将本色棋子连成五子线，谁就赢，若棋盘放满而不分胜负，则言和。

由此确定论域 U 中的每一个对象是 $u=\{u(t)\}_{(t=1,2,\cdots,t^*)}$。这里，$u(t)$ 是第 t 步棋局，t^* 是该盘棋的博弈步数。

2. 目标与条件的对接

目标因素 O 的相域是{白胜,黑胜,和棋}。称黑方为第 1 方，白方为第 2 方，对于任意 i，记 j 为对方足码，即若 $i=1$，则 $j=2$，若 $i=2$，则 $j=1$。记 $C_i(t)$ 为第 i 方在棋局 t 中的落子，其相域是 100 个格子点中的任意一个尚未被占用的点，于是因素空间藤需要打开的蓓蕾是一串不断变换的因素空间 $(U;\{C_1(t),C_2(t)\};O)_{(t=1,2,\cdots,t^*)}$。当然，也可以把这组变换的因素空间看成一个高维的因素空间 (U,F,O)，其中，$F=\{C_1(t),C_2(t)\}_{(t=1,2,\cdots)}$。

要使棋局与目标对接，首先要在棋局中考虑一个因素，这就是同色棋子的连线，即按水平、垂直、45°、–45°四种方向连接而成的线段。$L_i(t)$ 表示在棋局 t 中第 i 方所有连线的最大长度，简称线长，若线段在边界上，则线长加 1。显然，双方线长的相域都是 $\{1,2,3,4,5\}$。在已知对方线长 $L_j(t)$ 的情况下，以 $C_i(t+1)$ 表示 i 方对 j 方线长的应对策略，具有相域 $I(C_i(t+1))=\{$堵截,放任$\}=\{Y,N\}$，这里，Y 表示去堵截对方最长线段的一端，N 表示不去堵截对方的线段(只考虑如何加长己方的线长)。将大量棋局作为数据输入因素空间，得到背景集 R，五子棋的因果分析表如表 4.10 所示。表中的结局 W_1 表示黑胜。频率 f 是以 $(L_1(t),C_2(t))$ 为条件计算的，实际上是在求条件概率。需要注意的是，此表各列并非互不相容事件。

应用因素空间的因素分析算法，从表 4.10 中提取如下因果规则：

(1) 若 $L_1(t)=4$ 且不在边界上，则在此条件下，无论白子是否堵截，黑子赢的概率都是 1。

表 4.10　五子棋的因果分析表

U	$L_1(t)$	$C_2(t)$	$O(t^*)$	f
1	4	Y	W_1	1
2	4	N	W_1	1

续表

U	$L_1(t)$	$C_2(t)$	$O(t^*)$	f
3	3	Y	W_1	0.45
4	3	N	W_1	0.55
5	2	Y	W_1	0.49
6	2	N	W_1	0.51
7	1	Y	W_1	0.5
8	1	N	W_1	0.5

(2) 若 $L_1(t)=3$ 且白子堵截，则黑子赢的概率是 0.45，而白子赢的概率是 0.55；若 $L_1(t)=3$ 且白子不堵截，则黑子赢的概率是 0.55，而白子赢的概率是 0.45。

(3) 若 $L_1(t)=2$ 且白子堵截，则黑子赢的概率是 0.49，而白子赢的概率是 0.51；若 $L_1(t)=3$ 且白子不堵截，则黑子赢的概率是 0.51，而白子赢的概率是 0.49。

(4) 若 $L_1(t)=1$ 且白子堵截，则黑子赢的概率是 0.5，而白子赢的概率是 0.5；若 $L_1(t)=3$ 且白子不堵截，则黑子赢的概率是 0.5，而白子赢的条概率是 0.5。

3. 精细化与棋谱

在五子棋游戏中，预警能力的级别约是 3，可以对 3-连线进行预警。难的是对 2-连线的早期预警。当有两条黑子的 2-连线时，白方如何及早预警？可以更精细化和引进新的因素，安排一些因果分析表，并通过因果归纳算法得到以下棋谱。

1) 共首双尾谱

如图 4.7 所示(各黑子分别用字母来代替：$1-a,2-b,3-c,4-d,5-e$)，在图的左侧有四个黑子，形成两条醒目的 2-连线 ab 和 cd，(不醒目的还有两条 2-连线，即 ad 和 bd)。这两条醒目的 2-连线都可以右边的 e 所占据的那一点为自己的出头点，一举发展成两个黑子的 3-连线，若白方忽略了在关键位置堵死黑方，被黑子抢占，则必输无疑。将左盘的这个局部格局(不包括 e 点)称为共首双尾谱。

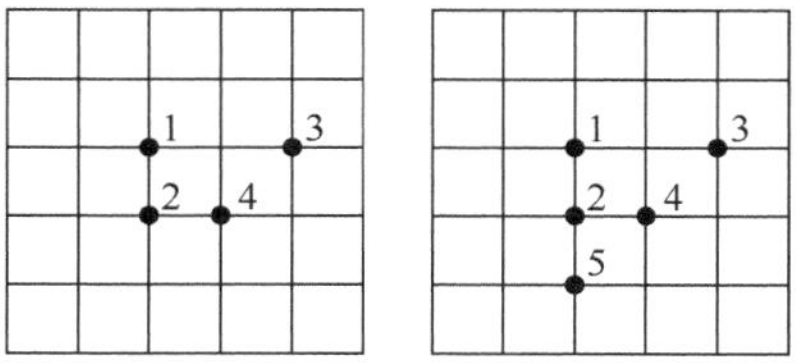

图 4.7　共首双尾谱

2) 四点护心谱

如图 4.8 所示，四个黑子只有一条 2-连线 ab，不可忽视的是右边棋盘中的 e 点，若白方不提早预警，让黑子落在该点，则白方必输无疑。将左边棋盘的这个格局称为四点护心谱。

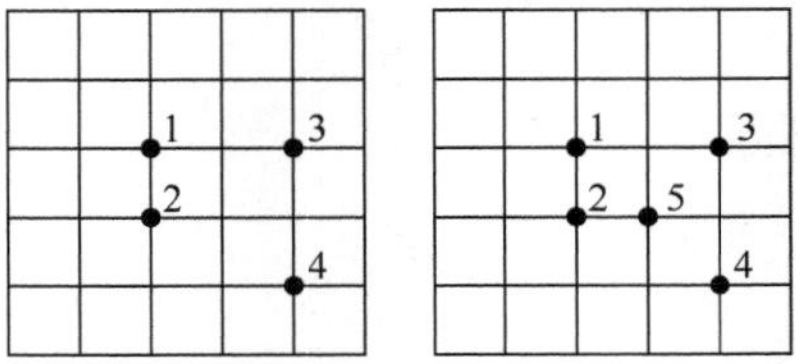

图 4.8　四点护心谱

3) 三点连心谱

比四点护心谱更加难防的是如图 4.9 所示的棋局，它只给出了 3 个黑子，如果白方不能识破右边棋盘点 d 所在位置的重要性，让黑方在那里落子，则白方必输无疑。将左盘的这个格局称为三点连心谱。

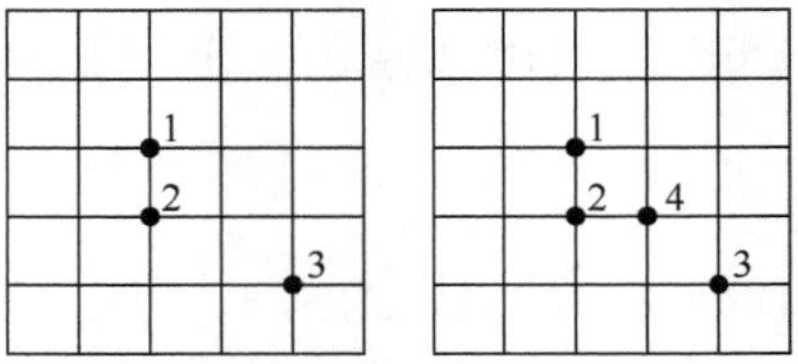

图 4.9　三点连心谱

本节所出现的每一个棋谱，都是一个新概念，例如，"共首双尾谱" 就是一个新概念 $\alpha=(a,[a])$，其中内涵 a 是这样的一段话：可以再加上一个黑子在点 e 上而变成两个 3-连线的两个 2-连线 ab 和 cd，外延 $[a]$ 是由 16 个子棋盘构成的集合，图 4.10 中画出了其中交成锐角的 8 个子棋盘，还有 8 个子棋盘交成钝角，这里不再画出。这里需要强调的是，这样的外延描述并不精确，怎样选择子棋盘?

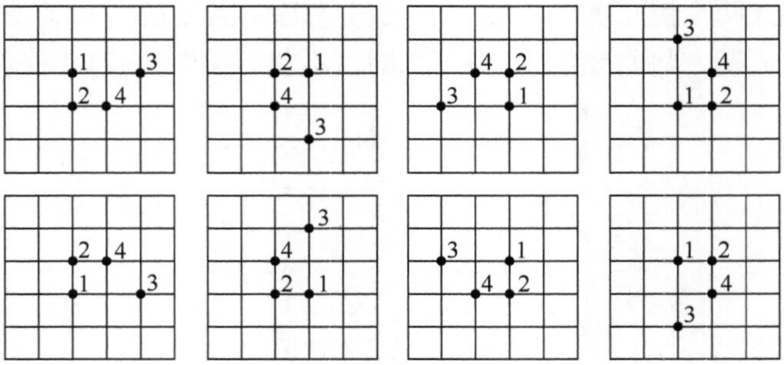

图 4.10　共首双尾概念的外延(交成钝角)

子棋盘的大小和边框如何确定？若在这些子棋盘中出现一个或多个已经被占据的点，究竟该如何应对？这些都是非常难解决的问题。然而，无论多么困难，相信因素思维可以帮助学者不断前行。

在棋类中，围棋是最困难的，五子棋是最容易的。但天下最难的事要从最容易的地方开始，望能给读者一点启迪。

4.6 小　结

因果分析包含两个重要环节：因果归纳与推理。因果归纳是人脑发现事物因果联系的生智活动，推理是基于归纳的逻辑活动。逻辑推理早就进入人工智能领域，因果归纳却较晚才能用机器实现。因此，本章的重点在于因果归纳。因果归纳的研究首先要归功于粗糙集和相关的决策树理论。因素空间是这些理论的根源，本章只是从根源上稍作梳理和推进。

因果归纳有两种不同的方向，逆向归纳算法是一种由果到因的逆向因果分析。m 个样本点对应 m 条推理句。对于结果因素 g 所取的每一个不同的 Y 值，把所有取该值的推理句的前件用“或”连接起来，形成一个析取范式。对此析取范式的项进行兼并化简(或称为极小化)，便可以得到一个逆向因果树。这种极小化过程类似于逻辑电路的极小化问题，从异类中查字与字组的方法就是从中移植来的。

刘晓同等(2021)利用逆向归纳算法建立了银行信用卡违约预测模型，可参见相关书籍(汪培庄等，2021)。

将智能生成机制移植到机器中的数学机理，用于解决目标驱使下形式因素与效用因素的因果匹配问题，是从正逆两个方向夹逼的求解过程，本章以三子棋和五子棋为例，对双向夹逼的求解进行了介绍，希望能对读者有所启发。

第 5 章　简熵、线性熵与势态分析

本章首先给出简熵、线性熵以及序权线性熵的定义和算法，其次介绍序权线性熵在农业遥感作物识别中的应用和线性熵在时间序列分类中的应用。

5.1 简　　熵

5.1.1 简熵定义及性质

概率分布列 P 的熵定义为

$$H(P) = -(p_1 \log_2 p_1 + p_2 \log_2 p_2 + \cdots + p_n \log_2 p_n) / \log_2 n$$

熵满足以下 4 条公理。

公理 5.1 均匀分布达到最高均匀度。若 $P=\{1/n, 1/n, \cdots, 1/n\}$，则 $H(P)=1$。

公理 5.2 确定性蜕化为最低均匀度。若 $P=\{0,0,\cdots,0,1,0,0,\cdots,0\}$，则 $H(P)=0$。

公理 5.3 迭代性。设 $R=(p_1,p_2,\cdots,p_n;q_1,q_2,\cdots,q_n)$，记 $P=(p_1/p,p_2/p,\cdots,p_n/p)$，其中 $p=p_1+p_2+\cdots+p_n$，又记 $Q=(q_1/q,q_2/q,\cdots,q_n/q)$，其中 $q=q_1+q_2+\cdots+q_n$，则有

$$H(R) = ((pH(P) + qH(Q)) + H(p,q)) / 2 \tag{5.1}$$

公理 5.4 置换不变性。

设 $P=(p_1,p_2,\cdots,p_n)$，$P'=(p_{(1)},p_{(2)},\cdots,p_{(n)})$，其中(1), (2),⋯, ($n$)是 1, 2,⋯, n 的任意一种排序，则有 $H(P)=H(P')$。

解释一下迭代性。把具有 $2n$ 个相的分布列 R 对分为两段序列 P 和 Q，由于它们之和都不为 1，所以它们都不是分布，必须分别除以 p 和 q 以后才是两个分布。迭代式(5.1)的含义是：将两个子分布列分别求熵，按 p、q 加权平均，再与 $\{p,q\}$的熵进行一次平均，就等于 R 的熵。

定义 5.1 (薛珊珊，2021)设 n 是一个大于 1 的自然数，对于任意非负非增 n 字长序列 $\boldsymbol{P}=(p_1,p_2,\cdots,p_n)$ ($p_1 \geqslant p_2 \geqslant \cdots \geqslant p_n$)，记

$$J(\boldsymbol{P}) = 1 - \sum_{k=1}^{n} \left[1 - \frac{2(k-1)}{n-1}\right] p_k \tag{5.2}$$

称 $J(\boldsymbol{P})$ 为 P 的简熵。当 P 不是单调非增序列时，它的简熵定义为将其单调非增化以后所得序列的简熵。

简熵的优越性在于：其字长可以是任意自然数，且在字长 n 固定以后，其计算非常简单，即

$$J({}_n\boldsymbol{P})=1-[p_1,p_2-2p_2/(n-1),p_3-4p_3/(n-1),\cdots,p_n-2p_n(n-1)/(n-1)]$$

于是，可以将计算归为求两个向量的内积，即

$$J({}_n\boldsymbol{P})=1-({}_n\boldsymbol{A},{}_n\boldsymbol{P}) \tag{5.3}$$

式中，$({}_n\boldsymbol{A},{}_n\boldsymbol{P})$ 为向量与的内积，其中

$${}_n\boldsymbol{A}=(1,1,1,\cdots,1)-(0,2,4,\cdots,2(n-1))/(n-1) \tag{5.4}$$

现在，看一下 ${}_n\boldsymbol{A}$ 的特征：

$${}_2\boldsymbol{A}=(1,1)-(0,2)/1=(1,\ -1)$$
$${}_3\boldsymbol{A}=(1,1,1)-(0,2,4)/2=(1,\ 0,\ -1)$$
$${}_4\boldsymbol{A}=(1,1,1,1)-(0,2,4,6)/3=(1,\ 1/3,\ -1/3,\ -1)$$
$${}_5\boldsymbol{A}=(1,1,1,1,1)-(0,2,4,6,8)/4=(1,\ 2/4,\ 0,\ -2/4,\ -1)$$
$${}_6\boldsymbol{A}=(1,1,1,1,1,1)-(0,2,4,6,8,10)/5=(1,\ 3/5,\ 1/5,-1/5,\ -3/5,\ -1)$$
$${}_7\boldsymbol{A}=(1,1,1,1,1,1,1)-(0,2,4,6,8,10,12)/6=(1,\ 4/6,\ 2/6,\ 0,-2/6,\ -4/6,\ -1)$$

称 ${}_n\boldsymbol{A}$ 为 n 长特征向量。特征向量的特征是 V 字形对称性。

特征向量会出现负项，由式(5.3)可知，负项的存在，有可能使简熵大于 1。但是，由于其对称性特征，再加上其是前大后小的，请读者自证：简熵永远不会大于 1。

由于 ${}_6\boldsymbol{A}=(1,\ 3/5,\ 1/5,-1/5,-3/5,-1)<(1,\ 3/5,\ 1/5,\ 1/5,\ 3/5,\ 1)<(1,\ 1,\ 1,\ 1,\ 1,\ 1)$，所以$({}_6\boldsymbol{A},\ {}_6\boldsymbol{P})<p_1+p_2+\cdots+p_6=1$，从而简熵 $J({}_6P)$不可能小于 0。请读者针对一般情况进行证明。易见，简熵满足熵定义中除迭代性以外的其他三条公理。

命题 5.1　设 $\boldsymbol{P}=(p_1,p_2,\cdots,p_n)$，$\boldsymbol{P}'=(p_{(1)},p_{(2)},\cdots,p_{(n)})$，其中(1), (2),⋯, ($n$)是 $1,2,\cdots,n$ 的任意一种排序，则有 $J(\boldsymbol{P})=J(\boldsymbol{P}')$。

证明　当 $n>1$ 时，有

$$1+2+\cdots+(n-1)=[1+(n-1)](n-1)/2=n(n-1)/2$$

故有

$$2[1+2+\cdots+(n-1)]=n(n-1)$$

当 ${}_n\boldsymbol{P}=(p_1,p_2,\cdots,p_n)=(1/n,\ 1/n,\cdots,1/n)$，亦即 $p_k=1/n\ (k=1,2,\cdots,n)$时，有

$$\begin{aligned}J(1/n,1/n,\cdots,1/n)&=1-[(1/n-2\times0/n(n-1))+(1/n-2\times1/n(n-1))+\cdots+(1/n-2\times(n-1)/n(n-1))]\\&=1-[1/n+(n-1)/n(n-1))]+2\times[1+2+\cdots+(n-1)]/n(n-1)\\&=1-1+n(n-1)/n(n-1)=1\end{aligned}$$

因为所有简熵都不可能大于 1，所以$(1/n, 1/n,\cdots, 1/n)$的简熵达到上界，证明了简熵满足公理 5.1。其余两个性质很容易证明，这里不再赘述。证毕。

简熵与熵数值比较如图 5.1 所示，由图可知，简熵与熵除个别数值外整体保持一致增长性。但当概率分布长度 $n>2$ 时，简熵与熵衡量不确定性的方法存在差异，出现相同熵对应不同简熵的情况。

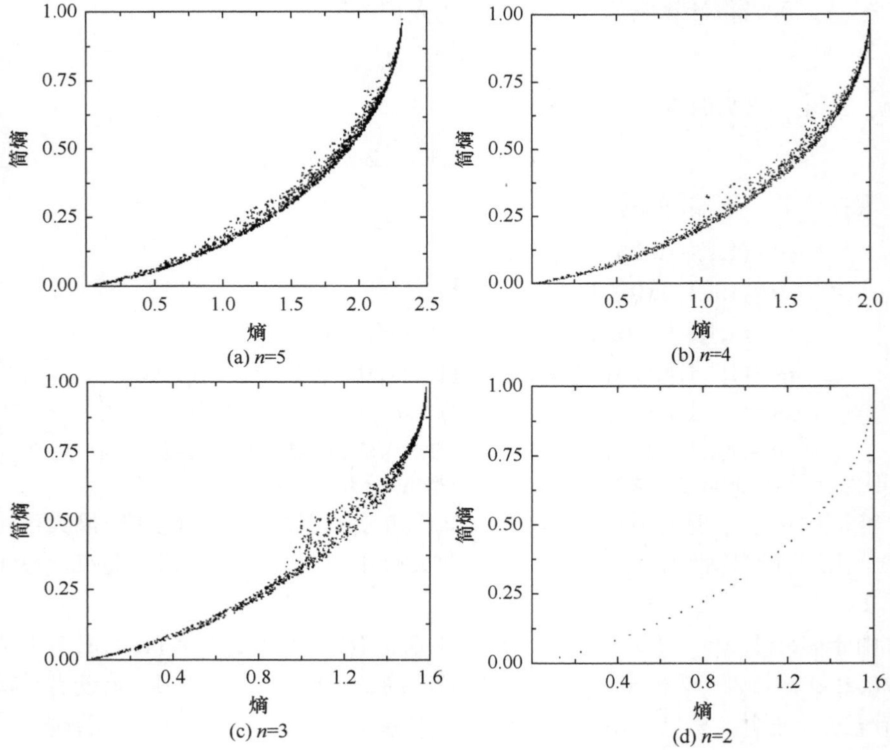

图 5.1　简熵与熵数值比较

5.1.2　基于简熵的随机森林算法

薛珊珊(2021)建立了基于简熵的随机森林算法。

1) 简熵弱化熵在运用中的过拟合性

ID3(iterative dichotomiser 3)算法属于决策树算法，是以熵和信息增益为衡量标准的分类算法。

例 5.1　本节将简熵和信息熵分别应用在 ID3 算法中。实验数据取自加利福尼亚大学欧文分校(University of California Irvine，UCI)数据库，共 10 个离散数据集，分别划分为训练集和测试集两部分进行实验。比较熵与简熵在不可推率、精度、决策树特征数以及决策树深度，结果见表 5.1。

由表 5.1 可知，简熵精度普遍落后于熵，究其原因是简熵生成的决策树深度浅，用到的特征少，造成的不可推率过高，即欠拟合。简熵的优点是更注重表现突出的特征，而熵往往过拟合。为了发挥简熵的优点，弥补熵的过拟合缺点，将其应用到随机森林中。例毕。

表 5.1　熵与简熵在 ID3 算法中的数值解

数据集名称	训练样本/个	测试样本/个	决策树特征数	决策树分类数	熵				简熵			
					不可推率/%	精度	决策树特征数	决策树深度	不可推率/%	精度	决策树特征数	决策树深度
Car	1328	400	6	4	7.50	0.88	6	6	3.50	0.7675	6	6
kr-vs-kp	2496	700	36	2	0	0.9942	29	13	46.28	0.4657	15	10
Lenses	14	10	4	3	0	0.7	3	3	0	0.7	3	3
lung-cancer	22	10	56	2	0	1	4	3	0	0.8	4	3
lymphography	118	30	18	4	6.66	0.7666	9	5	13.33	0.7	13	5
primary-tumor	269	70	15	2	1.42	0.7	15	13	2.85	0.6428	13	6
Sat	4435	2000	36	7	15.90	0.692	34	5	15.75	0.696	33	5
SPECT	80	187	22	2	0	0.6524	18	14	0	0.5668	10	7
SPECTF	80	187	22	2	55.90	0.2688	4	2	56.45	0.2741	3	2
Wcbc	484	199	9	2	2.01	0.9497	6	4	69.24	0.2864	6	3

2) 随机森林算法对比

集成算法是指将多个弱分类器组合成强分类器进行分类的算法，通过 Boosting 抽样可以弥补弱分类器的过拟合或者欠拟合的缺点。随机森林作为由决策树构成的集成算法，在很多情况下都有不错的表现。分别对不同的采样比例与树的数量进行实验，选取最高精度作为算法精度。

本节将熵和简熵分别应用在随机森林算法中，利用例 5.1 中的 10 个数据集，比较两者的不可推率和精度，结果如表 5.2 所示。

表 5.2　熵与简熵在随机森林算法中的数值解

数据集名称	训练集数量	测试集数量	决策树特征数	决策树分类数	熵精度	熵不可推率/%	简熵精度	简熵不可推率/%
Car	1328	400	6	4	0.9375	0	0.9450	0
kr-vs-kp	2496	700	36	2	0.9901	0	0.9133	13.17
Lenses	14	10	4	3	0.7	0	0.7	7
lung-cancer	22	10	56	2	0.9	0	0.9	0
lymphography	118	30	18	4	0.7589	0	0.7603	0
primary-tumor	269	70	15	2	0.8143	1.55	0.8071	0.88

续表

数据集名称	训练集数量	测试集数量	决策树特征数	决策树分类数	熵精度	熵不可推率/%	简熵精度	简熵不可推率/%
Sat	4435	2000	36	7	0.7892	0.33	0.7912	0.31
SPECT	80	187	22	2	0.6524	0	0.6944	0
SPECTF	80	187	22	2	0.4084	1.47	0.4335	1.68
Wcbc	484	199	9	2	0.9837	0	0.9853	0

实验结果证明，简熵在随机森林算法中的精度普遍比熵高，证明简熵在随机森林算法中可以有效替代熵。

本节在简熵的二分类公式基础上，提出了简熵的多分类公式，然后将其应用到 ID3 算法和随机森林算法中，并与原算法进行比较。由实验结果可知，简熵可以评估特征概率分布和随机程度，选取合适的逆运算还可以得到概率的位置信息。利用简熵的线性均匀性以及不可叠加性，可以在部分机器学习算法中有效替代熵。

5.2　线性熵与序权线性熵

5.2.1　熵与线性熵

要刻画一个因素对另一个因素的影响，需要有一种整体性的度量。在数学中，早就有一个整体性度量的工具，这就是熵。香农信息论中的熵是信息科学的先声，早在统计物理中就被用来描述分子微观运动所呈现的系统整体特性，在语义信息论中，仍将发挥重大作用。熵的可贵性就在于它是整体性刻画信息的手段。熵越大，系统所显示出来的信息越少，可挖掘的信息越多。

熵的一个局限性是，它不能反映概率分布的位置信息。因此，汪培庄(2018)提出了线性熵的概念。

1. 线性熵的定义

非负序列 $\boldsymbol{P} = {}_n\boldsymbol{P} = (p_1, p_2, \cdots, p_n)$ 称为一个概率分布，$p_1 + p_2 + \cdots + p_n = 1$，这里的 n 是一个自然数，称为分布 P 的字长或相数，当 $n = 1$ 时，相应的随机变量蜕化为常量。P 的熵定义为

$$H(\boldsymbol{P}) = -(p_1 \log_2 p_1 + p_2 \log_2 p_2 + \cdots + p_n \log_2 p_n) / \log_2 n$$

置换不变性(即公理 5.4)使熵的计算非常简便。但是，这条性质无法利用熵来度量概率分布的位序信息，例如，一幅图像，把它的某段“布丁”(小截图)拿

出来进行纹理方面的分析，这是一个灰度序列，将其归一化为一个概率分布，目的是从灰度的位置分布中发现纹理特征。但是，根据熵的置换不变性，同一组灰度在位置上无论怎样变动，其熵值都是不变的，因此不可能运用熵来进行与位置信息有关的分析。要想利用熵来进行事态的整体判断，必须放弃公理 5.4，因此提出了线性熵。

定义 5.2　称 $L(P)$为 P 的广义熵，如果它满足熵的前三条公理。

广义熵放弃了公理 5.4，是熵的推广。但是，熵的前两条公理都说明，越均匀的分布，熵值越高，因此广义熵是与均匀度有关的一种整体性度量。具体落实到 2 字长分布，即当 $k = 1$ 时，$P = (p, q)$，$p + q = 1$。很容易直观地想到：p 从 0 开始往大变，q 就从 1 往小变。p 与 q 的距离由远变近，当 p 变到 0.5 时，p 和 q 相等，达到最大的均匀度 1。设 $L = 1 - (q - p) = (q + p) - (q - p) = 2p$，这个量就能反映线性地表示 2 字长分布的均匀程度。再由公理 5.3 可知，所有 $n=2^k$字长的分布都被唯一确定。这样，就给出了线性熵的定义。

定义 5.3(线性熵)　对任意 $k > 0$，记 $P^{(k)} = (p_1, p_2, \cdots, p_n)$，其中 $n = 2^k$ 。一个广义熵称为线性熵的条件是当 k=1 时，满足

$$L(P^{(1)}) = 2\min\{p, q\} \tag{5.5a}$$

本来，广义熵是熵的推广，但加上式(5.5a)以后，就不再满足公理 5.4，故线性熵不是熵，而且可以证明，若要满足公理 5.4，则必不满足式(5.5a)，因此熵也必不是线性熵。线性熵不是熵的推广，而是其变种，这一变种有得有失。失去的是编程的简洁性，原来求熵很简单，现在就不那么简单，但是克服了熵不反映位置信息的局限性，可以整体地描写一大类事物，而且线性熵能够更准确地描写分布的均匀度，这很容易通过以下比较看出来：

P	{1, 0}	{3/4, 1/4}	{1/2, 1/2}	{1/4, 3/4}	{0, 1}
$H(P)$	0	0.8	1	0.8	0
$L(P)$	0	0.5	1	0.5	0

熵并非线性均匀度，而是对数均匀度，但线性熵是线性均匀度。

2. 线性熵的计算

式(5.5a)可以推广为

$$L(a,b) = 2\min\{a,b\} / (a+b) = 2(a \wedge b) / (a+b), \quad a,b \geqslant 0 \tag{5.5b}$$

式中，“$\wedge$”表示取小值。

需要说明的是，测度 L 只对概率分布有意义，现在 a、b 是任意两个非负实数，其和不一定为 1，因而不一定是概率分布，何谈线性熵呢？在此，要把线性

熵的概念从概率分布扩展到非负实数的有限序列，任一非负实数的有限序列都可以经过归一化而对应唯一确定的概率分布，因此把非负实数序列的线性熵定义为它所对应的概率分布的线性熵。

下面对式(5.5b)进行直观说明：它是一个倒三角，在上一行中，a 和 b 各占一角；在下一行中，在 a 和 b 的中央写出 $a+b$ 作为第三角。线性熵等于上一行两个数中的较小数除以第三角。

$$\begin{array}{ccc} p_0 & & p_1 \\ & p_* & \end{array}$$

为了满足后面的需要，将上一行两个数中的较小数称为上小数。

用大写 P 表示非负序列(不一定是概率分布)，用小写 p 表示序列之和。记 $p^{(1)}=(p_0,p_1)$，肩上的括号(1)表示的是 2 相数列，(2)表示的是 4 相数列，(3)表示的是 8 相数列，(k)表示的是 2^k 相数列。足码取 0,1 是为了采用二进制码。

公理 5.5(迭代性)　见式(5.1)，其可写为

$$L(P^{(k)})=(1/2)(w_0L(P_0^{(k-1)})+w_1L(P_1^{(k-1)}))+(p_0^{(k)}\wedge p_1^{(k)})/p^{(k)} \tag{5.5c}$$

式中，$w_0=p_0^{(k)}/p^{(k)}$；$w_1=p_1^{(k)}/p^{(k)}$；$p^{(k)}$为 $P^{(k)}$中数值的总和。

式(5.5c)的含义是：总段的线性熵等于(下层两段线性熵的加权平均的 1/2)+(上小数与总和之比)。

4 字长的非负序列可分为两个 2 字长的非负序列。一个 2 字长序列的求熵过程可用倒三角来表示，一个 4 字长的求熵过程可用三个倒三角所形成的倒塔阵列来表示，即

$$\begin{array}{ccccccc} p_{00} & & p_{01} & & p_{10} & & p_{11} \\ & p_{0*} & & & & p_{1*} & \\ & & & p_{**} & & & \end{array}$$

式中，$P^{(2)}=(p_{00},p_{01},p_{10},p_{11})$；$p_{0*}=p_{00}+p_{01}$；$p_{1*}=p_{10}+p_{11}$；$p_{**}=p_{0*}+p_{1*}$。

上面两行有两个倒三角左右并列，第二、三两行有一个倒三角，这个倒三角的两个顶点分别是上两个倒三角的序列和，其下是 4 字长总和。4 字长序列的求熵公式特别简单。

命题 5.2　(Xu et al.，2023)当 $k=2$(即 4 字长分布)时，有

$$L(P^{(2)})=(p_{00}\wedge p_{01}+p_{10}\wedge p_{11}+p_{0*}\wedge p_{1*})/p_{**} \tag{5.6a}$$

证明　当 $k=2$ 时，由式(5.5c)有

$$L(P^{(2)})=(1/2)(w_0L(P_0^{(1)})+w_1L(P_1^{(1)}))+p_0^{(2)}\wedge p_1^{(2)}/p^{(2)}$$

式中，$p_0^{(2)}=p_{0*}$，$p_1^{(2)}=p_{1*}$，$p^{(2)}=p_{**}$，$w_0=p_{0*}/p_{**}$，$w_1=p_{1*}/p_{**}$，故有

$$(1/2)(w_0L(P_0^{(1)}))=(1/2)(p_{0*}/p_{**})(2(p_{00}\wedge p_{01})/p_{0*})=p_{00}\wedge p_{01}/p_{**}$$

同样地，有

$$(1/2)(w_1 L(P_1^{(1)})) = p_{10} \wedge p_{11} / p_{**}$$

显然有 $p_0^{(2)} \wedge p_1^{(2)} / p^{(2)} = p_{0*} \wedge p_{1*} / p_{**}$，故得式(5.6a)。证毕。

这个命题的直观解释是，三个倒三角较小数之和除以总和即得 4 字长分布的线性熵。

例 5.2　求 4 字长分布 $P^{(2)}$=(2,4,3,1)的线性熵。

解　先写出倒塔：

$$\begin{array}{ccccccc} 2 & & 4 & & 3 & & 1 \\ & 6 & & & & 4 & \\ & & & 10 & & & \end{array}$$

再写出三个倒三角上端较小数所排出的 2 阵列：

$$\begin{array}{ccc} 2 & & 1 \\ & 4 & \end{array} \quad (2=2\wedge 4，1=3\wedge 1)$$

按式(5.6a)可得

$$L(P^{(2)})=(1+2+4)/10=0.7$$

例毕。

命题 5.2′　当 $k>2$ 时，有

$$L(P^{(k)}) = [(S_0+S_1)/2^{k-2} + S_2/2^{k-3} + \cdots + S_{k-1}/2^{k-k}]/p^{(k)} \tag{5.6b}$$

式中，S_i 是倒三角阵中第 i 行上小数的总和($i = 0, 1,\cdots, k-1$)。

式(5.6b)的含义是

$$L(P^{(3)}) = [(S_0+S_1)/2^{3-2} + S_2/2^{3-3}]/p^{(3)}$$

$$L(P^{(4)}) = [(S_0+S_1)/2^{4-2} + S_2/2^{4-3} + S_3/2^{4-4}]/p^{(4)}$$

$$L(P^{(5)}) = [(S_0+S_1)/2^{5-2} + S_2/2^{5-3} + S_3/2^{5-4} + S_4/2^{5-5}]/p^{(5)}$$

证明思路很简单，但写起来太烦琐。从 k=3 开始，每次都要用到式(5.6a)。

注意，对于任意的非负序列，无须先把它们除以总和转化成概率分布以后再计算，可以直接套用式(5.6b)。本节将对非负序列和概率分布同等对待，在符号上也不加以区分。

例 5.3　求 8 字长序列 $P^{(3)}$=(2,4,3,1,4,6,8,12)所对应的概率分布的线性熵。

解　这不是一个概率分布，直接写出倒塔：

$$\begin{array}{ccccccccccccccc} 2 & & 4 & & 3 & & 1 & & 4 & & 6 & & 8 & & 12 \\ & 6 & & & & 4 & & & & 10 & & & & 20 & \\ & & & 10 & & & & & & & & 30 & & & \\ & & & & & & & 40 & & & & & & & \end{array}$$

写出 7 个倒三角上端较小数所排出的 3 阵列：

2　1　4　8 $(2=2\wedge 4,\ 1=3\wedge 1,\ 4=4\wedge 6,\ 8=8\wedge 12)$　计算 $S_0=15$

4　10　计算 $S_1=14$

10　计算 $S_2=10$

按式(5.6b)得到序列 $P^{(3)}$所对应的概率序列 $P^{(3)}$的线性熵为

$$L(P^{(3)})=[(S_0+S_1)/2+S_2]/40=(7.5+7+10)/40=24.5/40=0.6125$$

例毕。

例 5.4　求 16 字长序列 $P^{(4)}=(1,3,2,4,4,6,8,12,2,3,7,8,7,9,10,14)$的线性熵。

解　先写出倒塔：

1　3　2　4　4　6　8　12　2　3　7　8　7　9　10　14

4　6　10　20　5　15　16　24

10　30　20　40

40　60

100

再写出上四行上小数所形成的倒塔：

1　2　4　8　2　7　7　10　计算 $S_0=41$

4　10　5　16　计算 $S_1=35$

10　20　计算 $S_2=30$

40　计算 $S_3=40$

由式(5.6b)可得

$$L(P^{(4)})=[(S_0+S_1)/4+S_2/2+S_3]/100=(41/4+35/4+30/2+40)/100=0.74$$

例毕。

5.2.2　简线熵

线性熵不具有置换不变性，计算困难，简熵是具有置换不变性的，它的计算简单。能否把这两种熵结合起来，既降低了复杂性，又能反映分布的非负序列的序权信息？这就是简线熵。

定义 5.4　(薛珊珊，2021)给定非负序列 ${}_{4n}P={}_nO+{}_nR+{}_nS+{}_nT$，设 q、r、s、t 分别是子序列 ${}_nQ$、${}_nR$、${}_nS$、${}_nT$ 的和数，记 $a=J({}_nO/q)$、$b=J({}_nR/r)$、$c=J({}_nS/s)$、$d=J({}_nT/t)$，再记

$$\mathrm{JL}({}_{4n}P)=L(a,b,c,d) \tag{5.7}$$

称 $\mathrm{JL}({}_{4n}P)$ 为 ${}_{4n}P$ 的简线熵。

例 5.5　对于例 5.4 所给定 16 字长序列，试求其简线熵。

解

$$\begin{aligned}
a&=J({}_4Q/q)=J((1,3,2,4)/10)=J(0.1,0.3,0.2,0.4)=J(0.4,0.3,0.2,0.1)\\
&=1-[0.4+(1-2/3)0.3+(1-4/3)0.2+(1-2)0.1]\\
&=1-[0.4+(1/3)0.3-(1/3)0.2-0.1]=0.67\\
b&=J({}_4R/r)=J((4,6,8,12)/30)=J(0.4,0.27,0.2,0.13)\\
&=1-[0.4+(1/3)0.27-(1/3)0.2-0.13]=0.71\\
c&=J({}_4S/s)=J((2,3,7,8)/20)=J(0.4,0.35,0.15,0.1)\\
&=1-[0.4+(1/3)0.35-(1/3)0.15-0.1]=0.63\\
d&=J({}_4T/t)=J((7,9,10,14)/40)=J(0.35,0.25,0.225,0.175)\\
&=1-[0.35+(1/3)0.25-(1/3)0.225-0.175]=0.82
\end{aligned}$$

再考虑 4 字长数列 $P^*=(a,b,c,d)$的线性熵：

0.67　　0.71　　0.63　　0.82

1.38　　　　1.45

2.83

根据式(5.6a)，可知

$$L(0.67,0.71,0.63,0.82)=(0.67+0.63+1.38)/2.83\approx 0.946$$

就得到原数列的简线熵 $\mathrm{JL}({}_{16}P)\approx 0.946$。例毕。

尽管简线熵有如此便利的形式，但简熵和熵一样，它是不反映数据分布的位置信息的。所以，对于强调位置信息场景的实际问题，不要轻易用简线熵。

5.2.3　序权线性熵

田艳君等(2021)指出：线性熵虽然反映了数据的位置信息，但是它仍具有 2 进对称性。具体来说，对于任意 k，2^k 字长序列 $P^{(k)}$都可对分为左右两段：$P_{左}^{(k-1)}$和 $P_{右}^{(k-1)}$，有 $P^{(k)}=P_{左}^{(k-1)}+P_{右}^{(k-1)}$。这里的“+”号表示将两个序列连起来。如果把左、右两段对换形成的序列记为 $Q^{(k)}=P_{右}^{(k-1)}+P_{左}^{(k-1)}$，则新序列的线性熵保持不变：$L(Q^{(k)})=L(P^{(k)})$，这就是线性熵所具有的 2 进对称性。这一性质大大降低了线性熵在实际应用中的鉴别能力。为了克服这一弱点，田艳君等(2021)提出了序权线性熵，即对序列数据按排列序权加权后再求线性信息熵。

定义 5.5(序权线性熵)　对任意 $k>0$，记 $\boldsymbol{P}^{(k)}=(p_1,p_2,\cdots,p_n)$，其中，$n=2^k$。取权重系数 $\boldsymbol{w}=(1,2,\cdots,n)/(1+2+\cdots+n)$，记 $\boldsymbol{wP}^{(k)}=(w_1p_1,w_2p_2,\cdots,w_np_n)$，又记

$$S(\boldsymbol{P}^{(k)})=L(\boldsymbol{wP}^{(k)}) \tag{5.8}$$

称 $S(\boldsymbol{P}^{(k)})$为 $\boldsymbol{P}^{(k)}$的序权线性熵。

例 5.6　给定 $\boldsymbol{P}^{(2)}=(3,8,1,3)$和 $\boldsymbol{Q}^{(2)}=(1,3,3,8)$，分别求出它们的序权线性熵

$S(\boldsymbol{P}^{(2)})$和 $S(\boldsymbol{Q}^{(2)})$，判断二者是否相同。

解　取权重系数 $\boldsymbol{w} = (1, 2, 3, 4)/(1+2+3+4)=(0.1, 0.2, 0.3, 0.4)$

$$\boldsymbol{w}\boldsymbol{P}^{(2)}=(0.3, 1.6, 0.3, 1.2)$$

0.3　1.6　0.3　1.2

1.9　　　1.5

3.4

写出三个倒三角上端较小数所排出的 2 阵列：

0.3　　　0.3

1.5

按式(5.8)可得

$$S(\boldsymbol{P}^{(2)}) = L(\boldsymbol{w}\boldsymbol{P}^{(2)}) = (0.3+0.3+1.5)/3.4 = 0.62$$

取权重系数

$$\boldsymbol{w} = (1,\ 2,\ 3,\ 4)/(1+2+3+4) = (0.1,\ 0.2,\ 0.3,\ 0.4)$$

$$\boldsymbol{w}\boldsymbol{Q}^{(2)}=(0.1, 0.6, 0.9, 3.2)$$

0.1　　0.6　　0.9　　3.2

0.7　　　　4.1

4.8

求出三个倒三角上端较小数所排出的 2 阵列：

0.1　　　0.9

0.7

按式(5.8)可得

$$S(\boldsymbol{Q}^{(2)}) = L(\boldsymbol{w}\boldsymbol{Q}^{(2)}) = (0.1+0.9+0.7)/4.8 = 0.35$$

$$S(\boldsymbol{Q}^{(2)}) \neq S(\boldsymbol{P}^{(2)})$$

例毕。

本例说明序权线性熵不具有 2 进对称性。

5.3　常态与异态的区分

5.3.1　异态分析

人工智能最难处理的一类场景，如疫情、战争、股市、灾害等，具有多变性、欺诈性、危机性、短数据(甚至无数据)性。人工智能的一般场景分析并没有抓住处理这四性问题的关键点。关键点在哪儿？关键点在于对多变性的处理上，一个优秀的指挥员首先是抓住战情的变化。变化有常态和异态之分，在战场上以不变应万变。常态的变化不予理会，敌军的欺诈也能识破，要抓住的只是异态，一旦发现异态，指挥员便会在瞬间下定决心，把握战争的主动权。因此，异态分析是场景分析的关键。

机器靠盲目的计算，人靠逻辑推理。指挥员的决心不是慢慢计算出来的，而是一种整体性的综合判断，这需要一种整体性表达情势的数学方法，这就是线性熵。

异态分析具有广泛的应用，如灾情中的应急管理、商业中的策略转换、股市中的黑手侦缉、遥感的地物分割、舆情的安全控制等。

5.3.2　用线性熵进行势态分析

在什么情况下可以考虑使用线性熵？设ξ_D是一个随机场，对于任意$d\in D$，ξ_d都是一个随机变量，而D是一个有结构的论域。随机场的一次亮相是所有ξ_d的一次合影。每次亮相都在 D 上形成一种分布，都可归一化为一种概率分布，都可以求熵。如果用这种方式来描述场景，那么就可以用熵来整体性地定义和区分不同的场景，这是对异态分析的聚焦考虑。但若 D 是一个有位置信息或带有有序结构的场地，则用熵不可行，能取代熵的就是线性熵。例如，遥感的像素分布带有位置特征，不同的物面具有不同的纹理，希望用熵来对不同纹理进行整体性的区分，但是熵的无序性使得不宜刻画纹理，则可以用线性熵来取代熵。又如，在一个时间序列上考虑序列值的分布，以便对时间序列进行分类，但时间序列的场地D是一个全序集，时间的先后不能随意颠倒，若想用熵来整体性地看出类别，则必须用线性熵。这有多种情况：可以是线性熵值越大越正常，此时可设定一个下限来查找异常；可以是线性熵值越小越正常，此时可设定一个上限来查找异常；无论大小，相差大就不正常，此时便需要设定一个误差界限来查找异常。

1) 势态分析的训练数据集

给定一个场景，即一个时空相空间，其中的相均取非负实数。一维相序列称为一个一维布丁。在常态和异态下，各自取两组布丁形成训练集。简线熵可用于一维势态分析的前提是：简线熵在两态布丁上的值是互相分离的，即任意一个正态布丁和任意一个异态布丁的简线熵都要相差一个给定的数值，称为势差。势态分析的关键就是要营造一个适合场景而有分明势差的训练集，这是一项具有挑战性的工作。

2) 布丁纹理

设一个长一维布丁的相值具有周期性，若以周期求简熵，再以 4 倍求得简线熵，则必可得到最大的熵值。若异类的纹理具有不同的周期，则选定布丁的字长便成为关键。

实际布丁的周期性不是绝对的而是相对的，利用卷积的方法可以提取布丁的相对周期。

例 5.7 某项实验涉及 4 个二相因素，其属性有 16 种组态，在正常情况下，这 16 种组态在某一类对象中所形成的稳定分布是(1, 3, 2, 4, 4, 6, 8, 12, 2, 3, 7, 8, 7, 9, 10, 14)，新近发现有所变化，得到分布为(2, 4, 8, 12, 1, 3, 7, 8, 2, 4, 6, 4, 14, 10, 6, 9)。试用线性熵进行比较，无论大小，若简线熵值之差大于 0.05，则判为异常。

解 例 5.5 已经算得 JL(正常布丁) = 0.95，先计算待测布丁的简线熵值，即

$$a=J({}_4\boldsymbol{Q}/q)=J((2,4,8,12)/26)=J(0.08,0.15,0.31,0.46)=J(0.46,0.31,0.15,0.08)$$
$$=1-[0.46+(1-2/3)0.31+(1-4/3)0.15+(1-2)0.08]$$
$$=1-[0.46+(1/3)0.31-(1/3)0.15-0.08]=0.57$$
$$b=J({}_4\boldsymbol{R}/r)=J((1,3,7,8)/19)=J(0.05,0.16,0.37,0.42)=J(0.42,0.37,0.16,0.05)$$
$$=1-[0.42+(1/3)0.37-(1/3)0.16-0.05]=0.56$$
$$c=J({}_4\boldsymbol{S}/s)=J((2,4,6,4)/16)=J(0.125,0.25,0.375,0.25)=J(0.375,0.25,0.25,0.125)$$
$$=1-[0.375+(1/3)0.25-(1/3)0.25-0.125]=0.75$$
$$d=J({}_4\boldsymbol{T}/t)=J((14,10,6,9)/39)=J(0.36,0.26,0.15,0.23)=J(0.36,0.26,0.23,0.15)$$
$$=1-[0.36+(1/3)0.26-(1/3)0.23-0.15]=0.78$$

再求 a、b、c、d 四数的线性熵为

0.57 0.56 0.75 0.78

1.13 1.53

2.66

JL(待测布丁)=(0.56+0.75+1.13)/2.66=0.92

与正常布丁相比，简线熵相差 0.03，低于势差 0.05，故判定待测布丁属于正常类。例毕。

5.4 序权线性熵在农业遥感作物识别中的应用

田艳君等(2021)将序权线性熵用于农业遥感作物识别中，在例 5.8 中从遥感大数据中选择布丁求序权线性熵，通过整体性的一瞥，迅速对作物的类别做出初断，可以显著提高遥感分析的效率，这是一个有意义的创新尝试。

5.4.1 农业遥感作物识别

例 5.8 以东北地区春玉米、春大豆、水稻和春小麦四种典型农作物冠层中分辨率成像光谱仪(moderate-resolution imaging spectroradiometer，MODIS)标准数

据产品 MCD43A4 像元时序波谱为研究对象，获取 MODIS 七个光学遥感波段数据(表 5.3)，以考察四种农作物全生育期的生长发育特点(图 5.2)，组织年积日第 100～300 天短波红外、增强型植被指数(enhanced vegetation index，EVI)(见式(5.9)，Huete et al.，2002)和归一化水分指数(normalized difference water index，NDWI)(式(5.10))(Chen et al.，2005)的数据序列。共获取 3880 个相对均一的大田样点，所采集样本点包括春玉米 2068 个、水稻 945 个、春大豆 804 个和春小麦 62 个，如图 5.2 所示。

表 5.3　MODIS MCD43A4 产品光谱波

序号	波段名	波长范围/μm	空间分辨率/m	描绘参量
1	Red(红波段)	0.64～0.67	463	植被色素等
2	NIR(近红外波段)	0.85～0.88	463	植被冠层/叶片结构
3	Blue(蓝波段)	0.45～0.51	463	植被色素/水汽
4	Green(绿波段)	0.53～0.59	463	植被色素等
5	MIR(中红外波段)	1.23 ～1.25	463	冠层结构/叶片含水量
6	SWIR1(短波红外波段 1)	1.57～1.65	463	叶片含水量/厚度
7	SWIR2(短波红外波段 2)	2.11～2.29	463	叶片含水量/厚度

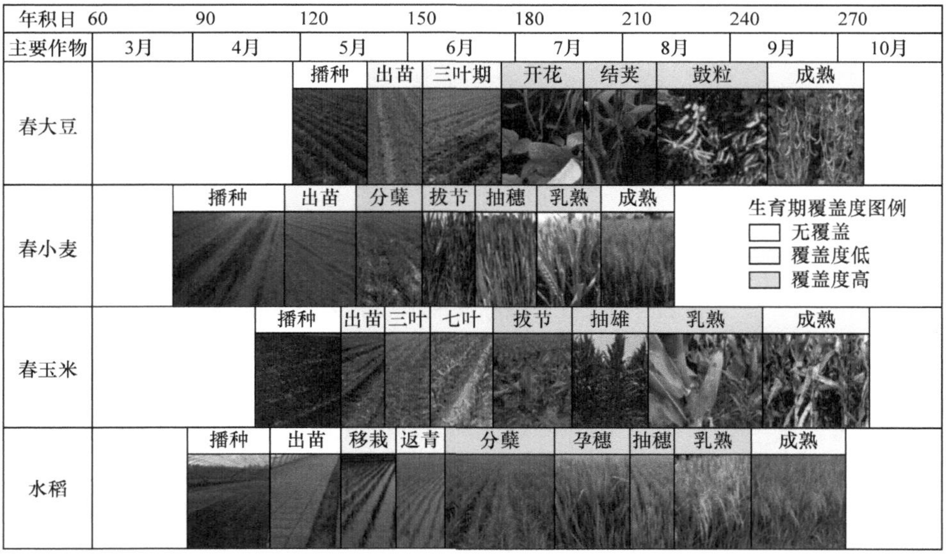

图 5.2　春玉米、春大豆、水稻和春小麦四种典型农作物在 3～10 月生长发育的物候历

春大豆和春玉米通常在 5 月播种，9～10 月收获，每年 6～7 月是二者生长发

育速度最快的时期。这一时期春大豆进入开花期，开始由营养生长阶段进入生殖生长阶段，植株高度和叶片数快速增加，同期春玉米开始拔节，植株高度和冠层厚度会在短期内发生极大变化。水稻是典型的水田作物，播种和育苗阶段大都在育苗大棚内进行，一般在正式移栽前 5～7 天开始泡田整田，在正式移栽后 5～7 天开始返青，并逐步开始分蘖，禾本作物(春小麦和水稻)的分蘖期是其整个生育期生长发育最快的时期。

$$\mathrm{EVI} = G \times \frac{\rho_{\mathrm{NIR}} - \rho_{\mathrm{Red}}}{\rho_{\mathrm{NIR}} + C_1 \times \rho_{\mathrm{Red}} - C_2 \times \rho_{\mathrm{Blue}} + L} \tag{5.9}$$

式中，ρ 为指标 NIR、Red、Blue 分别对应的近红外波段、红波段和蓝波段反射率；G 为放大系数，一般取 $G = 2.5$；C_1 和 C_2 为气溶胶阻力系数，一般取 $C_1 = 6$、$C_2 = 7.5$；L 为背景调整系数，一般取 $L = 1$。

$$\mathrm{NDWI} = \frac{\rho_{\mathrm{NIR}} - \rho_{\mathrm{SWIR2}}}{\rho_{\mathrm{NIR}} + \rho_{\mathrm{SWIR2}}} \tag{5.10}$$

式中，ρ 为指标 NIR、SWIR2 分别对应的近红外波段和短波红外波段 2 的反射率。例毕。

春大豆、春小麦、春玉米和水稻四种农作物样本全生育期内 EVI、NDWI 和 MIR 反射率的样本均值(实线)和方差(彩色条带)的时序特征如图 5.3 所示。

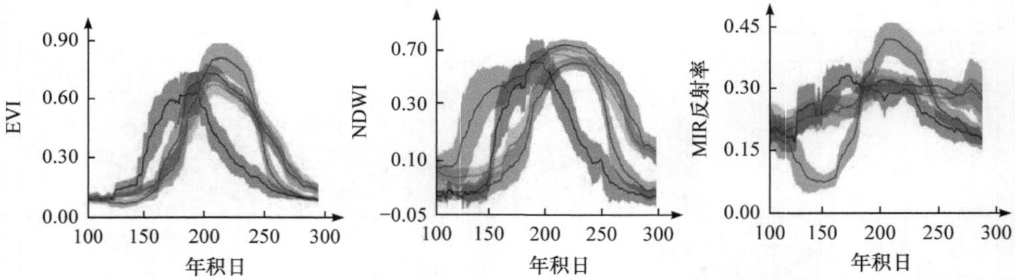

图 5.3 春大豆、春小麦、春玉米和水稻四种农作物样本全生育期内 EVI、NDWI 和 MIR 反射率的样本均值(实线)和方差(彩色条带)的时序特征

5.4.2 计算序权线性熵

例 5.9 从上述年积日 130～285 和 163～318 的数据序列中每 5 天取一个进行观测，估算后分别形成 MIR、EVI 和 NDWI 的 32 字长数列，共取得 3880 个这样的样本数列。对于每一数列，计算其序权线性熵(权重系数 $\boldsymbol{w}$ 按定义 5.5 的方式获取)。

年积日 130～285 的 EVI 和 NDWI 序权线性熵的联合样本分布散点图(图 5.4(a))显示水稻和春小麦样本点清晰的可分离性。该实验使得序权线性熵成为可潜在服务水稻(一季稻)和春小麦快速分类准则的理论方法依据，即输入一个在东北地区采样得到的一个年积日 130～285 的布丁样本(EVI 和 NDWI 的 32 字长数列)，就可以判断该布丁所在地区究竟是水稻还是春小麦。这有什么意义呢？田艳君等(2021)本来就有比较成熟的遥感农作物分类的方法(图 5.3)，其判断准确度比序权线性熵更为准确。但是，当一个地区的农作物播种规划可能发生变化时，如果要判断究竟有无变化而又不想浪费时间去调取遥感数据，就需要先提取几个布丁进行短暂迅速的初步判断，若无变化，则立即停止调用，只有在需要精准深入认识时，才启动相应遥感农作物分类识别算法。类似的用途是：如果在东北地区发现了一片稻麦作物，要找到的是水稻而不关心春小麦，也可取布丁进行粗糙的一瞥，如果不是水稻，便不在这里浪费时间。

东北地区年积日 163～318 的 EVI 和 MIR 序权线性熵的联合样本分布散点图(图 5.4(b))展示出春玉米和春大豆良好的分离度及四种典型地物的可分离聚类中心。利用这一分布散点图，不难制定一个春大豆、春小麦、春玉米和水稻四种农作物的布丁分类准则，为正规分类先做粗糙的一瞥。例毕。

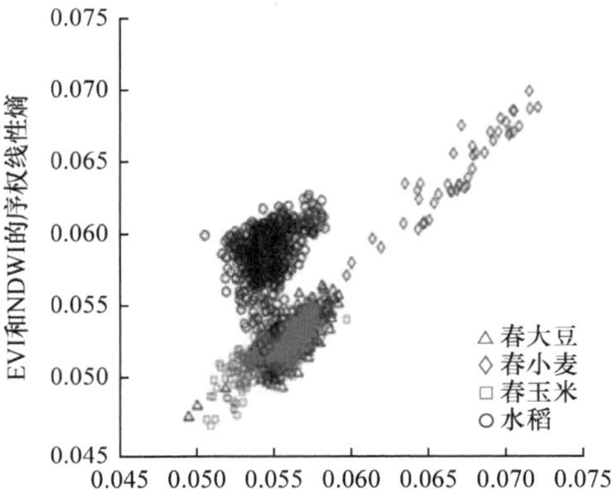

(a) EVI和NDWI的序权线性熵

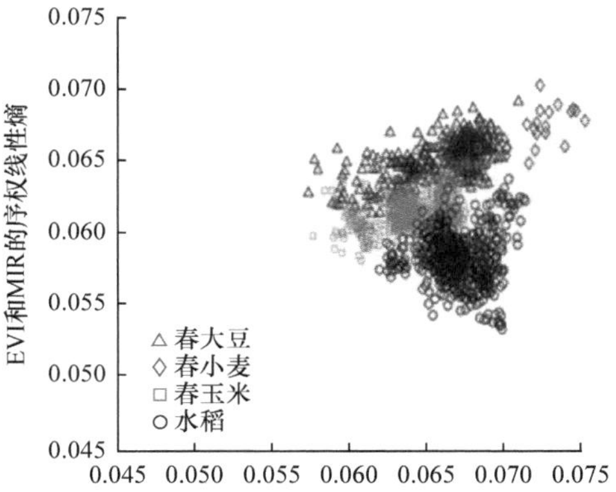

(b) EVI和MIR的序权线性熵

图 5.4　农作物样本序权线性熵分布散点图

5.5　线性熵在时间序列分类中的应用

机器学习是用静态的数据来分类的，时间序列是动态数据，用时间序列来分类将是更重要的机器学习。

时间序列是事物变化在因素空间中所留下的信息记录，每个样本序列就是某事物的一个运动轨迹。运动千变万化，却有某一段轨迹对其训练类别具有关键性的作用，例如，大灾乱的前奏、大冲突的引爆线、股市大势的转折点，往往都有迹可循。这样的一段轨迹称为一段印迹。国际上新出现的 Shapelet 理论就与印迹的思想密切相关。本节将用因素空间来研究三方面的问题。

5.5.1 线性熵的 Shapelet 分类理论

对于时间序列数据，薛珊珊(2021)利用线性熵进行了 Shapelet 分类研究。

1. 时间序列数据集的二分排列

本节只考虑由非负实数构成的时间序列，设 D 是一个长为 m 的时间序列，称$\pi=(D_1, D_2)$为 D 的一个二分排列，如果 $D=D_1\cup D_2$，$D_1\cap D_2=\varnothing$，且 D_1 和 D_2 都排成队，两队的串联就是 D 的队。

由于时间序列 D 由非负实数构成，所以其有线性熵 $J(D)$。设$|D_1|=n_1$、$|D_2|=n_2$、$n_1+n_2=m$，根据线性熵的迭代性，有

$$J(\pi)=\left[(n_1/m)J(D_1)+(n_2/m)J(D_2)\right]/2+J(n_1/m,n_2/m))/2$$

现在新的线性熵减少了多少？这就是二分排列π所带来的线性熵的信息增益，记作

$$I(\pi)=J(D)-J(\pi)$$

假定 D 由 m 个相同的非负实数组成，则有 $J(D)=1$，同样有 $J(D_1)=1$ 和 $J(D_2)=1$，于是

$$I(\pi)=1-J(n_1/m,n_2/m)/2=1-(2\min(n_1/m,n_2/m))/2=1-\min(n_1/m,n_2/m)$$

故有

$$I(\pi)=1-\min(n_1/m,n_2/m)$$

2. 时间序列的相似性与距离

一个时间序列 $A=(a_1,a_2,\cdots,a_n)$ 可规范化为 $A'=(a_1',a_2',\cdots,a_n')$，其中 $a_i'=(a_i-a_0)/a^\wedge(i=1,2,\cdots,n)$，$a_0$ 和 $a^\wedge$分别表示 $a_1, a_2,\cdots, a_n$ 的最小值和最大值。两个等长的规范化时间序列 $A=(a_1,a_2,\cdots,a_n)$ 和 $B=(b_1,b_2,\cdots,b_n)$ 之间可按惯例定义距离 $d(A,B)\in[0,1]$，再用距离定义相似度 $S(A,B)=1/2-d(A,B)\in[-0.5, 0,5]$；也可以先求出相关系数(或其他方法)得到相似度 $S(A,B)=2(A-0.5, B-0.5)$，再用相似度定义距离：$d(A,B)=1/2-S(A,B)$。这些方法有一个共同的缺点，即带有无序性的痕迹，例如，$A=(0,0,0,0)$、$B=(0.25,0.5,0.75,1)$、$C=(0.25,1,0.5,0.75)$是三个规范化的时间序列，常用的相似度或距离都有 $d(A,B)=d(A,C)$，这是因为 $d(A,B)$ 是在 A、B 之差的四个数 0.25、0.5、0.75、1 进行无序运算(求平方和或 p 幂和)，而 A、C 之差的四个数 0.25、1、0.5、0.75 是相同的四个数，只是次序不同而已，因此 B 和 C 持有与 A 相同的距离。同理，也有 $S(A,B)=S(A,C)$，但是用线性熵可以把它们区分开来：

$J(B) = (0.25\wedge0.5+0.75\wedge1+(0.25+0.5)\wedge(0.75+1))/(0.25+0.5+0.75+1) = 1.75/2.5=0.7$

$J(C) = (0.25\wedge1+0.5\wedge0.75+(0.25+1)\wedge(0.5+0.75))/(0.25+1+0.5+0.75) = 2/2.5 = 0.8$

定义 5.6　称 $\mathrm{SJ}(A,B)=|J(A)-J(B)|\times S(A,B)$ 为 A 与 B 之间的形态相似度；称 $\mathrm{dJ}(A,B)=|J(A)-J(B)|\times|A,B|$ 为 A 与 B 之间的形态距离，这里，$|A,B|=|a_1-b_1|+|a_2-b_2|+\cdots+|a_k-b_k|$。

这个定义是在原有相似度和距离定义的基础上，再加上线性熵的差异，但把离差绝对值之和$|A,B|$作为距离最为简便。

对于前面提到的序列 A、B、C，有

$$J(A) = 1,\ J(B) = 0.7,\ J(C) = 0.8$$

$$\mathrm{dJ}(A,B) = |J(A)-J(B)| \times |A,B| = 0.3 \times (0.25 + 0.5 + 0.75 + 1) = 0.75$$

$$\mathrm{dJ}(A,C) = |J(A)-J(C)| \times |A,C| = 0.2 \times (0.25 + 1 + 0.5 + 0.75) = 0.5$$

$$\mathrm{dJ}(A,C) < \mathrm{dJ}(A,B)$$

C 较 B 更接近于 A。

对于不同长度的序列，用短的序列对长的序列进行滑动比较，取最短距离作为距离，例如，设 $A = (0.94,0.48)$、$B = (0.75,0.23,0.90,0.88)$，将 B 分别记为 $B_1 = (0.75,0.23)$、$B_2 = (0.23, 0.90)$和 $B_3 = (0.90,0.88)$，分别算得

$$J(A,B_1) = |J(A) - J(B_1)| \times |A,B_1|$$
$$= |2 \times 0.48/(0.48 + 0.94) - 2 \times 0.23/(0.23 + 0.75)| \times (|0.94 - 0.75| + |0.48 - 0.23|)$$
$$= 0.09$$

$$J(A,B_2) = |J(A) - J(B_2)| \times |A,B_2|$$
$$= |0.68 - 2 \times 0.23/(0.23 + 0.90)| \times (|0.94 - 0.23| + |0.48 - 0.90|) = 0.31$$

$$J(A,B_3) = |J(A) - J(B_3)| \times |A,B_3|$$
$$= |0.68 - 2 \times 0.88/(0.90 + 0.88)| \times (|0.94 - 0.90| + |0.48 - 0.88|) = 0.14$$

取其中最短距离，得到不同长度序列的形态距离 $J(A,B)=0.09$。

有些时候，线性熵的作用更加重要，也可以直接用：

$$\mathrm{SJ}(A,B) = |J(A) - J(B)| \times S(A,B)$$

3. 印迹与 Shapelet

印迹的概念和 Shapelet 理论十分相近，但要将印迹进行适度模糊化。不一定要求一个序列包含印迹，而只要求序列的一段与印迹相似。一般不说一个序列是否包含某个印迹，而是说序列与给定印迹之间有多么相似或有多远的距离。

给定规范化的时间序列 $S\in D$，对于任意 $A\in D$，都有确定的线性熵距离 $\mathrm{dJ}(A, S)$。如果给定一个门槛 t，则可确定因果二分排列 $\pi t = (D+, D-)$，使得 $D+ = \{A|A\in D, \mathrm{dJ}(A, S)\leqslant t\}$, $D- = \{A|A\in D, \mathrm{dJ}(A, S) > t\}$。

定义 5.7　$t^* = \arg\max t\{I(\pi t)\}$称为序列 s 的间隔，当 $D+$与 $D-$均不为空时，

称(S, t)为一个 Shapelet。

4. Shapelet 的功用

为了避免研究走弯路，必须强调 Shapelet 的目的是分类。基于此目的，生成和优选 Shapelet 的原则必须突出类的性质。

5.5.2 线性熵的 Shapelet 分类算法

给定一个有标签的时间序列集 D，假定只有“有”和“无”两个类别，希望找“有”类的印迹。带着这个目的，先从“有”类中有意或无意地选择一条时间序列和其中的一点作为起点，少走几步停下来看看这段印迹在“无”类中能否找到？若找不到，则可以说：凡有此印迹的时间序列必属于正类，这是因为负类中的时间序列都无此印迹。当然，这样的结论是靠样本对母体的代表性得出的。当正类中的印迹还没有在负类中绝迹时，再把印迹加走一步，在负类中绝迹的可能性就加大一步。在负类中寻找正类所绝迹的 Shapelet 也是照此进行的。本着这样的思想，本书提出不同的 Shapelet 生成方法：不要盲目地生成很长的 Shapelet，而是由短到长，不能离开分类的需要而遍地开花，避免浪费计算时间。

例 5.10 两类时间序列如表 5.4 所示，给定论域 D 包含两类序列的训练样本各 5 个，要从中提取尽可能少的印迹，使它们能够用于分类。表中，每一个字是精确到小数点后第 5 位的小数，略去了小数点，例如，93278 表示小数 0.93478，以此类推。

表 5.4 两类时间序列

序列	1	2	3	4	5	6	7	8	类别
1	90646	90733	90877	91058	90671	89308	75618	63447	有
2	94801	94811	94818	92325	91742	89838	80191	70493	有
3	93203	93203	93035	92853	92248	90757	79865	85988	有
4	93714	93758	93596	93200	92636	90780	81967	67337	有
5	93734	93679	93492	92951	92322	90452	82410	70170	有
6	97763	97731	97731	90812	90228	88255	74819	72553	无
7	97899	97842	97761	91378	90803	88896	76503	72553	无
8	97532	97442	97337	89876	89361	87610	73550	71462	无
9	97590	97644	97579	90135	89550	87748	73082	68826	无
10	98068	98016	97962	92109	91570	59977	78394	50604	无

首先取二字长的印迹，看看这两类中有没有类性色彩的字对，即在一类中位居稠密而在另一类中偏僻冷落，例如，样本 10 的最后一对字是(0.78394,0.50604)，

它在“无”类中有邻近的对子而在“有”类中缺少近邻，于是取 A=(0.78394, 0.50604)。

记第 i 个样本为 $B_i(i=1, 2,\cdots, 10)$，算得

dJ$(A,B_1) = J(A,B_1) = 0.017$，$J(A,B_2) = 0.031$

$J(A,B_3) = 0.072$，$J(A,B_4) = 0.024$

$J(A,B_5) = 0.026$，dJ$(A,B_6) = J(A,B_6)$=0.059

$J(A,B_7) = 0.035$，$J(A,B_8) = 0.043$

$J(A,B_9) = 0.048$，$J(A,B_{10}) = 0$

取这 10 个形态距离的中心 $c = (J(A,B_1) + J(A,B_2) +\cdots+J(A,B_{10}) = 0.036$，将其当作阈值：把 B_{10}、B_1、B_4、B_5、B_2、B_7 与印迹的形态距离小于 c 的序列判为“有”类，其余 B_8、B_9、B_6、B_3 序列判为“无”类。判对了 7 个，把“有”类判为“无”类 1 个，把“无”类判为“有”类 2 个。这样可以寻找到更好的印迹。

目标是分类，只要少数的印迹就可以完成分类的任务。把寻迹和分类分离，甚至把全部的印迹都找出来，然后在其中选出若干个最优印迹，都是事倍功半的做法。

对这个印迹来说，之前是把它看成具有类性色彩的字对而提出来的，没想到它与异类的序列形态更相似。此时，可以直接对其进行纠偏，规定一条规则。

规则 1　包含印迹 A 的序列必属于“无”类。

根据这条规则，便有 B_{10} 属于“无”类，将 B_{10} 从论域 D 中删除。

除“无”类训练样本外，它们与 A 的最小形态距离是 0.035，于是又提出一条规则。

规则 2　与印迹 A 的形态距离非零而又小于 0.035 的序列必属于“有”类。

注意，在制定规则时，只给出归于某个类别的充分性，不考虑必要性，因为寻找既充分又必要的条件太困难。整个因果分析或决策树的逻辑思考就是找一个充分条件割掉一块论域。按照规则 2，把 B_1、B_4、B_5、B_2 从论域 D 中删除，此时剩下的序列只有 B_3、B_6、B_7、B_8 和 B_9，可以再提出规则。

规则 3　与印迹 A 的形态距离不小于 0.035 而又小于 0.072 的序列必属于“无”类。

规则 4　与印迹 A 的形态距离不小于 0.072 的序列必属于“有”类。

这 10 条训练样本的学习规则就提取出来了。当然，这些规则的正确性是由样本承担的。从训练到测试的细节问题不在此赘述。

例毕。

5.5.3　线性熵的 Shapelet 无监督分类算法

在时间序列数据没有类别标志的情况下，只能依靠聚类分析形成类别。此

时，首先要生成线性熵 Shapelet。其生成方法除了把距离换成形态距离之外，还用相同长度的 Shapelet 作为聚类中心，将 D 中的时间序列分类，分类过程参考 K-means 聚类算法。对不同长度的 Shapelet 进行相似性判断，去掉多余的 Shapelet。将拥有相同 Shapelet 的时间序列分为一类，输出分类结果。

5.6 小　结

熵本是热力学中分子运动无序程度的度量，后来被用于信息学科，一种信息分布所含信息量与其熵成反比。它是一种整体性的度量，符合对人脑整体性判断的描述。可惜的是，这种度量不能反映分布的位置信息。因素的相域是有位置信息的，$I(f$=评价$)$={好，中，差}，其中 3 个相的位置是不同的，数据在相域中出现频率的分布具有有序性：(0.2,0.3,0.5)与分布(0.5,0.3,0.2)的含义是大不相同的，但是这两种分布的熵是相同的。为了使熵带有位置信息，将熵的无序公理去掉，定义一种线性熵和序权线性熵，这样就可以对场景做出整体性刻画。田艳君等(2021)用序权线性熵对农作物遥感分类给出了粗糙一瞥的初判，是很有意义的创新尝试。薛珊珊(2021)将线性熵用于时间序列 Shapelet 分类算法也很有意义。

人脑的优越之处在于：能对场景做出整体态势的分析，这是人工智能的难点。本章用线性熵来进行这种分析只是一种尝试，并把希望寄托于读者。简熵只是把熵的对数均匀去对数化，但与熵一样，仍不能反映位置信息。尽管如此，该计算方法仍有实用价值。

第 6 章 因 素 显 隐

人工智能中的一切困难都在于问题求解的关键因素没有显露出来，隐藏的关键因素一旦显露出来，问题便会迎刃而解。寻找隐藏的关键因素，使之显露出来的过程称为因素显隐。这是智能孵化的难点，也是人工智能的主题。在人工智能中，这个问题称为特征提取，图像识别中的每一个灰度都是一个因素，称为自然因素，自然因素不能直接解决问题。要从众多灰度中提取特征，特征就是一种隐藏的关键因素，图像识别就是一种因素显隐的过程。过去，特征提取一直依靠人工，深度学习算法把特征提取自动化，意义重大，可惜又缺乏可理解性。因素空间的因素显隐理论是要把特征提取过程一般化，找到可理解的算法。

6.1 节从新的高度对因素显隐进行一个总体概述，说明隐因素总可以表示成自然因素的线性组合，通过求解一个显隐线性方程组而得到。若方程组个数大于自然因素个数，则是一个回归问题；若方程组个数小于自然因素个数，则是一个优化问题，两者都是求因素的投影。6.2 节着重介绍支持向量机，其已有因素显隐的成熟理论和应用，是因素空间理论的先行者。6.3 节介绍因素空间对支持向量机的改进。本书强调支持向量机的二分类理论不应是全盘搭载训练数据，而应当是将支持向量机作为刀刃，大幅度删除远离分界面的数据，进行无信息损失的大幅压缩，将支持向量机的寻求与因素空间背景基联系起来。根据思维统帅数据、以算计取代计算的思想，提出新的机器学习算法。6.3 节针对机器学习算法提出一种新的扫类算法。

6.1 因素显隐问题

6.1.1 怎样找因素

知识表示离不开因素，依靠关键因素，人们可以区别对象、划分概念、进行推理、决定策略，方法简单，普适性强，形成了一套为人工智能服务的通用数学工具。因素显隐是人工智能的瓶颈问题。几乎所有人工智能的问题都是寻找因素的问题，因素找到、找对了，问题就解决了。特征提取中的特征就是要寻找的因素。特征提取一般要通过人脑，深度学习的重要意义就是为机器自动提取特征带来新的希望。本节就是要把找特征的各种显隐算法从数学上进行一次归纳。

6.1.2　显隐方程

以图像识别为例，每一个像素都是一个因素。256×256 的一幅图像就有 65000 多个因素，这些因素称为自然因素。其中，任何一个因素都无法直接判定图像的类别，所以要把隐藏的关键因素找到并显示出来，这一过程称为因素显隐。

人们首先会问：隐因素一定存在吗？学者在实践中发现：隐因素是因素空间中的一个向量或一组向量，可以通过对自然因素进行线性变换得到，下面考察因素显隐线性方程组的求解问题(汪培庄，2021)。

一幅图像的像素数目 n 是一个大数，设 $\boldsymbol{v}=(i,j)$表示位于第 i 行、第 j 列的格子点，$\boldsymbol{v}$ 的总数 $|\boldsymbol{v}|=n$。设有 m 幅图像，一般来说，$m \ll n$。考虑矩阵 $\boldsymbol{A}=(a_{uv})_{m\times n}$，其中，$a_{uv}$ 表示第 u 幅图像上第 v 个格子点的灰度(请注意，u 和 v 不是一幅图像上的行列足码)。假设这些图像都是用来进行分类学习的，也就是说，每幅图像都标上类别标号，于是可以建立一个线性方程组，即

$$\boldsymbol{A}\boldsymbol{x}=\boldsymbol{y} \tag{6.1}$$

式中，$\boldsymbol{y}^{\mathrm{T}}=(y_1,y_2,\cdots,y_m)$ 为由 m 幅图像的类别标记构成的整数值向量；$\boldsymbol{x}^{\mathrm{T}}=(x_1,x_2,\cdots,x_n)$ 为未知向量。

若使 $m=n$，而且使 $\boldsymbol{A}$ 满秩，则方程组有唯一确定的解 $\boldsymbol{x}^*$，它对任意一幅训练图像 $\boldsymbol{A}_u$ 来说，都有

$$\boldsymbol{A}_u\boldsymbol{x}^*=\boldsymbol{y}_u,\ \ u=1,2,\cdots,m \tag{6.2}$$

式中，$\boldsymbol{A}_u$ 为 $\boldsymbol{A}$ 的第 u 行，也就是第 u 幅图像的灰度矩阵，它与 $\boldsymbol{x}^*$的“内积”(把两个矩阵都排成向量求内积)就等于第 u 幅图像所标注的面孔 $\boldsymbol{y}_u$；$\boldsymbol{x}^*$为头像分类所要寻找的隐因素，$\boldsymbol{x}^*$就是一个面孔识别器，用它与任何一幅图像做内积，都能识得正确的类别。对于训练样本，它有 100%的正确率。因此，式(6.2)称为显隐方程。

尽管这种显隐方程设计得过于理想化，但也带来了新的思考方向。不必考虑 $m>n$，现实情况是 $m<n$，而在此时，方程组有无限多解，从如此多的备选解中难道找不出一个隐藏着的关键因素吗？本书把专家的实践经验归纳为原理 6.1。

原理 6.1(显隐的代数原理)　隐因素可以通过显因素进行线性变换而显现。

由原理 6.1 可知，自然因素不是无用因素，而是因素显隐的根据和出发点。

对于定量因素，线性变换是一个普通概念，对于定性因素，要把相域置于实数域中，运算所得的数若不代表相值，就要插值变为邻近的相值，实行一种定性因素的线性变换。

6.1.3　隐因素是显因素的加权合成

因素线性组合的另一种解释是，在评分过程中，不同因素有不同的评分，因

素的线性组合代表加权的综合评分。此时，因素组合必须是凸组合，即组合系数不能有负数，而且要进行归一化。为了保证运算永远不出现负数，需要对权重向量 $\boldsymbol{w}$ 进行一个变换：$\phi(w)=\mathrm{e}^{-w}(w\geqslant 0)$。这一变换把权重运算提升到在幂上所进行的指数运算，符合模糊落影理论的色彩，在犹豫直觉模糊评分中已有得到实践的印证，也和第 8 章将要介绍的负指数型隶属曲尾的分布有关。

6.1.4　因素显隐的基本问题

显隐的代数原理把从自然因素到隐因素的线性变换说成是解线性方程组，线性方程组有唯一确定解的充分必要条件是：方程的个数必须等于因素的个数，而且系数矩阵是满秩。由此引来了规划与回归两个不同的发展方向。当 $m>n$ 时，找不到一个超平面能把所有因果对应的样本点全都粘上，总有一些点接触不到，此时的因素显隐就是回归。当 $m<n$ 时，能粘上所有点的平面有无限多个，要从中挑选最有分类效用的因素，此时的因素显隐就是优化，要用拉格朗日变换求条件极值。

这三类问题($m<n$ 优化，$m=n$ 方程求解，$m>n$ 回归)都可以归结为求投影。

因素显隐本质上是一个投影问题。

6.1.5　投影

n 维实向量空间 $\mathbf{R}^n$ 中的向量，起点都在原点 $\boldsymbol{O}=(0,0,\cdots,0)$，作为有向线段的向量与其终点可以等同看待。子空间是指 $\mathbf{R}^n$ 中包含原点的一个子集，它对向量加法和数乘法封闭。不经过原点的超平面或它们的交都不是子空间而称为仿射空间，每个仿射空间都平行于一个子空间(取常数项为 0)。一个向量到一个仿射空间的投影等于到它所平行的子空间的投影，因而投影只需投向子空间。

1. 投影的定义域性质

定义 6.1　投影↓是向量空间中的一种算子。对于任意向量 $\boldsymbol{x}\in\mathbf{R}^n$ 及 $\mathbf{R}^n$ 的子空间 S，都有一个确定的向量 $\boldsymbol{x}\downarrow S$ 与之对应，满足

$$\boldsymbol{x}\downarrow S=\arg\max{}_{\boldsymbol{y}}\{(\boldsymbol{x},\boldsymbol{y})\mid \boldsymbol{y}\in S\}$$

称 $\boldsymbol{x}\downarrow S$ 为向量 $\boldsymbol{x}$ 在子空间 S 中的投影。

$\mathbf{R}^n$ 的任一 k 维子空间 $S(0\leqslant k\leqslant n)$ 都对应一个 $n-k$ 维子空间 $S^{\perp}$，使对于任意 $\boldsymbol{x}\in S$ 和 $\boldsymbol{y}\in S^{\perp}$ 都有 $(\boldsymbol{x},\boldsymbol{y})=0$，称 $S^{\perp}$ 是 S 的正交子空间。当 S 的维数等于零时，它蜕化为只包含原点的一个单点集，称为零空间。向零空间的投影为零向量。向非零空间的投影为零，必须是垂足落在原点。投影具有很多性质。

性质 6.1　任一向量等于它在任何一对正交子空间的投影之和，即

$$\boldsymbol{x} = \boldsymbol{x} \downarrow S + \boldsymbol{x} \downarrow S^{\perp} \tag{6.3}$$

考虑向量 $\boldsymbol{w}$ 所在直线 $(\boldsymbol{w}) = \{\boldsymbol{x} = \lambda \boldsymbol{w} \mid -\infty < \lambda < +\infty\}$ 和以 $\boldsymbol{w}$ 为法向量的超平面为

$$(\boldsymbol{w})^{\perp} = \{\boldsymbol{x} \mid (\boldsymbol{w}, \boldsymbol{x}) = 0\}$$

$(\boldsymbol{w})$ 和 $(\boldsymbol{w})^{\perp}$ 是最重要的一对正交子空间，它们的维数分别是 1 和 $n-1$。

按照性质 6.1，很容易求出一个向量在一个超平面中的投影。先计算向量 $\boldsymbol{x}$ 在子空间 $(\boldsymbol{w})$ 中的投影，即

$$\boldsymbol{x} \downarrow (\boldsymbol{w}) = [(\boldsymbol{w}, \boldsymbol{x}) / |\boldsymbol{w}|] \underline{\boldsymbol{w}}$$

式中，$|\boldsymbol{w}|$ 为向量的长度；$\underline{\boldsymbol{w}}$ 为 $\boldsymbol{w}$ 的单位向量。

因 $\boldsymbol{w} = |\boldsymbol{w}| \boldsymbol{w}$，故有

$$\boldsymbol{x} \downarrow (\boldsymbol{w}) = [(\boldsymbol{w}, \boldsymbol{x}) / |\boldsymbol{w}|^2] \boldsymbol{w} = [(\boldsymbol{w}, \boldsymbol{x}) / (\boldsymbol{w}, \boldsymbol{w})] \boldsymbol{w}$$

按照式(6.3)，应有

$$\boldsymbol{x} = \boldsymbol{x} \downarrow (\boldsymbol{w}) + [(\boldsymbol{x}, \boldsymbol{w}) / (\boldsymbol{w}, \boldsymbol{w})] \boldsymbol{w}$$

于是得到向量在平面 $(\boldsymbol{w})^{\perp}$ (具有方程 $(\boldsymbol{w}, \boldsymbol{x}) = 0$)的投影公式为

$$\boldsymbol{x} \downarrow (\boldsymbol{w})^{\perp} = \boldsymbol{x} - [(\boldsymbol{x}, \boldsymbol{w}) / (\boldsymbol{w}, \boldsymbol{w})] \boldsymbol{w} \tag{6.4}$$

一般而言，给定子空间中的一组基底向量 $\boldsymbol{e}_1, \boldsymbol{e}_2, \cdots, \boldsymbol{e}_n$，任何向量都等于其在各基底向量的投影之和(注意 $(\boldsymbol{e}_i, \boldsymbol{e}_i) = 1$)，即

$$\boldsymbol{x} = (\boldsymbol{x}, \boldsymbol{e}_1) \boldsymbol{e}_1 + (\boldsymbol{x}, \boldsymbol{e}_2) \boldsymbol{e}_2 + \cdots + (\boldsymbol{x}, \boldsymbol{e}_n) \boldsymbol{e}_n \tag{6.5}$$

性质 6.2(幂等性)　任一向量 $\boldsymbol{x}$ 向任一子空间 S 的投影属于 S，再向 S 投影，则不再变化，即

$$(\boldsymbol{x} \downarrow S) \downarrow S = \boldsymbol{x} \downarrow S$$

性质 6.3(有条件的结合律)　设有首尾相同的两个子空间序列：$S, R_1, R_2, \cdots, R_k, U$ 和 $S, T_1, T_2, \cdots, T_p, U$，任一向量 $\boldsymbol{x}$ 依次按序列向子空间进行投影，只要这两个序列都是单调递降的(单调递降的含义是序列中的每一项都是前一项的子空间)，两条路径的结果就相同。

投影理论的数学推导中可能掺杂了非单调递减的投影序列而导致出现错误。为了避免出现错误，需要两种坐标系统：一是向量投影后在 $\mathbf{R}^n$ 中的绝对坐标；二是它在子空间中的相对坐标。

例 6.1　在 $\mathbf{R}^4$ 中给定行向量：

$$\boldsymbol{x} = (1,\ 1,\ 1,\ 2), \quad \boldsymbol{w}_1 = (0,\ 1,\ 1,\ 1), \quad \boldsymbol{w}_2 = (1,\ 1,\ 0,\ 1)$$

$\boldsymbol{x}$ 在 $(\boldsymbol{w}_1)^{\perp}$ 这个超平面中的投影是

$$\begin{aligned}\boldsymbol{x}' &= \boldsymbol{x} \downarrow (\boldsymbol{w}_1)^{\perp} = \boldsymbol{x} - [(\boldsymbol{x}, \boldsymbol{w}_1)/(\boldsymbol{w}_1, \boldsymbol{w}_1)]\boldsymbol{w}_1 \\ &= (1,1,1,2) - 4/3(0,1,1,1) = (1,-1/3,-1/3,\ 2/3)\end{aligned}$$

注意，$\boldsymbol{x}' = (1,-1/3,-1/3,\ 2/3)$ 是 $\boldsymbol{x}$ 在超平面 $(\boldsymbol{w}_1)^{\perp}$ 中的投影，是 $\mathbf{R}^4$ 中的绝对坐标，那么在超平面 $(\boldsymbol{w}_1)^{\perp}$ 中的相对坐标是什么呢？面方程 $(\boldsymbol{x}, \boldsymbol{w}_1) = 0$ 是一种约束，原来的空间有 n 个自由度，通过约束就减少了一个自由度。若 $\boldsymbol{w}_n \neq 0$，则可以解得

$$\boldsymbol{x}_n = 1/\boldsymbol{w}_n(\boldsymbol{w}_1\boldsymbol{x}_1 + \boldsymbol{w}_2\boldsymbol{x}_2 + \cdots + \boldsymbol{w}_{n-1}\boldsymbol{x}_{n-1}) \tag{6.6}$$

现在，把面 $(\boldsymbol{w}_1)^{\perp}$ 的方程写为

$$x_4 = -x_2 - x_3$$

$\boldsymbol{x}' = (1,-1/3,-1/3,2/3)$ 在子空间中的相对坐标就是将其第 4 个分量删掉，得到 $\boldsymbol{x}' = (1,-1/3,-1/3)$。由于 $\boldsymbol{x}'$ 在子空间中，将(1,−1/3,−1/3)代入式(6.6)，可解得 $\boldsymbol{x}'$ 的第 4 项值，随时可以回到绝对坐标。例毕。

回看例 6.1 中的子空间 $S = (\boldsymbol{w}_1)^{\perp} \cap (\boldsymbol{w}_2)^{\perp}$，是两个面的交，是一个二维空间。人们常会犯这样一个错误：$\boldsymbol{x} \downarrow S = (\boldsymbol{x} \downarrow (\boldsymbol{w}_1)^{\perp}) \downarrow (\boldsymbol{w}_2)^{\perp}$，意思是先向第一个面投影，再向第二个面投影。然而，$(\boldsymbol{w}_2)^{\perp}$ 不是 $(\boldsymbol{w}_1)^{\perp}$ 的子空间，从 $(\boldsymbol{w}_1)^{\perp}$ 到 $(\boldsymbol{w}_2)^{\perp}$ 所排的不是递降序列，不满足性质 6.3 的要求，结果可能出错，为了避免这种错误，下面提出了新的算法。

2. 消去投影法

Wang 等(2017)提出了消去投影法，按式(6.6)将 $x_4 = -x_2 - x_3$ 代入超平面 $(\boldsymbol{w}_2)^{\perp}$ 的方程 $x_1 + x_2 + x_4 = 0$，得到 $x_1 - x_3 = 0$，这是子空间 $(\boldsymbol{w}_1)^{\perp} \cap (\boldsymbol{w}_2)^{\perp}$ 的方程，它是空间 $\{(x_1, x_2, x_3)\}$ 中的一个超平面。上面求得的投影 $x' = (1,-1/3,-1/3)$ 是这个空间中的一个向量(此时无法用绝对坐标而必须用相对坐标)，可以再求一次投影，得到

$$\boldsymbol{x}'' = \boldsymbol{x}' \downarrow (\boldsymbol{w}_2)^{\perp} = (1,-1/3,-1/3) - [2/3](1,\ 0,-1) = (1/3,-1/3,\ 1/3) = (1,-1,\ 1)$$

(可以约简)

要问这个向量的绝对坐标是什么，根据式(6.6)有 $x_4'' = -x_2'' - x_3'' = -(-1) - 1 = 0$，进而有

$$\boldsymbol{x}'' = (1,-1,1,0)$$

验证：$(\boldsymbol{x}'', \boldsymbol{w}_1) = ((1,-1,1,0),(0,1,1,1)) = 0$，故 $\boldsymbol{x}''$ 在第一面所对应的子空间中。

$$(\boldsymbol{x}'', \boldsymbol{w}_2) = ((1,-1,1,0),(1,1,0,1)) = 0$$

故 $\boldsymbol{x}''$ 在第二面所对应的子空间中，这个向量属于两面之交所对应的子空间，验证无误。

3. Hat 矩阵投影法

给定矩阵 $\boldsymbol{A}$，记 $\boldsymbol{B}=\boldsymbol{A}^{\mathrm{T}}\boldsymbol{A}$ 称为 $\boldsymbol{A}$ 的相关矩阵，它一定对称。若它是满秩的，则必有逆，记 $\boldsymbol{C}=\boldsymbol{B}^{-1}$， $\boldsymbol{H}=\boldsymbol{A}^{\mathrm{T}}\boldsymbol{C}\boldsymbol{A}$ 满足投影的性质，即

$$\begin{aligned}\boldsymbol{HHy}&=(\boldsymbol{A}^{\mathrm{T}}\boldsymbol{B}^{-1}\boldsymbol{A})(\boldsymbol{A}^{\mathrm{T}}\boldsymbol{B}^{-1}\boldsymbol{A})\boldsymbol{y}=\boldsymbol{A}^{\mathrm{T}}\boldsymbol{B}^{-1}(\boldsymbol{A}\boldsymbol{A}^{\mathrm{T}})\boldsymbol{B}^{-1}\boldsymbol{Ay}\\&=\boldsymbol{A}^{\mathrm{T}}\boldsymbol{B}^{-1}(\boldsymbol{B}\boldsymbol{B}^{-1})\boldsymbol{Ay}=\boldsymbol{A}^{\mathrm{T}}\boldsymbol{B}^{-1}\boldsymbol{Ay}=\boldsymbol{Hy}\end{aligned}$$

投影的幂等性是投影所特有的属性。

给定矩阵 $\boldsymbol{A}$，记 $S=S(A_1,A_2,\cdots,A_n)$ 是由 $\boldsymbol{A}$ 的列向量张成的子空间，则对于任意 $\boldsymbol{x}\in\mathbf{R}^n$，都有 $\boldsymbol{x}\downarrow S=\boldsymbol{Hx}$。

Hat 矩阵不易用手算进行解释，但编程容易，缺点是只能给出投影的绝对坐标，难以给出投影的相对坐标。更重要的是，当相关矩阵 $\boldsymbol{B}$ 不满秩时，Hat 矩阵不存在。此时，消去投影法就成为必要。

6.1.6　显隐的回归方法

1. 投影方程

给定因果空间 $(D,F=\{f_1,f_2,\cdots,f_n;g\})$，用 $\{\boldsymbol{x}_i=(x_{i1},x_{i2},\cdots,x_{in});y_i\}(i=1,2,\cdots,m)$ 表示一组因果相值数据， $\boldsymbol{X}=(x_{ij})_{m\times n}$ 表示条件因素数据所组成的相值矩阵。

定义 6.2　以相值矩阵 $\boldsymbol{R}=\boldsymbol{X}^{\mathrm{T}}\boldsymbol{X}$ 为系数的方程

$$\boldsymbol{Rw}=\boldsymbol{X}^{\mathrm{T}}\boldsymbol{y} \tag{6.7}$$

称为含隐参数 $\boldsymbol{w}$ 的投影方程(汪培庄，2021)。

该方程的大意是：向量 $\boldsymbol{X}^{\mathrm{T}}\boldsymbol{y}=(\boldsymbol{X}_1^{\mathrm{T}}\boldsymbol{y},\boldsymbol{X}_2^{\mathrm{T}}\boldsymbol{y},\cdots,\boldsymbol{X}_n^{\mathrm{T}}\boldsymbol{y})$ 的每一个数反映了单个条件因素 f_j 对结果因素 g 的影响；相值矩阵第 i 行、第 j 列的元素是 x_i 和 x_j 的内积，即

$$r_{ij}=(\boldsymbol{x}_i,\boldsymbol{x}_j)=x_{i1}x_{j1}+x_{i2}x_{j2}+\cdots+x_{im}x_{jm} \tag{6.8}$$

其反映了 n 个条件因素之间的相互影响。若把每个条件因素对 $\boldsymbol{y}$ 的影响用权重向量 $\boldsymbol{w}$ 来表示，则 $\boldsymbol{Rw}$ 是把单个影响变成综合影响的转换。式(6.7)的左端是原因，右端是结果，要想找出原因，就要解方程，把参数 $\boldsymbol{w}$ 解出来。这就是因素显隐的基本模式。

注意，若把字母 $\boldsymbol{R}$ 换成 $\boldsymbol{B}$，则 $\boldsymbol{Xw}=\boldsymbol{XB}^{-1}\boldsymbol{X}^{\mathrm{T}}\boldsymbol{y}=\boldsymbol{Hy}$。这个 $\boldsymbol{H}$ 就是 6.1.5 节所讲的 Hat 矩阵或者投影矩阵，称其为投影方程。

事实上，回归问题就是要求

$$\boldsymbol{w}^* = \arg\min_{\boldsymbol{w}}\{(\boldsymbol{y}-\boldsymbol{X}\boldsymbol{w})^{\mathrm{T}}(\boldsymbol{y}-\boldsymbol{X}\boldsymbol{w})\} \tag{6.9}$$

用矩阵语言来进行归纳。求导归零：

$$[(\boldsymbol{y}-\boldsymbol{X}\boldsymbol{w})^{\mathrm{T}}(\boldsymbol{y}-\boldsymbol{X}\boldsymbol{w})]^{\mathrm{T}} = 2\boldsymbol{X}^{\mathrm{T}}(\boldsymbol{y}-\boldsymbol{X}\boldsymbol{w}) = 0$$

$$\boldsymbol{X}^{\mathrm{T}}\boldsymbol{X}\boldsymbol{w} = \boldsymbol{X}^{\mathrm{T}}\boldsymbol{y}$$

这就得到投影方程(6.7)。

例 6.2　在 2+1 维因果空间中给出三个样本点：$\boldsymbol{x}_1=(1,0)$，$\boldsymbol{y}_1=1$；$\boldsymbol{x}_2=(0,1)$，$y_2=1$；$\boldsymbol{x}_3=(1,1)$，$y_3=0$，求此三点的回归平面。

解　以样本点为行、以因素为列写条件因素的相值矩阵 $\boldsymbol{X}$ 和 $\boldsymbol{y}$：

x_1	x_2	$\boldsymbol{y}$
1	0	1
0	1	1
1	1	0

现在，$m=3$，$n=2$，$\boldsymbol{y}$ 是三维向量，$\boldsymbol{w}$ 是二维向量，但二维平面的确定需要三个参数，w_1 和 w_2 只能确定平面的法向，不能确定截距，所以要加上一个参数，这个参数对应什么因素呢？它对应一个零因素 x_0，一个零因素是不变的常数，在此规定为 1。于是，矩阵 $\boldsymbol{X}$ 要改写为

$$\boldsymbol{X} = \begin{bmatrix} 1 & 1 & 0 \\ 1 & 0 & 1 \\ 1 & 1 & 1 \end{bmatrix}$$

式中，左边第一列就是所加的常量列。

按普通算法解矩阵方程 $\boldsymbol{X}^{\mathrm{T}}(\boldsymbol{y}-\boldsymbol{X}\boldsymbol{w})=0$，因 $\boldsymbol{X}^{\mathrm{T}}\boldsymbol{y}=(2,1,1)^{\mathrm{T}}$，故可将其具体化为方程组：

$$\boldsymbol{X}^{\mathrm{T}}\boldsymbol{X} = \begin{bmatrix} 1 & 1 & 1 \\ 1 & 0 & 1 \\ 0 & 1 & 1 \end{bmatrix}\begin{bmatrix} 1 & 1 & 0 \\ 1 & 0 & 1 \\ 1 & 1 & 1 \end{bmatrix} = \begin{bmatrix} 3 & 2 & 2 \\ 2 & 2 & 1 \\ 2 & 1 & 2 \end{bmatrix}$$

$$3w_0 + 2w_1 + 2w_2 = 2$$

$$2w_0 + 2w_1 + w_2 = 1$$

$$2w_0 + w_1 + 2w_2 = 1$$

解得 $w_0=2$、$w_1=-1$、$w_2=-1$，回归面是 $y=2-w_1-w_2$。

用投影方程求解：

$$\boldsymbol{B} = \boldsymbol{X}^{\mathrm{T}}\boldsymbol{X} = \begin{bmatrix} 3 & 2 & 2 \\ 2 & 2 & 1 \\ 2 & 1 & 2 \end{bmatrix}$$

$$B^{-1}X^{\mathrm{T}}=\begin{bmatrix}3&-2&-2\\-2&2&1\\-2&1&2\end{bmatrix}\begin{bmatrix}1&1&1\\1&0&1\\0&1&1\end{bmatrix}=\begin{bmatrix}1&1&-1\\0&-1&1\\-1&0&1\end{bmatrix}$$

$$H=XB^{-1}X^{\mathrm{T}}=\begin{bmatrix}1&1&0\\1&0&1\\1&1&1\end{bmatrix}\begin{bmatrix}1&1&-1\\0&-1&1\\-1&0&1\end{bmatrix}=\begin{bmatrix}1&0&0\\0&1&0\\0&0&1\end{bmatrix}$$

$$w=Hy=\begin{bmatrix}1&0&0\\0&1&0\\0&0&1\end{bmatrix}\begin{bmatrix}1\\1\\0\end{bmatrix}=\begin{bmatrix}1\\1\\0\end{bmatrix}$$

结论相同。用投影方式来叙述 Hat 矩阵的优点是，当 B 不是满秩时，Hat 矩阵写不出来，这时可以避开求逆，直接写出 $X^{\mathrm{T}}y=(2,1,1)^{\mathrm{T}}$ ，再解方程组：

$$\begin{bmatrix}3&2&2\\2&2&1\\2&1&2\end{bmatrix}\begin{bmatrix}y_1\\y_2\\y_3\end{bmatrix}=\begin{bmatrix}2\\1\\1\end{bmatrix}$$

与传统的最小二乘法相比，投影算法在快捷性上还显现不出优势，但从理论上来说，把最小二乘求解看成一个投影问题是重要进步，这要归功于支持向量机理论。例毕。

本例的因素个数等于样本点个数，解方程组就可以算出来，说明方程组求解也是一个投影问题。

2. 逻辑回归

最小二乘法用超平面拟合样本点集，目的是要对结果因素 y 建立它对条件因素线性依赖的数学公式。这样的拟合技术怎样才能用于分类呢？除非把变量 $\boldsymbol{y}$ 取为表示类别的变量。二类划分的 y 只取二值，如 0 或 1，只能被拟合成非连续的阶梯函数，用直线或平面是无法拟合好的。数学中的初等函数在实践中的应用非常广泛。三角函数用于描写周期现象，指数函数用于正定化，把变量控制在实数域的正半轴上，只要令 $u=\mathrm{e}^{-x}$ ，无论怎么变，u 都在 0 和 1 之间变，都不会成为负数。

所有的回归都是要找因果律。回归模型中的自变量就是条件因素，代表因；回归模型中的因变量是结果因素，代表果，要找的回归函数就是因果律。一般的回归是向物理变量或定性变量回归，逻辑回归是向逻辑变量回归。这里的结果因素是类别，是概念的标签。例如，在心脑血管疾病防治中，自变量是引起血压病变的各种因素，在条件因素的相空间上给出一组样本点，每个样本点上按其对血压高的诊断对应为 1 或 0 的不同高度，形成一个立体曲面的态势。逻辑回归所得到的曲面就是血压高这个概念的隶属曲面，应该说，逻辑回归是确立隶属函数的一个良好范例，它的创立者不是模糊数学家而是医学统计方面的专家。这些专家以有病与无病之似然比 $f = p/(1-p)$ 这个参数为关键，将隐参数设为 w 和 b，使得 $wx + b = \ln f(x)$，解得 w^* 和 b^*，从而实现了显隐。

当然，逻辑回归的真正用途不仅是为了分类，还可以从中找到引起血压高的主要因素究竟是什么？更说明回归的本质是在找因果。

6.1.7　显隐的优化算法

当限制条件个数少于因素维度时，显隐方程有无穷多解，要从中选择最优解，此时显隐就是一个优化过程。机制主义人工智能强调目的性，体现在优化中就是目标函数 $y = f(x)$，要对目标函数求极大值或极小值，统称为求极值。设 $y = f(x)$ 是一个一元可微函数，求 y 对 x 的导数，若 $f'(x^*) = 0$，则变量 y 在使导数为零的点 x^* 取得极值 $f(x^*)$。导数为零是函数在零点取得极值的充分条件。当 x 是多维空间中的点时，求导数就要改为求偏导数。

1. 拉格朗日变换

带限制条件的优化就是要求条件极值，这就必须考虑每个限制函数 $g_i(x)$ 将如何影响目标函数的变化。在第 1 章阐述过，每个函数都是一个因素，记为 $\beta_i = g_i(x)$，这个因素的相域 $I(\beta_i)$ 是在现有因素相空间 X 之外所拉出的一个新坐标轴。拉格朗日很早就使用了因素空间的思想，他的独到之处就是在不画出这根新轴的情况下观测隐因素的作用。他的理论对非数学工作者来说不太好理解，但用因素空间来解释就比较简单。

1) 等高线

在一个二维平面上通过画等高线可以表示出一幅三维地貌。拉格朗日就是用 n 维等高线图来表示比 n 更高维函数的形状。假定目标因素 $f(x)$ 的定义是在 n 维空间上的一个光滑凸(凹)函数取最大(小)，任意给一个不高(低)于函数峰(谷)值的高度 h，就在 X 中画出了一个凸的 n–1 维光滑封闭曲面 $f(\boldsymbol{x}) = h$。h 在其可能范围内变化，就形成了一系列描述目标的等高曲面；同样，假定 $g_i(\boldsymbol{x})$ 是定义在 n 维空间上的一个光滑凸(凹)限制函数，任意给一个不高(低)于函数峰(谷)值的高度 c，就在 X 中画出了一个凸的 n–1 维光滑封闭曲面 $g(\boldsymbol{x}) = c$。c 在其可能范围内变化，又形成了一系列的等高曲面。对于任意一点 $\boldsymbol{x}$，考虑高度 h 和 c 的代数和 $c' = h \pm c$，这里，若 $g(\boldsymbol{x})$ 与 $f(\boldsymbol{x})$ 同凸凹，则取负号；若 $g(\boldsymbol{x})$ 与 $f(\boldsymbol{x})$ 异凸凹，则取正号。这样，c' 等高曲面就可用来处理 n+1 维空间中的条件因素与限制因素的无条件极值。若 $i=1, 2,\cdots,m$ ，则取 $c'=h\pm\sum c_i$ ， c' 等高曲面可用来处理 $n+m$ 维空间中的目标因素与限制因素相综合的无条件极值问题。

2) 等式约束的拉格朗日函数

定义 6.3(拉格朗日函数)　给定目标函数 $y=f(\boldsymbol{x})(\boldsymbol{x}\in\mathbf{R}^n)$ 和等式限制 $g_i(\boldsymbol{x})=0(i=1,2,\cdots,m)$ ，记

$$L(\boldsymbol{x},\beta_1,\beta_2,\cdots,\beta_m)=f(\boldsymbol{x})\pm\sum_{i=1}^{m}\beta_i g_i(\boldsymbol{x}) \tag{6.10}$$

称 $L(\boldsymbol{x},\beta_1,\beta_2,\cdots,\beta_m)$ 为拉格朗日函数， β_i 称为 $g_j(\boldsymbol{x})$ 的拉格朗日参数。

由此定义可知，拉格朗日函数就是 c' - 等高曲面的化身。

原理 6.2(拉格朗日求解原理)　求 L 对 $x_1,x_2,\cdots,x_n$ 和 $\beta_1,\beta_2,\cdots,\beta_m$ 的偏导数并取零值，得到一个方程组，解此方程组便有可能得到无条件的极值点 $\boldsymbol{x}^*$ 。 $\boldsymbol{x}^*$ 应当满足 $\partial L/\partial\beta_i=0(i=1,2,\cdots,m)$ ，而 $\partial L/\partial\beta_i=g_i(\boldsymbol{x})$ ，故 $\boldsymbol{x}^*$ 一定在各个限制面 $g_i(\boldsymbol{x})=0$ 上。

读者可能会问：拉格朗日函数把原来单峰目标函数变为多峰函数，是否妨碍最优点的提取？其实，在把最优点绑定在限制面 $g_i(\boldsymbol{x})=0$ 上之后，所有的 c 值都是 0，故有 $c'=h$ ，被控制的拉格朗日函数就等于原来的单峰目标函数。

例 6.3　一个方盒的长、宽、高分别为 x_1、x_2、x_3 ，表面积为 c。给定 c，试问使方盒体积 d 最大的形状是什么？这是一个规划问题：

$$\max d=x_1x_2x_3$$

$$\text{s.t. } x_1x_2+x_2x_3+x_1x_3=c/2$$

其拉格朗日函数为

$$L(x_1,x_2,x_3,\beta)=x_1x_2x_3-\beta(x_1x_2+x_2x_3+x_1x_3-c/2)$$

或者写为

$$\min\ -d=-x_1x_2x_3$$

$$\text{s.t.}\quad x_1x_2+x_2x_3+x_1x_3=c/2$$

按 min 形式，求 L 对 x_1、x_2、x_3 和的 β 偏导数并取零值，得到

$$\partial L/\partial x_1=x_2x_3+\beta(x_2+x_3)=0$$

$$\partial L/\partial x_2=x_1x_3+\beta(x_1+x_3)=0$$

$$\partial L/\partial x_3=x_1x_2+\beta(x_1+x_2)=0$$

$$\partial L/\partial\beta=x_1x_2+x_2x_3+x_3x_1-c/2=0$$

解出一个用 x_1、x_2、x_3 表达新增变量的 β 函数式，如 $\beta=-x_2x_3/(x_2+x_3)$ ，将此函数式代入以上各式，得到

$$
\begin{aligned}
x_2x_3+\beta(x_2+x_3) &= x_2x_3+(-x_2x_3/(x_2+x_3))(x_2+x_3)\\
&= x_2x_3-x_2x_3=0 \quad (\text{无用的等式，删去})\\
x_1x_3+\beta(x_1+x_3) &= x_1x_3+(-x_2x_3/(x_2+x_3))(x_1+x_3)\\
&= x_1x_3-(x_1x_2x_3+x_2x_3^2)/(x_2+x_3)\\
&= x_1x_3-x_2x_3=0 \quad (\text{即}x_1=x_2)\\
x_1x_2+\beta(x_1+x_2) &= x_1x_2+(-x_2x_3/(x_2+x_3))(x_1+x_2)\\
&= x_1x_2-(x_1x_2x_3+x_3x_2^2)/(x_1+x_2)\\
&= x_1x_2-x_2x_3=0 \quad (\text{即}x_1=x_3)\\
x_1x_2+x_2x_3+x_3x_1-c/2 &= 0 \quad (\text{即}x_1x_2+x_2x_3+x_3x_1=c/2)
\end{aligned}
$$

解得最优点为

$$x_1^*=x_2^*=x_3^*=(c/6)^{1/2}$$

最优解是$d^*=(c/6)^{3/2}$，亦即正立方体使等表面积能有最大容积。

以上说明因素显隐的基本思路来自拉格朗日求条件极值的方法。

3) 不等式约束的拉格朗日函数

前面给出了等式约束的拉格朗日函数，将等式约束$g_i(\boldsymbol{x})=0$改为不等式约束$g_j(\boldsymbol{x})\leqslant 0$或$g_j(\boldsymbol{x})\geqslant 0$，情况是大同小异的。假定$g_i(\boldsymbol{x})$是定义在$n$维空间上的一个光滑凸(凹)函数，$g_j(\boldsymbol{x})\leqslant 0(g_j(\boldsymbol{x})\geqslant 0)$就是由封闭曲面$g_j(\boldsymbol{x})=0$所围成的区域。不等式约束与等式约束生成同样的拉格朗日函数，前者将拉格朗日参数写为α_i。

$$L(\boldsymbol{x},\alpha_1,\alpha_2,\cdots,\alpha_m)=f(\boldsymbol{x})\pm\sum_{i=1}^{m}\alpha_i g_i(\boldsymbol{x})$$

而且对此函数求解最优点时必须附加一个 Kuhn-Turcker 条件：

$$\alpha_i g_i(\boldsymbol{x}^*)=0,\quad i=1,2,\cdots,m \tag{6.11}$$

限于篇幅，本书不在此详述相关理论，只是说明 Kuhn-Turcker 条件的思想。若最优点$\boldsymbol{x}^*$落在等式面$g_i(\boldsymbol{x})=0$上，则此不等式约束所起的作用与等式约束所起的作用一样，称为紧约束，对于紧约束，即使α_i不等于零，也有$\alpha_i g_i(\boldsymbol{x}^*)=0$；若最优点落在封闭曲面的内部，则这样的约束称为松约束，此时，$\alpha_i g_i(\boldsymbol{x}^*)\neq 0$，除非$\alpha_i=0$。Kuhn-Turcker 条件的含义是：对于松约束，其拉格朗日参数必须为零，即$\alpha_i=0$。只有加这样的限制才能维护这一数学方法的合理性。

当$\alpha_i\neq 0$时，$\boldsymbol{x}^*$落在等式面$g_i(\boldsymbol{x})=0$上，此时，α_i的大小反映了第i个限制条件对优化的贡献大小和优化过程对此项限制的敏感程度。

4) 线性不等式约束的拉格朗日函数

若不等式约束中的限制函数是线性的，即$g_i(\boldsymbol{x})=\sum_{j=1}^{n}a_{ij}x_j(i=1,2,\cdots,m)$，则此

时不等式的方向要对 i 统一，即只考虑两种情况：$\sum_{j=1}^{n} a_{ij}x_j \leqslant b_i (i=1,2,\cdots,m)$ 或 $\sum_{j=1}^{n} a_{ij}x_j \geqslant b_i (i=1,2,\cdots,m)$ 。无论是哪种情况，每个线性不等式都表示一个半平面。当 $m \geqslant n$ 时，这些半平面围成一个锥，$\sum_{j=1}^{n} a_{ij}x_j \leqslant b_i (i=1,2,\cdots,m)$ 不等式交出的锥顶朝上，称为凸线性约束；$\sum_{j=1}^{n} a_{ij}x_j \geqslant b_i (i=1,2,\cdots,m)$ 不等式交出的锥顶朝下，称为凹线性约束；若 $m<n$ ，围不成一个锥，在补充几个同型的线性不等式以后，很容易判断其锥顶的朝向。线性不等式约束与前述约束生成同样的拉格朗日函数，将拉格朗日参数写为 y_i。

$$L(x_1,x_2,\cdots,x_n,y_1,y_2,\cdots,y_m) = f(x_1,x_2,\cdots,x_n) \pm \sum_{j=1}^{n} y_i \left(\sum_{j=1}^{n} a_{ij}x_j - b_i \right) \tag{6.12}$$

这里，若限制约束与目标函数同凸凹，则取正号；若限制约束与目标函数异凸凹，则取负号。由于 $\sum_{j=1}^{n} a_{ij}x_j = b_i$ ，所以恒有 $\sum_{j=1}^{n} a_{ij}x_j - b_i = 0$ 。此时，Kuhn-Turcker 条件可以写为

$$y_i \left(\sum_{j=1}^{n} a_{ij}x_j^* - b_i \right) = 0, \quad i=1,2,\cdots,m \tag{6.13}$$

2. 对偶优化原理

目标因素具有对称性。企业以追求利润的最大化为目标，与之对称，企业还必须使风险最小化。没有单目标的成功范例，目标都要成双成对地出现，收益与成本、必要性与可能性、要求与条件、增长与环境保护、物质财富与精神文明、民主与集中、数量与质量、连续与离散、海量与稀疏、创新与传承、精细与粗犷、深度与广度等，这些都是对偶目标因素的例子。

对偶目标因素是对立的统一，其中，一个是矛盾的主要方面，另一个是矛盾的次要方面。在优化模型中，往往用矛盾的主要方面来设立目标函数，而用矛盾的次要方面来设立限制条件。若把收益作为矛盾的主要方面，则按成本设立限制条件；若把成本作为矛盾的主要方面，则按收益来设立限制条件。既然目标与限制是对称的两个因素，在一定条件下目标与限制应当可以互换。

拉格朗日函数给出了这种互换的可能性，但不一定能实现，下面仅讨论带线性约束的规划问题。

线性规划的原问题是

$$(\mathrm{P})\min(\boldsymbol{c},\boldsymbol{x})$$

$$\text{s.t.}\quad \boldsymbol{A}\boldsymbol{x}\geqslant \boldsymbol{b} \tag{6.14}$$

式中，目标函数 $f(\boldsymbol{x})=(\boldsymbol{c},\boldsymbol{x})=c_1x_1+c_2x_2+\cdots+c_nx_n$，限制条件 $g_i(\boldsymbol{x})=\left(\sum_{j=1}^{n}a_{ij}x_j-b_i\right)$ $(i=1,2,\cdots,m)$。

接下来把目标转化为限制，把限制转化为目标。

步骤 1　写出拉格朗日函数：

$$L=(\boldsymbol{c},\boldsymbol{x})-\sum_{i=1}^{m}y_i\left(\sum_{i=1}^{n}a_{ij}x_j-b_i\right)=\sum_{i=1}^{n}x_jc_j-\sum_{i=1}^{m}y_i\sum_{i=1}^{n}a_{ij}x_j+\sum_{i=1}^{m}y_ib_i$$

由于目标是凹型取小，约束不等式是凹型，所以在拉格朗日代数和中取负号。

步骤 2　求 L 对 x_j 的偏导数并取零：

$$\partial L/\partial x_j=c_j-\sum_{i=1}^{m}y_ia_{ij}=0,\quad j=1,2,\cdots,n$$

解得 $c_j=\sum_{i=1}^{m}y_ia_{ij}$，将其代入 L 中的第 1 项，有

$$(\boldsymbol{c},\boldsymbol{x})=\sum_{j=1}^{n}x_jc_j=\sum_{j=1}^{n}x_j\sum_{i=1}^{m}a_{ij}y_i=\sum_{i=1}^{m}\sum_{j=1}^{n}a_{ij}x_jy_i$$

因 $\sum_{j=1}^{n}a_{ij}x_j-b_i=0$，故 $\sum_{j=1}^{n}a_{ij}x_j=b_i$，将其代入 L 中的第 3 项，有

$$\sum_{i=1}^{m}y_ib_i=(\boldsymbol{c},\boldsymbol{x})=\sum_{i=1}^{m}y_i\sum_{j=1}^{n}a_{ij}x_j=\sum_{i=1}^{m}\sum_{j=1}^{n}a_{ij}x_jy_i$$

故知

$$(\boldsymbol{c},\boldsymbol{x})=(\boldsymbol{y},\boldsymbol{b})=\sum_{i=1}^{m}\sum_{j=1}^{n}a_{ij}x_jy_i$$

因 $c_j=\sum_{i=1}^{m}a_{ij}y_i$，它对应对偶限制条件 $\sum_{i=1}^{m}a_{ij}y_i\leqslant c_j$，故有

$$\max(-L)=(\boldsymbol{y},\boldsymbol{b})-\max\sum_{j=1}^{n}x_j\left(c_j-\sum_{i=1}^{m}a_{ij}y_i\right)$$

对偶线性规划回溯为

(D) $\max(\boldsymbol{y},\boldsymbol{b})$

$$\text{s.t.}\sum_{i=1}^{m} a_{ij} y_i \leqslant c_j, \quad j=1,2,\cdots,m \tag{6.15}$$

6.2 支持向量机

支持向量机是机器学习的主要算法，其分类模型一直是分类问题所有方法中最受推崇的。它不仅是分类学习，也是整个特征提取和数据智能的数学基础，它所要提取的最优投影方向就是显隐的关键因素。支持向量机是因素显隐的模板。本节首先介绍支持向量机的历史渊源，然后介绍它的模型与特点。

6.2.1 支持向量机的历史渊源

支持向量机是从 20 世纪 60 年代 Rosenblattas 所提出的感知认知机(简称感知机)进一步发展而来的。Rosenblattas 的贡献是针对可分数据的二分类问题给出一个精美模型。给定训练样本数据集 $S\times Y=\{(\boldsymbol{x}_i,Y_i)\}(i=1,2,\cdots,m)$，其中，$S=\{\boldsymbol{x}_i\}(i=1,2,\cdots,m)$称为训练样本点集，$Y_i=g(\boldsymbol{x}_i)$称为 $\boldsymbol{x}_i$ 的类别标签。引入类别标签 $Y_i=\pm1$ 来表示正负类，把定性与定量的表示合二为一，极其方便。

又记

$$J(\boldsymbol{x}_i)=(\boldsymbol{w}^*,\boldsymbol{x}_i)+b \tag{6.16}$$

称 $J(\boldsymbol{x}_i)$ 为点 $\boldsymbol{x}_i$ 对分界面 $(\boldsymbol{w}^*,\boldsymbol{x}_i)+b=0$ 的法向距离，这比将 $(\boldsymbol{w}^*,\boldsymbol{x}_i)-b$ 作为法向距离要方便得多。$Y_iJ(\boldsymbol{x}_i)$ 的正负代表着判断的正确和错误。优化的目标就是要确定隐参数(即隐因素)$\boldsymbol{w}$ 和 b，使 $L=\sum_{i=1}^{m}Y_iJ(\boldsymbol{x}_i)$ 最大。完成此任务(即找到最优点 $\boldsymbol{w}^*$ 和 b^*)以后，将测试点 $\boldsymbol{x}$ 代入类别函数，若 $J(\boldsymbol{x})=(\boldsymbol{w}^*,\boldsymbol{x})+b^*\geqslant 1$，则判为正类，否则，判为负类。

在每一个训练样本点集的后面，都有一个因果空间$(D,F=\{f_1,f_2,\cdots,f_n\};g)$，每个训练样本点 $\boldsymbol{x}=(x_1,x_2,\cdots,x_n)$ 都是 F 的一个组合相(简称组相)，即 $x_1=f_1(d),x_2=f_2(d),\cdots,x_n=f_n(d)$，对于每个标签 Y_i，都有 $Y_i=g(d)$。为了简单，后面将省略这一叙述，对于标签，也常因它对于训练样本点的依赖关系而写为 $Y_i=g(\boldsymbol{x}_i)$。

感知机算法的原始形式如下。

输入 可分的训练数据集 S 和学习率η。

$\boldsymbol{w}_0\leftarrow\boldsymbol{0}$; $b\leftarrow0$; $k\leftarrow0$;

$R \leftarrow \max_{1\leqslant i\leqslant m}\|\boldsymbol{x}_i\|$;

for　$i=1$ to m

　if　$Y_i((\boldsymbol{w}_k, \boldsymbol{x}_i)+b_k)\leqslant 0$　then

　　$\boldsymbol{w}_{k+1}\leftarrow\boldsymbol{w}_k+\eta Y_i\boldsymbol{x}_i$;

　　$b_{k+1}\leftarrow b_k+\eta Y_i R^2$;

　　$k\leftarrow k+1$;

　end if

　$K\leftarrow k$;

end for

输出　$\boldsymbol{w}^*=\boldsymbol{w}_K$；$b^*=b_K$。

感知机研究的另一贡献是 Rosenblattas 给出了学习错误次数的上界估计，有以下定理。

定理 6.1(Novikoff)　令 S 是一个非平凡的训练集，并且令 $R=\max_{1\leqslant i\leqslant m}\|\boldsymbol{x}_i\|$，假定存在最优向量 $\boldsymbol{w}^*$，满足 $\|\boldsymbol{w}^*\|=1$ 且对 $1\leqslant i\leqslant m$ 有 $Y_i((\boldsymbol{w}_k, \boldsymbol{x}_i)+b_k)\geqslant\gamma$，则感知机算法的误分次数的上界为

$$(2R/\gamma)^2 \tag{6.17}$$

在此不引述其证明，只是为了说明感知机的研究涉及数理统计的误差估计方法。

6.2.2　支持向量机的原始模型

当前流行的一种思考方法，就是把定性问题转化为优化问题，例如，要判断一种结构是否合理，不如去探索相应的最优结构是什么？在优化过程中自然会找到合理不合理的分界线。如果感知机要在两类样本点之间找到非零的间隔，那么支持向量机会把有无间隔的定性问题变为寻找最大间隔的优化问题。

在此之前定义了一个样本点 $\boldsymbol{x}_i$ 到面 $(\boldsymbol{w},\boldsymbol{x})=b$ 的法向距离是 $J(\boldsymbol{x}_i)=(\boldsymbol{w},\boldsymbol{x}_i)+b$，但是这样定义的距离 J 是不确定的，因为向量 $\boldsymbol{w}$ 在学习过程中的长度是不固定的，所以必须把 $\boldsymbol{w}$ 进行归一化，将向量 $\boldsymbol{w}$ 变为 $\boldsymbol{w}'=\boldsymbol{w}/\|\boldsymbol{w}\|$，从而真正有几何意义的距离是

$$\underline{J}(\boldsymbol{x}_i)=(\boldsymbol{w}/\|\boldsymbol{w}\|,\boldsymbol{x}_i)+b \tag{6.18}$$

设 $J(\lambda,\boldsymbol{x}_i)=(\lambda\boldsymbol{w},\boldsymbol{x}_i)+b(\lambda>0)$，将 $\lambda\boldsymbol{w}$ 归一化后，仍有 $\underline{J}(\lambda,\boldsymbol{x}_i)=(\lambda\boldsymbol{w}/\|\lambda\boldsymbol{w}\|,\boldsymbol{x}_i)+b=(\boldsymbol{w}/\|\boldsymbol{w}\|,\boldsymbol{x}_i)+b=J(\boldsymbol{x}_i)$，故归一化后的距离 J 仍带有一个自由化因子 $\lambda>0$。

设 $\boldsymbol{x}^+$ 和 $\boldsymbol{x}^-$ 是正负两类中对最优分界面 $(\boldsymbol{w}^*,\boldsymbol{x})=b$ 法向距离最小的两个训练点，

它们到最优分界面的法向距离分别是 $J(\boldsymbol{x}^+)=(\boldsymbol{w}^{*\prime},\boldsymbol{x}^+)+b>0$ 和 $J(\boldsymbol{x}^-)=(\boldsymbol{w}^{*\prime},\boldsymbol{x}^-)+b<0$。从 $\boldsymbol{x}^-$ 到 $\boldsymbol{x}^+$ 相对于 $\boldsymbol{w}^*$ 的法向距离是 $J(\boldsymbol{x}^+)-J(\boldsymbol{x}^-)$，它代表了从负类点到正类点的最大法向间隔。分界面所设位置必定与这两点法向距离相等，即 $(\boldsymbol{w}^{*\prime},\boldsymbol{w}^+)=-(\boldsymbol{w}^{*\prime},\boldsymbol{x}^-)$，从而 $(\boldsymbol{w}^*,\boldsymbol{x}^+)=-(\boldsymbol{w}^*,\boldsymbol{x}^-)$。记

$$\underline{r}^*=(J(\boldsymbol{x}^+)-J(\boldsymbol{x}^-))/2 \tag{6.19}$$

便有 $r^*=(\boldsymbol{w}^*/\|\boldsymbol{w}^*\|,\boldsymbol{x}^+)=(\boldsymbol{w}^*,\boldsymbol{x}^+)/\|\boldsymbol{w}^*\|$。$\gamma^*$ 就是所有点到分界面的最小法向距离。最优界面可使最小法向距离最大化。

归一化后的距离仍带有一个自由化因子 $\lambda>0$，$J(\boldsymbol{x}_i)=J(\lambda,\boldsymbol{x}_i)=(\lambda\boldsymbol{w}/\|\lambda\boldsymbol{w}\|,\boldsymbol{x}_i)+b=(\boldsymbol{w}/\|\boldsymbol{w}\|,\boldsymbol{x}_i)+b=J(\boldsymbol{x}_i)$，支持向量机巧妙地选择了 $\lambda=\|\boldsymbol{w}^*\|/(\boldsymbol{w}^*,\boldsymbol{x}^+)$，于是，有

$$\underline{r}^*=(\lambda\boldsymbol{w}^*,\boldsymbol{x}^+)/\|\boldsymbol{w}^*\|=1 \tag{6.20}$$

也就是说，把最大的最小法向距离定为 1，变动的是 $\|\boldsymbol{w}\|$，因它与 $\underline{\gamma}$ 呈反变，要想把 $\underline{\gamma}$ 最大化到 1，只需最小化 $\|\boldsymbol{w}\|$。为了避免开方，只需最小化 $\|\boldsymbol{w}\|=(\boldsymbol{w},\boldsymbol{w})$。

约束条件是每个点的类别都必须正确，即 $Y_i((\boldsymbol{w},\boldsymbol{x}_i)+b)>0(i=1,2,\cdots,m)$。因已经把 $\underline{r}^*$ 定为 1，故有 $Y_i((\boldsymbol{w},\boldsymbol{x}_i)+b)\geqslant 1$。

支持向量机的分类理论要解决的优化问题是

$$\begin{aligned}&\min(1/2)(\boldsymbol{w},\boldsymbol{w})\\&\text{s.t. } Y_i((\boldsymbol{w},\boldsymbol{x}_i)+b)\geqslant 1,\quad i=1,2,\cdots,m\end{aligned} \tag{6.21}$$

由所得的最优点 $\boldsymbol{w}^*$ 和 b^*，可以写出类别函数为

$$h(x)=\text{sgn}((\boldsymbol{w}^*,\boldsymbol{x})+b^*-1) \tag{6.22}$$

对于一个测试数据 $\boldsymbol{x}$，就得到类别 $h(\boldsymbol{x})$。

6.2.3 支持向量机的对偶性

支持向量机的一大特点是要利用拉格朗日变换将其优化模型转化为对偶模型，这样做有两个目的：一是对偶模型求解要方便得多；二是支持向量在对偶模型中可以明确地显示出来。

支持向量机原始模型的目标函数是 $f(\boldsymbol{w})=(1/2)(\boldsymbol{w},\boldsymbol{w})$，限制条件是 $g_i(\boldsymbol{x})=Y_i((\boldsymbol{w},\boldsymbol{x}_i)+b)-1=0\ (i=1,2,\cdots,m)$。

接下来把目标转化为限制，把限制转化为目标。

步骤 1　将第 i 个拉格朗日参数记为 y_i，写出拉格朗日函数为

$$L=(1/2)(\boldsymbol{w},\boldsymbol{w})-\sum_{i=1}^{m}y_i(Y_i((\boldsymbol{w},\boldsymbol{x}_i)+b)-1) \tag{6.23}$$

这里，因目标函数是凹型，约束不等式也是凹型，故 L 中的代数和取负号。

步骤 2 求 L 对 $\boldsymbol{w}$ 和 b 的偏导数并取零，即

$$\partial L/\partial \boldsymbol{w}=\boldsymbol{w}-\sum_{i=1}^{m}y_iY_ix_i=0$$

$$\partial L/\partial b=-\sum_{i=1}^{m}y_iY_i=0$$

解得 $\boldsymbol{w}=\sum_{i=1}^{m}y_iY_i\boldsymbol{x}_i$，将其代入 L 中的第 1 项和第 2 项，得

$$(1/2)(\boldsymbol{w},\boldsymbol{w})=(1/2)\sum_{i=1}^{m}\sum_{j=1}^{n}y_iy_jY_iY_j(\boldsymbol{x}_i,\boldsymbol{x}_j)$$

$$\sum_{i=1}^{m}y_iY_i(\boldsymbol{w},\boldsymbol{x}_i)=\sum_{i=1}^{m}y_iY_i\left(\sum_{j=1}^{n}y_jY_j\boldsymbol{x}_j,\boldsymbol{x}_i\right)=\sum_{i=1}^{m}\sum_{j=1}^{n}y_iy_jY_iY_j(\boldsymbol{x}_i,\boldsymbol{x}_j)$$

L 的第 1 项和第 2 项可以合并，故得

$$L=-(1/2)\sum_{i=1}^{m}\sum_{j=1}^{n}y_iy_jY_iY_\mathrm{j}(\boldsymbol{x}_i,\boldsymbol{x}_j)-\sum_{i=1}^{m}y_iY_ib_i+\sum_{i=1}^{m}y_i$$

$$\max(-L)=(1/2)\sum_{i=1}^{m}\sum_{j=1}^{n}y_iy_jY_iY_j(\boldsymbol{x}_i,\boldsymbol{x}_j)+\sum_{i=1}^{m}y_iY_ib_i-\sum_{i=1}^{m}y_i$$

因 $\sum_{i=1}^{m}y_iY_i=0$、$\sum_{i=1}^{m}y_iY_ib_i=0$，故有

$$\max(-L)=(1/2)\sum_{i=1}^{m}\sum_{j=1}^{n}y_iy_jY_iY_j(\boldsymbol{x}_i,\boldsymbol{x}_j)-\sum_{i=1}^{m}y_i$$

支持向量机的对偶规划为

$$\max(1/2)\sum_{i=1}^{m}\sum_{j=1}^{n}y_iy_jY_iY_j(\boldsymbol{x}_i,\boldsymbol{x}_j)-\sum_{i=1}^{m}y_i$$

$$\text{s.t.}\quad \sum_{i=1}^{m}y_iY_i=0,\ \ y_i\geqslant 0$$

解得 $y_i^*(i=1,2,\cdots,m)$，就可计算出原规划所要求的解和类别函数分别为

$$\boldsymbol{w}^*=\sum_{i=1}^{m}y_i^*Y_i\boldsymbol{x}_i$$

$$b^* = y_j^* - \sum_{i=1}^{m} y_i^* Y_i(\boldsymbol{x}_i, \boldsymbol{y}_i) = -\left(\boldsymbol{w}^*, \sum_{i=1}^{m} y_i^* \boldsymbol{x}_i\right) \Big/ \left(2\sum_{i=1}^{m} y_i^*\right)$$

对于一个测试数据 $\boldsymbol{x}$，得到类别函数为

$$h(x) = \mathrm{sgn}((\boldsymbol{w}^*, \boldsymbol{x}) + b^* - 1)$$

求 L 对 y_i(对偶参数)的偏导数 $\partial L / \partial y_i = 0$，就是 Kuhn-Turcker 条件：

$$Y_i((\boldsymbol{w}, \boldsymbol{x}_i) + b) = 1, \quad i = 1, 2, \cdots, m$$

6.2.4 柔间隔的支持向量机

柔间隔的含义是将类间隔 $\gamma^* = 1$ 弱化为 $\gamma^* = 1 - \xi_i$，于是原问题转化为

$$\text{(P)} \min(1/2)(\boldsymbol{w}, \boldsymbol{w}) + C\sum_{i=1}^{m} \xi_i$$

$$\text{s.t.} \quad Y_i((\boldsymbol{w}, \boldsymbol{x}_i) + b_i) \geqslant 1 - \xi_i \tag{6.24}$$

式中，目标函数 $f(\boldsymbol{w}) = (1/2)(\boldsymbol{w}, \boldsymbol{w}) + C_i \xi_i$；限制条件是

$$g_i(\boldsymbol{w}) = Y_i((\boldsymbol{w}, \boldsymbol{x}_i) + b_i) = 1, \;\; h_i(\boldsymbol{w}) = \xi_i, \quad i = 1, 2, \cdots, m$$

把目标转化为限制，把限制转化为目标。

步骤 1　写出拉格朗日函数，将第 i 个拉格朗日参数记为 y_i。

$$L = (1/2)(\boldsymbol{w}, \boldsymbol{w}) + C\sum_{i=1}^{m} \xi_i - \sum_{i=1}^{m} y_i (Y_i((\boldsymbol{w}, \boldsymbol{x}_i) + b_i) - 1) - \sum_{i=1}^{m} r_i \xi_i$$

$$= \sum_{j=1}^{n} \boldsymbol{w}_j^2 - \sum_{i=1}^{m} y_i (Y_i((\boldsymbol{w}, \boldsymbol{x}_i) + b_i) - 1) + \sum_{i=1}^{m} (C - r_i) \xi_i$$

这里，因目标函数是凹型，约束不等式也是凹型，故 L 中的代数和取负号。

步骤 2　求 L 对 $\boldsymbol{w}$、b 和 ξ 的偏导数并取零，可得

$$\partial L / \partial \boldsymbol{w} = \boldsymbol{w} - \sum_{i=1}^{m} y_i Y_i \boldsymbol{x}_i = 0$$

$$\partial L / \partial b = \sum_{i=1}^{m} y_i Y_i = 0$$

$$\partial L / \partial \xi_i = C - r_i = 0, \quad i = 1, 2, \cdots, m$$

解得 $\boldsymbol{w} = \sum_{i=1}^{m} y_i Y_i \boldsymbol{x}_i$，将其代入 L 中的第 1 项和第 2 项，分别可得

$$(1/2)(\boldsymbol{w}, \boldsymbol{w}) = (1/2)\sum_{i=1}^{m}\sum_{j=1}^{n} y_i y_j Y_i Y_j (\boldsymbol{x}_i, \boldsymbol{x}_j)$$

$$-\sum_{i=1}^{m} y_i Y_i(\boldsymbol{w}, \boldsymbol{x}_i) = -\sum_{i=1}^{m} y_i Y_i \left(\sum_{j=1}^{n} y_j Y_j \boldsymbol{x}_j, \boldsymbol{x}_i \right) = -\sum_{i=1}^{m}\sum_{j=1}^{n} y_i y_j Y_i Y_j (\boldsymbol{x}_i, \boldsymbol{x}_j)$$

L 的第 1 项和第 2 项可以合并，故得

$$L = -(1/2)\sum_{i=1}^{m}\sum_{j=1}^{n} y_i y_j Y_i Y_j (\boldsymbol{x}_i, \boldsymbol{x}_j) + \sum_{j=1}^{n}(C - r_i)\xi_i$$

$$\max(-L) = (1/2)\sum_{i=1}^{m}\sum_{j=1}^{n} y_i y_j Y_i Y_j (\boldsymbol{x}_i, \boldsymbol{x}_j) + \sum_{j=1}^{n}(C - r_i)\xi_i$$

对偶线性规划回溯为

$$\max(1/2)\sum_{i=1}^{m}\sum_{j=1}^{n} y_i y_j Y_i Y_j (\boldsymbol{x}_i, \boldsymbol{x}_j)$$

$$\text{s.t.}\quad C - r_i \geqslant 0, \xi \geqslant 0 \tag{6.25}$$

6.2.5　核函数

两物体之间的万有引力是 $f = cm_1m_2r^{-1/2}$ 对，这不是一个线性函数，利用非线性变换 $\varphi(x) = \ln x$，便可得到一个线性函数 $\ln f = \ln c + \ln m_1 + \ln m_2 - 0.5\ln r$。经过这样的变换，表现万有引力的因素空间就可从因素集 $F = \{m_1, m_2, r\}$ 变为 $F' = \{\varphi(m_1), \varphi(m_2), \varphi(r)\} = \{\ln m_1, \ln m_2, \ln r\}$，后者便可以作为感知机学习的平台，这种变换称为核变换。

更一般的核变换形式为

$$\boldsymbol{x} = (x_1, x_2, \cdots, x_n) \mapsto \varphi(\boldsymbol{x}) = \sum_{i=1}^{d} w_i \varphi_i(x_i) + b_i \tag{6.26}$$

将一个 n 维向量 $\boldsymbol{x}$ 通过 d 个一维核变换 $\varphi_i (i = 1, 2, \cdots, d)$ 映射成一个 d 维向量 $\varphi(\boldsymbol{x})$，d 通常是一个远小于 n 的维数。这里，$\varphi = (\varphi_1, \varphi_2, \cdots, \varphi_d)$ 可以视为因素的合取。

对于一元核变换 $\varphi(\boldsymbol{x})$，定义二元函数 $K(\boldsymbol{x}, \boldsymbol{y}) = (\varphi(\boldsymbol{x}), \varphi(\boldsymbol{y}))$，称为 $\mathbf{R}^n$(或某个子集)上关于变换 φ 的核函数，一般来说，对于从 $\mathbf{R}^n$ 到 $\mathbf{R}^d$ 的核变换 φ，$K(\boldsymbol{x}, \boldsymbol{y}) = (\varphi(\boldsymbol{x}), \varphi(\boldsymbol{y}))$ 称为 $\mathbf{R}^n$(或某个子集)上关于变换 φ 的核函数。

核函数在 $\mathbf{R}^n$ 上具有对称性：$K(\boldsymbol{x}, \boldsymbol{y}) = K(\boldsymbol{y}, \boldsymbol{x})$。

是否任意一个对称性函数 $K(\boldsymbol{x}, \boldsymbol{y})$ 都能找到一个变换 φ 使之成为它的核函数呢?

假定 $\underline{X}=\{\boldsymbol{x}_1, \boldsymbol{x}_2, \cdots, \boldsymbol{x}_k\}$ 只包含 $\mathbf{R}^n$ 中有限个 n 维向量，考虑 Gram 矩阵 $\boldsymbol{K}$，$K_{ij} = K(\boldsymbol{x}_i, \boldsymbol{x}_j)$，显然，它是一个对称矩阵。于是，便存在一个正交矩阵 $\boldsymbol{V}$，使

$\boldsymbol{K}=\boldsymbol{V}\boldsymbol{\Lambda}\boldsymbol{V}^{\mathrm{T}}$，这里$\boldsymbol{\Lambda}$是 $\boldsymbol{K}$ 的特征值 λ_t 所形成的对角矩阵，特征值 λ_t 所对应的特征向量为 $\boldsymbol{v}_t=(v_{1t}, v_{2t},\cdots, v_{nt})^{\mathrm{T}}$，将特征值与特征向量进行核变换，可得

$$\boldsymbol{x}_i=(x_{i1},x_{i2},\cdots,x_{in})\to\varphi(\boldsymbol{x}_i)=(\lambda_1^{1/2}v_{i1},\lambda_2^{1/2}v_{i2},\cdots,\lambda_n^{1/2}v_{in})$$

便有

$$(\boldsymbol{\varphi}(\boldsymbol{x}_i),\boldsymbol{\varphi}(\boldsymbol{x}_j))=\sum_{t=1}^{n}\lambda_t v_{it}v_{jt}=(\boldsymbol{V}\boldsymbol{\Lambda}\boldsymbol{V}^{\mathrm{T}})_{ij}=K(\boldsymbol{x}_i,\boldsymbol{x}_j)$$

不难证明，$\boldsymbol{K}$ 必须是正定矩阵，换句话说，所有的特征值必须非负。这就在有限空间 $\underline{X}$ 中证明：对称函数是某个变换的核函数，当且仅当它所对应的变换矩阵是正定的。这一结论可以推广到可数维线性空间，Mercer 定理将这一结论推广到紧拓扑空间 X 上的连续对称函数 $K(x,x)$，它是核函数，当且仅当对 X 上任意一个 2 阶连续可微函数 f，都有

$$\int_{X\times X}K(x,z)f(x)f(z)\mathrm{d}x\mathrm{d}z\geqslant 0,\quad f\in L_2(x) \tag{6.27}$$

对偶线性规划回溯为

$$\max(1/2)\sum_{i=1}^{m}\sum_{j=1}^{n}y_i y_j Y_i Y_j K(\boldsymbol{x}_i,\boldsymbol{x}_j)-\sum_{i=1}^{m}y_i$$

$$\text{s.t.}\quad \sum_{i=1}^{m}y_i Y_i=0,\ \ y_i\geqslant 0 \tag{6.28}$$

解得 $y_i^*(i=1,2,\cdots,m)$，则可计算出原规划所要求的解和类别函数分别为

$$\boldsymbol{w}^*=\sum_{i=1}^{m}y_i^* Y_i\phi(\boldsymbol{x}_i)$$

$$b^*=y_j^*-\sum_{i=1}^{m}y_i^* Y_i K(\boldsymbol{x}_i,\boldsymbol{x}_j)=-\left(\boldsymbol{w}^*\sum_{i=1}^{m}y_i^* Y_i\phi(\boldsymbol{x}_i)\right)\Big/\left(2\sum_{i=1}^{m}y_i^*\right)$$

$$h(x)=\mathrm{sgn}((\boldsymbol{w}^*,\boldsymbol{x})+b^*-1) \tag{6.29}$$

6.2.6 误差估计

支持向量机发展了感知机对错误发生概率的上限估计思想，建立了概率近似正确(probably approximately correct，PAC)估计方法。这是计算机界所使用的名称，来源于数理统计的一致收敛频率推断。在感知机模型中，要训练的参数是间隔界面的法向量 $\boldsymbol{w}$ 和截距 b，训练的每一步 t，都要根据现有的 $\boldsymbol{w}_t$ 和截距 b_t，随机找一个训练样本点 $\boldsymbol{x}_i$，判断 $Y_i((\boldsymbol{w}_t,\boldsymbol{x}_i)+b_t)$ 是否为正。再找随机性的训练样本点，需要具有一定的概率分布，此时假定：训练样本点的出现都是独立同分布的。在支持向量机中，同样使用了这一假定。

一致收敛频率推断在支持向量机中的含义是：$(\boldsymbol{w}_t,b_t)$ 的每一次更新，都是在 m 个训练点中，按照同一分布独立地选择一个点 $\boldsymbol{x}_i$ 来对 $(\boldsymbol{w}_t,b_t)$ 进行试探，看它对 $\boldsymbol{x}_i$ 的类别判对还是判错。设对一个点判对的概率为 $p>\varepsilon$，判错的概率为 $1-p<1-\varepsilon$，则对所有点判错的概率都大于ε的概率不会超过 $(1-\varepsilon)^m=\delta$，由于 $(1-\varepsilon)^m$ 与 $\mathrm{e}^{-\varepsilon m}$ 非常近似，故可控制 $\delta=\mathrm{e}^{-\varepsilon m}$，如果想控制$\delta$，应该如何限制$\varepsilon$呢？显然可取 $\varepsilon=m^{-1}-\ln\delta$。这只考虑用 x_i 来试探 $(\boldsymbol{w}_t,b_t)$ 的方式是用类别函数 $h(\boldsymbol{x}_i)=\operatorname{sgn}((\boldsymbol{w}_t,\boldsymbol{x}_i)+b_t-1)$，若还有其他方式，用 H 表示所有方式的集合，则有 $\delta=|H|(1-\varepsilon)^m$，$\varepsilon=m^{-1}+\ln|H|-\ln\delta$，其中 $|H|$ 表示 H 中所包含方式的个数。

这种上界估计与分布无关，只强调独立同分布，至于是什么分布，对上界的推导不发生任何影响，这表明，所估计的上界不一定准确。误差上界估计给人的积极印象是：支持向量机不是把算法让凸二次规划或线性规划打包，而是关心机器学习的具体算法，关心学习中的停机问题。监视对偶目标函数的增长，若增长幅度小于一定的阈值则认可优化，停止运行，或者监视原始目标函数值与对偶目标函数值的差，当差值与原始目标函数值之比小于 10^{-3} 时，便认可优化，停机。

6.2.7　稀疏支持向量机

优化过程在显隐问题中之所以出现，是因为在解线性方程组(6.1)时面临 $m<n$ 的情况。在大多数情况下，$m\ll n$，例如，在 DNA 的分析中，要鉴别一种蛋白质动辄出现上千个基因，而样本却只有百十个。图像识别也是如此，样本点的个数再多，相对于空间维数来说都显得太少，样本点在空间中呈现稀疏状态。

解集无限，给人们以选择的自由。面对大量的像素，人的选择原则是：盯住眼睛、鼻子、嘴巴等部分的轮廓点，其他格子的像素全部忽略，这样找到的解就是稀疏解。从方程(6.2)中可以看到，方程组(6.1)的解 $\boldsymbol{x}^*$可以和任何一幅训练图像 A_u求内积，说明 $\boldsymbol{x}^*$本身也是一幅灰度图像，它与第 u 幅图像所求的内积可以判别该图像的脸型类别。现在，依据人脑选择原则，让 $\boldsymbol{x}^*$除在少数格子以外全部取 0，这样的解就称为稀疏解。一个向量、矩阵或解中所含零的项数越多，越稀疏。对于任一向量 $\boldsymbol{x}$，记

$$\|\boldsymbol{x}\|^p=\sum_{i=1}^n \boldsymbol{x}_i^p$$

当 $p=0$ 时，$\|\boldsymbol{x}\|^0=\sum_{i=1}^n \boldsymbol{x}_i^0$ 表示向量 $\boldsymbol{x}$ 中非零项的个数。方程组(6.1)中加上稀疏性的选择，则变成稀疏显隐的模型：

$$\min_{x}\{\|x\|^0 \mid Ax = y\} \tag{6.30}$$

这种优化称为稀疏优化显隐。

若把稀疏优化和回归问题结合起来，即

$$\min\left[\sum_{i=1}^{n} | y_i - x_i |^2 + \lambda\|x\|^0 \mid Ax = y\right] \tag{6.31}$$

则称其为稀疏最小二乘脊回归。

稀疏解的唯一性问题，即求稀疏优化的解必须具有唯一性。这里以最小的非零稀疏解$\|x\|^0=1$为例，有无限多个这样的解，例如，

$(1,0,\cdots,0)$，$(3,0,\cdots,0)$，$(0,1,0,\cdots,0)$，$(-1,0,\cdots,0)$，$\cdots$，$(0,\cdots,0,1)$，$(0,\cdots,0,1000)$，$\cdots$都满足$\|x\|^0=1$。试问，从这个类中怎样求得唯一确定的解？这是一个根本问题。

这里引入一个重要的概念。矩阵 A 有秩，它是 A 中线性无关的最大列数，与此相对的还有一个度，就是 A 中线性相关的最少列数，称为矩阵的稀疏度，记作 spark(A)。先把线性相关的定义再复述一下：对于任意 $k>0$，矩阵中一 k 列 $A_{(1)},A_{(2)},\cdots,A_{(k)}$ 称为线性相关，如果存在不全为 0 的 k 个实数 $c_1,c_2,\cdots,c_k$ 使 $c_1A_{(1)}+c_2A_{(2)}+\cdots+c_kA_{(k)}=\mathbf{0}$。由此定义可知，一个向量($k$=1)不是线性相关的，除非这个向量是零向量。若一组向量是线性相关的，则添加向量以后还是线性相关的，但减少向量以后却不一定还是线性相关的。一组因素是线性相关的，则再加一些因素进来还是线性相关的。一个矩阵的稀疏度越小，说明列向量中存在$\|x\|^0$值越小的向量，例如，spark(A)=1 意味着 A 含有一列全是 0；若 A 中含有一列 A_j，$\|A_j\|^0=1$，则 A_j 和其他任何一列都必然线性相关，此时必有 spark(A)$\leqslant 2$，一般来说，若 A 中含有一列 A_j，$\|A_j\|^0=s$，则 A_j 和其他任何 s 列都必然线性相关，此时必有 spark(A)$\leqslant s+1$，所以必有

$$\text{spark}(A) \leqslant \|x\|^0 + 1 \tag{6.32}$$

定理 6.2 (Bruckstein et al.，2009)若 x_1 和 x_2 都是方程 $Ax=y$ 的解，则这两个解中只能有一个满足

$$\|x_i\|^0 < (1/2)(\text{spark}(A)+1) \tag{6.33}$$

证明 假设 x_1 和 x_2 都是方程 $Ax=y$ 的解。因 $Ax_1=y$ 且 $Ax_2=y$，故 x_1-x_2 满足方程 $Ax=\mathbf{0}$，于是有 $1+\|x_1-x_2\|^0 \geqslant \text{spark}(A)$。但是，$x_1$ 和 x_2 的公共零项必为 x_1-x_2 的零项，x_1-x_2 的非零项必不能是 x_1 和 x_2 的公共零项，必是某一个的非零项，故有

$$\|\boldsymbol{x}_1-\boldsymbol{x}_2\|^0 \leqslant \|\boldsymbol{x}_1\|^0+\|\boldsymbol{x}_2\|^0 < \operatorname{spark}(\boldsymbol{A})+(1/2)\operatorname{spark}(\boldsymbol{A})+1=\operatorname{spark}(\boldsymbol{A})+1$$

矛盾。证毕。

定理 6.2 说明，当方程 $\boldsymbol{Ax}=\boldsymbol{y}$ 的一个解满足 $\|\boldsymbol{x}\|^0<(1/2)\operatorname{spark}(\boldsymbol{A})+1/2$ 时，这个解就是所求的最多零项解，也就是最稀疏解，它是唯一的，不存在任何解具有与它一样的零项数。

在实际操作上，$\|\boldsymbol{x}\|^0$ 是 $\boldsymbol{x}$ 的非凸函数，因此代之以 $\|\boldsymbol{x}\|_1=|x_1|+|x_2|+\cdots+|x_n|$，它是凸函数，易于运用数学工具，相应的优化为

$$\min\left\{\sum_{i=1}^{m}|y_i-\theta_i x_i|^2+\lambda\|\boldsymbol{\theta}\|_1 \,|\, \boldsymbol{A\theta}=\boldsymbol{y}\right\} \tag{6.34}$$

称其为最小一幂二乘脊回归，按照对偶原理，它又等价于

$$\min\left\{\sum_{i=1}^{m}(y_i-x_i)^2 \,\|\boldsymbol{x}\|_1\leqslant R\right\} \tag{6.35}$$

称其为最小菱形二乘脊回归。λ和 R 之间存在着一一对应关系。

也有用 $\|\boldsymbol{x}\|_2=(|x_1|^2+|x_2|^2+\cdots+|x_n|^2)^{1/2}$ 来代替 $\|\boldsymbol{x}\|^0$ 的，相应的优化为

$$\min\left\{\sum_{i=1}^{m}|y_i-x_i|^2+\lambda\|\boldsymbol{x}\|_2 \,|\, \boldsymbol{Ax}=\boldsymbol{y}\right\} \tag{6.36}$$

称其为最小二幂二乘脊回归。按照对偶原理，它又等价于

$$\min\left\{\sum_{i=1}^{m}(y_i-x_i)^2 \,\|\boldsymbol{x}\|_2\leqslant R\right\} \tag{6.37}$$

称其为最小圆二乘脊回归。在λ和 R 之间存在着一一对应关系。

最小一幂二乘脊回归的解比最小圆二乘脊回归取得更多的零项，其直观图像解释如图 6.1 所示。最小圆二乘脊回归的最优点位于等高圈与单位圆的交点，它在第 1 象限内部。最小一幂二乘脊回归的最优点位于向下的坐标轴上，其横坐标为零。在高维因素空间，这个点只有一个非零项。

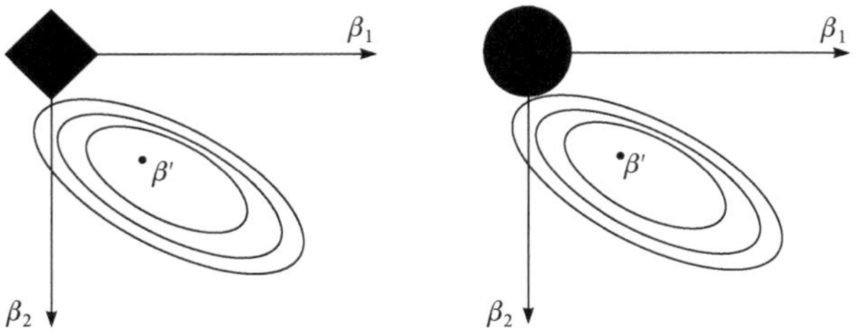

图 6.1　$\|\boldsymbol{x}\|_2$ 和 $\|\boldsymbol{x}\|_1$ 脊回归

这里引用了海量统计学的知识，涉及拟阵和拟阵图的有趣应用。幂范 l_q 也被推广到 $0<q<1$ 的情形。当 $q\to 0$ 时，$\|x\|_q$ 的优化性态可以以极限的方式过渡到 $\|x\|^0$ 的优化理论中。

因素显隐在机器学习中的核心问题，就是要求最大间隔面的法向量 $\boldsymbol{w}^*$。综上所述，支持向量机的理论和应用已经成熟地刻画和解决了因素显隐问题。但在 Shi 等(2011)和 Shi(2022)的研究中，支持向量机的理论得到全面推进，不仅是因素显隐的成熟理论，也是数据挖掘、数据智能化，甚至是整个人工智能的重要数学基础。

6.3　因素空间对机器学习的改进

支持向量机把机器学习从是非判断问题转化为寻找最大间隔的优化问题，以便利用网络平台的程序包装迅速获得解。在支持向量机的影响下，人工智能界出现了将机器学习判断转化为组合优化问题的一般模式。这反过来对纯数学的优化研究提出了新的挑战，要把它从程序包装所带来的“elusive”状态改变为更加灵活的应用形式。在物理量子退火等实际应用的推动下，图神经网络提出了一种新的启发式离散优化算法，用以解决哈密顿回路问题。由于这是一个 NP 完全问题，这一探索便与整个 NP 完全问题联系起来。于是，人们不再学究式地讨论所涉及的优化问题究竟有没有多项式解法，而是关注有没有灵便算法能使这类问题获得具体的解。提前拖期调度(earliness tardiness scheduling，ETS)问题是一个 NP 完全问题，Hall 等(2015)提出了一个 ETS 问题的具体解法，它很简单，就像一支轻骑兵突袭了常年封闭的优化禁地，尽管它只能解决部分问题而不能解决全部问题，却受到人们的青睐，形成了一种分类→优化→轻骑兵的三相融合新格局。从因素空间的观点来看，第一个箭头所标志的转化突出了机器计算的作用，但是机器计算在本质上低于人脑算计，第二个箭头标志着机器计算向人脑算计的回归。因素空间是机器计算与人脑算计的桥梁，要为三相融合做出贡献。因素空间特别看重支持向量机的作用，要把“轻骑兵”引入支持向量机。

因素空间对支持向量机提供了两支“轻骑兵”式的算法，在 6.3.1 节中从外围提供算法，分 4 步：第一步是采用扫类学习(sweeping learning，SL)算法，算法简单，但存在不能停机的可能；第二步是采用扫类微调(sweeping fine tuning，SFT)算法，使投影方向的改变不至于出现大幅度振荡，也可以取前两步的折中方案；第三步是采取连环扫类学习算法；第四步是采用内点分类算法。6.3.2 节中从内部提供支持向量集的构造算法，可以加快机器学习算法的运行速度。

6.3.1　扫类学习算法

1. 扫类向量

设 $S=\{\boldsymbol{x}_i=(x_{i1},x_{i2},\cdots,x_{in})\}$ 是一个可分的二分类训练样本点集，$Y=\{+,-\}$ 是标签集，$S\times Y=\{\boldsymbol{x}_i=(x_{i1},x_{i2},\cdots,x_{in};Y_i)\}$ 称为一个二分类训练数据集。要显现的关键因素是 $\boldsymbol{w}$，它是能把正负两类分开的投影方向。令 $S^-=\{\boldsymbol{x}_i^-\mid i=1,2,\cdots,I\}$，$S^+=\{\boldsymbol{x}_j^+\mid j=1,2,\cdots,J\}$，并将它们的中心分别记为

$$o^-=(\boldsymbol{x}_1^-+\boldsymbol{x}_2^-+\cdots+\boldsymbol{x}_I^-)/I,\quad o^+=(\boldsymbol{x}_1^++\boldsymbol{x}_2^++\cdots+\boldsymbol{x}_J^+)/J$$

定义 6.4　记 $\boldsymbol{w}=o^+-o^-$，称为扫类方向。

人们在分类时，把眼睛整体地从负类中心向正类中心一扫，把注意力集中在所扫出来的方向上。

记

$$\begin{cases}l=\max\{(\boldsymbol{x}_i^-,\boldsymbol{w})\mid \boldsymbol{x}_i^-\in S^-\}\\ u=\min\left\{(\boldsymbol{x}_i^+,\boldsymbol{w})\mid \boldsymbol{x}_i^+\in S^+\right\}\end{cases}\tag{6.38}$$

式中，l 和 u 分别称为负类上界和正类下界。

若 $l<u$，则两类可以借扫类方向 $\boldsymbol{w}$ 分开。此时，记 $r=(u-l)/2$，称为两类的投影间隔，$e=l+r$ 称为投影分界点；若 $l\geqslant u$，则两类无法借扫类方向 $\boldsymbol{w}$ 分开，此时，称[u, l]为投影混域。

2. 扫类算法

如图 6.2(a)所示，扫类方向在多数情况下能自然地将两类分开；若分不开，则删去所有非混点，即投影不落在混域中的点，这样可以改进投影方向，使其混域缩小甚至消失。

算法 6.1　扫类学习算法。

Alg[SL](S)→$\boldsymbol{w}$

输入　$S^-:=\left\{\boldsymbol{x}_1^-,\boldsymbol{x}_2^-,\cdots,\boldsymbol{x}_I^-\right\}$；$S^+:=\left\{\boldsymbol{x}_1^+,\boldsymbol{x}_2^+,\cdots,\boldsymbol{x}_J^+\right\}$。

输出　能够分类的优化投影方向 $\boldsymbol{w}$。

步骤 1　$\boldsymbol{w}:=\boldsymbol{o}^+-\boldsymbol{o}^-$，$l:=\max_i\{(\boldsymbol{x}_i^-,\boldsymbol{w})\}$；$u:=\min_i\{(\boldsymbol{x}_i^+,\boldsymbol{w})\}$；$r:=(u-l)/2$；$o:=(u+l)/2$。

步骤 2　若 $l<u$，则转步骤 3；否则，有

$$S^-:=S^--\{\boldsymbol{x}_i^-\in S^-\mid(\boldsymbol{x}_i^-,\boldsymbol{w})<u\}$$

$$S^+ := S^+ - \{\boldsymbol{x}_i^+ \in S^+ \mid (\boldsymbol{x}_i^+, \boldsymbol{w}) > l\}$$

转步骤 1。

步骤 3　若投影混域 H 变空，则输出能将两类点分开的投影方向 $\boldsymbol{w}$。

只要 S 是可分的，本算法不需太多的步骤就能获得结果，方法简单快捷，但却不是完美无缺的，其缺陷在于此算法不能保证停机。

反例 6.1　设 n=2，给定正负类数据集：

$$S^+ = \{\boldsymbol{x}_1^+ = (0,-1),\ \boldsymbol{x}_2^+ = (1,0),\ \boldsymbol{x}_3^+ = (0,3),\ \boldsymbol{x}_4^+ = (-5,2),\ \boldsymbol{x}_5^+ = (-10,-10)\}$$

$$S^- = \{\boldsymbol{x}_1^- = (2,-4),\ \boldsymbol{x}_2^- = (4,-2),\ \boldsymbol{x}_3^- = (0,-4),\ \boldsymbol{x}_4^- = (2,-2),\ \boldsymbol{x}_5^- = (10,10)\}$$

扫类学习算法如下：

步骤 1　$\boldsymbol{o}^+ = (-2.8,-1.2)$；$\boldsymbol{o}^- = (3.6,-0.4)$；$\boldsymbol{w} = \boldsymbol{o}^+ - \boldsymbol{o}^- = (-6.4,-0.8)$，不妨取

$$\boldsymbol{w} = (-15,-2)$$
$$u = \min\{2,-15,-6,71,170\} = -15$$
$$l = \max\{-22,-56,8,-26,-170\} = 8$$

因 $u < l$，故有

$$S^- := S^- - \{\boldsymbol{x}_i^- \in S^- \mid (\boldsymbol{x}_i^-, \boldsymbol{w}) < -15\} = \{\boldsymbol{x}_3^-\}$$

$$S^+ := S^+ - \{\boldsymbol{x}_j^+ \in S^+ \mid (\boldsymbol{x}_j^+, \boldsymbol{w}) > 8\} = \{\boldsymbol{x}_1^+, \boldsymbol{x}_2^+, \boldsymbol{x}_3^+\}$$

步骤 2　$\boldsymbol{o}^+ = (1/3,\ 2/3)$；$\boldsymbol{o}^- = (0,-4)$；$\boldsymbol{w} = (1/3,-10/3)$，不妨取

$$\boldsymbol{w} = (1,-10)$$

$$u = \min\{(\boldsymbol{x}_1^+, \boldsymbol{w}) = 10,\quad (\boldsymbol{x}_2^+, \boldsymbol{w}) = 1,\quad (\boldsymbol{x}_3^+, \boldsymbol{w}) = -30\} = -30$$
$$l = \max\{(\boldsymbol{x}_3^-, \boldsymbol{w}) = 40\} = 40$$

因 $u < l$，故有

$$S^- := S^- - \left\{\boldsymbol{x}_i^- \in S^- \mid (\boldsymbol{x}_i^-, \boldsymbol{w}) < -30\right\} = \left\{\boldsymbol{x}_3^-\right\}$$

$$S^+ := S^+ - \left\{\boldsymbol{x}_j^+ \in S^+ \mid (\boldsymbol{x}_j^+, \boldsymbol{w}) > 40\right\} = \left\{\boldsymbol{x}_1^+, \boldsymbol{x}_2^+, \boldsymbol{x}_3^+\right\}$$

在这一步中，正负两类都没有可消去的点，因而保持不变，于是程序进入死循环，不能停机。例毕。

反例 6.1 说明，扫类学习算法不是万能的，它有时会出现失灵。

3. 扫类微调算法

前面所介绍的扫类学习算法存在以下缺点，当存在投影混域时，就删去所有非混点只留下混点，这样的调整幅度太大，会形成振荡。若投影混域不空，则扫

类微调算法只从负类中删去使 $(\boldsymbol{x}_i^-, \boldsymbol{w})$ 最小的点 $\boldsymbol{x}^{-*}$，从正类中删去使 $(\boldsymbol{x}_i^+, \boldsymbol{w})$ 最大的点 $\boldsymbol{x}^{+*}$。

图 6.2(b)的扫类向量不能把两类点分开，经过删除处理后，新的中心 $\boldsymbol{o}^-$ 和 $\boldsymbol{o}^+$ 连接出来的新扫类向量有可能把两类分开。

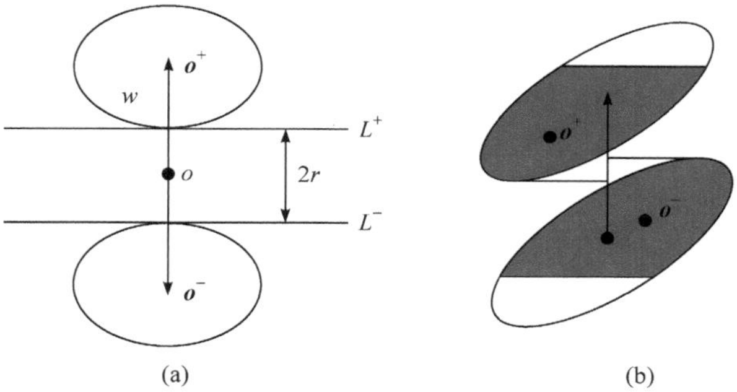

图 6.2　扫类方向

算法 6.2　扫类微调算法。

Alg[SFT]$(S)\to\boldsymbol{w}$

输入　线性可分的二分类训练样本点集 $S = S^- + S^+$。

输出　改进的显隐投影向量 $\boldsymbol{w}$。

步骤 1　$\underline{S}^- := S^-; \underline{S}^+ := S^+$。$\boldsymbol{w} := \boldsymbol{o}^+ - \boldsymbol{o}^-$（$o^-$ 和 o^+ 分别是 $\underline{S}^-$ 和 $\underline{S}^+$ 的中心)。

步骤 2　按式(6.37)计算负类上界 l 和正类下界 u，若 $l < u$，则停机，转向步骤 3；否则，取 $\underline{S}^- := \underline{S}^- \setminus \left\{\boldsymbol{x}^{-*}\right\}$（$\boldsymbol{x}^{-*}$ 是 $\underline{S}^-$ 中与 $\boldsymbol{w}$ 内积最小的点)，$\underline{S}^+ := \underline{S}^+ \setminus \left\{\boldsymbol{x}^{+*}\right\}$（$\boldsymbol{x}^{+*}$ 是 $\underline{S}^+$ 中与 $\boldsymbol{w}$ 内积最大的点)，返回步骤 1。

步骤 3　输出显隐投影向量 $\boldsymbol{w}$。例如，

$$
\begin{aligned}
&S = S^- + S^+ \\
&S^- = \left\{\boldsymbol{x}_1^- = (-3,-3),\ \boldsymbol{x}_2^- = (-1,-1),\ \boldsymbol{x}_3^- = (1,1),\ \boldsymbol{x}_4^- = (3,3)\right\} \\
&S^+ = \left\{\boldsymbol{x}_1^+ = (1,-3),\ \boldsymbol{x}_2^+ = (3,-1),\ \boldsymbol{x}_3^+ = (5,1),\ \boldsymbol{x}_4^+ = (7,3)\right\}
\end{aligned}
$$

它们的中心分别是 $\boldsymbol{o}^- = (0,\ 0)$ 和 $\boldsymbol{o}^+ = (4,\ 0)$，得到扫类向量 $\boldsymbol{w} = (4,\ 0)$。

由式(6.38)可得

$$
l = \max\left\{(\boldsymbol{w}, \boldsymbol{x}_i^-) \mid \boldsymbol{x}_i^- \in S^-\right\} = \max\left\{(\boldsymbol{w}, \boldsymbol{x}_1^-), (\boldsymbol{w}, \boldsymbol{x}_2^-), (\boldsymbol{w}, \boldsymbol{x}_3^-), (\boldsymbol{w}, \boldsymbol{x}_4^-)\right\} = 12
$$

$$
u = \min\left\{(\boldsymbol{w}, \boldsymbol{x}_j^+) \mid \boldsymbol{x}_j^+ \in S^+\right\} = \min\left\{(\boldsymbol{w}, \boldsymbol{x}_1^+), (\boldsymbol{w}, \boldsymbol{x}_2^+), (\boldsymbol{w}, \boldsymbol{x}_3^+), (\boldsymbol{w}, \boldsymbol{x}_4^+)\right\} = 4
$$

因 $l > u$，故从 $\underline{S}^{-}$ 中删掉对 $\boldsymbol{w}$ 投影最小的点 $\boldsymbol{x}_1^- = (-3,-3)$，从 $\underline{S}^{+}$ 中删掉对 $\boldsymbol{w}$ 投影最大的点 $\boldsymbol{x}_4^+ = (7,3)$，回到步骤 1，可得

$$S^- = \left\{\boldsymbol{x}_2^- = (-1,-1), \boldsymbol{x}_3^- = (1,1), \boldsymbol{x}_4^- = (3,3)\right\}$$

$$S^+ = \left\{\boldsymbol{x}_1^+ = (1,-3), \boldsymbol{x}_2^+ = (3,-1), \boldsymbol{x}_3^+ = (5,1)\right\}$$

回到步骤 1。

$$\boldsymbol{o}^- = (1,\ 1),\quad \boldsymbol{o}^+ = (3,-1),\quad \boldsymbol{w} = (2,-2)$$

由式(6.38)可得

$$l = \max\left\{(\boldsymbol{w}, \boldsymbol{x}_j^-) \mid \boldsymbol{x}_j^- \in S^-\right\} = \max\left\{(\boldsymbol{w}, \boldsymbol{x}_1^-), (\boldsymbol{w}, \boldsymbol{x}_2^-), (\boldsymbol{w}, \boldsymbol{x}_3^-), (\boldsymbol{w}, \boldsymbol{x}_4^-)\right\} = 8$$

$$u = \min\left\{(\boldsymbol{w}, \boldsymbol{x}_j^+) \mid \boldsymbol{x}_j^+ \in S^+\right\} = \min\left\{(\boldsymbol{w}, \boldsymbol{x}_1^+), (\boldsymbol{w}, \boldsymbol{x}_2^+), (\boldsymbol{w}, \boldsymbol{x}_3^+), (\boldsymbol{w}, \boldsymbol{x}_4^+)\right\} = 8$$

因 $l<u$，故可知 $\boldsymbol{w} = (2,-2)$ 是显隐向量，转向步骤 3。

输出显隐投影向量 $\boldsymbol{w} = (2,-2)$。

由于没有严格证明本算法是否一定合理，所以称为粗算。

需要注意的是，在计算负类上界 u 和正类下界 l 时，式(6.38)中的论域是 S 而不是 $\underline{S}$。

如果认为扫类微调算法太慢，那么可以把微调的步子放大一些，每次删去 4 个点、6 个点或者更多点。

4. 连环扫类学习算法

如果扫类学习(sweeping learning chian，SLC)算法失灵，便退而求其次，不求一次分定，而是逐次扩疆。就像一个西瓜有一边坏了，先选定方向平行两刀，一边全是好的留下，另一边全是坏的扔掉，剩下中间有好有坏的部分，再改变方向平行两刀，留好扔坏，如此继续下去直到切空为止。连环扫类学习算法的具体步骤等同于扫类学习算法，区别是删除步骤 3，而在步骤 1 中记录扫类向量和投影混域。

算法 6.3　连环扫类学习算法(孙慧等，2022)。

$\text{Alg[SLC]}(S) \to \pi$

输入　二分类样本点集 $S^- = \left\{\boldsymbol{x}_i^- \mid i = 1,2,\cdots,I > 0\right\}$ 和 $S^+ = \{\boldsymbol{x}_j^+ \mid j = 1,2,\cdots, J > 0\}$。

输出　判据序列 $\pi = \{\{\boldsymbol{w}_t, H_t = [u_t, l_t]\}(t = 1,2,\cdots,T-1); \boldsymbol{w}_T, \boldsymbol{o}_T\}$。

$t := 1$

步骤 1　$\boldsymbol{w}_t : \boldsymbol{o}_t^+ - \boldsymbol{o}_t^-$

$$u_t = \min\left\{(\boldsymbol{x}, \boldsymbol{w}_t) \mid \boldsymbol{x} \in S_t^+\right\}$$

$$l_t = \max\left\{(\boldsymbol{x}, \boldsymbol{w}_t) \mid \boldsymbol{x} \in S_t^-\right\}$$

若 $u_t < l_t$，则有

$$S_{t+1}^- : S_t^- - \left\{\boldsymbol{x}_i^- \in S_t^- \mid (\boldsymbol{x}_i^-, \boldsymbol{w}) < u_t\right\}$$

$$S_{t+1}^+ : S_t^+ - \left\{\boldsymbol{x}_j^+ \in S_t^+ \mid (\boldsymbol{x}_j^+, \boldsymbol{w}) > l_t\right\}$$

记录 $\boldsymbol{w}_t$, $H_t = [u_t, l_t]$，令 $t = t+1$，回到步骤 1。

若 $u_t \geqslant l_t$，则记录 $T := t$；$o_T := (u_T + l_T)/2$，转向步骤 2。

步骤 2　输出判据序列 $\pi = \{\{\boldsymbol{w}_t, H_t = [u_t, l_t]\}(t = 1, 2, \cdots, T-1); \boldsymbol{w}_T, o_T\}$。

例 6.4　在反例 6.1 中，第 1 次执行步骤 1 时记录：

$$\boldsymbol{w}_1 = (-15, -2)$$

投影混域为

$$H_1 = [-15,\ 8]$$

第 2 次执行步骤 1 时记录：

$$\boldsymbol{w}_2 = (1, -10)$$

投影混域为

$$H_2 = [-30,\ 40]$$

$$T = 2,\quad \boldsymbol{w}_T = (1, -10);\quad o_T = 5$$

输出判据序列：

$$\boldsymbol{w}_1 = (-15, -2), H_1 = [-15,\ 8];\quad T = 2,\quad \boldsymbol{w}_T = (1, -10); o_T = 5$$

例毕。

连环扫类学习算法的测试步骤是：设测试点为 $\boldsymbol{x} = (2, 2)$，按判据序列逐次计算

$$(\boldsymbol{x}, \boldsymbol{w}_1) = ((2,2), (-15,-2)) = -34$$

因 $(\boldsymbol{x}, \boldsymbol{w}_1) = -34 < u_1$，$\boldsymbol{x}$ 在 H_1 的左边，故判为负类点。又设测试点为 $\boldsymbol{x} = (0, -2)$，且有

$$(\boldsymbol{x}, \boldsymbol{w}_1) = ((0,-2), (-15,-2)) = 4$$

因投影在 $H_1 = [-15,\ 8]$ 中，故计算

$$(\boldsymbol{x}, \boldsymbol{w}_T) = ((0,-2), (1,-10)) = 20$$

因 $(\boldsymbol{x}, \boldsymbol{w}_T) \geqslant o_T$，故判 $\boldsymbol{x}$ 为正类点。

5. 多类别扫类算法

把多类别数据归并成二分类问题。

1) 合并连环扫类学习算法(王莹等，2022)

算法 6.4　合并连环扫类学习(merge sweeping learning chian，MSLC)算法。

输入　$K(>2)$类训练数据集 $S^1,S^2,\cdots,S^K$ ，输出多分类判据序列：

$$\pi=\{\{\boldsymbol{w}_t^k,H_t^k=[u_t^k,l_t^k]\};\boldsymbol{w}_T,o_T^k\},\quad t=1,2,\cdots,T-1;k=1,2,\cdots,K$$

$$k:=1$$

$$t:=1$$

步骤 1　将 ${}^kS^-$ 取为负类训练点集，将 ${}^kS^+=S^{k+1}+S^{k+2}+\cdots+S^K$ 取为正类训练点集。

步骤 2　运用 SLC 算法，输出 $\pi_k=\{\{\boldsymbol{w}_t^k,H_t^k\};\boldsymbol{w}_T^k,o_T^k\}(t=1,2,\cdots,T-1)$ ，若 $k<K-1$ ，则令 $k=k+1$ ；否则，转步骤 3。

步骤 3　输出合并连环扫类学习算法的总判据序列：

$$\pi=\{\{\boldsymbol{w}_t^k,H_t^k=[u_t^k,l_t^k]\};\boldsymbol{w}_T,o_T^k\},\quad t=1,2,\cdots,T-1;k=1,2,\cdots,K$$

为了避免符号的繁杂性，符号 k 的使用在运算中往往可以省略。

例 6.5　设 $K=3$，有百合花、郁金香、红玫瑰三种类别，选择四个判据因素，分别为

$$\begin{aligned}
I(f_1&=\text{花瓣长度})=\{\text{短},\text{中},\text{长}\}=\{1,\ 2,\ 3\}\\
I(f_2&=\text{花瓣宽度})=\{\text{窄},\text{中},\text{宽}\}=\{1,\ 2,\ 3\}\\
I(f_3&=\text{花瓣颜色})=\{\text{浅},\text{中},\text{深}\}=\{1,\ 2,\ 3\}\\
I(f_4&=\text{花的香味})=\{\text{淡},\text{中},\text{浓}\}=\{1,\ 2,\ 3\}
\end{aligned}$$

三类各选 5 个性状数据点，可得

$$S^1(\text{百合花})=\{\boldsymbol{x}_{11}(2,1,3,2),\boldsymbol{x}_{12}(1,2,3,2),\boldsymbol{x}_{13}(2,1,3,1),\boldsymbol{x}_{14}(2,1,2,3),\boldsymbol{x}_{15}(1,1,3,1)\}$$
$$S^2(\text{郁金香})=\{\boldsymbol{x}_{21}(2,3,1,3),\boldsymbol{x}_{22}(2,3,2,3),\boldsymbol{x}_{23}(1,2,3,2),\boldsymbol{x}_{24}(2,3,1,3),\boldsymbol{x}_{25}(2,3,1,3)\}$$
$$S^3(\text{红玫瑰})=\{\boldsymbol{x}_{31}(2,2,1,3),\boldsymbol{x}_{32}(3,2,1,3),\boldsymbol{x}_{33}(3,1,1,3),\boldsymbol{x}_{34}(3,2,2,3),\boldsymbol{x}_{35}(3,2,2,2)\}$$

利用合并连环扫类学习算法建立判据序列，并对测试点 $\boldsymbol{x}_1=(2,1,2,2)$ 和 $\boldsymbol{x}_2=(1,3,3,1)$ 分别判定类别。

解　$k:=1$ ，执行 SLC(S^1,S^2+S^3)

$$t:=1$$

确定正负类训练点集：

$$S_1^-=S^1=\{\boldsymbol{x}_{11},\boldsymbol{x}_{12},\boldsymbol{x}_{13},\boldsymbol{x}_{14},\boldsymbol{x}_{15}\}$$

$$S_1^+=S^2+S^3=\{\boldsymbol{x}_{21},\boldsymbol{x}_{22},\boldsymbol{x}_{23},\boldsymbol{x}_{24},\boldsymbol{x}_{25},\boldsymbol{x}_{31},\boldsymbol{x}_{32},\boldsymbol{x}_{33},\boldsymbol{x}_{34},\boldsymbol{x}_{35}\}$$

执行连环扫类学习算法 SLC (S_1^-, S_1^+)。

输出判据序列π_1。

$w_1^1 = (0.7, 1.1, -1.3, 1)$，$H_1^1 = [1, 2.9]$，$T^1 = 2$

$w_T^1 = (-0.7, 0.7, 0.3, -0.3)$，$o_T^1 = 1.95$

$\mathrm{SLC}(S^1, S^2 + S^3)$ 执行完毕，因 $k < K - 1 = 2$，故令 $k = k + 1$；$k = 2$。

确定正负类训练点集：

$$^2S_1^+ = \{\boldsymbol{x}_{31}, \boldsymbol{x}_{32}, \boldsymbol{x}_{33}, \boldsymbol{x}_{34}, \boldsymbol{x}_{35}\}$$

$$^2S_1^- = \{\boldsymbol{x}_{21}, \boldsymbol{x}_{22}, \boldsymbol{x}_{23}, \boldsymbol{x}_{24}, \boldsymbol{x}_{25}\}$$

执行连环扫类学习算法 $\mathrm{SLC}(^2S_1^-, {}^2S_1^+)$。

$$T^2 = 1: \boldsymbol{w}_1^2 = (1, -1, -0.2, 0), \quad o_2^2 = -0.7$$

$\mathrm{SLC}(S^2, S^3)$ 执行完毕，因 $k = 2 = K - 1$，故停机。

输出 MSLC (S^1, S^2, S^3) 的判据序列π_2。

$$t = 2 = T_2, \ \boldsymbol{w}_{21} = (1, -1, -0.2, \ 0), \ o_{2T} = -0.7$$

输入测试点 $\boldsymbol{x}_1 = (2, 1, 2, 2)$，算得 $(\boldsymbol{x}_1, \boldsymbol{w}_{11}) = 1.9$，因在混域区间 $H_{11} = [1, 2.9]$ 之内，无法判定其类别，故令 $t = t + 1$，计算 $(\boldsymbol{x}_1, \boldsymbol{w}_{12}) = -0.7$，因 $T_1 = 2$、$o_{12} = 1$、$(\boldsymbol{x}_1, \boldsymbol{w}_{12}) < o_{12}$，故判定 x_1 为负类。负类是原始类别 S^1，已达到判别目的，判定 x_1 为 X_1 类百合花。

输入测试点 $\boldsymbol{x}_2 = (1, 3, 3, 1)$，算得 $(\boldsymbol{x}_2, \boldsymbol{w}_{11}) = 1.4$，因在混域区间 $H_{11} = [1, 2.9]$ 之内，无法判定其类别，故令 $t = t + 1$，计算 $(\boldsymbol{x}_2, \boldsymbol{w}_{12}) = 2$，因 $T_1 = 2$、$o_2^1 = 1$、$(\boldsymbol{x}_2, \boldsymbol{w}_{12}) > o_{12}$，故判定 x_2 为正类。由于正类是合并类 $S_2 + S_3$，没有达到判别目的，且 $k < K - 1$，故令 $k = k + 1$；算得 $(\boldsymbol{x}_2, \boldsymbol{w}_{21}) = -2.6$。由于收关时间 $T_2 = 1$、$o_{12} = -0.7$，有 $(\boldsymbol{x}_2, \boldsymbol{w}_{21}) < o_{12}$，故判定 x_2 为负类，此时的负类是 S^2，已经达到判别目的，故判 $\boldsymbol{x}_2$ 是第 2 类郁金香。例毕。

2) 判据序列的聚类扫类学习算法(王莹等，2022)

合并连环扫类算法面临多类识别的可分性问题。二分类识别的可分性是指两个类别在判据空间中所占有的疆界可以用一个超平面分为两个凸集；多分类识别的可分性要求多个类别是两两可分的。S^1 可以与 $S^2, S^3, \cdots, S^K$ 都一一分开，但不一定能和它们的并集 $S^2 + S^3 + \cdots + S^K$ 分开，当 $S^2, S^3, \cdots, S^K$ 把 S^1 团团围住时，很难找到一个超平面把 S^1 和 $S^2, S^3, \cdots, S^k$ 分开。在这种情况下，合并连环扫类算法就有可能失灵。为了解决这一问题，本书提出聚类扫类算法。

聚类分析能对原始类别的合并提供合理的依据。原始类别不能随意合并成大类，只有按聚类分析方法进行聚类，才能保持聚类之间的可分性。其思路是用两类中心的距离来定义两类之间的相近度。用彼此的相近度来对所有的原始类别进行模糊聚类，从而得到聚类树，最后再根据聚类树逐步执行 SLC 算法。

算法 6.5　判据序列的聚类扫类学习算法。

输入　K 类数据集 $S^1,S^2,\cdots,S^K$ 。

输出　类别聚类动态序列；聚类扫类学习算法判据序列。

(1) 建立类别聚类动态序列。

步骤 1　计算各类中心 $o_1,o_2,\cdots,o_K$ ，计算类中心两两之间的距离 $\{|o_i-o_j|\}$ $(1\leqslant i\neq j\leqslant K)$ ，并从大到小排序。

步骤 2　建立相近度矩阵 $\boldsymbol{S}$。设 r 是一个正整数，满足 $2^{r-1}\leqslant K(K-1)/2<2^r$ ，写出所有数据的 r 位二进制小数。计算各类中心两两之间的距离，确定出各类之间的相近度 s_{ij}，写出相近度矩阵 $\boldsymbol{S}$。

步骤 3　建立聚类矩阵。

用模糊矩阵连续自乘的方法，使之稳定不变，得到传递闭包矩阵$[\boldsymbol{S}]$，称为聚类矩阵。

步骤 4　建立聚类动态序列。

将聚类矩阵$[\boldsymbol{S}]$按不同门槛λ去模糊化，变为多个分类矩阵$[\boldsymbol{S}]_\lambda$ 。$[\boldsymbol{S}]_\lambda$ 中的元素是由$[\boldsymbol{S}]$中的元素确定的：若s_{ij}不小于λ，则变成 1，否则，变成 0。$[\boldsymbol{S}]_\lambda$ 中的数字 1 会沿着对角线形成不同的矩阵，每个矩阵就是一个聚类。将λ从小到大排列，得到聚类动态序列。

(2) 建立聚类扫类学习算法判据序列。

动态序列上行的某个聚类在下行中分成两个或多个子类，若恰好是两个，则正好转化为一个二分类的扫类学习算法，若是两个以上的子类，则用两两对分的方式将其转化为多个二分类的 SLC 算法。由此得到聚类扫类算法的判据序列。

聚类扫类算法较长，现通过以下例子加以说明。

例 6.6　在一个 3 维因素空间中有 4 个类别的训练数据，如下所示：

$$S^1=\{\boldsymbol{x}_{11}(1,2,2),\boldsymbol{x}_{12}(2,2,2),\boldsymbol{x}_{13}(3,2,2)\}$$

$$S^2=\{\boldsymbol{x}_{21}(1,2,1),\boldsymbol{x}_{22}(2,2,3),\boldsymbol{x}_{23}(1,2,2)\}$$

$$S^3=\{\boldsymbol{x}_{31}(2,1,2),\boldsymbol{x}_{32}(2,2,1),\boldsymbol{x}_{33}(2,1,1)\}$$

$$S^4=\{\boldsymbol{x}_{41}(3,3,2),\boldsymbol{x}_{42}(3,3,3),\boldsymbol{x}_{43}(2,3,3)\}$$

试用聚类扫类学习算法 $\mathrm{JSL}(X^1,X^2,X^3,X^4)$ 建立判据序列。

(1) 建立聚类动态序列。

步骤 1　计算各类中心：

$$\boldsymbol{o}_1=(2,2,2)\ ,\quad \boldsymbol{o}_2=(4/3,2,2)\ ,\quad \boldsymbol{o}_3=(2,4/3,4/3)\ ,\quad \boldsymbol{o}_4=(8/3,3,8/3)$$

步骤 2　计算各类中心两两之间的距离，并从大到小排序：

$$|\boldsymbol{o}_1-\boldsymbol{o}_2|^2=4/9\ ,\quad |\boldsymbol{o}_2-\boldsymbol{o}_3|^2=4/3\ ,\quad |\boldsymbol{o}_3-\boldsymbol{o}_4|^2=5$$

$$|\boldsymbol{o}_1-\boldsymbol{o}_3|^2=8/9\ ,\quad |\boldsymbol{o}_1-\boldsymbol{o}_4|^2=17/9\ ,\quad |\boldsymbol{o}_2-\boldsymbol{o}_4|^2=29/9$$

这里，$|\boldsymbol{o}_i-\boldsymbol{o}_j|$表示向量$\boldsymbol{o}_i-\boldsymbol{o}_j$的长度，即$\boldsymbol{o}_i$与$\boldsymbol{o}_j$之间的距离。易见有以下排序：

$$|\boldsymbol{o}_3-\boldsymbol{o}_4|>|\boldsymbol{o}_2-\boldsymbol{o}_4|>|\boldsymbol{o}_1-\boldsymbol{o}_4|>|\boldsymbol{o}_2-\boldsymbol{o}_3|>|\boldsymbol{o}_1-\boldsymbol{o}_3|>|\boldsymbol{o}_1-\boldsymbol{o}_2|$$

步骤 3　建立相近度矩阵 $\boldsymbol{S}$。

模糊聚类的结果与具体表达式无关，无须具体计算s_{ij}，知道它们的大小次序排列就可以得到模糊聚类的动态序列。由于相近度应与类中心距离成反比，所以可由前述的类中心距离排序排出它们的次序，即

$$s_{34}<s_{24}<s_{14}<s_{23}<s_{13}<s_{12}$$

本例中，$K=4$，$K(K-1)/2=6$，因它在 4～8，故有 $r=3$。于是，便可用 3 位二进制小数来表示相近度，共有 8 个 3 位二进制小数，完全够用。非零的 7 个 3 位二进制小数从小到大排列如下：

$$0.001<0.010<0.011<0.100<0.101<0.110<0.111$$

依次取$s_{34}=0.001$、$s_{24}=0.010$、$s_{14}=0.011$、$s_{23}=0.100$、$s_{13}=0.101$、$s_{12}=0.110$，进而写出相近度矩阵 $\boldsymbol{S}$ 如下：

1	0.110	0.101	0.011
0.110	1	0.100	0.010
0.101	0.100	1	0.001
0.011	0.010	0.001	1

步骤 4　建立聚类矩阵[$\boldsymbol{S}$]。

把相似矩阵 $\boldsymbol{S}$ 视为一种类别之间的关系，该关系满足反身性(即对角线元素都是 1)和对称性，但不满足传递性。若它满足传递性，则需要求出 $\boldsymbol{S}$ 的聚类矩阵[$\boldsymbol{S}$]。由于这是常用知识，本节直接给出聚类矩阵[$\boldsymbol{S}$]。

1	0.110	0.101	0.011
0.110	1	0.101	0.011
0.101	0.101	1	0.001
0.011	0.011	0.011	1

步骤 5　写出聚类动态序列。

将聚类矩阵[$\boldsymbol{S}$]中所出现的数字从小到大排列，并将它们视为λ的门槛值，即

$$\lambda:0.011<0.101<0.110<1$$

$$\lambda=0.011: S=\{S^1,S^2,S^3,S^4\}$$

$$\lambda=0.101:\{S^1,S^2,S^3\},\{S_4\}$$

$$\lambda=0.110:\{S^1,S^2\},\{S^3\},\{S^4\}$$

$$\lambda=1:\{S^1\},\{S^2\},\{S^3\},\{S^4\}$$

把这 4 行记录集中起来，表明模糊聚类的动态过程，称为聚类动态序列。

(2) 构建聚类扫类学习算法的判据序列。

聚类动态序列是将第 1 行的一个聚类到第 2 行分成了 $\{S^1,S^2,S^3\}$ 和 $\{S^4\}$ 两个聚类，执行二分类连环扫类学习算法：

$$\mathrm{SLC}(S^-=S^4,S^+=S^1+S^2+S^3)\text{(以 }S=S^1+S^2+S^3+S^4\text{ 为总数据集)}$$

第 2 行的聚类 $\{S^1,S^2,S^3\}$ 到第 3 行分成了 $\left\{S^1,S^2\right\}$ 和 $\left\{S^3\right\}$ 两个聚类，执行二分类连环扫类学习算法：

$$\mathrm{SLC}(S^-=S^3,S^+=S^1+S^2)\text{(以 }S=S^1+S^2+S^3\text{ 为总数据集)}$$

第 3 行的聚类 $\{S^1,S^2\}$ 到第 4 行分成了 $\{S^1\}$ 和 $\{S^2\}$ 两个聚类，执行二分类连环扫类学习算法：

$$\mathrm{SLC}(S^-=S^2,S^+=S^1)\text{(以 }S=S^1+S^2\text{ 为总数据集)}$$

依次运用这三个连环扫类学习算法就可以构建判据序列。

实施

$$\mathrm{SLC}(S^-=S^4,S^+=S^1+S^2+S^3)$$

输出判据序列：

$$\boldsymbol{w}_1=(-0.9,-1.1,-0.9),\quad H_1=[-6.7,-6]$$

$$T=2:\boldsymbol{w}_T=(-0.5,-1,\ 0.5),\quad o_T=-3$$

实施

$$\mathrm{SLC}(S^3,S^1+S^2)$$

输出判据序列：

$$\boldsymbol{w}_1=(-0.3,\ 1.3,\ 0),\quad H_1=[1.7,\ 2]$$

$$T=2:\boldsymbol{w}_T=(2.3,\ 0,\ 1.3),\quad o_T=5.55$$

实施

$$\mathrm{SLC}(S^2,S^1)$$

输出判据序列：

$$T=1:\boldsymbol{w}_T=(0.7,\ 0,\ 0),\quad o_T=0.7$$

总判据序列是以上 3 个判据序列的总和。例毕。

若聚类都是二分叉的，则都可以直接转化成二分类扫类算法；若不是二分叉的，则需要人为地把它转化为多重二分类扫类算法。怎样转化，转化多少重，难免具有随意性，有深入探索的必要。

6. 机器学习的背景基点分类算法

在 6.3.1 节中，要求给定的训练数据集具有可分性。对于柔性间隔的分类技术，因素空间也有相应的算法，即背景基点分类(base point classification，BPC)算法(蒲凌杰等，2020)。其关键是把背景基的概念类别化：每一个类视为一个概念的背景集，把这个背景集的背景基视为支持向量集，就可以按基点进行分类学习。如果训练样本不具有可分性，那么可以以背景基的中心来对各基点进行伸缩变换(蒲凌杰等，2020)。

对于任意 $k=1,2,\cdots,K$ ，设 $B_k=\{b_{k1},b_{k2},\cdots,b_{km(k)}\}$ 为类别 k 的背景基，记 $\boldsymbol{o}_k=(\boldsymbol{b}_{k1}+\boldsymbol{b}_{k2}+\cdots+\boldsymbol{b}_{km(k)})/m(k)$ ，称为 B_k 的中心。记

$$B_{k\lambda}=\{\boldsymbol{o}_k+\lambda(\boldsymbol{b}-\boldsymbol{o}_i)\mid \boldsymbol{b}\in B_k\},\quad \lambda>0 \tag{6.39}$$

称为 B_k 的 λ -背景基。设 $[B_{k\lambda}]$ 表示 λ -背景基 $B_{k\lambda}$ 的闭包，当 $\lambda\in[0,1)$ 时，有 $[B_{k\lambda}]\subset B_k$ ；当 $\lambda=1$ 时，有 $[B_{k\lambda}]=B_k$ ；当 $\lambda\in(1,+\infty)$ 时，有 $[B_{k\lambda}]\supset B_k$ 。这说明，λ-背景基 $B_{k\lambda}$ 是普通背景基 B_k 通过中心的放大或缩小。利用这种变换，对于一个输入的测试点 $\boldsymbol{x}$，求它被各类 $[B_{k\lambda}]$ 所包含的最小 λ 值，记为 λ_k ，称其为第 k 类对 $\boldsymbol{x}$ 的吸纳半径，哪一类对 $\boldsymbol{x}$ 的吸纳半径最小，就判 $\boldsymbol{x}$ 属于哪一类。

为了介绍背景基点分类算法，先要重提 3.1.3 节中的背景基扩展程序，它输入背景基点集 $B\subset S$ 和 B 外一点 $x\in S\setminus B$ ，输出新的背景基 B。

算法 6.6 背景基点分类算法。

输入 已知的背景基 $B_k(k=1,2,\cdots,K)$ ，一个测试点 $\boldsymbol{x}$。

输出 $\boldsymbol{x}$ 的类别 k^* 。

给定精确度 $\delta>0$，$\lambda:=1$ 。

步骤 1 对于 $k\in\{1,2,\cdots,K\}$，求第 k 类对 $\boldsymbol{x}$ 的吸纳半径 λ_k 。

运用子程序 IBBE($\boldsymbol{x}$, B_k)，则得到新的背景基 B_k 。若 $B_k=B_{\lambda k}$ ，则 $\boldsymbol{x}$ 是 $B_{\lambda k}$ 的内点或顶点，若是内点，则与中心还可以靠近，$\lambda:=\lambda-\delta$ ，回到步骤 1。若 $B\neq B_{\lambda k}$ ，则转向步骤 2。

步骤 2 若 x 不被 $[B_{k\lambda}]$ 包含，则 $\lambda:=\lambda+\delta$ ，回到步骤 2，直到 $B=B_{\lambda k}$ ，记 $\lambda:=\lambda_k$ 。

步骤 3 $k^*=\arg\min_k\{\lambda_k\mid k=1,2,\cdots,K\}$ 。

若 k^* 的值唯一，则 k^* 就是 x 的类别；若 $k^*=\{k_1,k_2,\cdots\}$ ，则以 $\{k_1,k_2,\cdots\}$ 取代

$\{1,2,\cdots,K\}$，改变精度 $\delta := \delta / 2$，回到步骤 1，直到只包含一个类别。

步骤 4 输出点所属的类别 k^*。

基点分类原理如图 6.3 所示，其中图 6.3(a)为分类的训练数据集，不同符号表示不同的类别，共 3 个类别，代表 3 个不同的背景集，图 6.3(b)呈现了各类别的基点；图 6.3(c)将各类的基点连成 3 个凸多边形，其中“★”表示每个类别的中心(由样本生成，而不是由基点生成)；图 6.3(d)为λ-背景基的求解过程，其中实线段围成的凸多边形是λ-背景基。图 6.3(e)为分类器最后呈现出的背景基，由 $0<\lambda<1$ 和 $\lambda=1$ 两层背景基构成，可以形象地区别为表层和内核。

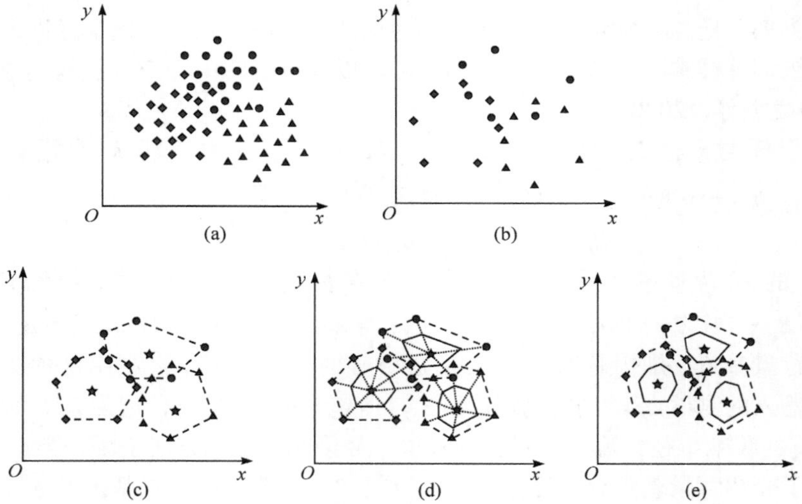

图 6.3 基点分类原理

6.3.2 支持向量集的结构试探

因素空间的另一个重要突破口是用快速算法近似地求得支持向量集，实现智能数据的信息压缩。

支持向量机在机器学习中一直占有重要地位，Shi 等(2011)和 Shi(2022)更把支持向量机从机器学习扩大到整个知识表示领域。可惜的是，大多数支持向量机解法都是把问题转化为一个二次规划问题或线性规划问题即完结，未考虑二次规划问题或线性规划问题能否在容许的时间内快速获得解，这种模式称为程序包装模式，它实际上束缚了支持向量机的应用。Shi(2022)强调支持向量机中的支持向量可以用于对数据进行大幅度无损压缩，用小数据来解决大数据中的机器学习问题。基于此，本书给出了支持向量集的近似算法。

设 $\boldsymbol{w}^*$ 是分类的最优投影方向，记

$$l^* = \max_i \left\{ \boldsymbol{x}_i^-, \boldsymbol{w}^* \right\}, \quad u^* = \min_i \left\{ \boldsymbol{x}_i^+, \boldsymbol{w}^* \right\}, \quad r^* = (u^* - l^*)/2, \quad o^* = (u^* + l^*)/2 \tag{6.40}$$

超平面 $(x, w^*) = o^*$ 称为分界墙，两平行面 $(\boldsymbol{x}, \boldsymbol{w}^*) = o^* \pm r^*$ 称为支持墙，r^* 称为最大间隔。两支持墙及两者所夹的区域称为隔离带，带宽为 $2r^*$。记

$$h(x) = \operatorname{sgn}[(x, w^*) - o^*] \tag{6.41}$$

称其为判决函数。输入测试点 $\boldsymbol{x}$，判定它为正类，当且仅当 $h(\boldsymbol{x}) > 0$。

定义 6.5　给定一个线性可分的二分类训练数据集 S，称 $\boldsymbol{x}_i^*$ 为 S 中的一个星点，如果它是 S 中的一个支持向量，亦即该点所对应的拉格朗日参数 $\alpha_i = 0$。星点一定在支持墙上。设 S^* 是由部分星点组成的集合，称为 S 的一个支持向量集，由它可以确定 S 的隔离带和判决函数 $h(\boldsymbol{x})$。

显然，支持向量集至少得包含 2 个星点。下面给出存在 2 星点的支持向量集示例。

例 6.7　给定由两点组成的支持向量集 $S^* = S^{-*} + S^{+*}$，其中，$S^{-*} = \{\boldsymbol{x}_1^* = (2,0,0,\cdots,0)\}$、$S^{+*} = \{\boldsymbol{x}_2^* = (1,2,0,\cdots,0)\}$。在子空间 $\mathbf{R}^2 = \{(x_1,x_2) \mid x_1,x_2 \in \mathbf{R}\}$ 中，从 $\boldsymbol{x}_1^*$ 到 $\boldsymbol{x}_2^*$ 所连线段的中点坐标是(1.5, 1)，易知中垂线方程是 $-2x_1 + 4x_2 = 1$，这就是图 6.4 中所画的分界墙 L^*，过 $\boldsymbol{x}_1^*$ 和 $\boldsymbol{x}_2^*$ 两点分别作 L^* 的平行线 L^- 和 L^+，就是支持墙。只要训练数据集 S 中的所有点都不进入隔离带，即都落在隔离带以外的灰色区域，S^* 就是 S 的一个两点支持向量集。例毕。

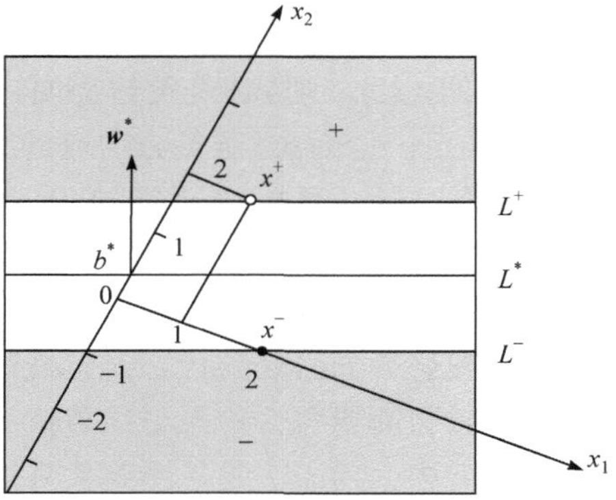

图 6.4　两点支持向量集所生成的最大隔离带

在图 6.4 中所画的只是 $\mathbf{R}^n$ 的二维截面，分界墙 L^* 被画成一条线。实际上，这是一个由该线向余空间 $\mathbf{R}^{n-2}$ 进行柱体扩张而得到的一个 $n-1$ 维超平面，这个底线所在的二维空间称为截空间。

通过例 6.7 的启发：可以得到支持向量集的一种快捷的试探算法，从少量的点开始，试作隔离带，如果没有训练数据点落入隔离带，那么这些点就构成支持向量集。如其不然，再增加截空间的维数，逐步试探下去，这样形成的算法是一种逐步试探算法。

定义 6.6　若 S^* 不以任何支持向量集 $S^{*\prime}$ 为它的真子集：$S^{*\prime} \subset S^*$，则 S^* 称为既约支持向量集。

给定 k 维截空间($2 \leqslant k \leqslant n$)，其中每个支持墙都是 $k-1$ 维超平面，需要且只需要 k 个满秩星点即可以确定，因两支持墙平行，另一个面再加一个星点就可以确定，故既约支持向量集最多只包含 $k+1$ 个星点，其中，k 个星点属于同类，1 个星点属于异类。

例 6.7 是在二维截空间构建隔离带的，其中只用了 2 个星点，可见，既约支持向量集所包含的星点可以少于 $k+1$。在例 6.7 中，把隔离带画出来以后，会发现 $\boldsymbol{x}_1^*$ 与 $\boldsymbol{x}_2^*$ 所连直线与支持墙是垂直的，于是分界面就是 $\boldsymbol{x}_1^*\boldsymbol{x}_2^*$ 所连线段的中垂面，用 2 个星点就可以确定隔离带。一般而言，在 $k+1$ 个支持星点中，从异类点向 k 个同类点所在支持墙投影，若垂足与某个星点重合，则此支持向量集的点数可以降为 2，这 2 个星点就是异类星点加垂足点；若垂足在某两个星点所连的线段上，则支持向量集的点数可降为 3，这 3 个星点就是异类星点加所连线段的两个端点；若垂足在某 $s(<k)$ 个星点所张成的凸闭包之内，则支持向量集的点数可降为 $s+1$，这 $s+1$ 个星点就是异类星点加凸闭包的 s 个顶点。若一个既约支持向量集的个数低于 $k+1$，则称该情况是稀奇的。

本节的目的是用小数据来解决大数据中的机器学习问题。从 $k=2$ 开始，每次先从负方选出最靠近前沿的 k 个点构成集 A，由 A 确定一个面 α。若正方所有训练点都在面 α 的正侧(不粘在面 α 上)，则称 α 是负边界面；再从正方选出最靠近前沿的 k 个点构成集 B，由 B 确定一个面 β，若负方所有训练点都在面 β 的负侧(不粘在面 β 上)，则称 β 是正边界面。要计算从 α 平移到最近一个正类星点的距离和从 β 平移到最近一个负类星点的距离，取距离大的 k 个星点，它们所确定的面就是所要寻找的一个支持墙，进而可以建立隔离带。若不出现稀奇的情况，则找到的隔离带必定最宽，所寻找的投影方向必然最优；若出现稀奇的情况，则支持向量集所包含的星点减少，隔离带只能更宽，投影方向更优。但是，稀奇的情况只能把问题带回到更低维的截空间中，由于 k 是从小到大来进行试探的，它应该可以更早试探成功。

面临的主要问题是：在 n 维空间中，只有 n 个满秩点才能确定一个 $n-1$ 维超平面，当 $k<n$ 时，由 k 个点怎样确定正负边界面呢？线性无关的 k 个负(正)类点张成一个 k 维截空间，其余空间必是 $\mathbf{R}^n$ 中的一个 $n-k$ 维子空间。考虑一种简单

情况：余空间的基底就是由 $\mathbf{R}^n$ 中的 $n-k$ 个坐标向量 $\boldsymbol{e}_{(1)},\boldsymbol{e}_{(2)},\cdots,\boldsymbol{e}_{(n-k)}$ 组成的，这样的余空间称为简余空间。负类点集 A 称为简集，特点是 A 中各点的余基项都是 0。根据这一特点，先将各点的余基项挖空，都变成 k 维向量，在 k 维截空间中就可以张成一个面，再将该面法向量中的余基项补 0 而变成一个 n 维法向量，这样就得到所要寻找的面 α。正类点集 B 也用同样的方法确定面 β。为此，下面给出一个子算法。

Sub[简面](A)→$\boldsymbol{a}$。

输入 $\mathbf{R}^n$ 中的一个点列 $\boldsymbol{A}=(\boldsymbol{x}_1,\boldsymbol{x}_2,\cdots,\boldsymbol{x}_k)$；对 $i=1,2,\cdots,k$，$\boldsymbol{x}_i=(x_{i1},x_{i2},\cdots,x_{in})$ 在某 $n-k$ 个基底向量 $\boldsymbol{e}_{(1)},\boldsymbol{e}_{(2)},\cdots,\boldsymbol{e}_{(n-k)}$ 的坐标均为 0；$r(\boldsymbol{A})=k$；$k<n$。

输出 面 α 的法向量 $\boldsymbol{a}$。

步骤 1 将 A 中点的余基项挖空，都变成 k 维变量，分别代入方程 $a_1x_1+a_2x_2+\cdots+a_kx_k=1$ 中，在截空间中解得法向量 $\underline{\boldsymbol{a}}=(a_1,a_2,\cdots,a_k)$。

步骤 2 将 $\underline{\boldsymbol{a}}$ 中的余基项补零，变成 n 维向量 $\boldsymbol{a}=(a_1,\cdots,0,a_2,\cdots,0,\cdots,a_k,\cdots,0,\cdots)$，就是面 α 的法向量，输出。

Sub[简面](B)→$\boldsymbol{b}$ 的算法类似给出。

例 6.8 设 $n=4$、$k=2$，给定 $A:=\{\boldsymbol{x}_1=(1,\ 3,\ 0,\ 0),\boldsymbol{x}_2=(1,\ 2,\ 0,\ 0)\}$，求 Sub[简面]($A$)的法向量 $\boldsymbol{a}$。

解

步骤 1 因 $\boldsymbol{x}_1$ 和 $\boldsymbol{x}_2$ 在 $\boldsymbol{e}_3$ 和 $\boldsymbol{e}_4$ 两基底方向的坐标都是 0，故 $\boldsymbol{e}_3$ 和 $\boldsymbol{e}_4$ 是两个余基底向量。把 $\boldsymbol{x}_1$ 和 $\boldsymbol{x}_2$ 在 $\boldsymbol{e}_3$ 和 $\boldsymbol{e}_4$ 挖空，变成二维向量 $\underline{\boldsymbol{x}}_1=(1,\ 3)$、$\underline{\boldsymbol{x}}_2=(1,\ 2)$，分别代入 $a_1x_1+a_2x_2=1$，得到方程组为

$$a_1+3a_2=1$$
$$a_1+2a_2=1$$

在截空间中解得法向量 $\underline{\boldsymbol{a}}=(1,\ 0)$。

步骤 2 将 0 补入 $\underline{\boldsymbol{a}}$ 余基项，解得 Sub[简面](A)的法向量 $\boldsymbol{a}=(1,\ 0,\ 0,\ 0)$。例毕。

简面算法能使读者更快地掌握方法，该算法对于稀疏数据而言是有意义的，但毕竟有很大的局限性。下面通过一个简单的例子来介绍一般面的求法。

确定面子程序：

Sub[面](A)→$\boldsymbol{a}$

例 6.9 设 $n=4$、$k=2$，给定 $B:=\{\boldsymbol{x}_1=(2,0,1,0),\boldsymbol{x}_2=(2,0,0,1)\}$，求 Sub[面]($A$)的法向量 $\boldsymbol{a}$。

解 由于 $\boldsymbol{x}_1$ 和 $\boldsymbol{x}_2$ 只在 $\boldsymbol{e}_2$ 的基位上取 0，余基只有一个，这不符合简面必须有 n–k 个余基底向量的要求，所以 A 不是简集。

步骤 1　因 $n=4$，必有 4 个基底向量，考虑向量序列 $\boldsymbol{x}_1,\boldsymbol{x}_2,\boldsymbol{e}_1,\boldsymbol{e}_2,\boldsymbol{e}_3,\boldsymbol{e}_4$，利用熟知的基底正交化公式计算如下：

$$\boldsymbol{x}_1' = \boldsymbol{x}_1 = (2,0,1,0)$$

$$\boldsymbol{x}_2' = \boldsymbol{x}_2 - [(\boldsymbol{x}_2,\boldsymbol{x}_1')/(\boldsymbol{x}_1',\boldsymbol{x}_1')]\boldsymbol{x}_1' = (2,0,0,1) - 0.8(2,0,1,0) = (0.4,0,-0.8,1)$$

$$\begin{aligned}\boldsymbol{e}_1' &= \boldsymbol{e}_1 - [(\boldsymbol{e}_1,\boldsymbol{x}_1')/(\boldsymbol{x}_1',\boldsymbol{x}_1')]\boldsymbol{x}_1' - [(\boldsymbol{e}_1,\boldsymbol{x}_2')/(\boldsymbol{x}_2',\boldsymbol{x}_2')]\boldsymbol{x}_2' \\ &= (1,0,0,0) - 0.4(2,0,1,0) - (2/9)(0.4,0,-0.8,1) = (1/9,0,-2/9,-2/9)\end{aligned}$$

$$\begin{aligned}\boldsymbol{e}_2' &= \boldsymbol{e}_2 - [(\boldsymbol{e}_2,\boldsymbol{x}_1')/(\boldsymbol{x}_1',\boldsymbol{x}_1')]\boldsymbol{x}_1' - [(\boldsymbol{e}_2,\boldsymbol{x}_2')/(\boldsymbol{x}_2',\boldsymbol{x}_2')]\boldsymbol{x}_2' - [(\boldsymbol{e}_2,\boldsymbol{e}_1')/(\boldsymbol{e}_1',\boldsymbol{e}_1')]\boldsymbol{e}_1' \\ &= (0,1,0,0) - 0(2,0,1,0) - 0(0.4,0,-0.8,1) - 0(1/9,0,-2/9,-2/9) = (0,1,0,0)\end{aligned}$$

$$\begin{aligned}\boldsymbol{e}_3' &= \boldsymbol{e}_3 - [(\boldsymbol{e}_3,\boldsymbol{x}_1')/(\boldsymbol{x}_1',\boldsymbol{x}_1')]\boldsymbol{x}_1' - [(\boldsymbol{e}_3,\boldsymbol{x}_2')/(\boldsymbol{x}_2',\boldsymbol{x}_2')]\boldsymbol{x}_2' - [(\boldsymbol{e}_3,\boldsymbol{e}_1')/(\boldsymbol{e}_1',\boldsymbol{e}_1')]\boldsymbol{e}_1' \\ &\quad - [(\boldsymbol{e}_3,\boldsymbol{e}_2')/(\boldsymbol{e}_2',\boldsymbol{e}_2')]\boldsymbol{e}_2' \\ &= (0,0,1,0) - 0.2(2,0,1,0) + (4/9)(0.4,0,-0.8,1) + 2(1/9,0,-2/9,-2/9) - 0(0,1,0,0) \\ &= (0,0,0,0)\end{aligned}$$

$$\begin{aligned}\boldsymbol{e}_4' &= \boldsymbol{e}_4 - [(\boldsymbol{e}_4,\boldsymbol{x}_1')/(\boldsymbol{x}_1',\boldsymbol{x}_1')]\boldsymbol{x}_1' - [(\boldsymbol{e}_4,\boldsymbol{x}_2')/(\boldsymbol{x}_2',\boldsymbol{x}_2')]\boldsymbol{x}_2' - [(\boldsymbol{e}_4,\boldsymbol{e}_1')/(\boldsymbol{e}_1',\boldsymbol{e}_1')]\boldsymbol{e}_1' \\ &\quad - [(\boldsymbol{e}_4,\boldsymbol{e}_2')/(\boldsymbol{e}_2',\boldsymbol{e}_2')]\boldsymbol{e}_2' - [(\boldsymbol{e}_4,\boldsymbol{e}_3')/(\boldsymbol{e}_3',\boldsymbol{e}_3')]\boldsymbol{e}_3' \\ &= (0,0,0,1) - 0(2,0,1,0) - (5/9)(0.4,0,-0.8,1) + 2(1/9,0,-2/9,-2/9) - 0(0,1,0,0) \\ &= (0,0,0,0)\end{aligned}$$

正交化以后，$\boldsymbol{e}_3'$ 和 $\boldsymbol{e}_4'$ 都变成零向量，真正的基底向量是 $\boldsymbol{x}_1'$、$\boldsymbol{x}_2'$、$\boldsymbol{e}_1'$、$\boldsymbol{e}_2'$ 这四个向量，$\boldsymbol{x}_1'$ 和 $\boldsymbol{x}_2'$ 取代了 $\boldsymbol{e}_3'$ 和 $\boldsymbol{e}_4'$ 的位置。

步骤 2　重新定义 $\boldsymbol{e}_3' := \boldsymbol{x}_1', \boldsymbol{e}_4' := \boldsymbol{x}_2'$，则有

$$\begin{aligned}\boldsymbol{e}_1' &= (1/9,0,-2/9,-2/9) = (1/9)\boldsymbol{e}_1 + 0\boldsymbol{e}_2 - (2/9)\boldsymbol{e}_3 - (2/9)\boldsymbol{e}_4 \\ \boldsymbol{e}_2' &= (0,1,0,0) = 0\boldsymbol{e}_1 + 1\boldsymbol{e}_2 + 0\boldsymbol{e}_3 + 0\boldsymbol{e}_4 \\ \boldsymbol{e}_3' &= (2,0,1,0) = 2\boldsymbol{e}_1 + 0\boldsymbol{e}_2 + 1\boldsymbol{e}_3 + 0\boldsymbol{e}_4 \\ \boldsymbol{e}_4' &= (2,0,0,1) = 2\boldsymbol{e}_1 + 0\boldsymbol{e}_2 + 0\boldsymbol{e}_3 + 1\boldsymbol{e}_4\end{aligned}$$

这是 $\mathbf{R}^4$ 中的一个坐标变换，变换矩阵的元素是

1/9	0	−2/9	−2/9
0	1	0	0
2	0	1	0
2	0	0	1

在新坐标系下，点集 A 变成了 $A^* = \{\boldsymbol{x}_1^* = (0,0,1,0), \boldsymbol{x}_2^* = (0,0,0,1)\}$，这是一个简集，具有余基底向量 $\boldsymbol{e}_1'$ 和 $\boldsymbol{e}_2'$。

步骤 3　将 A^* 中点的余基项挖空，都变成 k 维变量 $\boldsymbol{x}_1^* = (1,0), \boldsymbol{x}_2^* = (0,1)$，将其分别代入方程 $a_1^* x_1 + a_2^* x_2 = 1$，得到方程组：

$$a_1 + 0a_2 = 1$$

$$0a_1 + a_2 = 1$$

在截空间中解得面α的法向量$\underline{\boldsymbol{a}}^* = (1, 1)$；将 0 补入$\underline{\boldsymbol{a}}^*$的余基项，解得$a^* = (0,0,1,1)$。

步骤 4 $\boldsymbol{a}^*$是面α在新坐标系下的法向量，需要将其变换到原坐标系中。对$\boldsymbol{A}$求逆矩阵，得到

$$\boldsymbol{A}^{-1} = \begin{bmatrix} 1 & 0 & 2/9 & 2/9 \\ 0 & 1 & 0 & 0 \\ -2 & 0 & 5/9 & -4/9 \\ -2 & 0 & -4/9 & 5/9 \end{bmatrix}$$

可以得到面α在原坐标系下的法向量为

$$\boldsymbol{a} = \boldsymbol{a}^* \boldsymbol{A}^{-1} = (-4,0,1/9,1/9)$$

输出 Sub[面](A)的法向量：

$$\boldsymbol{a} = (-4,\ 0,\ 1/9,\ 1/9)$$

例毕。

算法 6.7 因素支持向量(factor support vector，FSV)学习算法

Alg[FSV](S)$\to \boldsymbol{w}^*$

输入 空间$\mathbf{R}^n$中可分的二分类训练样本点集$S = S^- + S^+$。

输出 分类的最优投影向量$\boldsymbol{w}^*$。

k:=2，写出从 S^-到 S^+的扫类向量$\boldsymbol{w} = \boldsymbol{x}^+ - \boldsymbol{x}^-$，这里，$\boldsymbol{x}^+$和$\boldsymbol{x}^-$分别是$S^+$和$S^-$的中心。

步骤 1 将S^-中的点按$(\boldsymbol{x}_j^-, \boldsymbol{w})$从小到大排序，取出后$k$个点放入$A_k^-$：

$$A_k^- := \left\{\boldsymbol{x}_1^-, \boldsymbol{x}_2^-, \cdots, \boldsymbol{x}_k^-\right\}$$

Sub[面]；$(A_k^-) \to \boldsymbol{a}^-$

将S^+中的点按$(\boldsymbol{x}_j^+, \boldsymbol{w})$从大到小排序，取出后$k$个点放入$A_k^+$：

$$A_k^+ := \{\boldsymbol{x}_1^+, \boldsymbol{x}_2^+, \cdots, \boldsymbol{x}_k^+\}$$

Sub[面]；$(A_k^+) \to \boldsymbol{a}^+$

步骤 2 对$\boldsymbol{x}_j^+ \in S^+$计算$(\boldsymbol{x}_j^+, \boldsymbol{a}^-)$；对$\boldsymbol{x}_j^- \in S^-$计算$(\boldsymbol{x}_j^-, \boldsymbol{a}^+)$。

(1) 若出现一个$\boldsymbol{x}_j^+$使$(\boldsymbol{x}_j^+, \boldsymbol{a}^-) < 1$，且出现一个$\boldsymbol{x}_j^-$使$(\boldsymbol{x}_j^-, \boldsymbol{a}^+) > 1$，则令$k := k+1$，转回步骤 1。

(2) 若不出现一个$\boldsymbol{x}_j^+$使$(\boldsymbol{x}_j^+, \boldsymbol{a}^-) < 1$，且不出现一个$\boldsymbol{x}_j^-$使$(\boldsymbol{x}_j^-, \boldsymbol{a}^+) > 1$，则计算$r^- = \min\left\{(\boldsymbol{x}_j^+, \boldsymbol{a}^-) \mid \boldsymbol{x}_j^+ \in B\right\}$、$r^+ = \min\left\{(\boldsymbol{x}_j^-, \boldsymbol{a}^+) \mid \boldsymbol{x}_j^- \in A\right\}$；若$r^- \geqslant r^+$，则选取

$\boldsymbol{w}^* = \boldsymbol{a}^-$；若 $r^- > r^+$，则选取 $\boldsymbol{w}^* = \boldsymbol{a}^+$。

(3) 若不出现一个 $\boldsymbol{x}_j^+$ 使 $(\boldsymbol{x}_j^+, \boldsymbol{a}^-) < 1$，但出现一个 $\boldsymbol{x}_j^-$ 使 $(\boldsymbol{x}_j^-, \boldsymbol{a}^+) > 1$，则选取 $\boldsymbol{w}^* = \boldsymbol{a}^-$。

(4) 若出现一个 $\boldsymbol{x}_j^+$ 使 $(\boldsymbol{x}_j^+, \boldsymbol{a}^-) < 1$，但不出现一个 $\boldsymbol{x}_j^-$ 使 $(\boldsymbol{x}_j^-, \boldsymbol{a}^+) > 1$，则选取 $\boldsymbol{w}^* = \boldsymbol{a}^+$。

步骤 3　停机，输出最优投影方向 $\boldsymbol{w}^*$。

例 6.10　给定训练样本点集 $S = S^- + S^+$：

$$S^- = \{(0,1,0,1),\ (0,0,2,0),(0,2,1,1),(0,0,2,2),(0,2,1,3),(0,0,3,2),(1,2,0,0),(1,3,0,0)\}$$

$$S^+ = \{(2,1,0,0),\ (2,0,1,0),(2,3,0,0),(2,1,1,0),(3,0,0,1),(3,0,0,0)(2,0,0,1),(2,0,0,0)\}$$

求最优投影方向 $\boldsymbol{w}^*$。

$k := 2$；从 S^- 到 S^+ 取扫类方向：

$$\boldsymbol{w} = (2.25,\ 0.625,\ 0.25,\ 0.25) - (0.25,\ 1.25,\ 1.125,\ 1.125) = (2,\ -0.625, -0.875, -0.875)$$

步骤 1　将 S^- 中的点按 $(\boldsymbol{x}_j^-, \boldsymbol{w})$ 从小到大排序，选出最后的 2 个训练样本点，得到

$$A_2^- = \{\boldsymbol{x}_1^- = (1,3,0,0), \boldsymbol{x}_2^- = (1,2,0,0)\}$$

Sub[面](A_2^-)的法向量为

$$\boldsymbol{a}^- = (1,\ 0,\ 0,\ 0)$$

将 S^+ 中的点按 $(\boldsymbol{x}_j^+, \boldsymbol{w})$ 从大到小排序，取出后 2 个点放入 A_2^+，得到

$$A_2^+ = \{\boldsymbol{x}_1^- = (2,0,1,0), \boldsymbol{x}_2^- = (2,0,0,1)\}$$

Sub[面](A_2^+)的法向量为

$$\boldsymbol{a}^+ = (-4,\ 0,\ 1/9,\ 1/9)$$

步骤 2　对 $\boldsymbol{x}_j^+ \in S^+$ 计算 $(\boldsymbol{x}_j^+, \boldsymbol{a}^-)$。

$$((2,1,0,0), \boldsymbol{a}^-) = 2, ((2,0,1,0), \boldsymbol{a}^-) = 2$$
$$((2,3,0,0), \boldsymbol{a}^-) = 2, ((2,1,1,0), \boldsymbol{a}^-) = 2$$
$$((3,0,0,1), \boldsymbol{a}^-) = 3, ((3,0,0,1), \boldsymbol{a}^-) = 3$$
$$((2,0,0,1), \boldsymbol{a}^-) = 2, ((2,0,0,0), \boldsymbol{a}^-) = 2$$

没有出现结果小于 1 的情况，对 $\boldsymbol{x}_j^- \in S^-$ 计算 $(\boldsymbol{x}_j^-, \boldsymbol{a}^+)$：

$$((0,1,0,1),\boldsymbol{a}^{+}) = 0.1111,\ ((2,0,1,0),\boldsymbol{a}^{+}) = -8.1111,\ ((0,2,1,1),\boldsymbol{a}^{-}) = 0.2222$$

$$((0,0,2,2),\boldsymbol{a}^{+}) = 0.4444,\ ((0,2,1,3),\boldsymbol{a}^{+}) = 0.4444,\ ((0,0,3,2),\boldsymbol{a}^{+}) = 0.5556$$

$$((1,2,0,0),\boldsymbol{a}^{+})=-4,\ ((1,3,0,0),\boldsymbol{a}^{+})=-4$$

没有出现$(\boldsymbol{x}_j^{-},\boldsymbol{a}^{+})>1$的情况，按照步骤 2 的第 2 条，取$\boldsymbol{w}^{*}:=\boldsymbol{a}^{+}=(-4,0,1/9,1/9)$，转向步骤 3。

步骤 3　停机，输出最优投影方向$\boldsymbol{w}^{*}:=\boldsymbol{a}^{+}=(-4,0,1/9,1/9)$。例毕。

用这种算法进行机器学习，可以提高支持向量机的计算速度。实验时间包含提取背景基向量的时间。毕晓昱(2023)还把此算法与背景基的算法联系起来，支持向量就是正负两类训练样本点集的背景基点，支持向量集就是两类背景基点中敌对双方的前哨基点集。背景基就是深度学习所要提取的特征向量组，这样就把支持向量集与深度学习连接在一起。

需要说明的是，要用小数据来解决大数据问题，前面的论述还只是一种理想化情况。实际大数据问题是非常复杂的，通常数据的分布是极其不规则的，也很难是线性可分的状态，今后还需要运用核函数的理论针对月牙形数据、套环形数据等常见的分类测试基准数据来验证和修正新的理论。

6.4　小　　结

人工智能的问题主要是因素显隐的问题，本章用因素空间的思想对因素显隐进行了统一概括。所有特征向量都是对显隐线性方程组的一种解。当显隐方程(在满秩情况下)的方程个数 m 大于变量个数 n 时，方程无解，特征向量就是回归解；当$m<n$时，特征向量就是组合优化解，无论是回归还是优化，都涉及因素投影问题。本章对投影理论进行了新的拓展，提出了投影消去算法。在此基础上，阐述了回归显隐与优化显隐的一般原理。在优化算法中提出了短期规划与结构调整的问题。

支持向量机是因素显隐的杰出代表，它不仅是分类学习，也是整个特征提取和数据智能的数学基础，本章从因素空间的角度概述了支持向量机的思想渊源与特点，并对支持向量机进行了提升，提供了两支“轻骑兵”式的算法：从外围提供了扫类显隐粗算、扫类学习算法、连环扫类学习算法、背景基点分类算法；从内部提供了支持向量集的构造算法，实现了大幅度的无损压缩，对数字化的可持续发展具有重要的意义。

第 7 章　因素规划与问题求解

第 6 章讨论的因素显隐本质上是优化问题或回归问题，优化分支的基础是线性规划，许多智能算法最后都要归结为线性规划的求解，线性规划是人工智能的重要支撑。最流行的求解工具是单纯形法，但是计算复杂性理论研究证实，单纯形法的复杂度不能保证是多项式型的，存在指数型复杂度的反例。是否存在一种在任何情况下都是多项式型的线性规划解法，是从 20 世纪开始直到现在都没有解决的一个国际数学难题。这个难题的解法不仅是国际上争夺的一块数学珍宝，更是关乎人工智能发展命运的一个生命符。如果这种解法不存在，那么对人工智能来说是一种无形的巨大束缚。基于这种原因，本章把线性规划问题引入人工智能的基础理论中。

7.1 节介绍线性规划的单纯形法，7.2 节介绍棱锥切割算法，7.3 节介绍线性规划的强多项式算法。

7.1　线性规划的单纯形法

7.1.1　线性规划

由 Dantzig(1963)提出的单纯形法主导着线性规划的实际计算，虽然有反例说明单纯形法在该例中的计算复杂度呈指数增长，但直到现在仍在沿用。单纯形法可以在一张表上非常简洁地把最优点和最优解找到，下面用一个例子加以说明。

例 7.1　求解线性规划：

$$
\begin{aligned}
(\mathrm{P})\max\ & 2x_1+2x_2+3x_3 \\
\text{s.t.}\ & x_1+x_3\leqslant 2 \\
& x_2+x_3\leqslant 1
\end{aligned}
$$

解　这是在 3 维欧氏空间 $X=\mathbf{R}^3$ 中由 2 个限制面所围成的可行域 P 中使目标函数最大化的一个线性规划问题(P)。

7.1.2　单纯形法

步骤 1　写出线性规划单纯形表(表 7.1)，它由限制面所构成的系数矩阵

$\boldsymbol{A}=\boldsymbol{A}_{2\times 3}$ 右连一个表示松弛变量的 2 维单位矩阵 $\boldsymbol{I}=\boldsymbol{I}_{2\times 2}$ 形成主阵 $\underline{\boldsymbol{A}}=(\boldsymbol{A},\boldsymbol{I})$，其中的元素记为 a_{ij}。主阵的下面加一行，把目标系数(2, 2, 3)放在 $\boldsymbol{A}$ 的下面，最下行其他数全部置零，记为

$$\underline{\boldsymbol{c}}=(2,2,3,0,0)$$

(也有其他教科书把 $\underline{\boldsymbol{c}}$ 写成(−2, −2, −3, 0, 0)，这是公认的两种可以相互转化的格式)。主阵的右边加一个限制方程组的常数列(2, 1)。这样写出的表 7.1 称为线性规划单纯形表，此表是解线性规划必须遵循的标准格式。

表 7.1　线性规划单纯形表

变量	x_1	x_2	x_3	y_1	y_2	s
y_1	1	0	1	1	0	2
y_2	0	1	1	0	1	1
检验数	2	2	3	(0	0)	0

可行域 P 是凸集，含有限个顶点。最优点只能出现在 P 的某个顶点上。表 7.1 中的单位方阵 $\boldsymbol{I}$ 称为原始基阵，原始基阵中的列变量称为松弛变量。每一个基阵的解都是可行域 P 的一个顶点。单纯形法就是要不断地进行初等变换，以改变基阵的列位置，直到基阵的解转到最优顶点上而获得解。

步骤 2　选枢纽点。先按最下行找最大正数，其所在列 j^*称为入基列，再从该列的所有正数 a_{ij}^* 中找最小“斜率”，得到枢纽行 i^*为

$$i^*=i(j^*)=\arg\min_i\{s_i/a_{ij}^* \mid a_{ij}^*>0\} \tag{7.1}$$

式中，s_i 为表最右列的第 i 行数。

一般而言，记

$$i=i(j)=\arg\min_i\{s_i/\tau_{ij} \mid \tau_{ij}>0\} \tag{7.1$'$}$$

称为枢纽函数，这里 τ_{ij} 是 a_{ij} 在单纯形表变换以后的代替符号。(i^*, j^*) 称为枢纽点，如表 7.1 所示，因为它下方的数字是 3，在最下行中最大，所以有 $j^*=3$，即选第 3 列入基；因第 3 列第 1 行的斜率是 2/1=2，第 2 行的斜率是 1/1=1，第 3 行不是正数，第 2 行斜率最小，故有 $i^*=2$，即第 2 行是枢纽行，枢纽点就是(2, 3)。为了显示出枢纽点(2, 3)的位置，该点的数字用斜体表示。

步骤 3　进行枢纽变换，即用初等变换将入基列的数(除枢纽点归 1 以外)全部归零。第一次枢纽变换结果如表 7.2 所示。表 7.2 实际上是把单位方阵 $\boldsymbol{I}$ 的位置进行了置换，从原来的第 4、5 两列置换成第 4、3 两列，第 3 列入基，赶走了第 5 列，第 5 列称为出基列。出基列在表 7.1 中就可以预报：它就是原始基阵中在枢纽行上取 1 的列。记 $\boldsymbol{B}=(\underline{\boldsymbol{A}}_4,\underline{\boldsymbol{A}}_3)$，称为变基阵，它是原始表中变成现在基

阵 $\boldsymbol{I}$ 的矩阵，这里，$\underline{\boldsymbol{A}}_4$ 和 $\underline{\boldsymbol{A}}_3$ 分别是 $\underline{\boldsymbol{A}}$ 的第 4 列和第 3 列。不难看出，表 7.2 的主阵就是

$$\boldsymbol{A}^{\mathrm{T}} = \boldsymbol{B}^{-1}\boldsymbol{A} = (\boldsymbol{B}^{-1}\boldsymbol{A}, \boldsymbol{B}^{-1})$$

表 7.2　线性规划单纯形表第一次枢纽变换结果

变量	x_1	x_2	x_3	y_1	y_2	s
y_1	1	−1	0	1	−1	1
y_2	0	1	1	0	1	1
检验数	2	−1	0	(0	−3)	−3

初始矩阵 $\boldsymbol{I}$ 和后来的在这个位置上的矩阵 $\boldsymbol{B}^{-1}$ 统称为特征矩阵，特征矩阵在枢纽变换中起着特殊的作用。

若最下行没有正数，则获解；否则，重复步骤 2，直到取得最优解。本例要进行 3 次枢纽变换，第二次枢纽变换结果如表 7.3 所示，最后在第三次枢纽变换结果表 7.4 中看到最下行没有正数出现，于是停机。

表 7.3　线性规划单纯形表第二次枢纽变换结果

变量	x_1	x_2	x_3	y_1	y_2	s
y_1	1	−1	0	1	−1	1
y_2	0	1	1	0	1	1
检验数	0	1	0	(−2	−1)	−5

表 7.4　线性规划单纯形表第三次枢纽变换结果

变量	x_1	x_2	x_3	y_1	y_2	s
y_1	1	0	1	1	0	2
y_2	0	1	1	0	1	1
检验数	0	0	−1	(−2	−2)	−6

步骤 4　输出。非入基变量均取零，入基变量取基值 1 所对应的右端数为 $x_1^* = 2$，$x_2^* = 1$，$x_3^* = 0$，得到最优点 $\boldsymbol{p}^* = (x_1^*, x_2^*, x_3^*) = (2,1,0)$。

最优解是 $z^* = (\boldsymbol{p}^*, \boldsymbol{c}) = ((2,1,0),(2,2,3)) = 6$。例毕。

7.2　棱锥切割算法

单纯形法虽然优美，但只是一种代数方法，缺少几何直观。国内外学者试图寻找单纯形法的几何解释，张忠桢(1992)最先提出了从对偶空间寻找线性规划几何直观的思想，本节在该思想的启发下提出了棱锥切割理论。

7.2.1　棱锥切割理论

单纯形就是锥体。平面锥体是三角形，立体锥体是四面体，锥体的数学效用大于方体。平面方体是正方形，有四个顶点，三维方体有 8 个顶点，n 维方体有 2^n 个顶点；用方体作为欧氏空间代表结构的成本是呈指数型增长的，而 n 维锥体只有 $n+1$ 个顶点。用锥体取代方体来表征一个空间是最节省的表达方式。

棱锥就是锥体任一顶角的无限扩张，锥体可以是正或非正的，无论怎样变化，只要不蜕化，它的顶点都由 m 个面(满秩)交成，称为锥顶。其中，每 $m-1$ 个面交出一条一维棱线，共交出 m 条棱线。每条棱线都要经过锥顶而被锥顶截为两半：一半在锥体内，视为从锥顶放出的射线，称为锥体的棱，射线有方向，称为棱向；一半在锥体外，视为从锥顶向反方向发出的射线，称为虚棱。二维棱锥就是角，三维棱锥就是立体角。

给定线性规划问题 $(\mathrm{P})\max\{(\boldsymbol{c},\boldsymbol{x})\mid \boldsymbol{Ax}\leqslant \boldsymbol{b}\}$，便有一个规划问题 $(\mathrm{D})\min\{(\boldsymbol{y},\boldsymbol{b})\mid \boldsymbol{yA}\geqslant \boldsymbol{c}\}$，称为(P)的对偶线性规划。这里，$(\boldsymbol{c},\boldsymbol{x})$ 和 $(\boldsymbol{y},\boldsymbol{b})$ 都是内积。注意，$\boldsymbol{x}$ 和 $\boldsymbol{b}$ 是列向量，$\boldsymbol{c}$ 和 $\boldsymbol{y}$ 是行向量，在写内积时，$\boldsymbol{c}$ 和 $\boldsymbol{y}$ 应该转置为列向量。为了简单，在写内积时，不分行列向量，依序求对应元素的乘积之和即可。

例 7.2　例 7.1 的对偶规划是

$$
\begin{aligned}
&(\mathrm{D})\min 2y_1+y_2\\
&\text{s.t.}\quad y_1\geqslant 2\\
&\qquad\quad\ y_2\geqslant 2\\
&y_1+y_2\geqslant 3
\end{aligned}
$$

首先要在二维对偶空间 $Y=\mathbf{R}^2$ 中由 3 个限制面围成一个对偶可行域 D，要在 D 中寻找目标函数 $2y_1+y_2$ 的最小值。单纯形表中的松弛变量就是对偶变量 y_1 和 y_2。单纯形表的初始基阵 $\boldsymbol{I}$ 就是对偶空间 Y 中的第一象限。象限就是一个典型的棱锥，锥顶 $\boldsymbol{V}_o$ 是坐标原点 O，棱就是坐标轴，锥面就是坐标面。相对于例 7.1 中对偶目标向量 $\boldsymbol{b}=(2,\ 1)$而言，锥顶 $\boldsymbol{V}_o$ 是整个第一象限的最低点，即对于任意 $\boldsymbol{Q}\geqslant 0$，都有$(\boldsymbol{V}_o,\boldsymbol{b})\leqslant(\boldsymbol{Q},\boldsymbol{b})$。

单纯形表中的每一列代表空间 Y 中的一个限制面，该列要切割掉下方的半个空间，如果所有的限制面都不切割掉锥的顶点，那么锥顶 V_o 就是对偶可行点，而最小的对偶可行点就是对偶规划的最小点 $\boldsymbol{Q}^*$，所对应的目标值 $z^*=(\boldsymbol{Q}^*,\boldsymbol{b})$ 就是对偶最优解。

单纯形理论证明，线性规划问题(P)的最优解与对偶线性规划(D)的最优解是同一个数。对偶线性规划的获得解就是原线性规划的获得解。

如果有一个面要把锥顶切掉，那么棱锥切割理论就要构建一个新的棱锥。该面不可能与每条棱都平行，故必与某些棱有交点，若交点都在虚棱上(即交在棱的反向射线上)，则此面将整个棱锥切空，对偶可行域为空，线性规划无解，停机；否则，至少有一个实交点，取最低的一个实交点作为新棱锥的顶点 $\boldsymbol{V}$，从 $\boldsymbol{V}$ 向其他棱上的实交点引射线来更新旧棱；若此面切某棱于虚交点，则从 $\boldsymbol{V}$ 向虚交点引反向射线；若此面与某棱平行，则从 $\boldsymbol{V}$ 沿着平行棱朝上引射线，可得到 m 条新棱线而获得新的棱锥。这个新棱锥的锥顶 $\boldsymbol{V}$ 是枢纽点 (i^*, j^*) 的化身：$\boldsymbol{V}$ 是第 j^* 面与第 i^* 棱的实交点。

设 $\boldsymbol{B}$ 是新的变基阵，新锥顶 $\boldsymbol{V}$ 是这个新锥面的交点，则必须满足方程 $\boldsymbol{VB}=\boldsymbol{c}_B$，解得

$$\boldsymbol{V}=\boldsymbol{c}_B\boldsymbol{B}^{-1} \tag{7.2}$$

式中，$\boldsymbol{c}_B$ 为从序列 $\underline{\boldsymbol{c}}=(c_1,c_2,\cdots,c_n,0,\cdots,0)$ 中选出来的一个 m 维向量，其元素正好选在矩阵 $\boldsymbol{B}$ 所占的列。新棱锥的锥顶必是整个棱锥的最低点。

每次切割，新锥顶必高于旧锥顶，自下而上地向对偶可行域 D 逼近，一旦接触到 D，即一旦不再被切割，就能得到对偶最优解，而它也是原线性规划的最优解。

棱锥切割理论的首要目的不是离开单纯形法而另提出一套算法，而是提出一种与单纯形法完全等价的算法，使单纯形法得到一种几何解释。

单纯形表上所进行的每一次枢纽变换，都在 Y 空间进行了一次棱锥切割。通过比较表 7.1～表 7.4 和图 7.1，单纯形表表 7.1 在图 7.1(a)中画出了第一象限角，这就是开始的棱锥。在图 7.1 中，所有的棱锥都用阴影区域表示。第一象限角顶点 O 就是棱锥的锥顶 $O=(0,0)$，其坐标写在表 7.1 最下行右方的括号中。棱锥的第一条棱向量 $\boldsymbol{d}_1=(1,0)$ 和第二条棱向量 $\boldsymbol{d}_2=(0,1)$ 分别写在表 7.1(a)特征矩阵的第 1 行和第 2 行。

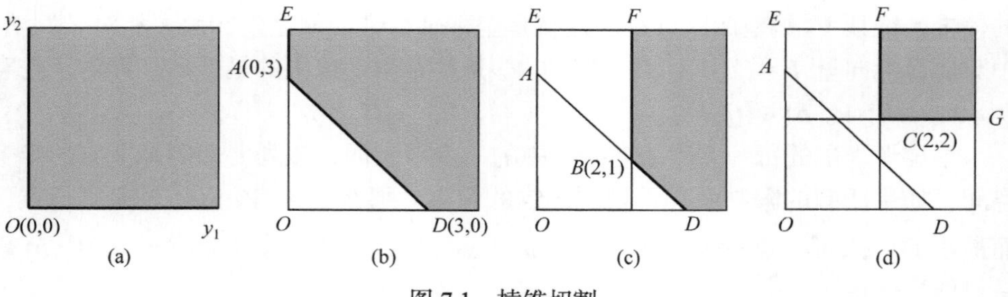

图 7.1　棱锥切割

表 7.2 是表 7.1 以第 2 行第 3 列(2, 3)为中心进行枢纽变换的结果。这意味着，切割面是原始表(表 7.1)的第 3 列 $\alpha_3: y_1+y_2=3$，第 5 列出基。在图 7.1(b)

中，直线 α_3 把第一象限切割成一个新的棱锥 $\angle DAE$。新锥顶是枢纽点(2, 3)的化身，是第 3 面 α_3 切在第 2 棱上的交点 A （注意内积($\boldsymbol{A}$, $\boldsymbol{b}$)=3<6=($\boldsymbol{D}$, $\boldsymbol{b}$)），故锥顶不是 D 而是 $A(0,3)$ ，其坐标写在表 7.2 最下行右方的括号中，但要取相反数。两条新棱向量是 $\boldsymbol{d}_1=(1,-1)$ 和 $\boldsymbol{d}_2=(0,1)$ ，分别写在表 7.2 特征矩阵的第 1 行和第 2 行。

表 7.3 是表 7.2 以(1, 1)为中心进行枢纽变换的结果。新锥顶是枢纽点(1, 1)的化身，是第 1 面 $\alpha_1: y_1=2$ 切在第 1 棱上的交点 B ，第 4 列出基。在图 7.1(c)中，直线 α_1 把 $\angle DAE$ 切割成一个新的 $\angle DBF$。图 7.1(c)的棱锥顶点是 $B(2,1)$ ，其坐标写在表 7.3 最下行右方的括号中，但要取相反数。两条棱向量是 $\boldsymbol{d}_1=(1,-1)$ 和 $\boldsymbol{d}_2=(0,1)$ ，分别写在表 7.3 特征矩阵的第 1 行和第 2 行。

表 7.4 是表 7.3 以(2, 2)为中心进行枢纽变换的结果。新锥顶是枢纽点的化身，是第 2 面 $\alpha_2: y_2=2$ 切在第 2 棱上的交点 C ，第 3 列出基。在图 7.1(d)中，直线 α_2 把 $\angle DBF$ 切割成一个新的 $\angle FCG$。图 7.1(d)的棱锥顶点是 $C(2,2)$ ，其坐标写在表 7.4 最下行右方的括号中，但要取相反数。两条棱向量是 $\boldsymbol{d}_1=(1,-1)$ 和 $\boldsymbol{d}_2=(0,1)$ ，分别写在表 7.4 特征矩阵的第 1 行和第 2 行。例毕。

用 $\boldsymbol{e}_i$ 表示第 i 棱的方向，由于特征矩阵的各行描写了棱锥的棱向，故将特征矩阵改记为 $\boldsymbol{E}$ ，称为棱行矩阵，有

$$\boldsymbol{E}=\boldsymbol{B}^{-1} \tag{7.3}$$

7.2.2　对单纯形表的重新解释

棱锥切割理论的贡献是从对偶空间中给单纯形法一个几何解释。给定一个不断变换中的单纯形表：

$$\begin{bmatrix} \boldsymbol{B}^{-1}\boldsymbol{A} & \boldsymbol{D}=\boldsymbol{B}^{-1} & \boldsymbol{B}^{-1}\boldsymbol{b} \\ \boldsymbol{c}-\boldsymbol{c}_B\boldsymbol{B}^{-1}\boldsymbol{A} & -\boldsymbol{c}_B\boldsymbol{B}^{-1} & -\boldsymbol{c}_B\boldsymbol{B}^{-1}\boldsymbol{b} \end{bmatrix} \ (T)$$

按照式(7.3)，用棱锥语言对单纯形表的解释为

$$\begin{bmatrix} \boldsymbol{EA} & \boldsymbol{E} & \boldsymbol{Eb} \\ \boldsymbol{c}-\boldsymbol{c}_B\boldsymbol{EA} & -\boldsymbol{c}_B\boldsymbol{E} & -\boldsymbol{c}_B\boldsymbol{Eb} \end{bmatrix} \ (T)$$

主阵是$(\boldsymbol{EA}, \boldsymbol{E})_{m\times(n+m)}$，占 m 行 $n+m$ 列，右边 $\boldsymbol{Eb}_{m\times1}$ 是一个 m 维列向量。下边是 3 个分别具有维数 n 、m 和 1 的行向量。

记 $\boldsymbol{Eb}=\boldsymbol{s}=(s_1,s_2,\cdots,s_n)^{\mathrm{T}}$。对于任意 $i=1,2,\cdots,m$，有 $s_i=(\boldsymbol{e}_i, \boldsymbol{b})=e_{i1}b_1+e_{i2}b_2+\cdots+e_{im}b_m$，表示第 i 棱的斜率或坡度， $s_i>0$ 表示棱相对于目标向量而言是向上的； $s_i=0$ 表示棱相对于目标向量而言是平的； $s_i<0$ 表示棱相对于目标向量而言是向下的，s 称为坡度列。

对于任意 $j=1,2,\cdots,n$，记 $c_j^{\wedge}=c_j-\boldsymbol{c}_B\boldsymbol{EA}_j$ ，它的数值表示锥顶 V 伸出 j 面辖

区的长度，称为该面对锥顶的切割度。第 j 面切割锥顶 V 当且仅当 $c_j^{\wedge}$ 是正数。对于任意 $j=n+1,n+2,\cdots,n+m$ ，记 $c_j^{\wedge}=(-\boldsymbol{c}_B\boldsymbol{E})_j$ ，由式(7.2)和式(7.3)可知，$c_j^{\wedge}=-V$ ，$(-\hat{c}_{n+1},-\hat{c}_{n+2},\cdots,-\hat{c}_{n+m})$ 就是锥顶的坐标，特征矩阵下方的 $\boldsymbol{m}$ 维向量就是锥顶的坐标，但要取相反数。

对于表 7.1 的右下角，则是一个数 $-h=-\boldsymbol{c}_B\boldsymbol{E}\boldsymbol{b}=-(\boldsymbol{V},\boldsymbol{b})$ 。

定义 7.1 在对偶空间 Y 中，任意一点 $\boldsymbol{Q}$ 与对偶目标向量 $\boldsymbol{b}$ 的内积称为它的高，记作 $h(\boldsymbol{Q})=\boldsymbol{Q}\boldsymbol{b}=(\boldsymbol{Q},\boldsymbol{b})$。

$h=(\boldsymbol{V},\boldsymbol{b})$ 就是锥顶 V 的高度。单纯形现行表的右下角，就是锥顶 V 的高度，但要反号。

将其初始元素 a_{ij} 改记为 τ_{ij} ，第 j 列向量记为 $\boldsymbol{\tau}_j=(\tau_{1j},\tau_{2j},\cdots,\tau_{mj})^{\mathrm{T}}$，由式(7.1)和式(7.2)可知

$$\tau_{ij}=(\boldsymbol{e}_i,\boldsymbol{A}_j),\quad j=1,2,\cdots,n \tag{7.4}$$

这说明，现行的第 j 切割面的系数可用棱行矩阵的各行分别与原始第 j 切割面的系数向量求内积得到。τ_{ij} 反映了原始切割面 $\boldsymbol{A}_j$ 与棱线方向 $\boldsymbol{e}_i$ 之间的某种特殊关系，那么这究竟是一种什么关系呢?

第 i 棱线是一条射线 $\boldsymbol{y}=\boldsymbol{V}+t\boldsymbol{e}_i(t\geqslant 0)$ ，若要求这条射线与面 $a_j:(\boldsymbol{A}_j,\boldsymbol{y})=c_j$ 的交点，则要先求解参数 t 。

$$(\boldsymbol{A}_j,(\boldsymbol{V}+t\boldsymbol{e}_i))=c_j$$

$$(\boldsymbol{A}_j,\boldsymbol{V})+t(\boldsymbol{A}_j,\boldsymbol{e}_i)=c_j$$

由式(7.3)和式(7.4)可解得参数 t 的值，称其为第 i 棱与第 j 面的 t 交值，记为

$$t_{ij}=c_j^{\wedge}/\tau_{ij} \tag{7.5}$$

定义 7.2 将单纯形现行表 T 的主阵值作为分母去除以最下行的对应值，若分母为零，则留空白，这样得到的矩阵称为 t 交值主阵。

表 7.1 的交值主阵为

$$\begin{bmatrix}-2 & 0 & -3 & 0 & 0\\ 0 & -2 & 1 & 0 & 0\end{bmatrix}$$

横向读法：第 1 条棱与第 1 面交于虚轴 $t=2$ 处，与第 2 面平行，与第 3 面交于虚轴更远的 $t=3$ 处，与第 4 面交于锥顶，与第 5 面平行。

第 2 条棱与第 1 面平行，与第 2 面交于虚轴 $t=2$ ，与第 3 面实交于 $t=1$ 处，与第 4 面平行，与第 5 面交于锥顶。

纵向读法：第 1 面交第 1 条棱于 $t=2$ 处，与第 2 条棱平行；第 2 面与第 1 条棱平行，交第 2 条棱于 $t=2$ 处；第 3 面交第 1 条棱于 $t=3$ 处，与第 2 条棱实交

于$t=1$处；第 4 面交第 1 条棱于锥顶，与第 2 条棱平行；第 5 面与第 1 条棱平行，与第 2 条棱交于锥顶。

总之，τ_{ij}的意义要通过t_{ij}来说明，其效用在于说明棱与面的相交情况。

7.3　线性规划的强多项式算法

Klee 等(1972)举出反例，证实单纯形的经典 Deepest 算法的时间复杂度是指数型的，即运算次数是限制面的个数m和变量个数n的指数函数。因此，人们一直在寻找线性规划的多项式解法，Karmarkar(1984)宣布用内点分类算法找到了线性规划的多项式解法，但人们发现其运算次数是某个参数T的多项式函数，而参数T本身大得难以接受。学者把这种算法称为弱多项式算法，人们期望找到强多项式算法，即运算次数必须是m和n的多项式函数。2000 年，美国著名数学家 Stephen 总结了 18 个跨世纪国际数学难题，其中，第 7 项就是线性规划是否存在强多项式算法的问题。作者致力于该问题的研究已有 20 多年，至今仍没有解决，但有一些重要突破，本节只介绍其中的 3 种技巧：①拔高快速算法；②虚面消去法；③主动蜕变法。本节的基调是：只改变切割面的选择原则，尽量保持单纯形的框架，寻找一种非经典单纯形的强多项式算法。

7.3.1　拔高快速算法

棱锥切割把锥顶自下而上地抬高，抬高的速度越快，到达对偶可行域而获解的进程就越快。其关键在于切割面的选择原则，单纯形的经典算法为

Deepest 原则：$j^*=\arg\min_j\{c_j^{\wedge}\mid c_j^{\wedge}>0\}$。

谁对锥顶的切割度大就用谁来切割，但是大切割度落在坡度s_i很小的棱上，所得到的新锥顶的高程不一定增加得多。

棱的参数方程是$\boldsymbol{y}=\boldsymbol{V}+t\boldsymbol{e}_i\,(t>0)$，$t_{ij}$交值所对应的交点是$\boldsymbol{Q}_{ij}=\boldsymbol{V}+t_{ij}\boldsymbol{e}_i$，其高度是$h(\boldsymbol{Q}_{ij})=(\boldsymbol{Q}_{ij},\boldsymbol{b})=(\boldsymbol{V},\boldsymbol{b})+t_{ij}(\boldsymbol{e}_i,\boldsymbol{b})=h(\boldsymbol{V})+t_{ij}s_i$，于是$h(\boldsymbol{Q}_{ij})-h(\boldsymbol{V})=t_{ij}s_i$，等式左端是高程增长。

定义 7.3　将t交值主阵的t_{ij}乘以坡度列的相应数s_i所得到的主阵称为高程增值主阵。

表 7.1 的高程增值主阵为

$$\begin{bmatrix}-4 & 0 & -6 & 0 & 0\\ 0 & -2 & 1 & 0 & 0\end{bmatrix}$$

如果按高程增值主阵来选择枢纽点，就可以保证每次枢纽变换的新锥顶高度的增幅最大。

例 7.3　下面给出 Klee-Minty 反例。

$$\begin{aligned} &\max 100x_1 + 10x_2 + x_3 \\ &\text{s.t.}\quad x_1 \leqslant 1 \\ &\qquad 20x_1 + x_2 \leqslant 100 \\ &\qquad 200x_1 + x_2 + x_3 \leqslant 10000 \end{aligned}$$

解　写出单纯形(表 7.5)：

表 7.5　Klee-Minty 反例表

变量	x_1	x_2	x_3	y_1	y_2	y_3	s
y_1	1	0	0	1	0	0	1
y_2	20	1	0	0	1	0	100
y_3	200	20	1	0	0	1	10000
检验数	100	10	1	0	0	0	0

步骤 1　按定义 7.2 将主表改为 t 交值主阵表(表 7.6)。

表 7.6　t 交值主阵表

变量	x_1	x_2	x_3	y_1	y_2	y_3	s
y_1	100			0			1
y_2	5	10			0		100
y_3	0.5	0.5	1			0	10000
检验数	100	10	1	0	0	0	0

步骤 2　将 t 交值主阵表中的非空白数乘以表右边列的相应数，将主表改为高程增值主阵表(表 7.7)。

表 7.7　高程增值主阵表

变量	x_1	x_2	x_3	y_1	y_2	y_3	s
y_1	100			0			1
y_2	500	1000			0		100
y_3	5000	5000	10000			0	10000
检验数	100	10	**1**	0	0	0	0

步骤 3　选取枢纽点 (i^*, j^*) 进行枢纽变换。

首先在交点高程增值主阵表(表 7.7)对应于 $c_j^{\wedge} > 0$ 的列中寻找最小的一个正数(见黑体数字)，若最小正数不唯一，则随意从中指定一个，若没有正数，则不取。然后在各列所指定的这些数中找最大的一个数(若最大数不唯一，则随意从中指定一个)，这个数所在的位置就是枢纽点 $(i^*, j^*) = (3,3)$，对表 7.5 进行枢纽变换得到表 7.8。

表 7.8　表 7.5 的枢纽变换

变量	x_1	x_2	x_3	y_1	y_2	y_3	s
y_1	1	0	0	1	0	0	1
y_2	20	1	0	0	1	0	100
y_3	200	20	1	0	0	1	10000
c^	−100	−10	0	0	0	−1	−10000

由于切顶向量 $\boldsymbol{c}$^不含正数，所以一步就获得对偶最优点 $\boldsymbol{y}^*=(0,0,1)$，最优解是 $h^*=10000$ 。例毕。

在例 7.3 对应于 $c_j^\wedge>0$ 的列中寻找最小的一个正数，即

$$i^*=\arg\min_i\{t_{ij}s_i\mid t_{ij}s_i>0\}=\arg\min_i\{c_j^\wedge s_i/\tau_{ij}\mid t_{ij}s_i>0\}=\arg\min_i\{s_i/\tau_{ij}\mid\tau_{ij}>0\}$$

回顾式(7.1)，其正是列 j 的枢纽行函数 $i^*=i(j)$ 。

选择切割面算法可以更好地表达拔高选取切割面 (τ_j^*) 原则(Highest 原则)：

$$j^*=\arg\min_j\{t_{i(j)j}s_{i(j)}\}\tag{7.6}$$

式中，$i(j)$ 为单纯形枢纽行计算式(7.1)。相应的算法称为拔高快速算法。

拔高快速算法在多数情况下会快于其他算法，但不能保证是强多项式算法。强多项式算法要把一切可能的情形都考虑进去，不可能是最快算法。因此，还需要利用棱锥切割理论所带来的几何直观，积累更多的寻优技巧。7.3.2 节将提出一种新的列消去解法。

7.3.2　虚面消去法

1. 可消去面

一个限制面称为虚面，它与对偶可行域 D 不相交，且接收 D。非虚面而不切空 D 的面称为贴面。包含一个最优点的贴面称为金面，由金面围成的棱锥称为金锥，金锥不一定唯一。

定义 7.4　若限制面的删除或添加不影响最优点的求解，则此限制面称为可消去面。

命题 7.1　所有虚面都可消去或随意添加。

证明　虚面的删除或添加不改变 D，对偶最优点在 D 中，故不影响求解。证毕。

消去虚面是避免指数爆炸的重要思路。Ye (1989)曾提出列消去定理，具有重

要的历史意义。但是，其所提出的列消去定理不太直观，也不太好用。本节将提出直观且好用的一组定理。

虚面的概念与交值参数 t_{ij} 直接相关。在棱锥切割的过程中所出现的每个棱锥 C 都要包含可行域 D，若限制面 τ_j 不与棱锥 C 相交，则必是虚面，而棱锥 C 是由它的棱来界定的。由于不确定交值参数 t_{ij} 的正负限制面 τ_j 与棱 L_i 的关系，很容易得出下面的定理。

定理 7.1(虚面消去定理)　给定一个单纯形表 T 及一个限制面 τ_j，若对任意 $i=1,2,\cdots,m$ 都有 $\tau_{ij}\geqslant 0$，且 $c_j^{\wedge}<0$，则限制面 τ_j 可以消去；若对任意 $i=1,2,\cdots,m$ 都有 $\tau_{ij}\leqslant 0$，且 $c_j^{\wedge}<0$，则限制面 τ_j 将 D 切空。

证明　给定 j，若对任意 $i=1,2,\cdots,m$ 都有 $\tau_{ij}\geqslant 0$，且 $c_j^{\wedge}<0$，则在 T 的 t 交值主阵中，第 j 列的交值 $t_{ij}=c_j^{\wedge}/\tau_{ij}$ 全为负数或不存在。这意味着，相对于 T 所对应的棱锥 C，限制面 τ_j 或与某棱平行无交点，若与棱相交，则必交在虚棱上，即整个棱锥 C 都在限制面 τ_j 的同一侧且与限制面 τ_j 分离。因 $c_j^{\wedge}<0$，C 的锥顶 V 不被切割，故整个棱锥 C 不被 τ_j 切割，因 D 在 C 内部，τ_j 不能切割 D，故限制面 τ_j 是虚面可以消去。

给定 j，若对任意 $i=1,2,\cdots,m$ 都有 $\tau_{ij}\leqslant 0$，且 $c_j^{\wedge}>0$，则在 T 的 t 交值主阵中，第 j 列的交值 $t_{ij}=c_j^{\wedge}/\tau_{ij}$ 全为负数或不存在。这意味着，整个棱锥 C 都在限制面 τ_j 的同一侧且与限制面 τ_j 分离。因 $c_j^{\wedge}>0$，C 的锥顶 V 被切割，故整个棱锥 C 被 τ_j 切割，因 D 在 C 内部，故整个 D 被切空。证毕。

难以消去的是非金贴面，贴面与可行域是相连的，直接用虚面消去定理是无法消去的。若要把非金贴面转化成虚面，则要引入一个新的工具。

2. 反向水平面的植入

定义 7.5　一个棱顶在下的棱锥称为一个正规棱锥；一个所有棱坡全为正的正规棱锥称为一个严格正规棱锥。

非严格正规棱锥是指有水平棱的正规棱锥。

正规棱锥的上方无界，为了使其上方有界，特别引入一个法向朝下的水平面，把棱锥截断。只有对严格正规棱锥才能形成一个有界的封闭体。

定义 7.6　设单纯形表 T_0 对应的是一个严格正规棱锥，对于任意非负实数 u，称 $\boldsymbol{x}^{\Delta}$是一个高度为 u 的反向水平面，如果它满足

$$-b_1y_1-b_2y_2-\cdots-b_my_m=-u$$

这里是遵循有向面的要求，则表明法向量是 $\boldsymbol{x}^{\varDelta}=(-b_1,-b_2,\cdots,-b_m)=-\boldsymbol{b}$ ，方向朝下，其上半部分空间被它切割。

定义 7.7　若用切割棱锥 C，则称 $\boldsymbol{x}^{\varDelta}$为棱锥 C 的顶盖。记

$$D_u=\{\boldsymbol{y}\in D\mid h(\boldsymbol{y})\leqslant u\} \tag{7.7}$$

称其为 u-可行截域。D_u 就是 D 被 $\boldsymbol{x}^{\varDelta}$切割后的剩余。

命题 7.2　只要存在一个高度等于或低于 u 的可行点，即可用 D_u 取代 D，不影响规划问题的求解。

证明　D_u 不被截空，当且仅当存在一个高度等于或低于 u 的可行点。D 中被截去的点都在上部，最低点 $\boldsymbol{y}^*$必留在 D_u 中，故不影响规划问题的求解。证毕。

用 D_u 取代可行域 D 所引出的效果是：一个非金贴面必在某一可行高程 u 与可行域 D 分离，于是此贴面就从非虚面转化为虚面，这是引入反向水平面的好处。当然，若在这个高度或在其下没有可行点存在，则这个反向水平面是绝对不容许添加的，因为它会把整个可行域切空。

定义 7.8　给定单纯形表 T，在第 n 列之后加入一个表示反向水平面 $\boldsymbol{x}^{\varDelta}$的列，列指标为$\varDelta$，这样扩展出来的表称为 T 的扩表，记作 T^+。

例 7.4　给定单纯形表 T，如表 7.9 所示。

表 7.9　单纯形表 T

变量	x_1	x_2	x_3	x_4	x_5	x_6	y_1	y_2	y_3	y_4	y_5	s
y_1	2	2	1	1	0	1	1	0	0	0	0	4
y_2	0	1	0	1	1	1	0	1	0	0	0	1
y_3	0	2	0	1	1	0	0	0	1	0	0	4
y_4	1	1	1	0	1	0	0	0	0	1	0	2
y_5	1	0	1	0	0	1	0	0	0	0	1	6
$\boldsymbol{c}^\wedge$	6	−20	1	2	−2	2	0	0	0	0	0	0

则单纯形扩表 T^+如表 7.10 所示。

表 7.10　单纯形扩表 T^+

变量	x_1	x_2	x_3	x_4	x_5	x_6	$x^{\varDelta}$	y_1	y_2	y_3	y_4	y_5	s
y_1	2	2	1	1	0	1	4	1	0	0	0	0	4
y_2	0	1	0	1	1	1	1	0	1	0	0	0	1
y_3	0	2	0	1	1	0	4	0	0	1	0	0	4
y_4	1	1	1	0	1	0	2	0	0	0	1	0	2
y_5	1	0	1	0	0	1	6	0	0	0	0	1	6
$\boldsymbol{c}^\wedge$	6	−20	1	2	−2	2	$-u$	0	0	0	0	0	0

单纯形扩表的特殊性在于：在增加的$\varDelta$列中没有正数，用反向水平面来切割

与 T 相对应的棱锥 C，则所有的行都是枢纽行。任意选一行，将该行的数归为 1，然后用传统的方法进行枢纽变换，例如，取$(1,\varDelta)$为中心对表 7.10 进行枢纽变换，得到表 7.11。

表 7.11　第 1 条棱与 $x^{\varDelta}$ 所交出的锥顶

变量	x_1	x_2	x_3	x_4	x_5	x_6	$x^{\varDelta}$	y_1	y_2	y_3	y_4	y_5	s
y_1	−1/2	1/2	−1/4	−1/4	0	−1/4	1	−1/4	0	0	0	0	−1
y_2	−1/2	3/2	−1/4	3/4	−1	3/4	0	−1/4	1	0	0	0	0
y_3	−2	4	−1	0	1	−1	0	−1	0	1	0	0	0
y_4	0	2	1/2	−1/2	1	−1/2	0	−1/2	0	0	1	0	0
y_5	−2	3	−5/2	−3/2	0	−1/2	0	−3/2	0	0	0	1	0
$u<28$													

锥顶在 $\boldsymbol{Q}_1=(3,0,0,0,0)$ ，5 条棱向分别写在特征矩阵的各行。计算各棱与目标的内积：

$$(\boldsymbol{d}_1,\boldsymbol{b})=((-1/4,0,0,0,0),\ (4,1,4,2,6))=-1$$
$$(\boldsymbol{d}_2,\boldsymbol{b})=((-1/4,1,0,0,0),\ (4,1,4,2,6))=0$$
$$(\boldsymbol{d}_3,\boldsymbol{b})=((-1,0,1,0,0),\ (4,1,4,2,6))=0$$
$$(\boldsymbol{d}_4,\boldsymbol{b})=((-1/2,0,0,2,0),\ (4,1,4,2,6))=0$$
$$(\boldsymbol{d}_5,\boldsymbol{b})=((-3/2,0,0,0,1),\ (4,1,4,2,6))=0$$

这说明：除第 1 条新棱朝下外，其余 4 条新棱都是平的。这 4 条新棱都在顶盖面之内，分别连着其他旧棱与顶盖的交点。显然，这个新棱锥不再是正规棱锥，其顶点不是棱锥的最低点，其棱不全都朝上。不管它是否正规，只要存在一个高度等于或低于 u 的可行点，命题 7.2 就保证面 $\boldsymbol{x}^{\varDelta}$的切割不会影响规划问题的求解。事实上，$D_u$ 一定被包含在新棱锥之中。只要一个限制面对新棱锥是虚面，那么对 D_u 一定是虚面，可以被消去。

虚面消去定理(定理 7.1)的先决条件是被消去列的系数都是同号的。入基以后所得出的单纯形表很容易找到同符号的列，例如，表 7.11 第 1、2、7～12 列都是同号化的列，其中，7、9、10、11、12 列是新的单位矩阵，第 1、2、8 列都值得细察。

尽管 $\boldsymbol{x}^{\varDelta}$不能乱加，但 u 一旦超过了容许的范围，把整个 D 切空问题就会解错，因此还必须把 u 作为变量写在扩表中。为了便于分析，表 7.11 保留了 7.10 的最下行。

先说第 1 列。该列的系数 π_{i1} 都非正，交值 $t_{i1}=c_1^{\wedge}/\pi_{i1}$ 都非负，说明 τ_1 都交在

新棱锥的实棱上，虽然都同号，但不符合定理 7.1 的条件，不能消去。第 8 列的情况相同，也不能消去。

再看第 2 列。该列的系数 π_{i2} 都非负，交值 $t_{i2}=c_2^{\wedge}/\pi_{i2}$ 都非正，说明 τ_2 都交在新棱锥的虚棱上，若 $c_2^{\wedge}$ 是负数，则符合定理 7.1 的条件，可以消去。现在 $c_2^{\wedge}=-14+\dfrac{u}{2}$，要想 $c_2^{\wedge}<0$，就必须 $u<28$，把这个不等式当作一个条件记在表下相对位置，把 28 称为 τ_2 可消去的临界高程。若判明在 28 的高程或在此高程之下存在一个可行点，则面 τ_2 可立即被消去。

注意，虚面消去法的进行要依靠对偶可行域的高程范围。

给定一点 $\boldsymbol{Q}=(6, 1, 4, 7, 6)$，满足表 7.9 中所有的限制条件：

$$(\boldsymbol{\tau}_1, \boldsymbol{Q})=((2, 0, 0, 1, 1), (6, 1, 4, 7, 6))=25\geqslant 6$$
$$(\boldsymbol{\tau}_2, \boldsymbol{Q})=((-2, 1, 2, 1, 0), (6, 1, 4, 7, 6))=4\geqslant -21$$
$$(\boldsymbol{\tau}_3, \boldsymbol{Q})=((1, 0, 0, 1, -1), (6, 1, 4, 7, 6))=7\geqslant 1$$
$$(\boldsymbol{\tau}_4, \boldsymbol{Q})=((1, 1, 1, 0, 0), (6, 1, 4, 7, 6))=11\geqslant 2$$
$$(\boldsymbol{\tau}_5, \boldsymbol{Q})=((0, -1, 1, 1, 0), (6, 1, 4, 7, 6))=10\geqslant -2$$
$$(\boldsymbol{\tau}_6, \boldsymbol{Q})=((1, 1, 0, 0, 1), (6, 1, 4, 7, 6))=13\geqslant 2$$

故知 $\boldsymbol{Q}$ 是一个可行点，高程是$(\boldsymbol{Q}, \boldsymbol{b})=((6, 1, 4, 7, 6), (4, 1, 4, 2, 6))=91$，远远高于前面所说的临界值 28。$\boldsymbol{Q}$ 在 D 的内部，沿着$-\boldsymbol{b}$ 的方向下落，直到有一个面在 $\boldsymbol{Q}'$点将它拦住，无法再落，看 $\boldsymbol{Q}'$的高度下降了多少，是否低于 28 的界限，若是，则面 τ_2 便可消去。这种方法称为可行点下探的方法。例毕。

作为习题，请读者自行计算 $\boldsymbol{Q}'$的位置和高程。答案是：$\boldsymbol{Q}'=(1, 0, 0, 5, 0)$，高程 $h(\boldsymbol{Q}')=14$，远低于 28，故可将面消去。在可行点下探方面有不少工作，限于篇幅，这里不再赘述。

7.3.3　主动蜕化法

7.3.2 节的虚面消去法要求棱锥是严格正规的，不能出现坡度为零的棱，否则，棱锥的水平截锥便不是一个有界的闭凸集。水平棱的出现，使枢纽一直停留在水平棱上，造成等高度的循环，这也是传统单纯形法所忌讳的。其实，水平棱的出现恰好是首先要寻觅的信息，若水平棱上的可行区间不空，则区间内的所有点都是所要寻找的最低点。遇到水平棱，寻找其上的可行区间，若可行区间不空，则问题获解，即使不空，也必有切割面将水平棱切空。

1. 射线上可行区间的求法

给定单纯形表 T_0，从一点 P 沿方向 $\boldsymbol{d}$ 引出射线，计算出如下三个向量。

分子向量：

$$\mathbf{cc} = \boldsymbol{c}^+ - PA^+$$

分母向量：

$$\mathbf{dd}=\boldsymbol{d}A^+$$

交值向量：

$$\mathbf{tt}=(\mathbf{cc}/\mathbf{dd}) \quad (\text{当 } D_j = 0 \text{ 时，空白})$$

这里，$\boldsymbol{c}^+ = (c_1, c_2, \cdots, c_m, 0, \cdots, 0)$ 是一个 $m+n$ 维向量，$\boldsymbol{A}=\boldsymbol{A}_{m\times n}$，$\boldsymbol{A}^+=(\boldsymbol{A}, \boldsymbol{I})$，$\boldsymbol{I}=\boldsymbol{I}_{m\times n}$ 是单位矩阵，类似地，**cc/dd** 和 **tt** 也都是 $m+n$ 维向量。**cc/dd** 的含义是：分子对分母逐项相除 $\mathrm{tt}_j = (\mathrm{cc}_j / \mathrm{dd}_j)$，当分母 $\mathrm{dd}_j = 0$ 时，tt_j 空白。

注意，$\boldsymbol{A}$ 是原始表 T_0 的主阵，不是现行表 T 的主阵。

定理 7.2(射线上可行点判断定理)。

F1　若存在 $\mathrm{cc}_j = 0$ 使 $\mathrm{dd}_j > 0$，则此射线所在直线上无可行点。

F2　若只要 $\mathrm{cc}_j = 0$ 便有 $\mathrm{dd}_j \leqslant 0$，则记

$$t_a = \max_j\{\mathrm{tt}_j|\mathrm{cc}_j > 0\} \tag{7.8}$$

$$t_b = \min_j\{\mathrm{tt}_j|\mathrm{cc}_j < 0\} \tag{7.9}$$

且若 $t_a \leqslant t_b$，则此射线上可行区间的前后端点分别为

$$\boldsymbol{Q}_a=\boldsymbol{P}+t_a\boldsymbol{d}, \quad \boldsymbol{Q}_b=\boldsymbol{P}+t_b\boldsymbol{d} \tag{7.10}$$

证明是显然的，从略。在应用中容易犯的错误是，在条件 F1 不满足的情况下仅凭条件 F2 就给出可行区间。

当 $\boldsymbol{P}=\boldsymbol{V}$ 是表 T 的锥顶，且 $\boldsymbol{d} = \boldsymbol{e}_i^*$ 是表 T 的棱向时，分子向量 **cc** 就是表中的切顶向量 $\boldsymbol{c}^\wedge$，分母向量 **dd** 就是表的第 i 棱向。分子分母向量都在现行表中，无须另行计算。

注：若 $\boldsymbol{P}$ 是锥顶而 $\boldsymbol{d}$ 不是棱向，则最好回到原始表计算。

2. 水平棱的发现和非严格正规锥的处理

前面提到当棱锥出现水平棱时，棱坡为零，这给单纯形表的操作带来了循环陷阱。其实，这反倒是求解最优点的捷径。按照定理 7.2，判断在这个水平轴上有无可行区间。若有，则该区间就是最优点的集合；否则，便可找到面将此水平棱全部切除，脱离陷阱。因此，主动寻找水平棱是解决方法之一。

定理 7.3　给定单纯形表 T，若存在列足码 j 及行足码 i 和 k，使得

$$s_i/\tau_{ij} = s_k/\tau_{kj}, \quad \tau_{ij} \neq 0 \neq \tau_{kj} \tag{7.11}$$

则以 (i,k) 为中心进行枢纽变换，新棱锥的第 i 条棱必是水平棱。

证明是显然的，从略。

例 7.5　给定表 7.12，从中发现水平棱并立即获解。

表 7.12　具有潜在水平棱的单纯形表 T_0

变量	x_1	x_2	x_3	x_4	x_5	x_6	y_1	y_2	y_3	y_4	y_5	Δh
y_1	2	2	1	1	0	1	1	0	0	0	0	4
y_2	0	1	0	1	1	1	0	1	0	0	0	1
y_3	0	2	0	1	1	0	0	0	1	0	0	4
y_4	1	1	1	0	1	0	0	0	0	1	0	2
y_5	1	0	1	0	0	1	0	0	0	0	1	6
σ	6	–20	1	2	–2	2	0	0	0	0	0	0

这是一个严格的正规单纯形表，却有潜在的水平棱。取 $j=1$、$i=4$、$k=1$，可知式(7.11)成立，按定理 7.3，以(4,1)为中心对此表进行枢纽变换，表 7.13 第 1 条棱便是水平棱。

表 7.13　发现潜在的水平棱

变量	x_1	x_2	x_3	x_4	x_5	x_6	y_1	y_2	y_3	y_4	y_5	s
y_1	0	–4	–1	1	–2	1	1	0	0	–2	0	0
y_2	0	1	0	1	–1	1	0	1	0	0	0	1
y_3	0	2	0	1	1	0	0	0	1	0	0	4
y_4	1	1	1	0	1	0	0	0	0	1	0	2
y_5	0	–1	2	0	–1	1	0	0	0	–1	1	4
c^	0	–26	–5	2	–8	2	0	0	0	–6	0	–12

水平棱一旦出现，就要判断其上是否存在可行区间。根据定理 7.2，先写出射交 3 行阵，见表 7.14。

表 7.14　射交 3 行阵

变量	1	2	3	4	5	6	7	8	9	10	11
cc	0	–26	–5	2	–8	2	0	0	0	–6	0
dd	0	–4	–1	1	–2	1	1	0	0	–2	0
tt		6.5	5	2	4	2	0			3	

注意：**tt** 行中的 0 与空缺是不一样的。t 值为 0 当且仅当切距为零而分母值不为零；空缺当且仅当分母值为零。

先检验 F1。凡分母值为零之处都没有正切距，满足 F1。

再看 F2：

$$t_a = \max_j\{t_j|\tau_{1j} > 0\} = 2 < 3 = \min_j\{t_j|\tau_{1j} < 0\} = t_b$$

从而在第 1 条棱上有可行区间，其前后端点是

$$\boldsymbol{Q}_a = (0,0,0,6,0) + 2(1,0,0,-2,0) = (2,0,0,2,0)$$

$$\boldsymbol{Q}_b = (0,0,0,6,0) + 3(1,0,0,-2,0) = (3,0,0,0,0)$$

故可得答案：对偶最优点的解集是$[\boldsymbol{Q}_a,\boldsymbol{Q}_b]$，最优值是 $h(\boldsymbol{Q}_a) = 12$。例毕。

需要补充说明的是：只改变切割面的选择原则，尽量保持单纯形的框架，寻找一种非经典单纯形的强多项式算法，以上几种技巧都没有脱离这一基调。但是，由于消去法不能现场奏效，需用可行点高程的下探，这就需要离开单纯形的框架，采用内点分类算法，暂不细述。

7.4 小　　结

棱锥切割算法的意义在于能把单纯形表和枢纽变换在几何上显示得一清二楚。本章介绍了几种向强多项式算法冲击的新算法，可以按下述方式合并起来使用：

(1) 每次先寻找同号化的列，能消除的限制面马上消除。

(2) 寻找和制造蜕化棱，在水平棱上寻找可行区间，若不空，则该区间就是最优点。

(3) 若不属于以上两种情况，则按拔高原则选择切割面进行切割，每次切割后都要记下各个面的临界高程，在可行点下探的帮助下从等待消去的面中消去可以消去的面。

第 8 章　不确定性因果论

机器要模仿人脑的智能，难点在于不确定性上，而人工智能学者偏要闯此难关。在他们看来，智能是把信息转换为知识的能力与过程，一旦成熟的知识建立起来，系统的运行将确定无疑，他们的任务也就完成了。人工智能的视野永远锁定在不确定性上。有无不确定性、能否处理不确定性是鉴别人工智能的重要标志。不确定性的种类很多，最受人们关注的是随机性和模糊性。事件的随机性都显现在事件发生之前的预测中；一旦事件发生了，随机性就不复存在，过程就从预测转为判断，要问所发生的究竟是什么，就出现了人脑在概念判断上的模糊性。这两种不确定性都与因素有关，都是对因果律提出的挑战，都需要应用因素空间理论进行分析和处理。本章要从因果分析的角度对概率论和模糊数学进行新的诠释。

8.1　因果关系的正确含义

8.1.1　皮尔逊对讨论因果关系的反对

皮尔逊(Pearson)是数理统计的创始人，他和他的老师高尔顿(Galton)曾经把数理统计视为对随机现象进行因果分析的工具。这里的因果分析不是确定性领域中的课题，并未介入数理逻辑的范畴，只是通过条件概率和条件分布来寻因问果。例如，以父亲身高为条件求儿子身高的条件分布，呈明显的正相关，这就说明，若父亲是高个子，则儿子也大概率是高个子，若父亲是矮个子，则儿子也大概率是矮个子，这是一种不确定性的因果论。

20 世纪初，在数理统计中曾经出现过一次有关遗传回归的争论。对父亲与儿子身高的相关性分析进一步发现，对高斯分布而言，儿子身高的条件期望值形成父亲身高的直线，称为父亲对儿子身高的期望轴，这条期望轴并不是与高斯联合分布相关的椭圆主轴，而存在一种旋转。从椭圆主轴到期望轴形成了一个有向角，用这个有向角来表示这种旋转，则这种旋转是回归到自变量轴(即父亲身高轴)的，这就是遗传回归性。到底身高是否具有遗传回归性呢？对此出现了一场不小的争论。

其实，通过期望轴的偏转来支持遗传回归性的方法是一种伪证，因为任何正相关的变量都具有这一偏转的数学性质。反对遗传回归性的学者把父子两轴互换，以儿子身高为条件求父亲身高的条件分布，同样可以得到父亲的条件期望轴向儿子身高轴回归。难道儿子可以向父亲遗传吗？这本来是对反驳伪证一个有力的支援，但是皮尔逊却极其意外地发布了一条禁令：禁止学者在数理统计中继续探讨因果性问题！自此以后的约 100 年内，在数理统计甚至整个概率论领域，这个不确定性因果学科竟与“因果性”三字断交。

论战必须使用概率和统计的语言，离不开随机变量的条件分布，也离不开条件分布的双向推理公式。但在高尔顿和他的学生皮尔逊眼里，正向推理是数理统计所要挖掘的因果性真谛，而每个这样的推理都在数学上伴随着一个逆向推理，是假的因果。在关键时刻，这个有利于他们揭穿伪命题的方法的出现使他们感到不能理解，使这个最有可能深入研究因果性的科学领域成了因果性研究的禁区，至今仍制约着数理统计和人工智能的发展。

8.1.2　珀尔的“因果革命”论

图灵奖得主珀尔(Pearl)出版了《为什么——关于因果关系的新科学》一书(珀尔等，2019)，引起了人工智能界的高度重视。他高举“因果革命”的旗帜，批判了皮尔逊对因果性的禁令，指出因果推断是人类与生俱来的思维能力(儿童从小就到处问为什么)，现代科学不是发扬而是泯灭因果推断，他要进行一场新的科学革命。

珀尔强调人工智能的本质是因果性的运用。因果性的智能模式应该是重理解、小数据、大任务，而现在的人工智能却是不求理解、大数据、小任务，不是用思想支配数据而是让数据掩埋思维。因此，他要改变人工智能研究的模式，提出了因果性研究的三个层次：第一层是研究关联与相关，这就是统计学和人工智能现行的广义因果性研究；第二层是干预，他说的干预是指，在甲与乙的相关性之间，常常混杂着第三者丙的影响，干预就是要剔除丙的影响以求得甲与乙的真正关系；第三层是反事实推理，他认为数据是事实的记录，现有的机器学习把学习和推理局限在事实的世界中，但是人脑的思维能够跳出事实进行假想，他的反事实推理就是要把人工智能引向思维的自由天地。这三个层次被他解释为观察、行动和想象。珀尔在哲学上进行了很多思考，在数学上提出了与知识图谱不同的图模型并配之以结构方程的研究，力图把图灵测试提升为因果测试，使机器的智能由弱变强。

在肯定珀尔因果革命具有重大意义的同时，也要指出他的不足，谨问以下几点：

(1) 皮尔逊犯错误的主要原因是什么？

在有学者提出以儿子对父亲身高的条件期望来否定身高遗传回归性时，却没有得到皮尔逊的认可，因为皮尔逊只承认狭义因果论而不承认广义因果论。什么是狭义因果论呢？日出则鸡鸣，这是狭义因果，反过来，鸡鸣则日出，这是广义因果。狭义因果是真的，是因制造或生成了果，广义因果不一定具有这种真实性，但具有逻辑意义。日出虽然不是由鸡呼唤出来的，但若有鸡鸣，则必有日出，两者之间有逻辑联系。

人们不应该排斥广义因果论，否则，逻辑学的应用就要受到阻碍；从效用上说，日出则鸡鸣只是一句大实话，但鸡鸣则日出却是在钟表出现之前人类生活的重要预报。佛家强调互为因果，就是不主张狭义因果论而主张广义因果论。这一点对于认同西方机械唯物主义的皮尔逊来说是很难接受的。在概率论中，甲和乙两个随机变量的联合分布既决定了甲对乙的条件分布，也决定了乙对甲的条件分布，在数理统计中处处都出现两个相反的条件分布。皮尔逊认可狭义因果，不认可广义因果，因此他经常竭力回避对双向条件分布给出合理的因果解释，一旦有人把这一论题用在最尖锐而现实的学术争论上时，他便极力反对。

(2) 珀尔从什么角度来反对皮尔逊的禁令？

如果珀尔没有从改变对广义因果的歧视这一根本原因上来纠正皮尔逊的错误，就不可能正确评估概率论与数理统计在因果分析方面所起的历史作用。

无论皮尔逊怎样禁止，概率论与数理统计一直都是不确定性因果分析的工具，并做出了巨大的贡献。概率概念本身就是不确定性中的广义因果论。掷一枚两面对称的硬币出现哪一面是不确定的，但是两面对称的原因，却结出了等可能性的结果，两面出现的概率各占 1/2。概率就是事件在一定条件下的发生率；确定性是条件充分到结果只有不二的选择；随机性是条件不充分，能有多种结果来选择。充分的条件使得结果一定发生；不充分的条件使得结果按一定的概率发生。概率是广义因果论，但广义因果仍然可以是硬因果。硬币的对称性使得结果的发生概率相等，这是绝对的真理，是凭逻辑推断就能肯定的事实，是先验知识，不需要由实验来确定，却经得起实践的检验，一定具有频率的稳定性。总之，概率论是不确定性因果分析的科学，作为概率论的实践，数理统计就是不确定性因果分析的重要工具。通过条件概率和条件分布，概率论与数理统计已经为广义因果分析奠定了重要基础。

(3) 珀尔的“因果革命”怎样才能实现？

珀尔撼动了概率论与数理统计在因果性分析方面的核心地位，他提出的“因果革命”就是要在现有概率论与数理统计框架之外另起炉灶，这就使人们对他是否能实现这种想法产生怀疑。他写的书深入浅出，引人入胜，但是，他提出的方法却有些离谱，缺乏数学的严谨性。尽管人们对其视若珍宝，却难以跟进。

因素空间积极支持珀尔的“因果革命”思想。人工智能确实没有把因果性作为智能的核心课题，但是也不应摒弃概率论与数理统计的现有框架，而应进一步去改善和提升概率论与数理统计，不仅如此，还要改善另一种不确定性学科——

模糊数学，而这正是因素空间近年来所走的道路。本章所要介绍的正是因素概率论和因素模糊集理论。

8.1.3 因果分析的核心思想

因果分析的核心思想不是从属性或状态层面孤立静止地去寻找原因，因素非因，乃因之素，只有从因素层次才能找到最佳的原因。从找原因到找因素是人脑认识的一种升华，也是因果性科学的核心思想。

现在的人工智能领域还普遍地被纠缠在属性状态层的论事习惯中，在某些词义上混淆了因素层与属性层的区别，其中最需要强调的是“关联”与“相关”的区别。

1. 属性关联和因素相关

属性关联和因素相关是互反的两个概念。

定义 8.1 若属性 a 和属性 b 在两个场景中同时出现，则称属性 a 和属性 b 之间有关联。

例如，某年某月某日，哈尔滨的气温降至零下 20℃，下了大雪，低温与大雪这两个事件同时同地发生，称为关联(相对于一定时空)，它们在哈尔滨于某年某月某日实现了搭配。

一对属性之间的关联可以用条件概率来表现，两个因素之间的相关性要用条件分布来表示。

例 8.1 设有随机向量ξ、η、ζ，它们都在图 8.1 所示的正方形 $ABCD$ 中均匀分布。把它们视为 3 个因素，分别具有如下相域：

$$I(\xi)=\{a,\underline{a}\}\ ,\ \ I(\eta)=\{c,\underline{c}\}\ ,\ \ I(\zeta)=\{e,\underline{e}\}$$

式中，a 表示事件ξ落在矩形 $ABGH$ 中；$\underline{a}$ 表示事件ξ落在矩形 $DCGH$ 中；c 表示事件η落在 ΔABC 中；$\underline{c}$ 表示事件η落在 ΔADC 中；e 表示事件ζ落在矩形 $ADEF$ 中；$\underline{e}$ 表示事件ζ落在矩形 $BCEF$ 中。

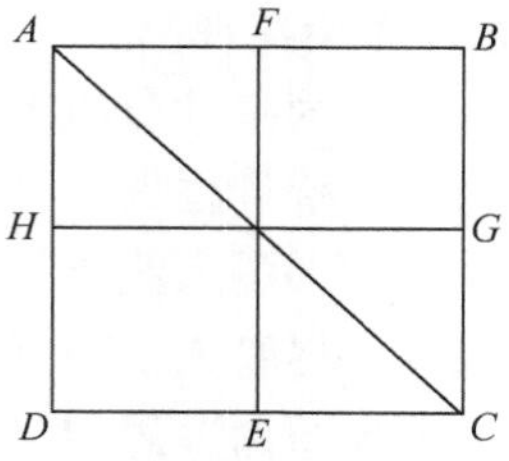

图 8.1　因素的相关性

这里有 6 个不同的相或属性，可视为 6 个事件，要论证因素 ξ 与 η 相关，必须指明可能会引起的变动，即 $p(c|a) \neq p(c|\underline{a})$ 或 $p(\underline{c}|a) \neq p(\underline{c}|\underline{a})$ 、 $p(c|a) \neq p(c|\underline{a})$ 。现在， $p(c|a)=3/4 \neq 1/4 = p(c|\underline{a})$ 、 $p(\underline{c}|a)=1/4 \neq 3/4 = p(\underline{c}|\underline{a})$ ，故因素 ξ 与 η 相关，但是因为 $p(e|a)=1/2=p(e|\underline{a})$ 且 $p(\underline{e}|a)=1/2=p(\underline{e}|\underline{a})$ ，所以 ξ 与 η 无关。

由例 8.1 可以看出，如果属性关联可以用事件之间的条件概率来表现，那么因素相关性需要用随机变量之间的条件分布来刻画，两者属于不同的层次。

定义 8.2　如果因素 f 和因素 g 的背景关系 R 不能充满它们相域的笛卡儿乘积空间： $R \neq I(f) \times I(g)$ ，那么称因素 f 和因素 g 是相关的。

命题 8.1　因素 f 和因素 g 是相关的当且仅当它们的相之间不能自由关联。

证明　若因素 f 和因素 g 是相关的，则 $R \neq I(f) \times I(g)$ ，这意味着，存在 $a \in I(f)$ 和 $b \in I(g)$ 使 $(a,b) \notin R$ 。背景关系 R 的定义是指 f 和 g 的相之间实际存在的关联组合或称为属性搭配。存在 $(a, b) \notin R$ 就意味它们的相之间不能自由关联着自由搭配。证毕。

气温与降雨量是相关的，意味着高温需与高降雨量搭配，高温与低降雨量搭配的可能性很低。能自由进行关联的因素一定不相关，命题 8.1 就说明属性关联和因素相关是互反的两个概念。基于这个理由，本书建议“关联性”一词只用在属性或相的层面，不要用在因素层面；“相关性”一词只用在因素层面，不要用在属性或相的层面。

关联是属性层次的概念，就像小学的算术只能对固定的数进行运算一样，对属性(状态或事件)分析因果是低级的，难以抓到本质。就像代数用变量代替定数一样，因素空间用广义变量代替属性，才能谈论因果。因素空间反对用关联代替因果，只有排他性的关联才有可能化为因果，关联不是相关。

2. 相关性决定因果性

因素既然是因果分析的要素，因素空间就是因果分析的主要平台。

由定义 8.1 可知，因果分析空间是一个因素空间 $(D, F=\{f;g\})$ ，其中的因素 f 和因素 g 分别称为因因素和果因素或称为条件因素和结果因素， f 和 g 可以是复杂因素。

因果分析的一般式由第 4 章给出，在其中称为因果归纳。因果分析由因果归纳和因果推理两部分组成，其中，因果归纳体现了认知的能动部分，因果推理偏重于逻辑推理。背景关系决定一切推理，即 $P(x) \to Q(y)$ 是恒真句当且仅当

$$(P \times Y) \cap R \subseteq (X \times Q) \cap R$$

式中，背景关系 R 起着至关重要的作用。若 $R = X \times Y$，则因素 f 和因素 g 互不相关，此时，$P(x) \to Q(y)$ 是恒真句当且仅当 $Q = Y$。对于条件因素 f 的任何信息 P，结果因素 g 的信息都是 Y。这说明，无关因素之间不存在因果联系，因此相关性决定因果性。

3. 因果性必须从概率统计的相关性理论中发掘

使用概率论方法可以在条件因素和结果因素的联合分布中求得广义因果关系，而狭义因果关系(即真因果)必藏在广义因果关系中，从广义因果关系中甄别出真因果是一件十分简单的事情。

基于这些考虑，下面提出实现珀尔“因果革命”的浅见，称为因果三角化解法。

8.1.4 因果三角化解法

定义 8.3 若 f_1、f_2 是两个条件因素而 g 是一个结果因素，则称[$f_1, f_2; g$]为一个因果三角。

在每个时刻，都暂时锁定目标，只是多对一地考虑因果。多个条件总可以先简化为二。因此，因果三角就是两因一果的思考模式，怎样对其进行分析和化解呢?

化解原理 1 理想因果三角：f_1 与 f_2 不相关。

先要单独考虑各条件因素对结果因素的影响，设 x_1、x_2 和 y 分别表示 f_1、f_2 和 g 的变量，则 f_i 对 g 的影响可由条件数学期望来表示，即

$$y = h_i(x_i) = E(y \mid x_i), \quad i = 1, 2 \tag{8.1}$$

式中，h_1、h_2 分别称为 f_1、f_2 对 g 的影响曲线。

由于 f_1 与 f_2 不相关，所以两个条件因素对 g 的影响就是两个影响曲面的加权求和，即

$$y = h(x_1, x_2) = \lambda_1 h_1(x_1) + \lambda_2 h_2(x_2) \tag{8.2}$$

权重 λ_1、λ_2 由两个因素对 g 的决定度来确定。

化解原理 2 非理想因果三角：f_1 与 f_2 相关。

当 f_1 与 f_2 不独立时，考虑 $f_1' = f_1 - f_1 \wedge f_2$ 和 $f_2' = f_2 - f_1 \wedge f_2$，易证 f_1 与 f_2 不相关，于是非理想三角就转化成理想三角。$f_1' = f_1 - f_1 \wedge f_2$ 在实际中很难实现，但其思想是：要求得 f_1 对 g 的真正影响，必须消除 f_2 的影响。可行的办法是：固定 f_2 的值，只让 f_1 变化，这时 g 的变化就单纯归因于 f_1。若存在二元函数 $y = g(x_1, x_2)$，而 x_1、x_2 和 y 分别是因素 f_1、f_2 和 g 的相值，则 g 对 x_1 求偏导数，就是把 x_2 当作不变的常数而单独看 x_1 对 y 引起的边际效应。

化解原理 3　从广义因果到狭义因果。

通过联合分布求得双向推理句，再从中判别谁是狭义因果。考察有无过程先后(从前向后)、格局次序(先大后小)、选举层次(先下后上)。

8.1.5　因子分析

早在 20 世纪初，英国心理测量学家 Spearman 和美国心理测量学家 Thurstone(1931)就提出了因子分析的理论。他们所研究的因素与现在因素空间所研究的因素具有完全相同的词义。尽管他们当时并没有把心理测量提升到认知数学的高度，所用的数学方法也是四则运算，后来才使用了数理统计方法，但他们早就举起了因素的大旗而成为先驱。今天的因素空间理论正是因子分析理论的继承和发展。

人的心理现象是复杂的，但都要受到因素的影响。每种心理因素又同时受到各种条件的制约，如同一个庞大的多维系统，调节、控制着人的行为。传统的单变量和双变量分析往往在信息处理上要么失去有用信息，要么引入无用信息，使研究者分不清现象的主次或得出不恰当的甚至错误的结论。因子分析法则可在多变量观测分析的基础上较全面地反映出事物的各个不同侧面。在心理学研究中，研究者使用因子分析法从众多的变量中提取几种具有决定性意义的因素，建立理论假设，又用因子分析法反复验证理论假设，直至成功。因此，因子分析法是用来形成科学概念，进而构建思想模型和理论体系的强有力的手段和辅助工具。

1. 连环替代法

将分析指标分解为各个可以计量的因素，并根据各个因素之间的依存关系，顺次用各因素的比较值(通常为实际值)替代基准值(通常为标准值或计划值)，据此测定各因素对分析指标的影响。

例如，设某一分析指标 M 是由相互联系的 A、B、C 三个因素相乘得到的，按照计划和实际指标列出下列各式。

(1) 计划指标：

$$M_0 = A_0 \times B_0 \times C_0$$

(2) 第一次替代：

$$A_1 \times B_0 \times C_0$$

(3) 第二次替代：

$$A_1 \times B_1 \times C_0$$

(4) 实际指标：

$$M_1 = A_1 \times B_1 \times C_1$$

分析如下：

(2)–(1)→ A 变动对 M 的影响。

(3)–(2)→ B 变动对 M 的影响。

(4)–(3)→ C 变动对 M 的影响。

把各因素变动综合起来得到总影响：$\Delta M = M_1 - M_0 =$ (2)–(1)+(3)–(2)+(4)–(3)。

提出连环替代法的目的有两个：一是要找到三个因素对一个指标的灵敏度或影响；二是要强调一个因素的影响只有当其他因素都固定不变时才能显现出来。这种连环替代法在如今的数据表中如何能实现是另外一个问题，但在众多因素同时变化时不能测定一个因素的灵敏度，却是一个重要原则。

2. *差额分析法*

差额分析法是连环替代法的一种简化形式，是利用各个因素的比较值与基准值之间的差额，来计算各因素对分析指标的影响。

例如，某一个指标及有关因素的关系由如下式子构成。

实际指标：

$$P_0 = A_0 \times B_0 \times C_0$$

标准指标：

$$P_s = A_s \times B_s \times C_s$$

实际与标准的总差异为

$$P_0 - P_s$$

这一总差异同时受 A、B、C 三个因素的影响，它们各自的影响程度可分别由以下式子计算求得。

A 因素变动的影响：

$$(A_0 - A_s) \times B_s \times C_s$$

B 因素变动的影响：

$$A_0 \times (B_0 - B_s) \times C_s$$

C 因素变动的影响：

$$A_0 \times B_0 \times (C_0 - C_s)$$

最后，将以上三大因素各自的影响数相加，得到总差异 $P_0 - P_s$。

3. 定基替代法

分别用分析值替代标准值，测定各因素对财务指标的影响，如标准成本的差异分析。

Thurstone(1931)将量化的数学方法从四则运算提高到现代数理统计的水平，通过相关运算求出每个因素和其他因素的相关矩阵，用特定的运算方法，如主成分分析、影像分析、α因子分析、最小残余因子分析、最大可能解、重心法等求出因素载荷矩阵。Thurstone(1931)利用因子分析法从 56 种不同的测验中概括出 7 种主要因素，分别是计算能力、言语理解能力、词的流畅性、记忆能力、演绎推理能力、空间知觉能力和知觉速度。Thurstone 的后继者设计了基本智力测验来测量这 7 种主要因素，结果发现，这些因素之间存在一定的相关性，这说明它们并非彼此独立的。

因子分析法的主要目的是描述隐藏在一组测量到的变量中的一些更基本的，但又无法直接测量到的隐变量，因子分析法从四则运算开始，逐步引进主成分分析等相关统计方法。以因素之间的相关矩阵为基础，通过旋转显示出隐藏的关键因素。因素空间的因果分析法则是以因果分析表为基础，通过因素的类别划分来归纳提取因果规则。所提规则的准确性不受其他因素变动的影响，将因果分析法与因子分析法结合起来，将会有新的发展。

8.1.6　因素空间的归因分析

1. 因素灵敏度

因子分析从心理学转向其他领域，首先进入金融业。为了更好地刻画因素对目标的决定度，郑宏杰(2019)提出了灵敏度概念。在数学上，可以从多方面对其加以叙述。

1) 变量之间的灵敏度

设有单变量函数 $y=f(x)$，在 $x=x_0$ 处 x 对 y 的灵敏度就是 y 对 x 的导数 $l=f'(x_0)$，若 x 是离散变化的，则灵敏度就是差分比 $l=\Delta y/\Delta x(x_0)$，若函数 f 是非线性的，则灵敏度随着点位的不同而变化。

设有多变量函数 $y=f(x,z)$，在 $x=x_0$ 处 x 对 y 的灵敏度就是 y 对 x 的偏导数 $l=f_x'(x_0,y)$，若 x 是离散变化的，则灵敏度就是偏差分比 $l=\Delta_x y/\Delta x(x_0)=(f(x_0+x,z)-f(x_0,z))/x$。因此，$l$ 不仅随 x_0 的不同而不同，也随 z 的不同而不同。

2) 随机变量之间的灵敏度

设有单变量随机函数 $y=f(x,\omega)(\omega\in\Omega)$，$Ey=F(Ex)$，则在 $Ex=a$ 处，随机变量 x 对随机变量 y 的灵敏度是 F 对 x 的导数 $l=F'(a)$，若 x 是离散变化的，

则灵敏度就是差分比$l=\Delta F/\Delta x(a)$，若函数F是非线性的，则灵敏度随着点位的不同而变化。

设有多变量随机函数$y=f(x,z,\omega)(\omega\in\Omega)$，在$Ex=a$处$x$对$y$的灵敏度就是$F$对$Ex$的偏导数$l=\partial F/\partial_x(a,y)$；若$x$是离散变化的，则灵敏度就是偏差分比$l=\Delta_x F/\Delta x(a)=(F(a+x,z)-F(a,z))/x$。因此，$l$不仅随$a$的不同而不同，也随$z$的不同而不同。

3) 因素之间的灵敏度

给定可量化的因素f和g，在$f=a$处，因素f对因素g的灵敏度是g对f的差分比$l=\Delta g/\Delta f(a)$。设有多个条件因素$f_1,f_2,\cdots,f_k$，在$f_1=a$处，f_1对结果因素g的灵敏度是g对f_1的偏差分比$l=\Delta_x g/\Delta f_1(a)=(g(a+x,z)-g(a,z))/x$。因此，$l$不仅随$a$的不同而不同，也随$z$的不同而不同。

灵敏度分析中有一条重要规则，即其他因素要被固定，这曾是因子分析法所特别强调的原则。在以上定义中，发现灵敏度的数学定义就是求偏导数。偏导数中“偏”字的含义就是要将其他自变量固定，只计算单一变量对目标变量的影响。这一思想必须落实到具体的数据处理中，绝不能在不顾其他因素是否被固定的情况下，随意从以($f_1,f_2,\cdots,f_n;g$)为表头的数据表中截取(f_1,g)的数据来进行灵敏度分析。为此，下面给出几个算法。

4) 公式算法下的灵敏度算法

公式算法是指在条件因素与目标因素之间存在确定的函数关系，若条件因素$f_1,f_2,\cdots,f_n$的状态值$x_1,x_2,\cdots,x_n$全都固定，则目标因素g的状态值y可以通过公式计算出来：$y=g(x_1,x_2,\cdots,x_n)$。利用公式的好处是可以求偏导数，正好体现了其他因素固定化的要求。

在金融数学中所考虑的函数多是加减乘除所构成的四则运算，称公式$y=g(x_1,x_2,\cdots,x_n)$为金融的因素构架。设公式$y=g(x_1,x_2,\cdots,x_n)$的最后一次运算是加减法，则称此公式是加减计算，若是乘除法结尾，则称此公式为乘除计算。

为了简单，本书只考虑f_1对g的灵敏度。此时，将公式$y=g(x_1,x_2,\cdots,x_n)$写为$y=g(x,x_2,\cdots,x_n)$。假定公式$y=g(x_1,x_2,\cdots,x_n)$是加减计算的，则公式可以简化为

$$g(x)=cx+g^*(x_2,\cdots,x_n) \tag{8.3}$$

式中，g^*为一个与变量x无关的函数。

按照灵敏度的定义，即灵敏度就是求偏导数，可解得$l=\partial g/\partial x=c$，$c$是$x$在公式中的系数，也就是因素$f_1$对$g$的权重，它就是因素$f_1$对$g$的灵敏度。这样计算出来的灵敏度是可以放心使用的。

假定公式g是乘法计算的，则公式g可以简化为

$$\begin{aligned} g(x,x_2,\cdots,x_n) &= g_1(x,x_2,\cdots,x_n)g_2(x,x_2,\cdots,x_n) \\ &= (c_1x+g_1^*(x_2,x_3,\cdots,x_n))\ (c_2x+g_2^*(x_2,x_3,\cdots,x_n)) \end{aligned} \tag{8.4}$$

按照灵敏度的定义，求偏导数便可得到灵敏度，即

$$l = \partial g / \partial x = (c_1+c_2) + g_1^*(x_2,x_3,\cdots,x_n) + g_2^*(x_2,x_3,\cdots,x_n) \tag{8.5}$$

在式(8.5)中，灵敏度的主要部分是因素 f_1 在结果因素分量 g_1 与 g_2 中的权重之和，还要加上其他因素在所固定的位置 $x_2,x_3,\cdots,x_n$ 上对结果因素分量的影响。因此，l 应该称为 f_1 对 g (当其他因素固定在 $(x_2,x_3,\cdots,x_n)$ 时)的灵敏度。对加法计算的因素架构来说，无论其他因素固定在哪里，都不影响灵敏度的计算，但是对乘法计算的因素架构而言，灵敏度随着其他因素固定位置的不同而不同，这是客观要求。虽然复杂，但对于归因分析来说也有好处，它使人们在不同的因素搭配中得出不同的归因。

假定公式 g 是除法计算的，则公式可以简化为

$$\begin{aligned} g(x,x_2,\cdots,x_n) &= g_1(x,x_2,\cdots,x_n) / g_2(x,x_2,\cdots,x_n) \\ &= (c_1x+g_1^*(x_2,x_3,\cdots,x_n)) \big/ (c_2x+g_2^*(x_2,x_3,\cdots,x_n)) \end{aligned} \tag{8.6}$$

按照灵敏度的定义，求偏导数便可得到灵敏度，即

$$l = \partial g / \partial x = ((c_1(c_2x+g_2^*)) - (c_2(c_1x+g_2^*))) \big/ (c_2x+g_2^*(x_2,x_3,\cdots,x_n))^2 \tag{8.7}$$

5) 背景分布下的灵敏度算法

与公式算法相对的是数据算法，需要说明的是，其他因素固定的原则很难直接在数据表中实现。但是，因为背景分布是数据处理的结晶，用背景分布可以刻画一个因素在其他因素固定情况下对目标产生的影响，因此数据算法要用背景分布来刻画灵敏度。背景分布可以转化为联合概率分布，背景分布灵敏度的计算公式为

$$l = \partial p(y \mid x,x_2,\cdots,x_n) / \partial x \tag{8.8}$$

式中，$p(y \mid x,x_2,\cdots,x_n) = p(x_1,x_2,\cdots,x_n;y) / p(x_1,x_2,\cdots,x_n)$ 为条件分布。

灵敏度是对条件背景分布求偏导数。当背景分布所处理的都是定性因素时，用偏差分比来代替偏导数，即

$$l = \Delta g / \Delta x \tag{8.9}$$

2. 公式代入的主因让位法

在金融领域中有一些现成的计算公式，这些公式的特点是：自变量的个数有限，所涉及的因素都是重要因素。本节的思路是，用公式代入数据，将数据表中的自变量从表中删除。于是，表中的条件因素个数减少。新的数据表被用来对剩

下的次要因素进行因果分析。这样做的好处是既发挥了主要因素的作用，又能深入挖掘次要因果关系。现成公式在次要因素中总结出来，继续代入公式，可以对更次要的因素进行因果分析。

主因让位法 给定因果分析表头 $f_1,f_2,\cdots,f_k,f_{k+1},\cdots,f_n;g$ ，若有可信的公式 $y=y(x_1,x_2,\cdots,x_k)$ ，则可将数据表改为具有表头为 $f_{k+1},f_{k+2},\cdots,f_n;g$ 的数据表，其 g 列的数据要改为

$$y_i'=y_i-y(x_1,x_2,\cdots,x_k) \tag{8.10}$$

解释 这里，公式中用到的因素 $f_1,f_2,\cdots,f_k$ 往往是起主要作用的因素，代入是为了把主要因素从数据表中消除。消除主要因素是因为在某些场合主要因素都处在正常状态而险情却仍然出现。历史的转折常常带有偶然性，原因是一些次要因素发生了作用。在一般的灵敏性分析中，这些次要因素的作用被主要因素的作用掩盖，只有请主要因素让位，才有可能对次要因素进行排序。

假如存在一个更宽泛的公式 $u=u(x_1,x_2,\cdots,x_k,x_{k+1},\cdots,x_n)$ ，只要这个公式可以将主要因素分离出来，即可写成

$$u=y(x_1,x_2,\cdots,x_k)+u_2(x_{k+1},x_{k+2},\cdots,x_n) \tag{8.11}$$

的形式，那么便有 $u-y(x_1,x_2,\cdots,x_k)=u_2(x_{k+1},x_{k+2},\cdots,x_n)$ ，这就是代换以后的数据模型。对于金融公式，因素分离的形式(式(8.11))在一般情况下是满足的。至于特殊情况，还有待进一步研究。

若将局部公式代入整体公式，则左右两端仍然相等，即

$$y=y(x_1,x_2,\cdots,x_k)+u(x_1,x_2,\cdots,x_k,x_{k+1},\cdots,x_n)$$

3. 归因分析的基本算法

归因分析的方法有很多，本节首推灵敏度的归因算法。

给定因素空间下带有条件因素集 F 和目标因素 g 的数据表，给定相关的公式库，设目标因素 g 的状态值出现险情，要从 F 中寻找因素 f 来逆转险情。

步骤 1 从 F 中寻找对 g 具有最大灵敏度的因素 f^* ，若 f^* 处于非最佳状态，则将险情归因于 f^* ，输出需要调整的信息，归因暂告完结(观察实践的进一步发展)；若 f^* 处于最佳状态，则选择灵敏度第二的因素，看其是否处于最佳状态，若不是，则将险情归因于第二因素，输出需要调整的信息，归因暂告完结。如此重复，直到选出归因因素。

步骤 2 若公式库不空，则在步骤 1 的每一次更迭中，都要从公式库中寻找由前面的主要因素到目标因素 g 的公式，若有该公式且满足式(8.11)，则将该公式代入式(8.11)，消去主要因素，以便更有效地向次要因素归因，加速归因的过程。

8.2　因素概率论

8.2.1　因素概率论的定义

可能是受皮尔逊对因果性禁令的影响，现有概率论中的多数教科书对概率场的定义是一个三元组 (Ω, A, p)，其中，Ω 表示由一切可能出现的基本实验样本点组成的集合，称为样本空间或基本空间。A 是 Ω 上的一个 σ-代数，p 是定义在 A 上的一个概率测度。在这里，一切是从实验结果开始的，没有介绍因素和原因，这样建立的数学结构显然没有反映出它是一个能进行不确定性因果分析的学科。因素概率论就是要还概率论的本来面目。

定义 8.4　给定概率空间 (Ω, A, p)，称其为一个因素概率空间，如果存在一个因素空间 $(U; f_1, f_2, \cdots, f_n)$，使 $I(f_1 \wedge f_2 \wedge \cdots \wedge f_n) \subseteq \Omega$，那么 $(U; f_1, f_2, \cdots, f_n)$ 称为概率空间 (Ω, A, p) 的基空间。

因素概率空间是一个空间，解释了随机事件样本点形成的原因。掷一枚硬币，要问哪一面朝上？把影响投掷结果的因素进行综合考虑，如硬币形状、初始位置、手的动作、桌面形状、环境干扰等。以这些因素为轴形成一个因素空间 $(U; f_1, f_2, \cdots, f_n)$，使论域中的每个实验对象 u 都通过这组因素映射出一个确定的投掷结果 ω（如其不然，那一定还有某些因素被忽略了，把对投掷有影响的因素全都考虑进来，总可以做到这一点）。研究发现，样本空间 $\Omega = \{1(\text{正面}), 0(\text{反面})\}$ 是投掷因素的相域，样本点是投掷因素映射的结果，样本点的出现就有了成因。

记 $f_1 \wedge f_2 \wedge \cdots \wedge f_n = f$，图 8.2 中的子集 $A = f^{-1}(1)$ 表示论域 U 中获取正面的对象集。图中的子集 S 称为掌控域。有些因素如手的动作，即使考虑了也无法描述清楚，更无法控制。也就是说，掌控者的分辨度到达不了点 ω，而是一个粒度较大的 S。当 S 足够小，整个画在 A 中或整个画在 A 外时，都会导致确定的结果，相反，两者仅居其一，但当 S 跨越了正反两区的边界时，把 S 中的正区

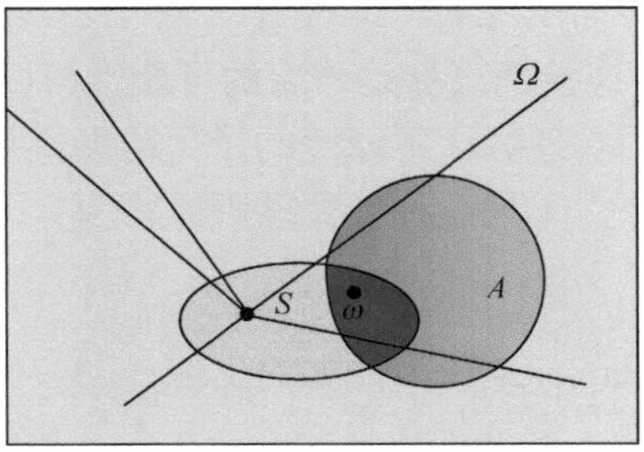

图 8.2　基本空间本应是因素空间

$A \cap S$ 看成一个圈圈，u 是 S 中不可控的小点，它在圈圈内外来回跳动，便无法预料结果，此时才出现了随机性。随机性是因对事件引发因素掌控得不充分而导致的结果不确定性。“圈圈固定，点子跳动”是随机实验模型的形象描述。

按照因素概率场所定义的概率论称为因素概率论。

科尔莫戈罗夫(Kolmogorov)是一位伟大的数学家，按照他的原始思想，基本空间就是因素空间，其概率论就是因素概率论，只不过受到禁止讨论因果性的习惯势力的影响，把因果性思想掩埋了。

8.2.2 因素概率的确定

在因素概率论中，每个随机变量都是因素，它是变项，也具有相域，如命中率 ξ，它具有相域 $I(\xi)=\{1, 2, 3, 4, 5, 6, 7, 8, 9, 10\}$，其中的数字表示环数。

从概率论过渡到因素概率论，要实行随机变量与因素的转换原理：每一个随机变量都是基空间上的一个因素。

若随机变量的相域 $I(\xi)$ 只包含有限个相 $a_1, a_2, \cdots, a_n$，则随机事件 $\xi = a_i$ 就是因素的相，事件相当于因素的属性和状态。随机实验必须满足：每次实验必有且仅有一个相发生。

定义 8.5 掷一枚硬币，或者掷一颗骰子，或者从装有 n 个球的袋子中取出 1 个球……，所有这些具有对称性相的因素称为对称因素。

对称性公理 8.1(对称性决定等可能性) 在随机性领域中，对称因素保证诸相的发生具有等可能性。

在掷硬币的例子中，手的动作是最难控制的因素，最好掌控的因素是硬币形状，它是一个对称因素。由于对称，两面出现的可能性相同，这是人的一种因果推断。从物理过程来分析，两面的置换在任何环节都不会被过程“识别”，这里“识别”的含义是不引起过程的任何物理反应。若进行实际实验，则会出现频率稳定性。正反两面出现的频率都会在 1/2 的线上波动，符合大数定律的描述。为了避开哲学争论，这里将其作为一条公理写出来。

硬币的对称性使每一面出现的可能性量化为 1/2；骰子的对称性使每一面出现的可能性量化为 1/6；连接两次都是六点的可能性可以量化为 1/36。很容易把可能性的量化范围扩大到有理数，可能性的量化结果就是概率。现在可以把概率在等可能事件中使用起来，于是对称性公理可以写为

$$p(a_1) = p(a_2) = \cdots = p(a_n) = 1/n \tag{8.12}$$

概率之所以被人们承认，是因为数据的出现，同一个数据集中的数据是相互对称的，谁也不比谁特殊，大家都是平权的。于是，根据对称性公理 8.1，本节提出这样一个公理。

数据平权公理 8.2　若无特殊假定，一个数据集中的所有数据都是平权的。一个大小为 m 的数据集，每个数据都携带 $1/m$ 的概率落到信息空间而成为一个样本点。

假定样本是一组专家的评分，而这组专家的评定水平是不一样的，此时，数据平权公理就不适用，需要进行特殊处理。

数据平权地落到信息空间以后，它们在信息空间中的位置不一定均匀，所画出的直方图会呈现各种样本分布。于是，等可能事件的概率很快就扩张为非等可能性事件的概率，实现了可能性的全部量化过程。

随机性是指实验观测条件的不充分造成事件发生的不确定性，但不充分条件与结果之间仍然存在广义因果论。充分的条件引出离散因果度 1 和 0，不充分的条件引出连续因果度在[0,1]。概率就是条件对结果的因果度。

在国外，哲学流派的纷争导致出现了不同种类的“概率”，频率学派把频率直接称为概率，是因为他们把人的正确抽象当作唯心论而加以否定，忽视因果的逻辑概念色彩。频率是现象，概率是本质，频率是实践依据，概率是人的正确抽象。即使频率再稳定，也无法提供一个明确的度量标准。因果度的提取必须依靠人的正确推理。频率总带有偶然性的波动，概率却具有必然的色彩。

现代概率论是在测度论的基础上发展起来的，但测度论只能解决概率的表现与扩张，并未涉及概率的确定和起源。概率的真正确定还是要从强调等可能性的古典概率开始，然后才能借助测度论向外扩张。

8.2.3　条件概率与推理

设 f 与 g 是有因果联系的两个因素，前者为条件，后者为结果。给定对象或场景 d，已知条件因素 f 所取的相是 $f(d)=x$，试问在结果因素相域 $I(g)=\{y_1,y_2,\cdots,y_n\}$ 中，最有可能的取相 y_j^* 是哪一个？若 g 是决策因素，试问选择哪一个 y_j^* 为决策相？这称为正向推理和抉择；已知结果因素 g 所取的相是 $g(d)=y$，试问在条件因素相域 $I(f)=\{x_1,x_2,\cdots,x_m\}$ 中，最有可能的取相 x_i^* 是哪一个？若 f 是决策因素，试问选择哪一个 x_i^* 为决策相？这称为逆向推理和抉择。

推理句 $A\to B$ (若 A，则 B)具有真值 t，若 $t(A\to B)=1$，则 $A\to B$ 就是恒真句，属于确定性推理的范畴；若 $t(A\to B)<1$，则 $A\to B$ 就是非恒真句，属于不确定性推理的范畴。条件概率 $p(B|A)$ 也可视为对不确定性推理句 $A\to B$ 可信度的一种度量，可写为

$$t(A\to B)\ \approx p(B|A) \tag{8.13}$$

式中，“≈”表示非归一化的等号。

要归一化，首先应当将无条件概率 $p(B)$ 作为基准，看看 $p(B|A)-p(B)$ 改变了多少。由于 $p(B|A)$ 可能小于 $p(B)$，还要设法使真值在区间[0, 1]。曾繁慧等(2023)给出了式(8.13)的归一化表示式：

$$t(A \to B)=(1/2)(p(B|A)-p(B)+1) \tag{8.13'}$$

因 $p(B|A)$ 和 $p(B)$ 都是不大于 1 的正数，故 $0 \leqslant |p(B|A)-p(B)| \leqslant 1$，从而有 $0 \leqslant t(A \to B) \leqslant 1$，这说明，式(8.13′)保证了真值 t 在区间[0,1]。

这里要指出条件概率与推理真值之间的区别。无论是正向抉择还是反向抉择，都可以兼用条件概率和逻辑真值两种表示方法。用条件概率来进行选择时，概率值越大越好。

$$j^* = \arg\max_j\{p(y_j|x)\}(\text{正向}),\quad i^* = \arg\max_i\{p(y|x_i)\}(\text{反向})$$

一个备择相被选中的可能性是随着条件概率值的增大而单调递增的。但是，用逻辑真值来进行选择，一个备择相被选中的可能性并不是随着 t 值的增大而单调递增的。例如，设结果因素 g 是人的体质，$I(g)=\{Y^+=$健康，$Y^-=$不健康$\}$，t 是健康度。最难选择的不是 $t=0$，此时很容易选择 Y^- 作为决策相；当然最难选择的也不是 $t=1$，此时很容易选择 Y^+ 作为决策相；最难选择的情况是对象的健康度 $t=0.5$。

当 A 与 B 相互独立时，式(8.13′)为 $p(B|A)-p(B)=p(B)p(A)/p(A)-p(B)=0$，从而有 $t(A \to B)=0.5$，这是合乎情理的。独立的两个事件之间不存在因果，无法根据其中的一个来对另一个进行取舍，匹配这一最难选择情况的逻辑真值就是 $t=0.5$。

逻辑是因果的演绎，逻辑学自然要与概率论挂钩。在概率论发展的初期，归纳逻辑就曾向概率论寻求过帮助，国内外已经开展了概率逻辑的研究。

条件概率的直接运用就是进行因果的正向概率推理，从已有事件 A 出发，看看最有可能发生的后果是什么。

1. 正向概率推理模型

给定事件列 $A,B_1,B_2,\cdots,B_k$，已知 B 类事件中每个事件在 A 之下的条件概率为 $p(B_j|A)$，若 A 已经发生，试问 B 类事件中，哪个事件最有可能发生?

解　计算 $j^*=\arg\max_j\{p(B_j|A)\,|\,j=1,2,\cdots,k\}$，$A_{j^*}$ 最有可能发生。

按照条件概率的定义，证明是显然的。

正向推理是无目标的求索，规定目标以后，为了达到目标，需要进行逆向推理。

2. 贝叶斯公式与逆向推理

前面是由已知的条件 A 推理结果 B，现在要由已知的结果 B 推理条件 A。

正向推理是无目标的求索，规定目标以后，为了达到目标，需要进行逆向推理。给定事件列 $B, A_1, A_2, \cdots, A_k$，已知 B 在 A 类事件中每个事件之下的条件概率为 $p(B \mid A_j)$，现在要反过来问：在 B 发生的条件下哪个 A 事件最有可能发生？

利用条件概率进行如下推理。

逆向推理原则为

$$j^* = \arg\max_j \{p(B \mid A_j) \mid j = 1, 2, \cdots, k\} \tag{8.14}$$

例如，一个 30 人的班里有 10 人得优，全班 10 个女生中有 5 人得优，全班 20 个走读生中有 6 人得优，试问在得优的条件下，出现女生的可能性大还是出现走读生的可能性大？

以 B 表示事件“一个学生得优”，A_1 表示“一个学生是女生”，A_2 表示“一个学生是走读生”，于是有 $p(B)$=10/30，$p(B \mid A_1)$=5/10，$p(B \mid A_2)$=8/20，$p(B \mid A_1) - p(B)$=5/30，$p(B \mid A_2) - p(B)$=2/30。按照逆向推理原则(8.14)，应该回答 j^*=1，即出现女生的可能性大。但是，$p(A_1 \mid B)$=5/10，$p(A_2 \mid B)$=8/10，这就是一个反例。在这个反例中，A_1 和 A_2 不是两个互斥事件，存在走读女生，变数多，容易举出反例。要解答逆向推理的问题，必须用贝叶斯公式，该公式的前提是 $A_1, A_2, \cdots, A_k$ 必须是一个随机变量的全相列，是对 Ω 的一种划分，即

$$A_i \cap A_j = \varnothing (i \neq j), \quad A_1 \cup A_2 \cup \cdots \cup A_k = \Omega$$

3. 贝叶斯公式

贝叶斯公式为

$$p(A_i \mid B) = p(B \mid A_i) P(A_i) \ \Big/ \sum_{j=1}^{k} p(B \mid A_j) P(A_j) \tag{8.15}$$

这是概率论中的基本公式，证明略。

4. 逆向概率推理模型

给定事件列 B 和 $A_1, A_2, \cdots, A_k$，其中 $A_1, A_2, \cdots, A_k$ 是某随机变量的全相列，已知 A 类事件的概率 $P(A_j)$和 B 在 A 类事件中每个事件之下的条件概率 $p(B \mid A_j)$，现在 B 已经发生，试问哪个 A 事件最有可能发生？

解　计算 $i^* = \arg\max_i \{p(B \mid A_i) \mid i = 1, 2, \cdots, k\}$，$A_{i^*}$ 最有可能发生。

证明　贝叶斯公式右端的分母是一个确定的数，因而在比较大小的过程中，

可以略去分母，从而有 $p(A_i \mid B) = p(B \mid A_i)P(A_i)$ 。若

$$p(A_i \mid B) = p(B \mid A_i)P(A_i) \ / \sum_{j=1}^{k} p(B \mid A_j)P(A_j)$$

则有

$$i^* = \arg\max_i \{p(B \mid A_i) \mid i = 1,2,\cdots,k\} = \arg\max_i \{p(A_i \mid B) \mid i = 1,2,\cdots,k\}$$

证毕。

逆向推理不仅要把一般事件序列限制为全相列，更重要的是要把眼光从属性层次提高到因素层次上，从事件层次提高到随机变量的分布上。为了强调这一思想，下面将贝叶斯原理再进行深入剖析。

5. 贝叶斯原理

若已知因素甲的概率分布及因素乙在因素甲状态下的条件分布，则当因素乙取定一个相时，便可用式(8.15)计算出因素甲在因素乙状态下的条件分布。这个条件分布一定比原分布提供了更多的信息。

例 8.2　$D = \{a,b,c,d,e\}$ ，对象是 5 个球。考虑两个因素，一个是球号 $f: f(a) = 1$、$f(b) = 2$、$f(c) = 3$、$f(d) = 4$、$f(e) = 5$ 。一个是球的颜色 $g: g(a) =$ 白、$g(b) =$白、$g(c) =$白、$g(d) =$黑、$g(e) =$黑。给定因素 g 在因素 f 下的条件分布：

$$P(g = \text{白} \mid f = 1) = 1,\ P(g = \text{黑} \mid f = 1) = 0$$
$$P(g = \text{白} \mid f = 2) = 1,\ P(g = \text{黑} \mid f = 2) = 0$$
$$P(g = \text{白} \mid f = 3) = 1,\ P(g = \text{黑} \mid f = 3) = 0$$
$$P(g = \text{白} \mid f = 4) = 0,\ P(g = \text{黑} \mid f = 4) = 1$$
$$P(g = \text{白} \mid f = 5) = 0,\ P(g = \text{黑} \mid f = 5) = 1$$

现在对因素 g 进行一次观察，所得的结果是 $g(u) =$ 黑。假定因素 f 服从均匀分布，即 $P(f = i) \equiv 1/5$ ，应用贝叶斯公式，反过来计算出因素 f 在 $g(u) =$ 黑下的条件分布为

$$P(f = 1 \mid g = \text{黑}) = P(f = 1)P(g = \text{黑} \mid f = 1) / \sum_{i=1}^{5} P(g = \text{黑} \mid f = i)P(f = i)$$
$$= (1/5)0 / ((0+0+0+1+1)/5) = 0$$

类似地，有

$$P(f = 2 \mid g = \text{黑}) = P(f = 3 \mid g = \text{黑}) = 0,\ P(f = 4 \mid g = \text{黑}) = P(f = 5 \mid g = \text{黑}) = 1/2$$

原来的均匀分布现在变为(0,0,0,1/2,1/2)。均匀分布不提供任何信息，现在则

不同，若把零概率的相从相域中去掉，便有 $I(f)=\{d,e\}$ ，原来相的个数 $N=5$，现在 $N=2$。N 减少，选择的随机性就减小，必然性就增大。这就是随机性向确定性的一种转化。例毕。

贝叶斯原理的运用不是在事件层次上盲目求索，而是增加分布所携带的信息。这在实践中具有重要的意义。假定这不是 5 个球而是 5 个嫌疑犯，现在通过罪犯坐黑色车这一证据，一下子就把嫌疑犯所在圈子缩小了。贝叶斯原理是一种因果分析手段，其作用就是通过关键因素提供证据，从而降低决策变量分布的随机性。这里要再次强调的是：因果分析的核心思想是不要在属性或事件层次上盲目费力，而要在因素和变量层次上下功夫。贝叶斯是先在随机变量之间的分布上做文章，然后落在具体事件上，这样方法才有成效。

8.2.4　联合分布转化为背景分布

随机变量的概率分布是概率论研究的核心，随机变量的联合分布又是分布理论的核心。联合分布决定诸分量的边缘分布，也决定彼此间的条件分布，蕴含着变量之间相互作用的全部信息，是相关性和因果性分析的依据。联合分布就是因素背景关系的随机化(曲国华等, 2017a)。

定义 8.6(背景概率分布)　若把一组因素 $f_1,f_2,\cdots,f_n$ 看作一组随机变量，则其联合概率分布列 $P=\{p_{i(1)i(2)\cdots i(n)}\}(1\leqslant i(j)\leqslant J, j=1,2,\cdots,n)$ 称为背景分布列，常记为 $R=\{r_{i(1)i(2)\cdots i(n)}\}(1\leqslant i(j)\leqslant J, j=1,2,\cdots,n)$ 。其联合分布密度 $p(x_1,x_2,\cdots,x_n)$ 称为背景分布密度，常记为 $\rho(x_1,x_2,\cdots,x_n)$ 。

在考虑实数相值的因素时，可以用联合分布密度代替分布列。借分布密度可以简明地表达一些基本公式。

设因素 ξ 和 η 分别具有分布密度 $p(x)$ 和 $p(y)$ ，其联合分布密度是 $p(x,y)$，又用 $p(y|x)$ 表示 η 在 $\xi=x$ 时的条件分布密度，用 $p(x|y)$ 表示 ξ 在 $\eta=y$ 时的条件分布密度，即

$$p_\xi(x)=\int_Y p(x,y)\mathrm{d}y\ ,\quad p_\eta(x)=\int_X p(x,y)\mathrm{d}x \tag{8.16}$$

$$p(y|x)=p(x,y)/p(x),\ \ p(x|y)=p(x,y)/p(y) \tag{8.17}$$

式(8.16)表示联合分布决定边缘分布；式(8.17)表示联合分布决定条件分布，这两组公式都具有对称性，尤其是式(8.17)称为双向推理分布公式。

记

$$r=\int_X\int_Y(x-a)(y-b)p(x,y)\mathrm{d}x\mathrm{d}y$$

称其为 ξ 和 η 的线性相关系数，其中

$$a = E\xi = \int_X xp(x)\mathrm{d}x\ ,\ \ b = E\eta = \int_Y yp(y)\mathrm{d}y$$

定义 8.7 称ξ和η相关，如果$r \neq 0$，严格来说，应该称为线性相关。

定义 8.8 称ξ和η独立，如果

$$(\forall x)p(y \mid x) \equiv p(y)\ ,\ \ (\forall y)p(x \mid y) \equiv p(x) \tag{8.18}$$

定义 8.9 称ξ和η独立，如果

$$p(x,y) \equiv p(x)p(y) \tag{8.18′}$$

这两个定义是等价的。独立一定不相关，不相关不一定独立。

给定一个背景分布密度$\rho(x_1,x_2,\cdots,x_n)$，当ρ只取 0、1 二值时，背景分布就回到背景关系。称$R_\lambda = \{x = (x_1,x_2,\cdots,x_n) \in I = I(f_1)\times I(f_2)\times\cdots\times I(f_n) \mid \rho(x_1,x_2,\cdots,x_n) \geqslant \lambda\}$为由背景分布确定的$\lambda$-背景集。条件因素$f$和结果因素$g$的背景分布就是它们的联合分布。设$f$和$g$的边缘分布分别是$P$和$Q$：$\sum_k r_{jk} = p_j$、$\sum_j r_{jk} = q_k$，记条件概率$q_{jk} = p(g = y_k \mid f = x_j)$，有$q_{jk} = r_{jk} / p_j$。

8.3 因素模糊集理论

8.3.1 模糊落影理论

论域U在模糊集理论中是不加定义的名词，本书将U拿出来特别加以研究。若以年龄为因素，则青年这一概念的隶属曲线比较模糊，但若加上面孔和精力等因素，青年的隶属曲线就比原来清晰多了。模糊数学所承担的任务应该是促进模糊性与清晰性的相互转化。因素空间正是在这一目标驱动下于 1982 年被正式提出的。

模糊性是由认知因素不充分而导致的概念划分的不确定性。20 岁是否算青年？青年是一个模糊概念，在不同人的大脑中有不同的外延，外延是集合，如[18,25]或者[21,40]，张南纶(1981a, 1981b, 1981c)提出了青年隶属度实验的概念，并在该实验中运用了区间统计下的置信区间估计方法，对隶属度进行了实际度量，从而建立了隶属度的区间估计理论。由此可以说，张南纶实际上是第一个在隶属度问题上使用区间统计的科学家。他在武汉建材大学、武汉大学和西北工业大学三所院校大三学生中进行了问卷调查，让每个人报一个青年的年龄区间。每个班把这些区间集中起来计算对各个年龄的覆盖频率，得到青年的隶属曲线，发现三所院校的青年隶属曲线十分相似，第一次用心理测试证实了隶属度具有覆盖频率的稳定性。由此，作者把这一实践结果上升为理论。

随机实验模型是“圈圈固定，点子在变”，现在模糊实验模型是“点子固定，圈圈在变”，这里的点子指的是某个特定年龄，如图 8.3 中的 20 岁。

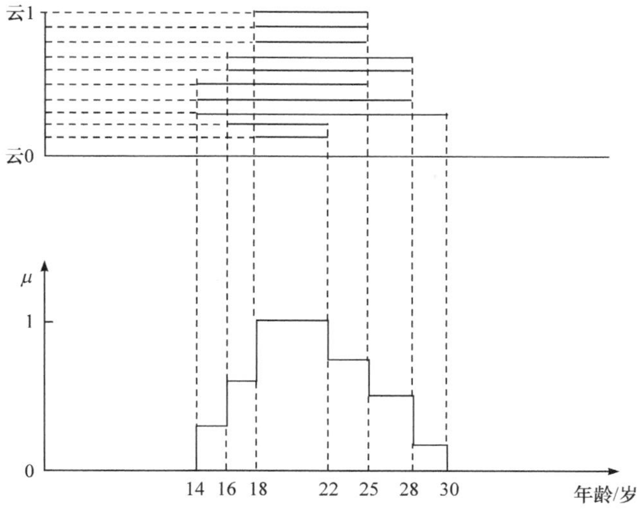

图 8.3　模糊集是随机云的落影

两种模型呈现出一种对偶性，而这在数学上正是论域 D 与其幂 $P(D)=2^U$ 的关系。D 中的圈就是幂中的点，D 中的一点 d 可确定一个集合类 $d^{\wedge}=\{A \mid d\in A\subseteq D\}$，它是幂中的圈。这在数学上正好是论域(地)和幂(天)的关系。地上的模糊模型可以转换成天上的随机模型，论域 D 中的一点 d 对模糊集 A 的隶属度等于某个随机集 ξ 对点 d 的覆盖率：$\mu_A(d)=p(d\in\xi)$。ξ 称为落成 A 的随机云。这就是本书作者基于因素空间所提出的模糊落影理论(汪培庄，1985)。

8.3.2　隶属函数的类型

模糊数学应该像概率论那样有型、有式、有表。“型”是指概率分布的类型，如二项分布、泊松分布、正态分布等；“式”是指这些分布的数学表达式；“表”是供人按概率精度来查找置信限的表格。三者的关键在于“型”。模糊落影理论和集值统计可以完成这一任务。从表面上看，天地对应的关系极其复杂。地上有 n 个元素，天上就有 2^n 个元素，统计起来困难极大。但是，利用背景关系，可以考虑背景幂。什么是背景幂？设 $D=[0,1]$，不考虑 D 的一切子集，而只考虑 D 的一切闭子区间所构成的集，记为

$$P_I(D)=\{[a,b] \mid 0\leqslant a\leqslant b\leqslant 1\} \tag{8.19}$$

$P_I(D)$ 称为 D 以其闭子区间集 I 为背景的幂，简称背景幂。为了避免烦琐，请读者自己将 I 改为任意子区间的集，即包括一切开子区间和半闭半开子区间。这就是本书要经常采用的背景幂。背景幂把幂限制在背景中，这样的限制在实际中是

把集值统计限制为区间统计，这一限制大大节约了统计量。下面看一个例子。

令 $D=\{a,b,c,d,e,f,g\}$ ， $P(D)$ 包含 D 的 128 个子集，若只考虑连字，(例如，ab 是连字，ac 就不是连字)，以连字集 I 为背景，则背景幂所含元素的个数立即降为

$$|P_I(D)|=1+2+3+4+5+6+7=28$$

现在给定 $P_I(D)$ 上的概率分布：

cde 0.4，$bcde$ 0.2，dcf 0.2，$bcdef$ 0.2，(其他连字均为零概率)

有正概率的这 5 个连字中，没有一个含字母 a，故它们对 a 的覆盖频率是 0。不难推出，随机连字在 D 上的模糊落影是

$$\begin{matrix} 0 & 0.4 & 1 & 1 & 0.8 & 0.4 & 0 \\ a & b & c & d & e & f & g \end{matrix}$$

这就是随机集落影的简单模型。

在以区间为背景幂的简化下，实数域上隶属曲线只取决于区间左右端点这两个随机变量的变化。隶属曲线的左尾、平顶和右尾如图 8.4 所示，隶属曲线的左右两端正是随机区间左右两端点分布密度的左右分布函数。

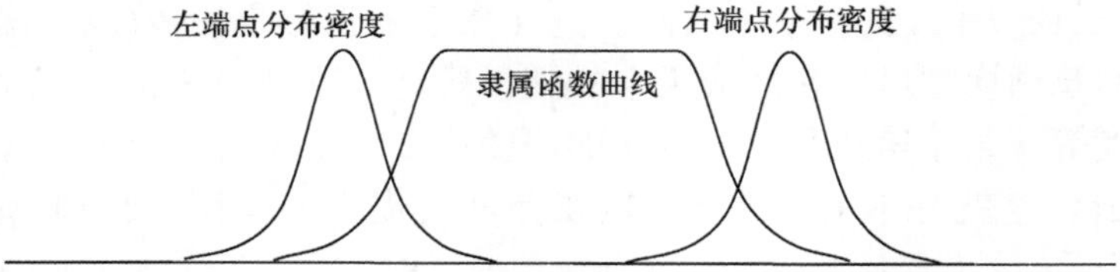

图 8.4　隶属曲线的左尾、平顶和右尾

每一条隶属曲线可分成三段：{左尾，平顶，右尾}，如果把隶属曲线从中间截断，只考虑一个尾部加部分平顶，则可以把隶属曲线与随机变量的分布函数等同。不难证明下面的定理。

定理 8.1(隶属曲线与概率分布函数转换定理)　隶属曲线左(右)尾的表达式等于随机区间左右端点分布密度的左(右)分布函数。

根据这一定理，便可借助概率密度来确定隶属曲线的尾型，其主要有以下几种类型。

1) 负幂型隶属曲尾

若分布密度使隶属曲线左(右)尾的分布密度为

$$\{p(x)=\theta/(x-a)^2\},\quad x<a \text{ 或 } x>a$$

则隶属函数的左(右)尾表达形式为

$$\mu(x)=c/(a-x),\quad -c<x<a-1/c$$

$$\mu(x)=c/(x-a),\quad a+1/c<x<c \tag{8.20}$$

2) 负指数型隶属曲尾

若分布密度使隶属曲线左(右)尾的分布密度为

$$p(x)=\mathrm{e}^{-\theta(a-x)},\quad x<a$$

$$p(x)=\mathrm{e}^{-\theta(x-a)},\quad x>a \tag{8.21}$$

则隶属函数的左(右)尾表达形式为

$$\mu(x)=c\theta(\mathrm{e}^{-\theta(a-x)}-1),\quad -1/\varepsilon<x<a-\varepsilon$$

$$\mu(x)=c\theta(\mathrm{e}^{-\theta(a-x)}-1),\quad a+\varepsilon<x<1/\varepsilon \tag{8.22}$$

3) 对数型隶属曲尾

若分布密度使隶属曲线左(右)尾的分布密度为

$$p(x)=\theta/(a-x),\quad x<a$$

$$p(x)=\theta/(x-a),\quad x>a \tag{8.23}$$

则隶属函数的左(右)尾表达形式为

$$\mu(x)=c(\ln\theta(1/\varepsilon)-\ln\theta(a-x)),\quad -1/\varepsilon<x<a-\varepsilon$$

$$\mu(x)=c(\ln\theta(x-a)-\ln\theta(1/\varepsilon)),\quad a+\varepsilon<x<1/\varepsilon \tag{8.24}$$

负指数型/对数型应当成为模糊分布的常态。

逻辑回归就是负指数/对数型的隶属曲线。设 $L=\{x_k=(x_{k1},x_{k2},\cdots,x_{kn};y_k)\}(k=1,2,\cdots,K)$ 是一组平权的医学数据，数据 $x_{k1},x_{k2},\cdots,x_{kn}$ 代表第 k 个测试者的 n 种病理因素指标：$y_k=1$(有某病)或 0(无某病)。每个数据带着 $1/K$ 的概率落在 $\mathbf{R}^n$ 的一个超矩阵中，把这个矩阵等分为若干个格子，记 $f_{i_1,i_2,\cdots,i_n}$ 为落入以 $i_1,i_2,\cdots,i_n$ 为足码的格子中有病样本点与落入样本个数之比(即频率)，将其省略写成 f_i。在医学上把 $f_i/(1-f_i)$ 称为似然比。在此请注意，对似然比取对数，令 $y_i=\ln f_i/(1-f_i)$，它在 n 维格子点上变化。现在用 n 维超平面 $\theta_1x_1+\theta_2x_2+\cdots+\theta_nx_n=b$ 来拟合，不难证明，所得拟合隶属曲面的方程为

$$\mu(x)=\mathrm{e}^{(\theta,x)-b}/(\mathrm{e}^{(\theta,x)-b}+1) \tag{8.25}$$

式中，$\mu(x)$ 称为逻辑回归隶属曲面(也可称为对数回归隶属曲面)。

研究回归的目的是根据隐参数 $\boldsymbol{\theta}=(\theta_1,\theta_2,\cdots,\theta_n)$ 各个分量的大小来判断哪些病理因素重要，哪些不重要。逻辑回归是第一个但尚未被公认的隶属曲面的型，不被公认的原因是其提出和应用者多是非从事模糊研究的人员，他们没有把这种拟合曲面归入模糊隶属曲面，却一致强调，涉及概念的是非判断时应该用此曲面，这其实就是隶属曲面的特征。逻辑回归函数就是某类概念在特定状态空间上的隶属函数。在这方面，Cheng 等(2017)做了很多工作。

模糊数学有了自己的典型分布，就不难建立相应的表格以供人查找模糊推理的置信限。现在已经有文章用两限来规范同时具有随机性和模糊性的推断：一个是概率判断犯第一种错误的置信限，有根有据，另一个是在使用而又解释不清楚的限，用隶属曲线分布可以解释清楚，鲁晨光(2015)将其命名为确证度(confirmation measure，CM)。

8.3.3 因素评分系统

模糊集在人工智能中应用的一个重要方面是评分。数据分为两种类型：物理测量的数据和人脑加工过的数据。后者主要是专家评分，它是人脑决策后的产物，包含模糊性，需要用到模糊数学。

物理测量数据都有计量单位，如厘米、克、秒、元等，评分的计量单位就是分，它代表着各种各样的度。单因素的评分空间是区间[0,1]，每次评分是[0,1]中的一个模糊数。多因素的评分空间是$[0,1]^n$，是n个模糊数在权重上的加权综合，这就需要对模糊数的运算和综合建立一个数学系统，称为评分系统。关于模糊数的运算，郭嗣琮(2004a)的结构元理论对模糊数的研究做出了重要贡献。按照他的理论，固定一个三角模糊数 E，称为结构元，任何一个模糊数 A 都存在唯一的单调函数 f，使得

$$A(x)=f(E(x))=E(f^{-1}(x)) \tag{8.26}$$

根据郭嗣琮(2004a)的理论，将结构元 E 固定为在支集[−1,1]上取值 $E(-1)=0$、$E(0)=1$、$E(1)=0$ 的三角模糊数。又固定一类单调函数簇 $f_a(y)=a+0.ay$ $(0<y<+\infty,0<a<+\infty)$，这里，$0.a=a/10$。根据这簇单调函数，在 $\mathbf{R}^+=(0,+\infty)$ 上由 E 生成了一个模糊数系，即

$$(N)=N(0,+\infty)=\{[a]=f_a(E)\,|\,0<a<+\infty\}=\{a+0.aE\,|\,0<a<+\infty\} \tag{8.27}$$

式中，每个模糊数$[a]$是一个三角模糊数，中心是实数 a，半径是 $0.a$。

该模糊数系中的任意两个数可以相加，即

$$[a]+[b]=[a+b]=(a+b)+0.(a+b)E$$

当 $b<a$ 时，还可以做模糊数的减法，即

$$[a]-[b]=[a-b]=(a-b)+0.(a-b)E$$

由于减法受以大减小的限制，该模糊数系还带有一定的缺陷，但这并不妨碍它在实践中的谨慎运用。

模糊评价的分数域是程度集合，应该是(0,1]。但是按照主观性测度和隶属度类型的要求，最好是负对数型/指数型。假如 $x\in(0,1]$代表评分值，令 $y=-\ln x$，亦即 $x=\mathrm{e}^{-y}$，y 的值域正好在前面所说的值域 $(0,+\infty)$ 中变化。所需要的评分模糊数系是 $N=N(0,1]$，它可以由前面的数系(*N*)来定义，即

$$N=\{[x]\,|-\ln x(E)\in(N)\} \tag{8.28}$$

或者

$$N=\{[\mathrm{e}^{-y}]\,|\,[y]\in(N)\} \tag{8.29}$$

从单因素评分到综合评判是一个加权的过程。给定权重 $w_1,w_2,\cdots,w_n$，先在(*N*)中对评分 $[y_1],[y_2],\cdots,[y_n]$ 加权，得到 $[b]=[w_1y_1+w_2y_2+\cdots+w_ny_n]$，再回到系统 *N*，得到 $[b^*]=[y_1^{w1},y_2^{w2},\cdots,y_n^{wn}]$。

郭嗣琮(2004a)评分系统强调了以下原则：

评分综合原则　主观性评分综合的几何平均优于算术平均，指数加权优于算术加权。

这一原则的道理很深刻。现在直觉模糊集、犹豫模糊集所用的评分决策就是评分综合原则，鲁晨光(2015)在投资组合中也强调了这一原则。在数学上，它体现了值域的切换，在区间[0,1]上，两个小数点挤在一起进行比较或运算，分辨率差，通过负对数变换，在 $\mathbf{R}^+$ 上，分辨率得到大大提高。在这里看到了结构元理论的应用，但其意义远不至于此，它也是智能数学的一个重要工具。

8.4　数学结构在幂上的提升

模糊落影理论使模糊集合论变为集合论在幂上的提升，这也是智能数学的基本特征。本节集中介绍这方面的内容。

8.4.1　幂格

集合 *S* 的一切子集所成之集 $P(S)=2^S$ 称为 *S* 的幂(汪培庄，1985；Liu et al.，2020a)。*S* 的每个子集 *A* 在 $L=P(S)$ 中就变成一个点，改用正体 A 来表示，最大

的点是 S 自身，最小的点是空集 $\varnothing$。在幂上描述集合间的包含关系就得到一个序结构 $(P(S),\leqslant)$。$\mathrm{A}\leqslant\mathrm{B}$ 当且仅当 $\mathrm{A}\subseteq\mathrm{B}$。显然满足反射性和传递性。

反身性：$\forall\mathrm{A}\in L,\ \ \mathrm{A}\leqslant\mathrm{A}$。

传递性：若 $\mathrm{A}\leqslant\mathrm{B}$ 且 $\mathrm{B}\leqslant\mathrm{C}$，则 $\mathrm{A}\leqslant\mathrm{C}$。

于是，$(P(S),\leqslant)$ 是一个拟序集。显然，它还满足反对称性。

反对称性：若 $\mathrm{A}\leqslant\mathrm{B}$ 且 $\mathrm{B}\leqslant\mathrm{A}$，则 $\mathrm{A}=\mathrm{B}$。

于是，$(P(S),\leqslant)$ 是一个偏序集。

对于任意 $\mathrm{A},\mathrm{B}\in L$，若将两者在 S 中进行并运算(交运算)，得到 $\mathrm{A}\cup\mathrm{B}(\mathrm{A}\cap\mathrm{B})$，再放到 $P(S)$ 中，按照顺序 $\leqslant$ 必有上(下)确界，记作 $\mathrm{A}\vee\mathrm{B}=\mathrm{Sup}\{\mathrm{A},\mathrm{B}\}$ $(\mathrm{A}\wedge\mathrm{B}=\mathrm{Inf}\{\mathrm{A},\mathrm{B}\})$，于是 $(P(S),\vee)$ 和 $(P(S),\wedge)$ 分别是一个上半格和一个下半格，满足以下定律。

$$\mathrm{A}\vee\mathrm{B}=\mathrm{B}\vee\mathrm{A},\quad \mathrm{A}\wedge\mathrm{B}=\mathrm{B}\wedge\mathrm{A}\quad (交换律)$$

$$(\mathrm{A}\vee\mathrm{B})\vee\mathrm{C}=\mathrm{A}\vee(\mathrm{B}\vee\mathrm{C}),\quad (\mathrm{A}\wedge\mathrm{B})\wedge\mathrm{C}=\mathrm{A}\wedge(\mathrm{B}\wedge\mathrm{C})\quad (结合律)$$

$$\mathrm{A}\vee\mathrm{A}=\mathrm{A},\quad \mathrm{A}\wedge\mathrm{A}=\mathrm{A}\quad (幂等律)$$

给定一个上(下)半格 $(P(S),\vee)$ $((P(S),\wedge))$，可以反过来从半格运算定义序关系：

$$\mathrm{A}\leqslant\mathrm{B}\Leftrightarrow\mathrm{A}\vee\mathrm{B}=\mathrm{B},\quad \mathrm{A}\leqslant\mathrm{B}\Leftrightarrow\mathrm{A}\wedge\mathrm{B}=\mathrm{A}$$

这样定义的 $(P(S),\leqslant)$ $((P(S),\geqslant))$ 必是偏序集。序 $\leqslant$ 和序 $\geqslant$ 是互逆的。$(P(S),\vee)$ 和 $(P(S),\wedge)$ 都是半格，显然满足以下定律：

$$(\mathrm{A}\wedge\mathrm{B})\vee\mathrm{B}=\mathrm{B},\quad (\mathrm{A}\vee\mathrm{B})\wedge\mathrm{B}=\mathrm{B}\quad (吸收律)$$

于是 $(P(S),\vee,\wedge)$ 是一个对偶格。它还满足以下定律：

$$(\mathrm{A}\vee\mathrm{B})\wedge\mathrm{C}=(\mathrm{A}\wedge C)\vee(\mathrm{B}\wedge\mathrm{C}),\quad ((\mathrm{A}\wedge\mathrm{B})\vee\mathrm{C}=(\mathrm{A}\vee C)\wedge(\mathrm{B}\vee\mathrm{C}))\quad (分配律)$$

于是 $(P(S),\vee,\wedge)$ 是一个分配格。D 中任意子集 A 都有余集 A^c，余运算在幂格 L 中确定一个一元运算“c”，满足以下定律：

$$(\mathrm{A}^c)^c=\mathrm{A},\quad (\varnothing^c=S,S^c=\varnothing)\quad (对偶律)$$

$$(\mathrm{A}\vee\mathrm{B})^c=\mathrm{A}^c\wedge\mathrm{B}^c,\quad (\mathrm{A}\wedge\mathrm{B})^c=\mathrm{A}^c\vee\mathrm{B}^c\quad (德摩根律(逆向对合性))$$

于是 $(P(S),\vee,\wedge,^c)$ 是一个代数或称软代数，显然满足以下定律：

$$\mathrm{A}\vee\mathrm{A}^c=S,\quad \mathrm{A}\wedge\mathrm{A}^c=\varnothing\quad (排中律)$$

于是 $(P(S),\vee,\wedge,^c)$ 是一个布尔代数，它与布尔代数 $(P(S),\cup,\cap,^c)$ 在映射 $A\mapsto\mathrm{A}$ 下是同构的。在以下段落中，介绍的是集合代数 $P(S)$，但都用幂格的符号写出来。

若将确界概念一般化，则其还满足完备性。

完备性：若 $(\forall C \subseteq L)$ 有上(下)界，则必有最小的上(下)界，称为 C 的上(下)确界，记作

$$\vee\{A_t \mid t \in T\} = \mathrm{Sup}\{A_t \mid t \in T\} \ (\wedge\{A_t \mid t \in T\} = \mathrm{Inf}\{A_t \mid t \in T\})$$

于是 $P(S)$ 是一个完备的偏序集、完备上(下)半格、完备格和完备的布尔代数。

S 中的单点集也是幂中的元，在 S 中，除了空集外它们没有任何真子集，故在幂中称为次小元，记 $P_o(S)=\{\{x\}|x \in S\}$，它与 S 同构。为了简单，将 $\{x\}$ 写成 x 。

8.4.2 序结构在幂上的提升

定义 8.10 给定完备有序集 $(L,\geqslant)$ ，序 $\geqslant$ 在其幂格 $P(L)$ 中诱导出一个序关系，记作 $\gg$ ： $A \gg B$ 当且仅当对任意 $a \in A$ 都有 $b \in B$ 使得 $a \geqslant b$ 。

容易证明关系 $\gg$ 满足反身性和传递性，但不满足反对称性。为了使反对称性成立，就必须给出一个等价关系： $A \approx B$ 当且仅当 $A \gg B$ 且 $B \gg A$ 。按此等价关系，整个幂 $P(L)$ 被分类而得到其商空间为

$$P'(L) = P(L)_{/\approx} = \{[A] = \{B \mid B \approx A\} \mid A \in P(L)\}$$

在商空间中采用同样的序关系，于是 $(P'(L),\gg)$ 构成一个偏序集，称为 $(L,\geqslant)$ 的提升。这种提升带有明显的倾向性， $B \gg A$ 意味着从大往小看， B 的后劲比 A 大。如果用 L 的逆序 $\leqslant$ 来提升，即考虑 $(L,\leqslant)$ 的幂，那么所提升的关系记作 $\ll$ 。所得的商空间 $P''(L)$ 不能等同于原来的商空间 $P'(L)$ 。尽管 $(P''(L),\ll)$ 也是一个偏序集，但是“ $\ll$ ”不能被视为“ $\gg$ ”的逆序： $\ll \neq (\gg)^{-1}$ 。

8.4.3 拓扑结构在幂格上的表现

拓扑描写连续变换下的不变性。函数在一点的连续性被微积分学表示为 $\lim_{x\to a} f(x)=b$ ，用 ε-δ 语言来描述：任意给定 $\varepsilon>0$ ，都能找到一个 $\delta>0$ ，使当 $|x-a|<\delta$ 时，有 $|f(x)-b|<\varepsilon$ 。用距离空间来描述，只要变量 x 和点 a 的距离足够近，变量 $y=f(x)$ 离目标 b 的距离就可以任意近。但在更广泛的非距离空间内，不能谈距离而必须使用两串开区间：一串是以 a 为中心、以 δ 为半径的开区间 $(a-\delta,a+\delta)$ ；另一串是以 b 为中心、以 ε 为半径的开区间 $(b-\varepsilon,b+\varepsilon)$ 。无论 ε 多么小，只要 x 进入离 a 足够小的 δ-圈，便可保证 y 能够进到 b 的 ε-圈中。圈圈就是拓扑中所说的邻域，它是人们认识拓扑的先头概念。

极限表示一个事物向目标的逼近程度，为了表现逼近程度，就要在目标的周围设定一串邻域，例如，朋友从外地来访，他的目标是正在北京海淀区北太平庄某居民楼等候他的你，为了让他找到你，只需告诉他在你周围有 4 个圈圈：北京，海淀区，北太平庄，某居民楼，当他从一个圈进到下一个圈时，他就向你逼

近了一步，最后的一圈是目的地，这个圈的大小，反映逼近过程的精度或粒度。对一个常客来说，你只需告诉他你现在在北京就行了，北京就是最后的圈。对一个从未来过北京的远客来说，你必须再加几个圈，准确到几单元几层几号。但是，无论最后的圈圈是大是小，圈圈的数目都是有限的。如果一个邻域系只包含有限个圈，那么目的地都是可以到达的，就用不着谈极限了。微积分的想法是：一个邻域系可以包含无限多个圈圈，其中不存在最小的一圈，使得目标永远都无法达到，这是数学家有意设置的场景。一个变速运动的物体，要求出它在一瞬间的速度，只有从不断逼近的无限过程中求极限才能得到，这种无限性思维并不需要花费无限的时间，ε-δ 语言是无限逼近中因果求索的数学表述，通过逻辑判断就可以求解。拓扑学的任务，就是把微积分的极限理论一般化。本节只从点集拓扑学的角度进行简单介绍，本质上只涉及序的结构。

序列的一般表达是一个网，是一个映射 $w:D\to X$ 。这里，D 是一个指标集；X 是一个信息空间，它可以是一维或高维的欧氏空间，也可以是更一般的因素空间。指标集必须具有确定的方向。

定义 8.11　设 $(P,\geqslant)$ 是一个偏序集。若(尾性)对任意 $x,y\in D$ ，都有 $z\in D$ 使 $x\geqslant z$ 且 $y\geqslant z$ ，则 $D\subseteq P$ 称为一个定向集。

对于对偶格 $(L,\vee,\wedge)$ ，定向集的定义可以改为：若对任意 $x,y\in D$ ，都有 $x\wedge y\in D$ $(x\vee y\in D)$ ，则称 D 是下定向集(上定向集)。从定向集 D 到 X 的一个映射 $w:D\to X$ 称为 X 中以 D 为指标的一个网。

在实用中只需固定使用两种指标集：大的序结构都固定在实空间 $\mathbf{R}$ 中，定向子集 D^0 取非负整数从小到大排序，任何序列都能以它为指标集；定向子集 D^1 取区间 $(0,1]$ 中的实数从大到小排序，任何一维连续变量都能以它为指标集，例如，$w\to+\infty$ 可以表示为 $w=1/d(d\to 0)$ 。对于二维序列，可以在 D^0 或 D^1 的基础上再定义一种穿流网。

定义 8.12　在二维实空间中，设 $(T,\geqslant)$ 是 X 轴上的一个定向子集，对每一 $t\in T$ ，又有 Y 轴上的一个定向子集 $(D_t,\geqslant)$ 。记 $D_{\Pi}=\{(t,\beta)\,|\,t\in T,\beta\in D_t\}$ ，定义字典次序：$(t_1,\beta_1)\geqslant(t_2,\beta_2)\Leftrightarrow t_1>t_2$ ，或者当 $t_1=t_2$ 时，有 $\beta_1>\beta_2$ ，此处 $t_1>t_2$ 表示 $t_1\geqslant t_2$ 且 $t_1\neq t_2$ 。不难证明，$(D_{\Pi},\geqslant)$ 也是定向集，称为穿流方向。以穿流方向为指标集的网称为穿流网。

子序列也需要推广到子网。

定义 8.13　设 $(D,\geqslant)$ 是一个定向集，$(D',\geqslant)$ 称为它的定向子集，若 $D'\subseteq D$ ，则 D' 关于 $\geqslant$ 也做成一个定向集。设 w 和 w' 分别是以 D 和 D' 为指标集的两个网，w' 称为 w 的子网，若 D' 是 D 的定向子集且 $d\in D'$ ，则有 $w(d)=w'(d)$ 。

现在，把 S 取为实欧氏空间 $X=\mathbf{R}^n$，本节想用序结构的语言把实变函数中的拓扑空间重新进行构造。首先，把描述函数极限的 ε-δ 语言翻译到幂 $P(X)$ 中。

定义 8.14　给定 $P(X)$ 中的网 $w=\{w(d)\mid d\in D\}$ 和 $P_o(X)$ 中的一点 $x=\{x\}$，若对任意 x 的任意邻域 y，都有 $d\in D$，则当 $d'\geqslant d$ 时，便有 $y\geqslant w(d')$，此时，称网 w 收敛于 x，记作 $w(d)\to x$。

那么，是否在 $P(X)$ 中已经构建了一个拓扑空间呢？答案是否。实变函数中的序列收敛应该满足以下基本规则：

(1) 若 $x_n\equiv a$，则 $x_n\to a$。

(2) 若 $x_n\to a$，则其任意子序列 $x_{n''}\to a$。

反过来说，子序列收敛于某点，原序列却不一定收敛于该点，但有以下规则：

(1) 若每个子序列都有一个收敛于 a 的子序列，则原序列必收敛于 a。

(2) 若对于任意 n，都有 $x_{nk}\to a_n(k\to\infty)$ 且 $a_n\to a$，则 $x_{nk}\to a\ (k,n\to\infty)$。

Moor-Smith 曾经证明，满足这 4 条规则的收敛关系可以在实数域上唯一地确定出一个拓扑空间。这几条规则用序结构语言可叙述如下。

定义 8.15(Moor-Smith 收敛规则)　设 W 是 $P(X)$ 上所有网的集合，则 Moor-Smith 收敛规则可以写为以下形式。

W_1：若 $w(d)\equiv a$，则 $w\to a$；$(a\in P_o(x))$。

W_2：若 $w\to a$ 且 w' 是 w 的子网，则 $w'\to a$。

W_3：若 w 的任一子网都有收敛于 a 的子网，则 $w\to a$。

W_4：设 $(T,\geqslant)$ 是一个定向指标集，若对任意 $t\in T$ 都有 $w_t\to a_t$ 且 $a_t\to a$，则穿流网 $w_{\Pi}\to a$。

依据这四条敛规则来检查邻域系，可以在幂上构建以邻域系为着眼点的拓扑空间。

定义 8.16(邻域系构建的拓扑空间)　设对任意 $x\in X$，即 $x=\{x\}\in P_o(X)$，都有一个 $y\subseteq X$，即 $x\in y\in P(X)$，称 $P(X)$ 为点 x 的邻域，记其全体为 $N(x)$，称 $N(x)$ 为点 x 或单点集 $x=\{x\}$ 的邻域系。记 $N=\{N(x)\mid x\in X\}$，如果满足如下关系，则称 N 为 X 上的一个拓扑空间。

N_1(有向性)：$(N(x),\geqslant)$ 是下定向集 $(x\in X)$。

N_2(满性)：$y\in N(x)$ 且 $z\geqslant y\Rightarrow z\in N(x)$，$x\in X$。

N_3(一致性)：$y\in N(x)\Rightarrow(\exists z)(y\geqslant z\geqslant x)((\forall x')(z\geqslant x'\Rightarrow z\in N(x')))$，$x\in X$。

这个定义就是实变函数关于邻域系定义的格语言的直接翻译，因此不必再证明为什么这个定义确定了一个拓扑空间，它能保证 Moor-Smith 收敛规则得以成立。

N_3 的含义是：任何邻域都必包含一致性邻域。一致性是指 $z\geqslant x\Rightarrow z\in N(x)$，其中，$x$ 是单点集，z 是 X 的一个子集，对于它所包含的任意一个单点，它就是该点的邻域。前面说过，邻域是拓扑的先头概念，但是这个概念太广，数量太多，N_2 的含义是，包含一点邻域的任意集合都是该点的邻域，例如，如果承认区间(1,4)是 $x=2$ 的邻域，那么(1,4]、[1,4)和[1,4]都是 $x=2$ 的邻域；任何实数区间 $<a,b>$ ，无论两端是开还是闭，只要 $a\leqslant 1$ 且 $b\geqslant 4$ ，都是 $x=2$ 的邻域，这样的概念多而无用。为了充分表现极限的无限过程，本节坚持目标只出现在邻域的内部而不允许它跑到边界上，开区间中的任何一点都是它的内点，因此它可以是其中任何一点的邻域。非开区间就不具有这一性质，例如，(1,4]包含 $x=4$ 这一点，但这是一个边界点，所以它不能是该点的邻域。因此，N_3 强调的一致性就是要把开邻域从一般邻域中区分开来，去掉点系的分割，在整个拓扑空间就只有一个开集系统。

定义 8.17(用开集定义的拓扑空间)　$(P(X),C)$ 称为 X 上的一个拓扑空间，当且仅当满足以下 3 个条件。

K_1：$\varnothing, X\in C$ 。

K_2：若 $x,y\in C$ ，则 $x\wedge y\in C$ 。

K_3：若 $x_t\in C(t\in T)$ ，则 $\vee_{(t\in T)}x_t\in C$ 。

注意，$P(X)$ 中的元素 x ，若不限制它属于底盘 $P_o(X)$ ，则它就是 X 的任意子集。它们在幂 $P(X)$ 中的 $\vee$ 、$\wedge$ 运算就是它们在 X 中的 $\cup$ 、$\cap$ 运算。因此，这就是普通点集拓扑定义的直接翻译，不用进行任何解释。

从邻域概念到开集概念是一种升华。用开集描述拓扑空间简单得多。开集就是对有限交和任意并封闭且包含空集和全集的一个集合系。有了开集，便很容易确定每一点的邻域系 $N(x)$ ，它由所有包含点 x 的开集经过 N_2 的满性得到。相对于开集而言，邻域的概念又可以进一步简化为滤的形式。

定义 8.18　设 $(P,\geqslant)$ 是一个完备的偏序集，P 中的一个滤子(filter)是指一个集合 F ，它是定向集且满足满性：若 $y\geqslant x$ 且 $x\in F$ ，则 $y\in F$ 。$(P,\geqslant)$ 中的滤 F 称为逆序集 $(P,\leqslant)$ 中的理想(ideal)。

从邻域的定义来看，N_1 与 N_2 说明 $N(x)$ 是滤子。

记 $x\uparrow=\{y\in F\mid y\geqslant x\}$ ，称为 x 的下幂弹，形象像一个头朝下的炮弹。易见，若 $y\in x\uparrow$ 且 $z\in x\uparrow$ ，则 $y\wedge z\in x\uparrow$ ，故 $x\uparrow$ 是下定向集；易见，若 $y\in x\uparrow$ 且 $z\geqslant y$ ，则 $z\in x\uparrow$ ，故 $x\uparrow$ 是上满集，从而 $x\uparrow$ 是滤子。

注意　在邻域的定义中，若 y 是 x 的邻域，则 $x\in y$ 。这说明，x 的邻域 y 必须包含 x ，所有的邻域滤似乎就是 $x\uparrow$，唯一不同的是：$x\in y$ 说明 x 不是单点集，y 不能等于 x ，因而 x 不能属于 $x\uparrow$ 。结论是：$N(x)=x\uparrow\setminus\{x\}$ 。也就是说，邻域滤是下幂弹去掉弹的顶点。本书也把 $x\uparrow\setminus\{x\}$ 称为在点 x 的空下幂弹。空下幂弹的定义和符号简化为 $x^o\uparrow=\{y\mid y>x\}$ ，其中，$y>x$ 表示 $y\geqslant x$ 且 $y\neq x$ 。

开集简化了拓扑空间的结构，拓扑空间还可以简化到拓扑基。

定义 8.19　如果 B 对运算封闭(即 $y,z \in B \Rightarrow y \wedge z \in B$)且能生成 C，即 C 中元素都能表示成有限个或无限个 B 元素之并($\vee$)，则 B 称为拓扑 C 的基。若 B 能生成 C，则 B 称为拓扑 C 的拟基。

例如，实直线 $\mathbf{R}$ 中的所有开区间都是普通实开集的基。实平面 $\mathbf{R}^2$ 中的所有开圆都是普通实开集的拟基。知道基或拟基，就可以生成拓扑空间。

8.4.4　格化拓扑

8.4.3 节是在重温实变函数中所讲的拓扑，所不同的是叙述方式，完全用序和格的语言来叙述，虽然其中并不存在本质的困难，但是意义非凡，使国外关于超拓扑和随机集的理论变得格外简单。本节介绍什么是格化拓扑。

格化拓扑是把 8.4.3 节的内容从实欧氏空间 X 的幂 $P(X)$ 扩展到任意集合 S 的幂 $P(S)$，然后把“点”的邻域系扩大到“集”的邻域系。这样就打破了幂 $P(X)$ 中底盘 $P_o(X)$ 与非底盘的界限。以前，底盘中的元素 $P_o(X)$ 是 X 中的单点集，单点集 $x=\{x\}$ 与单点 x 都用同一字母，但以轻重相区分。重写的字母 x 和 y 究竟是否是单点集，要靠 $(x \in X)$ 来注释。现在，在关于邻域系构建的拓扑空间定义中要取消所有的括号限制。

定义 8.20(邻域系构建的拓扑空间)　设对每一个 $x \in P(S)$，都有 $N(x) \subseteq P(S)$，则称其为点 x 或单点集 $x=\{x\}$ 的邻域系。记 $N=\{N(x) \mid x \in S\}$，称其为 S 上的一个拓扑空间，若具有以下性质，则定义所加的 N_0 是原来定义中关于底盘设置的简化。

N_0：$y \in N(x) \Rightarrow y \geqslant x$。

N_1(尾性)：$(N(x),\geqslant)$ 是下定向集。

N_2(满性)：$y \in N(x)$ 且 $z \geqslant y \Rightarrow z \in N(x)$。

N_3(一致性)：$y \in N(x) \Rightarrow (\exists z)(y \geqslant z \geqslant x)(((\forall x')(z \geqslant x')) \Rightarrow z \in N(x'))$。

无论 x 是否是单点集，都有邻域系 $N(x)$，只要求邻域 $y \geqslant x$。其他三条性质对所有 $x \in P(S)$ (x 是 S 的任意子集，不管是不是单点集)都成立。

在这样的改动下，8.4.3 节的所有拓扑定义都保持不变，证明了实数域上的拓扑理论都可以移植到一般的集幂 $P(S)$ 上。

当 S 是一个只包含 n 个元素的有限集时，幂 $P(S)$ 包含 2^n 个元素组合。尽管不能描写无限性的极限过程，但幂级理论在数理逻辑中仍有重要的应用，可以任意选择 n 种元素组合作为拟基，生成一个拟基 B，由它生成拓扑 C。也可以把所有各元素组合都定义成开集，即 $C=P(S)$。此时，S 所有开集的余集还是开集，而开集的余集称为闭集，于是开集就是闭集，闭集就是开集。S 中的两个不交子集都有两个不交的开覆盖集(就是它们自己)把它们分开，因此 S 成为 Hausdorff 空间。

8.4.5　超拓扑

格化拓扑把普通拓扑用格的语言表述出来；把集合 S 中的点 x 变成单点集 $x=\{x\}$，把点 x 的邻域 y 转化成单点集 x 的邻域；进而把单点集的邻域推广到任意集 z 的邻域 y。这样做的结果是，把双层结构变为单层结构。双层结构是指点和邻域是两个不同层次中的元素。点 x 是集合 S 中的元素，x 的邻域 Y 是幂中的元素，集合 S 是底层，幂 $P(S)$ 是它的上一层。点 x 和它的邻域 y 分别是上下两层的元素，因此普通拓扑因涉及两个层面而被视为一种双层结构。格化拓扑则因集 x 及其邻域 y 都是幂中的元素而被视为一种单层结构。格化拓扑的好处就是把双层变为单层，这给超拓扑学带来了极大的方便。超拓扑就是幂上的拓扑。现有的超拓扑构建非常烦琐。把一个双层结构往上提一个层次，需要区分新旧的上下层，而且旧的上层就是新的下层，三个层次搅在一起，其乱如麻。有了格化拓扑，超拓扑就是格化拓扑上的一个普通拓扑。

当 S 是无限集时，$x\uparrow$ 不能定义成开集，因为 $\{x\}$ 在序 $\geqslant$ 的意义下无法成为 $x\uparrow$ 的内点。在 $P(S)$ 中重新定义集合的交运算：以 x 和 y 为下顶的两个空下幂弹 $x\uparrow\backslash\{x\}$ 和 $y\uparrow\backslash\{y\}$ 的交本是一个实下幂弹 $(x\vee y)\uparrow$，现在要把它变为空下幂弹 $(x\vee y)\uparrow\backslash\{x\vee y\}$。可以把所有空弹 $x^o\uparrow$ 定义成开集。因为 $x^o\uparrow$ 是一个定向集，对于其中任意一点 y，都有 $z\in x^o\uparrow$ 使 $y\geqslant z$，故必有 $y\geqslant z\geqslant x$ 且 $z\neq x$，这说明，$y\in z^o\uparrow\subseteq x^o\uparrow$，从而 y 是 $x^o\uparrow$ 的内点。于是，空弹可以定义成开集。

注意，$P(S)$ 中的序关系是：$x\geqslant y$ 当且仅当它们在 S 的集关系是 $x\supseteq y$。

记

$$P(S)\uparrow=\{x\uparrow|\,x\in P(S)\},\quad P(S)^o\uparrow=\{x^o\uparrow|\,x\in P(S)\}$$

考虑 $P^2(S)=P[P(S)]=\{\{A\}\,|\,A\subseteq S\}$。按 8.4.4 节序结构向幂的提升定义，在 $P^2(S)$ 中，$A\gg B$ 当且仅当任意 $x\in A$，必有 $y\in B$ 使 $x\geqslant y$。

注意：$P(S)\uparrow$ 和 $P(S)^o\uparrow$ 都是 $P^2(S)$ 的子集。序关系 $\gg$ 在 $P(S)\uparrow$ 和 $P(S)^o\uparrow$ 中都有明确的定义。按照这种序关系不难证明，在 $(P(S)\uparrow,\gg)$ 中确定格运算 $x\uparrow\wedge y\uparrow=(x\wedge y)\uparrow$；在 $(P(S)^o\uparrow,\gg)$ 中确定了格运算 $x^o\uparrow\wedge y^o\uparrow=(x\wedge y)^o\uparrow$。于是，$P(S)^o\uparrow$ 构成 $P^2(S)$ 中的一个开集基，由它确定一个超拓扑。

8.4.6　天地对应存在唯一性定理

由前述的超拓扑生成多种超可测结构，它们在天上形成多种随机集，再按不同方式落到地上形成多种主观性的非可加性测度。其中，最著名的是 Shafer

(1976)在他的证据理论中提出的信任测度、似然测度、反信任测度和反似然测度。它们的定义很难，利用随机落影理论来定义却极为简单。这时，需要改变一下我们的习惯：D 的任何子集本来用 A、B 等大写的英文字母来表示，现在都改写成 x 、y 等小写英文字母。记

$$x^o=\{y\mid y\subseteq x\}，\quad x_o=\{y\mid y\supseteq x\}$$

x 是 D 的子集，变成 2^D 中的点，x^o 却是 2^D 中的集合，用图 8.5(a)中的黑色区域来表示。x_o 也是 2^D 中的集合，用图 8.5(b)中的黑色区域来表示。记 $x_o^{cc}=((x^c)_o)^c=\{y\mid y\notin(x^c)_o\}$。

注意，这里 x^c 是指 x 在 D 中的余集，$((x^c)_o)^c$ 是指 $(x^c)_o$ 在 2^D 中的余集，涉及两个不同层次的余运算，不要混淆。

定义 8.21　设 H 是在 2^D 上定义的一个 σ-域，p 是在 H 上的概率，记

$$\begin{cases}\mu_{\mathrm{BL}}(x)=p(x^o),\quad \mu_{\mathrm{PL}}(x)=p(x_o^{cc})\\ \mu_{\mathrm{APL}}(x)=p((x^c)_o),\quad \mu_{\mathrm{ABL}}(x)=p((x^o)^c)\end{cases},\quad x\in 2^D \tag{8.30}$$

分别称 μ_{BL}、μ_{PL}、μ_{APL}、μ_{ABL} 为 D 上的信任测度、似然测度、反似然测度和反信任测度。

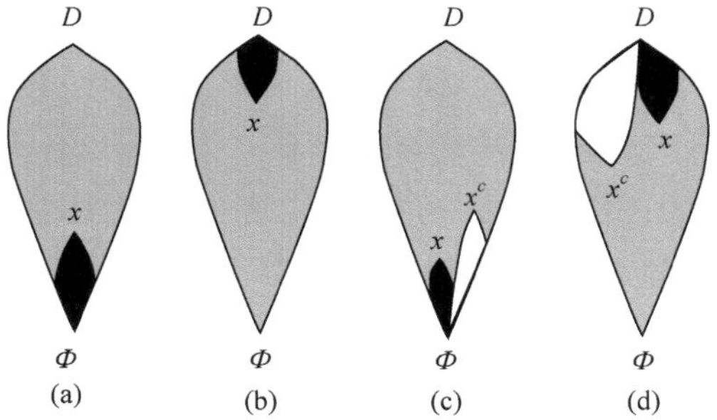

图 8.5　幂上的集模块

信任测度 $\mu_{\mathrm{BL}}(x)$ 就是把理想 x^o 在幂 2^D 上所占有的概率归结到 x 上而在论域 D 上所形成的测度，其大小见图 8.5(a)黑色区域所占有的概率；反信任测度 $\mu_{\mathrm{ABL}}(x)$ 是把理想 x^o 的余集 $(x^o)^c$ 在幂上的概率归结到 x 上而在论域 D 上所形成的测度，其大小见图 8.5(a)中灰色区域所占有的概率；似然测度 $\mu_{\mathrm{PL}}(x)$ 是把 x_o^{cc} 在幂 2^D 上所占有的概率归结到 x 上而在论域 D 上所形成的测度，其大小见图 8.5(c)中非白色(包括灰色和黑色)区域所占有的概率；反似然测度 $\mu_{\mathrm{APL}}(x)$ 是把 $(x^c)_o$ 在幂上的概率归结到 x 上而在论域 D 上所形成的测度，其大小见图 8.5(c)中白色区域所占有的概率。注意，似然测度对应的区域包含信任测度对应的黑色

区域。为什么要这样规定呢？在证据理论的发展过程中，称理想 x^o 中的点可信任，是因为凡是 $y \in x^o$ 必导致 $y \subseteq x$，亦即 $y \to x$。这个要求有时显得太强，想减弱一点，于是提出了“似然”二字：只需 y 与 x 在 D 中相交。$x^c{}_o{}^c$ 表示不包含 x^c 的所有子集 y 所成之集，它正是在 D 中与 x 相交的子集 y 所成之集，这样才能保证 $x_o \subseteq x^c{}_o{}^c$ 这一不等式成立，说明似然集比信任集要放得更宽一些。

若把论域 D 称为“地”而把幂 2^D 称为“天”，则这四种测度在天上都是概率分布，但一旦把天上的概率都归结到 x 而落到地上，则不具有可加性，都变成了非可加性测度。这种演变体现了认识主体的介入，对于信息科学研究具有重要意义，这四种测度也称为主观性测度。模糊测度是反似然测度，也包括其中。

概率是可加性测度，其可加性为

$$p(x \cup y) = p(x) + p(y) - p(x \cap y)$$

记 $\Delta_y^1 p(x) = p(x) + p(y) - p(x \cap y)$，于是可加性便可以表示为 $\Delta_y^1 p(x) = p(x \cup y)$。

又记

$$\begin{aligned}[\Delta_{y,z}^2 p(x)] &= \Delta_z^1(\Delta_y^1 p(x)) = \Delta_y^1 p(x) + p(z) - \Delta_y^1 p(x \cap z) \\ &= [p(x) + p(y) - p(x \cap y)] + p(z) - [p(x \cap z) + p(y \cap z) - p(x \cap y \cap z)] \\ &= [p(x) + p(y) + p(z)] - [p(x \cap z) + p(y \cap z) - p(x \cap y)]] + p(x \cap y \cap z)\end{aligned}$$

于是，三个集合之并的概率计算便可表示为 $p(x \cup y \cup z) = \Delta_{y,z}^2 p(x)$，其直观含义是，求 $x \cup y \cup z$ 的概率，可先把三者的概率加在一起，两两不交最好，若彼此相交，则要减去两两相交的概率，但可能减多了，最后要补上三者相交的概率。

对于 $n > 1$，记 $\Delta^n x_1, x_2, \cdots, x_n p(x) = \Delta^1 x_n(\Delta^{n-1} x_1, x_2, \cdots, x_{n-1} p(x))$，这样就可以得到 $n+1$ 个集合求并的概率公式：$p(x_1 \cup x_2 \cup \cdots \cup x_{n+1}) = \Delta^n x_2, x_3, \cdots, x_n p(x_1)$。类似地，记 $\nabla_y^1 p(x) = p(x) + p(y) - p(x \cup y)$，两个集合求交的计算式为 $p(x \cap y) = \nabla_y^1 p(x)$。

对于 $n > 1$，记 $\nabla^n x_1, x_2, \cdots, x_n p(x) = \nabla^1 x_n(\nabla^{n-1} x_1, x_2, \cdots, x_{n-1} p(x))$，这样就可以得到 $n+1$ 个集合求交的概率公式：$p(x_1 \cap x_2 \cap \cdots \cap x_{n+1}) = \nabla^n x_2, x_3, \cdots, x_n p(x_1)$。

这四种主观性测度都不满足这两类等式而变为四种不同的不等式，Shafer (1976)给出各类的特征不等式。

(1) 信任特征：

$$\mu_{\mathrm{BL}}(x \cup x_1 \cup x_2 \cup \cdots \cup x_n) - \Delta^n x_1, x_2, \cdots, x_n, \mu_{\mathrm{BL}}(x) \geqslant 0$$

(2) 似然特征：

$$\mu_{\mathrm{BL}}(x \cap x_1 \cap x_2 \cap \cdots \cap x_n) - \nabla^n x_1, x_2, \cdots, x_n \mu_{\mathrm{PL}}(x) \leqslant 0$$

(3) 反似然特征：

$$\mu_{\mathrm{BL}}(x \cap x_1 \cap x_2 \cap \cdots \cap x_n) - \nabla^n x_1, x_2, \cdots, x_n \mu_{\mathrm{APL}}(x) \geqslant 0$$

(4) 反信任特征：

$$\mu_{\mathrm{BL}}(x \cup x_1 \cup x_2 \cup \cdots \cup x_n) - \Delta^n x_1, x_2, \cdots, x_n \mu_{\mathrm{ABL}}(x) \leqslant 0$$

证据理论的四种主观性测度分布都是由幂上概率分布集中到 x 而在论域 D 上所形成的落影，模糊落影理论证明了幂上的概率分布是存在且唯一的。

定理 8.2(天地对应存在唯一性)　任意给定一种复杂定义下的非可加性测度 μ(属于 BL、PL、APL 或 ABL)，在 H 上必有且只有一个概率 p，使下落关系式(8.30)得以成立。

如果没有这个存在唯一性定理(定理 8.2)，模糊集合论和 Shafer(1976)的证据理论在实际应用中就失去了坚固的基础。这一定理的证明难度很大，要将测度扩张定理中的扩张起点从半环扩展到交代系，详见汪培庄(1985)和 Wang 等(2002a)。

8.5　模糊逻辑运算的疑难问题

基于因素空间的模糊落影理论是模糊集理论的提升，其最大贡献除了使基本定理得到证明以外，还解决了模糊逻辑长期存在的一大问题。在布尔逻辑中，基本的逻辑运算“或-且”算子对有明确的定义，但是模糊逻辑的“或-且”算子对存在着多种运算，人们无从选择。模糊落影理论从众多的选择中确认了三种最基本的算子对运算，并给出了它们的选择原则。使这一疑难问题得到了妥善解决。

8.5.1　随机集落影的简化模型

模糊集可以视为随机云的落影。天上的云可以千变万化，但一个随机集只能有一个落影函数。所有的云当中有一个标准的云，它就是隶属函数本身。这是模糊落影理论所证明了的事实。为了解释这个事实，本节给模糊集 A 的随机集 ξ 配备一个代表 s。它负责在隶属度区间 [0,1] 上进行调度。如果随机集 ξ 是概念“青年”的随机云，它有 m 个年龄区间样本，那么 s 把 [0,1] 等分成 m 个格子。然后把这 m 个区间像栽树一样地栽到 m 个格子中。由于等可能性，这种次序可以随意调整到标准样式。当然，这是一个直观的解释，严格来说，还要求不同样本区间可以交换各自的区段。

s 称为 ξ 的代表随机变量，也称为落影集 A 的代表变量。其中，ξ 是随机集，s 是普通的随机变量，ξ 的概率特性可以通过 s 来表达。

标准随机云即隶属函数本身，用标准随机云来表示落影理论可以大大简化落影理论的实际应用。

定义 8.22　给定实数论域 D 上的一个模糊集 A。把逆映射 μ_A^{-1}: [0, 1]→D 的图称为 A 的落影图，如图 8.6 所示。

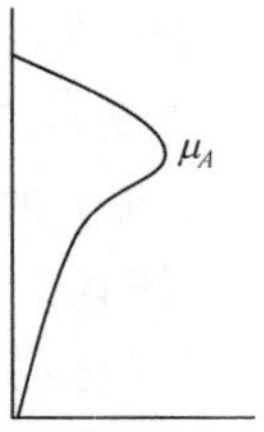

图 8.6　A 的落影图

落影图带给人们的是一个极其重要的简化模型。其自变量是逻辑的真值 s，真值空间是 [0,1]。落影图带给人们的便利就是，用在真值区间上均匀分布的代表随机变量 s，得到相应的随机集值 $\xi(s)$ 就是模糊集 A 的 s-截集，即

$$\xi(s) = A_s \tag{8.31}$$

于是，模糊集就是自己切片的落影，由此可以很容易推得

$$A = (1/m)\sum_{\lambda}\{A_\lambda \mid \lambda = 1/m, 2/m, \cdots, 1\} \tag{8.32}$$

这正是模糊集另一种表现定理的形式，其中 $A_\lambda = \{x \mid \mu_A(x) \geqslant \lambda\}$ 称为 A 的λ-截集。

再强调一下：模糊集 A 的随机云就是一个带随机参数 s 的截集 A_s (s 在 [0,1] 中均匀分布)。

8.5.2　模糊逻辑算子对的三种基本运算

1. 模糊落影四联方图

任意给定论域 D 上的两个模糊集 A 与 B，要研究它们的运算，就需要提出一种新的构图方式。模糊落影四联方图如图 8.7 所示，将其落影图的真值域一个平放、一个纵放，于是出现了一个四联方。四联方是指由 4 个矩形拼成一个正方形，其中左下方 D^2 和右上方 $[0,1]^2$ 分别是两个正方形。左下方画一条对角线，它与 D 同构，仍视为 D。设 ξ 和 η 分别是 A 和 B 的随机云，s 和 t 分别是它们的代表变量，(s,t) 就是在右上角正方形 $[0,1]^2$ 中均匀分布的二维随机向量。

给定 $d \in D$，先在左下方对角线上找到它的位置，再分别向右和向上确定两

个代表随机变量的值 $s=s(d)$ 和 $t=t(d)$ 。对于所确定的向量 (s,t) ，用 $\underline{s}(d)$ 和 $\underline{t}(d)$ 分别表示图右上方正方形中有竖线和横线的矩形。

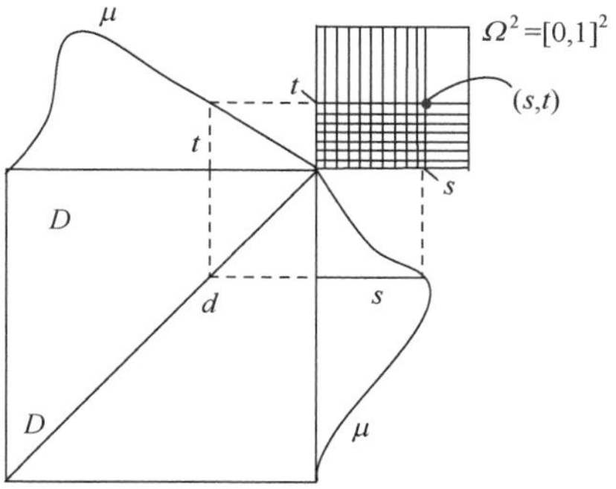

图 8.7　模糊落影四联方图

2. 算子对基本运算确定性定理

定理 8.3　任意任给两个定义在实数论域 D 上的两个模糊集 A 和 B ，设 s 和 t 分别是它们的代表随机变量，又使随机向量在 $[0,1]^2$ 中的联合分布为 p ，则有

$$\mu_{A\cup B}(d)=p(\underline{s}(d)\cup\underline{t}(d)) \tag{8.33}$$

$$\mu_{A\cap B}(d)=p(\underline{s}(d)\cap\underline{t}(d)) \tag{8.34}$$

证明　根据模糊落影理论，有

$\mu_{A\cup B}(d)=P\{d\in\xi$ 且 $d\in\eta\}=P\{s\leqslant\underline{s}(d)$ 且 $t\leqslant\underline{t}(d)\}=p\{(s,t)\in\underline{s}(d)\cup\underline{t}(d)\}=p(\underline{s}(d)\cup\underline{t}(d))$ ，故可知式(8.33)为真，类似可证式(8.34)。证毕。

定理 8.3 表明：只要代表随机向量 (s,t) 的边缘分布都在 $[0,1]$ 中均匀分布，其联合分布就唯一确定了模糊集“或-且”算子对的运算。

为什么要求 (s,t) 的边缘分布都在 $[0,1]$ 中均匀分布呢？因为这是代表随机变量所必须具备的条件。什么样的二维随机向量满足这一条件呢？在 $[0,1]^2$ 中均匀分布的二维随机向量必须满足此要求；反之，当两个代表随机变量相互独立时，要想边缘分布均匀，其联合分布也必定均匀。但是，对于不独立的随机变量，二维均匀并不是一维均匀的必要条件，例如，(s,t) 不在 $[0,1]^2$ 中均匀分布，而只是在其对角线上均匀分布，也具有均匀的边缘分布。此时，称 (s,t) 是完全正线性相关的；若 (s,t) 不在 $[0,1]^2$ 的反对角线上均匀分布，则也具有均匀的边缘分布。此时，称 (s,t) 是完全正线性相关的。有多少种可能性呢？有无限多种。把 $[0,1]^2$ 等分成若干正方形，将其中任意一个换成正对角线或反对角线，这样的局部均匀性都是整体的边缘均匀性。

3. 三大基本算子对定理

定理 8.4　若 (s,t) 是完全正线性相关的，则有

$$\mu_{A\cup B}(d)=\max\{\mu_A(d),\mu_B(d)\} \tag{8.35}$$

$$\mu_{A\cap B}(d)=\min\{\mu_A(d),\mu_B(d)\} \tag{8.36}$$

若 s 与 t 独立，则有

$$\mu_{A\cup B}(d)=\mu_A(d)+\mu_B(d)-\mu_A(d)\mu_B(d) \tag{8.37}$$

$$\mu_{A\cap B}(d)=\mu_A(d)\mu_B(d) \tag{8.38}$$

若 (s,t) 是完全负线性相关的，则有

$$\mu_{A\cup B}(d)=\min\{\mu_A(d)+\mu_B(d),1\} \tag{8.39}$$

$$\mu_{A\cap B}(d)=\max\{\mu_A(d)+\mu_B(d)-1,0\} \tag{8.40}$$

证明　设 (s,t) 完全线性相关，则此时 (s,t) 在对角线 AC 上均匀分布，分为以下两种情况。

(1) $s<t$，如图 8.8(a)所示，由线段长度有

$$\mu_{A\cup B}(d)=p(\underline{s}(d)\cup\underline{t}(d))=AF{:}AD=AF=t(d)=\mu_B(d)\ (\text{当}\ s(d)<t(d))$$

(2) $t<s$，有

$$\mu_{A\cup B}(d)=p(\underline{s}(d)\cup\underline{t}(d))=AE{:}AB=AE=s(d)=\mu_A(d)$$

将这两种情况合起来(包括 $s=t$)得到式(8.35)；类似可证式(8.36)。

设 s 与 t 独立，如图 8.8(b)所示，则有

$$\begin{aligned}\mu_{A\cup B}(d)&=p(\underline{s}(d)\cup\underline{t}(d))=s(d)\times1+1\times t(d)-s(d)\times t(d)\\&=\mu_A(d)+\mu_B(d)-\mu_A(d)\times\mu_B(d)\end{aligned}$$

式(8.37)得证。类似可证式(8.38)。

设 (s,t) 完全反线性相关，则此时 (s,t) 在反对角线上均匀分布，分为以下两种情况。

(1) $s+t<1$，如图 8.8(c)所示，有

$$\begin{aligned}\mu_{A\cup B}(d)&=p(\underline{s}(d)\cup\underline{t}(d))=(DE+FB)/DB=DE/DB+FB/DB\\&=\underline{s}(d)/AB+\underline{t}(d)/AD=\mu_A(d)+\mu_B(d)\end{aligned}$$

$$\mu_{A\cap B}(d)=p(\underline{s}(d)\cap\underline{t}(d))=0\ (\text{因为反对角线与}\ \underline{s}(d)\cap\underline{t}(d)\ \text{不相交})$$

(2) 若 $s+t>1$，$\mu_{A\cup B}(d)=p(\underline{s}(d)\cup\underline{t}(d))=1$，则有

$$\mu_{A\cap B}(d)=EF/BD=(DF+EB-DB)/DB=\underline{s}(d)/AB+\underline{t}(d)/AD-1$$

将这两种情况合起来(包括 $s+t=1$)得到式(8.39)和式(8.40)。证毕。

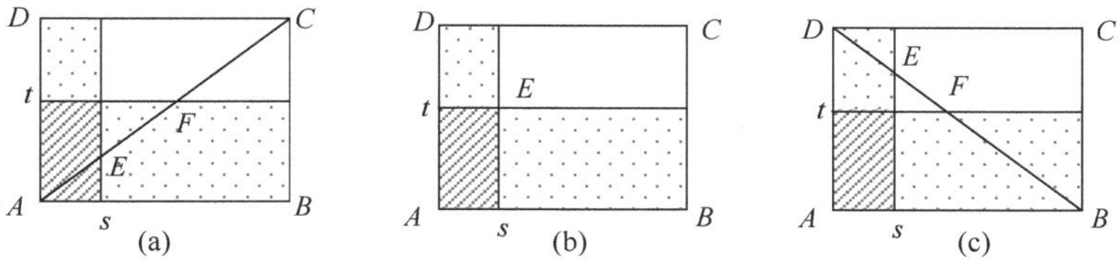

图 8.8　模糊算子对的三种基本情况

定理 8.4 的重要性在于它把定理 8.3 落实到完全正相关、独立和完全负相关这三种最基本情况，在多种模糊算子对中突出了这三大模糊算子对的地位，给人们以更明确的选择。泛逻辑的统一算子刻画正是以这三大算子对为基础的。

8.6　因素逻辑

信息科学需要有一个安放信息的空间，这个空间就是因素空间，它是所有逻辑都需要的表现论域，凭借着这个论域可以定义广义的概率逻辑，可以反映逻辑的场景变化。

8.6.1　Stone 表现定理与因素表现论域

1. 因素表现论域

布尔命题演算公理系统 $L=(S,F(S),\Gamma,W,\mathrm{MP})$ 有五个要素：S 是原子公式集；$F(S)$ 是 S 经过布尔运算所扩展出来的公式集；Γ 是公理集；$W=\{0,1\}$ 是真值集，MP 是演绎规则。该系统对经典逻辑来说是自给自足的，但是命题演算在语言上存在一个问题：命题是可以判断是非的一句话，在 L 中是一个公式 p，而在语言学中每一句话都有主语和谓语，试问 p 的主语和谓语是什么？p 就是一个字母或符号，不能分出主语和谓语。在推理时，主语又是不可少的，例如，$p=$ 张三是中国人，$q=$ 李四是亚洲人。即使这两个命题都是真的，也不能说“若 p，则 q”是一个正确的推理句。主语不同，无法进行推理，“我是中国人”推不出“张三是亚洲人”，命题演算的前提是参与演算的诸命题必须共用一个主语。无主语的公式不是命题而是概念，中国人和亚洲人是两个概念。命题演算实质上是概念演算，蕴含的实质是概念外延的“钻入”或“被包含”。若要数理逻辑与语言学相符，则应该把一个判断句写成 $P(x)$，这里 x 是主语，P 是一个概念，这是什么？这就是谓词！如果这样定义命题演算，那么它一开始就应当是谓词演算。谓词演算的最好研究方法就是用集合论，先给一个大论域 D (定义域)或 U (论域)，概念 P 可用外延表示成 D 的子集，谓词 $P(d)$ 的真值就是看 d 是否属于 P 的传递性，谓词“蕴含”就是集合的“钻入”，谓词演算的三段论法就是集合包含的传递性一阶。

现在的一阶谓词逻辑定义很难理解，是因为研究机器定理证明的需要。但是，还是需要还谓词演算一个简明的面目。这里的根据是Stone表现定理(汪培庄等，2019)。这个定理认为布尔逻辑与集合代数等价，即任何布尔逻辑都有论域 U 。其中，对象对所有公式都有一个确定的真值，而对所有公式真值都相同的对象视为同一。这是对论域的商集化。本节就是来说明这一问题。

Stone 表现定理说明，任何一个布尔代数都同构于由其全体“极大滤子”所形成的紧零维 Hausdorff 空间的开闭集代数。简单地说，就是布尔逻辑与集合论是同构的。但要问怎样同构，就复杂化了。为了简单，作者提出了一个 Stone 简化定理，需要介绍滤子的两种不同定义。一个是在定义 8.18 中所做的定义，即在布尔代数 $B=(B,\vee,\wedge,\neg)$中，$F\subseteq B$ 称为一个滤子，若满足

(1) 满性：$(p\leqslant q \text{且} p\in F)\Rightarrow q\in F$ 。

(2) 尾性：对于任意 $p,q\in F$，都有 $p\wedge q\in F$ 。

则 B 是一个平凡的滤子。非平凡的滤子称为真滤子。

现行的介绍Stone表现定理的书中所说的滤子只要满足满性即可，不妨将其所说的滤子称为弱滤子。使用滤子比用弱滤子来证明要简洁一些，而且不难证明，本书所说的滤子就是其所说的极大弱滤子，Stone 简化定理与布尔代数同构的空间就是由 B 中全体滤子所张成的空间。

只含有有限个原子命题集 S 的布尔代数称为有限布尔代数或 n 元布尔代数，这里“元”指的是原始公式的个数。

命题 8.2　在 n 元布尔代数 B 中，每个滤子 F 必有一个最小元 p ，使对任意 $q\in F$，都有 $p\leqslant q$ 。

证明　若 $F=B$ ，则 B 的最小元 0 就是 F 的最小元，只需对 B 的真滤子 F 进行证明。

任给一个真强滤子 F ，对它设立一个假定：F 中不存在最小元。现证明这一假定是错误的。

任取 $p_1\in F$ ，因它不是最小元，故必有 $p_2\in F$ ，使 $p_2<p_1$ ，这里符号 $<$ 表示 $\leqslant$ 且不相等。因 p_2 不是最小元，故必有 $p_3\in F$ ，使 $p_3<p_2$ 。如此继续下去，形成一个 B 中的全序子链，其长度可以大于任意给定的整数。但是，有限原始命题生成的公式不可能出现任意长的全序子链，矛盾，可见假定错误。证毕。

显而易见，若 F 有最小元，则它在相等的意义下唯一。

定义 8.23　滤子的最小元称为它的滤尾。

命题 8.3　n 元布尔代数中真滤子是极大的充分必要条件是：它的滤尾是 B 中的次小元。

证明　F 是极大真滤子当且仅当不存在另一个真滤子 F' 包含 F 。当且仅当 $p' < p \Rightarrow p' = 0$ ，这里分别是 F 和 F' 的滤尾，亦即 p 是 B 中的次小元。证毕。

定义 8.24　记 U 为 n 元布尔代数 B 中次小元的集合，U 称为布尔代数 B 的表现论域。

表现论域是按照滤子来定义的。滤子所具有的尾敛性是拓扑学中邻域系的典型特征。在有限情形下，它保证了滤尾的存在，在无限情形下保证了滤子向一点收缩。它始终保证滤子像一颗头朝下的炮弹，在有限情形下有弹尖(滤尾)，在无限情形下有尖口(极限点)。弱滤子不具备尾性，不是一个弹头而是多个弹头的并。不难证明，B 中全体弱滤子所成的集合 ϕ 乃是滤子所成集合 F 的幂：$\phi = 2^F$ 。

Stone 表现定理认为布尔代数 B 与 ϕ 同构，对有限布尔代数来说，有下面的定理。

定理 8.5(Stone 简化定理)　任何一个 n 元布尔代数 $B = (B, \vee, \wedge, \neg)$ 与集合代数 $P(U) = (2^U, \cup, \cap, ^c)$ 同构，或、且、非的逻辑运算转化为集合的并、交、余运算。这里，U 就是 B 的表现论域。

证明　因为 F 与 U 是一一对应的，所以根据 Stone 表现定理，2^U 与 2^F 、ϕ 与 B 之间也都是一一对应的。B 中公式的析取、合取、非运算显然与 U 中集合的并、交、余运算同态。证毕。

Stone 简化定理把 B 的次小元集合 U 找出来，用 U 中的元素当作变元 x ，用 U 的子集表示概念，把 B 变成 2^U ，实现了逻辑或、且、非与集合并、交、余运算的统一。任何公式 p 都对应一个集合 P ，称为它的真集。谓词 $p(x)$ 为真当且仅当变元 x 进到了集合 P 中。这一定理把难理解的 Stone 表现定理说得简单明白。Stone 表现定理之所以重要，是因为它把事物是非的“是”字等同于隶属的“属”字，体现了概念内涵与外延的一致性，是任何逻辑体系都必须满足的。哪一个逻辑体系不满足 Stone 表现定理，哪一个逻辑体系就要被否决。因此，Stone 表现定理成为检验新逻辑系统的一块试金石。Stone 表现定理的核心是表现论域：表现论域中的一个对象被唯一确定，是对所有公式的一种赋值；对象就是赋值。

表现论域就是一切赋值构成的集合。一个 n 字组 $p = x_1 \wedge x_2 \wedge \cdots \wedge x_n$ 就是一种赋值，在变元 $x_1, x_2, \cdots, x_n$ 取定以后，p 便具有确定的值，因此表现论域也就是一切公式的集合。

命题 8.4(表现论域的构造)　设 n 元布尔代数 B 的原子公式集是 $S = \{p_1, p_2, \cdots, p_n\}$ ，则表现论域的元素是一切可能出现的 n 字组：

$$U = \{x_1 \wedge x_2 \wedge \cdots \wedge x_n \mid x_j = p_j 或 \neg p_j, \quad j = 1, 2, \cdots, n \tag{8.41}$$

证明 给定$a = x_1 \wedge x_2 \wedge \cdots \wedge x_n$，若有公式$q < x_1 \wedge x_2 \wedge \cdots \wedge x_n$，则必有比$a$小的公式$r$，使$q=r \wedge a$。考虑$r$的析取范式，其中任何一项$b$都必须是一个比$a$小的字组$y_{(1)} \wedge y_{(2)} \wedge \cdots \wedge y_{(k)}$ ($y_{(j)} = p_{(j)}$或$\neg p_{(j)}$)。若对所有$j = 1,2,\cdots,k$，都有$x_{(j)} = y_{(j)}$，则$b \geqslant a$，从而$r \geqslant a$，不符合要求。故必有j使$x_{(j)} \neq y_{(j)}$，这时，$x_{(j)} = p_{(j)}$，$y_{(j)} = \neg p_{(j)}$或者$x_{(j)} = \neg p_{(j)}$，$y_{(j)} = p_{(j)}$，必有$x_{(j)} \wedge y_{(j)} = 0$，从而$a \wedge b = 0$。对任意字组都是如此，便有$a \wedge r = 0$。对于任意比$a$小的$r$，都有$a \wedge r = 0$，则$q = r \wedge a = 0$，这说明$a$是次小元。

反之，设a是B的次小元，它的析取范式只能包含一个字组。在这个字组中若缺少一项，则必能找到一个比它小的元，这个元只需对它的缺项填上一个字。证毕。

例 8.3 设B是一元布尔代数，具有单字集$S = \{p\}$。由一个单字构成的公式集在相等的意义下只包含 4 个公式：

$$B = \{0, p, \neg p, 1\}$$

含有两个次小元p和$\neg p$，它们分别与两个极大真滤子相对应$F_1 = \{p, 1\}$、$F_2 = \{\neg p, 1\}$。例毕。

因此，B的表现论域是$U = (p, \neg p)$，$2^U = \{p \wedge (\neg p) = 0, p, \neg p, p \vee (\neg p) = 1\}$。显然$B$与$2^U$同构。

例 8.4 设B是 2 元布尔代数，具有双字集$S = \{p, q\}$。由两个字构成的公式集在相等的意义下包含 16 个公式：

$$\begin{aligned}B = \{&0, pq, p'q, pq', p'q', pq \vee p'q = q, pq \vee pq' = p, pq \vee p'q', p'q \vee pq', p'q \vee p'q' = p',\\ &pq' \vee p'q' = q', pq \vee p'q \vee p'q' = pq \vee p', pq \vee p'q \vee pq' = q \vee pq', pq \vee p'q \vee p'q' = pq \vee p',\\ &pq \vee pq' \vee pq' = pq \vee pq' \vee pq', p'q \vee pq' \vee p'q' = p'q \vee q', pq \vee p'q \vee pq' \vee p'q' = 1\}\end{aligned}$$

式中，pq表示$p \wedge q$；$p'q$表示$(\neg p) \wedge q$，……

B含有 4 个次小元pq、$p'q$、pq'、$p'q'$，它们分别对应四个极大真强滤子：$F_1 = \{pq, p, q, 1\}$，$F_2 = \{p'q, p', q, 1\}$，$F_3 = \{pq', p, q', 1\}$，$F_4 = \{p'q', p', q', 1\}$。

因此，B的表现论域是$U = (pq, p'q, pq', p'q')$，2^U会生成与前面相同的 16 个公式。显然B与2^U同构。例毕。

一般地说，若B是由n字集$S = \{p_1, p_2, \cdots, p_n\}$构成的布尔代数，则有$2^n$个$B$的次小元构成表现论域$U$，此时，$B$包含$2^n$个公式，与$2^U$同构，例如，若$n = 3$，则包含$2^8 = 256$个公式。

从二值逻辑到多值逻辑，所有新的理论都要推广 Stone 表现定理，要证明对任意W(三值、多值、连续值)，Stone 简化定理都成立。模态逻辑、量词逻辑也与之类似。

2. 基于因素空间的因素逻辑

在命题演算中曾经强调过，命题演算和谓词演算都要坚持同对象推理的原则。但是，如果遇见下面的推理句：若气温 x 高，则降雨量 y 大，高 $(x)\to$ 大 (y) 或 $P(x)\to Q(y)$ ，这里，前后件的对象一个是 x ，一个是 y ，变元不是一个而是两个，该怎样办？一方面，现实需要不同变元的推理，但另一方面又必须严格规定：气温与降雨量必须是同一地区的。广州的气温高不能使黑龙江的降雨量大，x 与 y 必须附着在同一个地区。这里，$x=x(d)$ ，$y=y(d)$ ，变元都是 d 的函数，d 代表对象，现在的对象就是地区。不同的变元，只要归结到相同的对象，仍然符合同对象推理的原则。变元 x 和 y 是这样的函数，它们都把对象映射成属性或状态，这样的映射就是因素。因素在数学上被定义成把对象变成属性的映射。因此，多变元推理中的变元必须是因素。

若对象是张三，他的智商 x 高，学习态度 y 努力，则他的学习成绩 z 优异。这些不同变元之间的推理，都是因素之间的因果推理，都符合同一对象的原则。只有不同因素之间才可能产生推理，因为因素可以附着在同一个对象上。不用因素作为变元，就无法进行多变量的谓词演算。

本书希望研究辩证逻辑，辩证法的核心是要具体问题具体分析。什么是具体分析？就是要对问题的内在因素和外在因素进行分析。在谓词逻辑中，把变元进一步写成因素是逻辑发展的新机。逻辑是对事物的质性进行是非判断的科学，它要离开具体事物的质性而抽象出是非判断的一般规律，但抽象离不开现实，要想使逻辑更加有效地解决实际问题，需要开辟逻辑返回世界的接口。表现论域 D 就是这个接口，它是变元活动的空间。若把变元看作因素，D 就是因素空间，以因素空间为表现论域的逻辑就是因素逻辑。

定义 8.25 给定一个因素空间 $I_F=(D,F=\{f_1,f_2,\cdots,f_n\})$ ，对于不同的因素 f_j ，其相值要采用相互区别的符号。一个定义在 I_F 上的二值因素逻辑系统 L_f 是这样规定的：

(1) 它的符号集是字集 $S=I(f_1)\cup I(f_2)\cup\cdots\cup I(f_n)$ 加上符号 1、0 以及括号。

(2) 它的公式集 $F(S)$ 是由 S 所生成的布尔代数 $(F(S),\vee,\wedge,\neg)$ ，所有的字称为原始公式。

(3) 它的公理集是布尔逻辑的公理集再补充以下假设公理 Γ 。

① Γ_1 (字姓公理)：称 $I(f_i)=\{x_{i1},x_{i2},\cdots,x_{ik}\}$ 中的字为第 i 家字。有

$$x_{i1}\vee x_{i2}\vee\cdots\vee x_{ik}=1;\quad x_{ik}\wedge x_{ik'}=0(k\neq k');\quad \neg x_{ik}=\vee\{x_{ik'}\mid k'\neq k\}$$

② Γ_2 (背景公理)：存在一个公式 $r\in F(S)$ 称为背景式，使得

$$p\to p\wedge r;\quad p\wedge r\to p,\quad \forall p\in F(S)$$

若系统 L_f 不指明 r ，则意味着 $r=1$ 。

(4) 真值集是二值布尔代数 $W_2=\{0,1\}=\{\{0,1\},\vee,\wedge,\neg\}$ 。

(5) 推理规则为 $\mathrm{MP}:\{p,p\to q\}|-q$ 。

定义 8.25 的含义是：任何逻辑系统都包含五个要素，即符号集 S 、公式集 $F(S)$ 、公理集 Σ、真值集 W 和推理规则(集)。逻辑系统可通过附加一组公理(称为假设公理集 Γ)而衍生出一个子系统，在原系统中的定理都是子系统的定理，而某些在原系统中不是定理的推理句 ϕ 却可能变成子系统的新定理。若 $\Sigma\cup\Gamma|-\phi$ ，则这个子系统中的定理称为 Γ -定理；若满足强完满定理： $\Gamma|-\phi$ iff $\Gamma|=\phi$ ，则这个子系统中的定理称为强 Γ -定理。

L_f 的假设公理 Γ 是由两组公理给出的。字姓公理 Γ_1 强调字是因素的相，不同因素的字是不同姓的。字姓公理保证同姓字之间遵守布尔逻辑关系，其中 $x_{ik}\wedge x_{ik'}=0(k'\neq k)$ 要求在每一字组中每家不许出两个以上的字，否则出现矛盾，例如， $x=$ 色红且色绿且质嫩且味鲜，就是一个矛盾式。相对于综合因素 F ，字是单因素的相，它是原始公式但不是最小相，字的合取 $x=x_{i(1)},x_{i(2)},\cdots,x_{i(n)}$ 才是最小相，例如，红、大、嫩、鲜分别是颜色、个子、质地、口感四个因素的相，它们都是字，都是原始公式，但都不代表因素空间的原子内涵，它们的合取 $x=$ 红大嫩鲜才是原子内涵。

背景公理 Γ_2 强调因素逻辑最重要的特征就是背景关系。背景关系 R 是背景公式 r 的真集。背景公理强调 r 的特殊重要性：所有命题的真伪都只依赖它在 r 的真集 R 之内的形象，与 R 外的形象无关，或者说，因素逻辑的公式集合是 $F_r(S)=\{p\wedge r\mid p\in F(S)\}$ 。若 P 是公式 p 的真集，则 $P\cap R$ 也是 p 的真集，称为 p 的有效真集。

“非”因素的布尔代数没有背景一说，所讨论的背景 R 就是 U 本身。从因素空间的观点来看，因素与因素之间是相互影响和制约的，这种关系由背景集 R 来表示。如果所考虑的 n 个因素是独立的且它们的组态是完全自由的，那么 $R=U$ ，否则，某些状态组合是不可能出现的， $R\neq U$ 。因素逻辑给逻辑带来的第一个礼物就是逻辑的背景，它使逻辑能够反映因素的相互影响，这种影响体现了逻辑运用的场景和环境。这说明，因素逻辑可以在变化场景下非独立的变元系统中研究结构与功能的互动。

机制主义人工智能强调语法、语用和语义的全信息。全信息的核心是语义，而语义是语法和语用的结合体。因此，逻辑的结构-功能分析不仅是电路实现的实践问题，更是人工智能理论的关键点。语法和语用的结合都是在场景多变的非独立信息系统中实现的。

8.6.2　因素空间与泛逻辑

机制主义人工智能突出目标驱动，何华灿(2018)提出的泛逻辑是目标驱动的逻辑。因素空间竭力体现这种目标驱动性。

人们希望生活快乐 (q)，怎样才能得到快乐呢？要寻找一个事态 (p)，使 $p\to q$ 成为恒真。经典的布尔逻辑无法适应环境的变迁，泛逻辑可以适应环境的变迁，因素空间从数学上配合，用背景关系来反映环境的影响。

定义 8.26　若 $(A\cap R)\subseteq(B\cap R)$，则 B 称为在背景 R 下包含 A，记作 $A\subseteq_R B$。

显然，关系 $\subseteq_D$ 还原到关系 $\subseteq$。

命题 8.5　若 $R'\subseteq R$，则 $A\subseteq_R B\Rightarrow A\subseteq_{R'} B$。

B 在背景 R 下包含 A: $A\subseteq_R B$，如图 8.9 所示，图中，带阴影的“月亮”是本书的关注点，它是所有满足前件 A 而不满足目标 B 的点所成之集。换句话说，所有推翻推理句的点全在其中，所以这个“月亮”称为推理的雷区。只要背景关系 R 不与雷区相交，则推理为恒真。

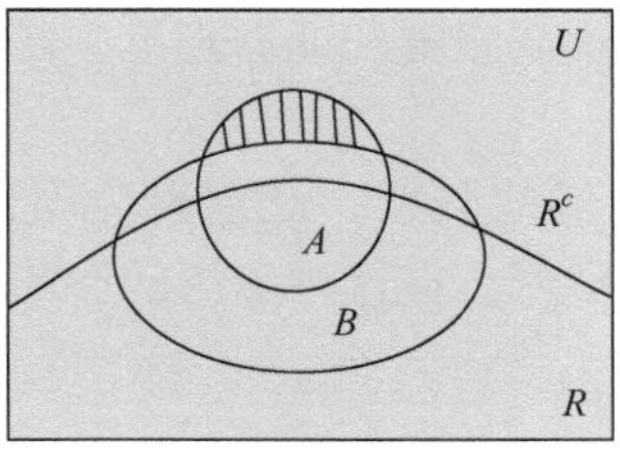

图 8.9　B 在背景 R 下包含 A: $A\subseteq_R B$

目标 B 已经定了，R 也是客观环境所确定的，要寻找 A，就要看 A 在 B 之外的“月亮”，如果这个“月亮”在 R 之外，则逆向推理的任务就完成了，否则，就是想办法改变 A 使“月亮”尽量缩小到 R 之外。据此来建立算法，这是一个新的方向，有无限的生机。

8.7　小　　结

确定性的因果分析(除归纳部分之外)是经典逻辑早已锁定的学科，智能判断与决策都是在不确定性环境中进行的，不确定性的因果论是人工智能随处需要的理论。有两种最基本的不确定性：一种是由客观条件因素不充分造成的事件发生的不确定性，称为随机性；另一种是由主观识别因素不充分造成的判断的不确定性，称为模糊性。这两种不确定性都具有因素特色，都可归结为因素的软动力学问题。作者从一开始就用因素空间的思想去研读概率论，还原了概率论是广义因果论的本来面目；也从一开始就把扎德的模糊集论域看作因素空间而另辟蹊径，提升了模糊集的研究水平。

长期以来概率论歪曲了科尔莫戈罗夫基本空间的深刻思想，把它说成是实验结果的空间，使概率论变成有果无因的学说。其实，科尔莫哥洛夫的基本空间是造成不确定性原因的因素空间。本章为了还原他的思想，在现代教科书所说的基本空间之前再添加一个因素空间，使概率论能解释不确定性现象中的因果关系，而概率论的宗旨是要使随机性向确定性的方向转化。

现代概率论与数理统计是有意掩盖因果性的，皮尔逊在百年之前下令禁止了在数理统计中讨论因果性。其实，下禁令的原因是他过度热衷于因果论。悲剧发生的原因在于：他只承认狭义的生成因果而否定排斥广义的逻辑因果。概率统计中充满了正向与逆向的双向推理，如贝叶斯推理等，在双向推理中常有一向不是狭义因果。

因素空间的模糊集合论的升级版，在因素空间看来，模糊实验就是幂上的随机实验。模糊数学应当是幂上的数学，由此而发展出来的模糊落影理论证明了天地对应存在唯一性定理，为模糊测度和证据理论中四种非可加性测度的应用奠定了坚实的理论基础。

因素空间与泛逻辑有天然的联系，泛逻辑为因素空间指明了逻辑发展的方向，因素空间为泛逻辑搭建平台。在这种思想的影响下，提出因素逻辑有一定的意义。

第9章　循证因素工程

9.1　引　　言

从数学角度看，洛神天库是因素空间的工程化和普适化。作为这一天库构建的先行者之一，姜斌祥多年从事研究循证因素工程工作。循证是一种科学理念，就是遵循实际证据来探索实践的方向，例如，循证医学就是根据病人的疾病证据来确定或修正医生的医治策略。循证因素工程要利用各种因素来分析证据，把证据空间看作一种特殊的因素空间。由于因素众多，这一工程必须跨学科，实现多学科的交叉。姜斌祥(2019)多年从事循证改造罪犯与循证心理研究，在实践中反复运用因素思维，从而形成了思维的定式和理论，他把这一系列的研究称为循证因素工程(evidence-based factor engineering，EFE)，为洛神天库提供了一种生动的发展模式。

循证因素工程源自循证数据挖掘。数据挖掘要从大型数据库或数据仓库中提取隐含的、未知的、非平凡的及有潜在应用价值的信息或模式，融合了数据库、人工智能、机器学习、统计学等多个领域的理论和技术(Olson et al.，2007；Shi et al.，2011)。EFE 利用其中的关联挖掘、分类、聚类等技术，对大量的行为数据进行数据预处理、挖掘处理、规则分析，进而找出行为间潜在的规律、关联和趋势，具有很大的实际应用价值(Tien，2017)。但是，面对大数据浪潮的袭击，在半结构化和非结构化的处理中，现有各种方法的运用都遇到业务范围广、统筹管理难、精细化计算慢和计算成本高等问题。其根本原因在于：从物质革命转入信息革命，这一伟大的时代变迁需要进行科学范式的大革命。信息是物质运动在人脑中的反映，但反映并不等于物质。同一对象可以产生不同的信息，关键在于认识主体的目的和选择。因素就是人脑观察事物的角度，是注意的方向，是否引入因素这一元词，是范式革命的症结所在。因素空间是智能革命的数学符号，是信息科学、智能科学和数据科学的共同数学基础，只有将数据挖掘理论放到因素空间的框架下才能得到本质的提升(薛冰莹，2017)，使广、难、慢、费的问题变得简、易、快、省，可视化的技术才能水到渠成。EFE 的核心是以因素空间为框架，提升循证工程的水平。其主要定位为因素空间的语言工具研究、因素空间的系统工程方法研究和因素空间在各行业的交叉结合研究产生新的应用学科三大方面，由于篇幅有限，本章仅基于文本类大数据挖掘研究后两大内容的结合——文本 EFE 以及在循证改造罪犯的 EFE 应用。在正式介绍之前，先回顾数学分析中的两个基本定理。

定理 9.1(海涅-博雷尔(Heine-Borel)有限覆盖定理)　设$[a,b]$是一个闭区间，开区间集 H 覆盖闭区间$[a,b]$，则 H 中存在有限个开区间也覆盖了闭区间$[a,b]$，或设$[a,b]$是一个闭区间，H 为$[a,b]$的一个开覆盖，则 H 中必然存在有限个开区间，构成$[a,b]$上的一个开覆盖。

海涅-博雷尔有限覆盖定理是有关实数完备性的一个基本定理，是一种在特殊点集意义下无限向有限转化的数学方法，更深的推广是一般点集意义下的博雷尔有限覆盖定理。

定理 9.2(博雷尔有限覆盖定理)　F 是一个有界闭集，μ 是一族开邻域，μ 完全覆盖 F($\forall x \in F, \exists N \in \mu$ 使 $x \in N$)，则在 μ 中一定存在有限个邻域 $N_1, N_2, \cdots, N_m$ 完全覆盖 F (王宇辉，2007)。

博雷尔有限覆盖定理是一种有限表达无限的数学思想，可以在因素空间中得到发扬：用尽量少的因素来处理千头万绪的事务；用尽量少的基点效应来覆盖无限量的背景数据。

9.2　文本因素工程

本节给出文本因素工程下的三种算法，并简要说明因素约简的过程，构建因素库。

9.2.1　文本因素工程算法

1. 文化算法

文化算法(cultural algorithm，CA)是一种模拟人类社会进化过程的双层演化机制，根据信仰空间知识与经验指导种群空间个体演化，促使种群朝有利的方向发展。其有两层空间：由个体组成的种群空间、由知识组成的信仰空间，两者相互分立又相互联系。种群空间与信仰空间既可并行进化，又可通过接受函数与影响函数相互联系。种群空间个体进化过程中获得的经验通过接受函数保存至信仰空间，信仰空间以知识的形式对经验加以概括、描述和储存。信仰空间中的知识通过影响函数指导种群空间个体向着有利的方向进化。任何满足文化算法结构的算法都能融入种群空间中，通过相互融合可以弥补传统算法的不足。

文化算法从种群中获取有用的知识保存在信仰空间中，并利用这些知识指导搜索过程，是一种基于知识的多进化过程的全局优化搜索算法。

2. 遗传算法

遗传算法的思路是参考物质世界中的进化原则——适生存。遗传算法把问题的可变变量进行编码，转化为染色体，之后不断重复进行选择、交叉、变异等操作，模拟物质世界产生生物染色体，从而交换个体染色体的遗传信息遗传至新一代个体，迭代产生的染色体都是遵循优化最终目标的染色体。在遗传算法中，染色体一般使用一维的线性结构来代表染色体的编码含义。线性结构的各个部分包含相当的基因赋值。单个基因组又称为基因型个体，一定规模的个体形成种群，各个个体对目标函数的评价程度称为适应度。遗传算法包含以下 4 种遗传算子。

(1) 选择：将遗传搜索引导到搜索空间中更优的区域，是模型的驱动力。

(2) 交叉：是遗传算法的主要算子，实现对选择空间局部的深度搜索。对算法运算效率起重要作用，是产生新个体的主要方法之一，随机选择两个交叉点，把它们之间的代码交叉，例如，两个初始代码分别是[1312325]、[5678969]，若交叉点是 1、5，则变为[5312325]、[1678969]，这样就增大了种群的多样性，从而提高了全局搜索能力。遗传算法的性能在很大程度上依赖重组算子的性能。

(3) 变异：属于随机广度搜索算子，确保遗传算法在整个选优空间中进行搜索，有良好的局部搜索能力，可提高遗传算法的收敛速度。采用倒位变异，据变异概率 P_m 在种群中随机选取个体，并随机产生两个位置，再把这两个位置中的代码进行逆转，如[5678969]，若产生变异位置 1 和 4，则代码逆转后变成[8675969]。

(4) 适应度函数：是遗传选择依据，也是区分种群个体好坏的标准，通常是由目标函数转换而来的。因此，适应度函数的选取直接影响遗传算法的收敛速度及能否找到最优解。

3. hash 函数

hash 表是一种有效数据存储与查找工具，与其他需要大量比较操作的数据查找方式不同，其可大大降低数据存储和查找消耗的时间。以 Key 为自变量，利用 hash 函数 f ，找到 hash 表中的存储地址 f(Key) ，将值(Value)存入该地址。在检索时，根据相同 Key 和 hash 函数 f ，可获得相同 hash 表地址，再到相应存储位置取出要查找的节点。hash 表内保存的是一对键值<Key,Value>，其中，Key 用来确定 Value 保存在 hash 表中的位置，Value 用来储存 hash 表中的数据。

9.2.2 文本循证因素工程

随着社会进入数字时代，各行各业会实时地产生大量数据。通过对所产生的这些数据进行分析，发现 85%以上数据的呈现形式是文本格式的，包括半结构化数据和非结构化数据。当前，文本数据因素挖掘与传统数据挖掘的区别是多样化、大规模的文本文档，各种类型的文本文档存在部分结构化的、规范化的数据，也存在像正文文本和提纲等没有结构的文本内容，描述这些文本的组成部分是系统所不能理解的、日常的自然语言。当使用系统进行自然语言理解时，需要转化为系统能够识别的方式，因此需要对文本进行特征识别提取。由于文本集合中的每个文本都由大量的特征项组成，所以表示文本的维数很高。文本数据特征项维度规模高导致的问题，比传统数值型数据挖掘实施中严重得多，文本数据因素特征项规模以及各种潜在的因素组合特征项规模更大，对于文本数据因素挖掘过程是有难度的。因素空间理论提供了一个非常适用的表示框架，从而解决了该问题。因素空间理论在文本数据挖掘中起到基础性作用。面对文本数据因素特征的“维数灾难”，因素空间提供了一种可行的解决方案。因素空间理论体系相对全面，但在实施过程中对采取工程化方法的研究尚没有构成体系。本章旨在研究循证因素工程的理论与技术，构建循证因素工程框架，以供因素空间应用研究参考。

本章研究的循证因素工程，从文本数据来源开始。首先，进行文本数据预处理，获得词条文档矩阵，相当于因素全集；然后，研究基于文化遗传算法的文本因素特征提取，进行降维处理，解决“维数灾难”问题，得到因素降维集；进而，基于因素分析进行文本因素约简，得到文本因素约简集；接着，基于文本因素的概念提取和文本因素空间藤的识别提取，获得文本因素概念和文本因素空间藤结构；最后，基于文本因素空间藤构建文本因素库。基本文本数据的循证因素工程体系如图 9.1 所示。

文本数据预处理主要有中文文本分词、文本表示。文本数据预处理流程如图 9.2 所示。

文本数据预处理的目的是将非结构化的文本数据转化为数据挖掘方法能够处理的数据类型，其步骤主要包括中文文本分词、文本表示。

1) 中文文本分词

文本数据一般采用自然语言表示，系统难以识别其语法、语义及语用，必须转化为数值型数据方可继续进行后续步骤。中文文本与英文文本也有区别，中文词与词之间没有分隔，英文词与词之间存在空格分隔，因为本文以中文为主，所以采用中文分词技术在文本词与词之间产生分隔，然后根据文本分隔字符序列构建向量空间模型。按照中文分词原理，将中文分词技术大致分为以下三类：

(1) 机械分词，是指在单词词典下，字列匹配是按一定策略(如正向扫描、反向

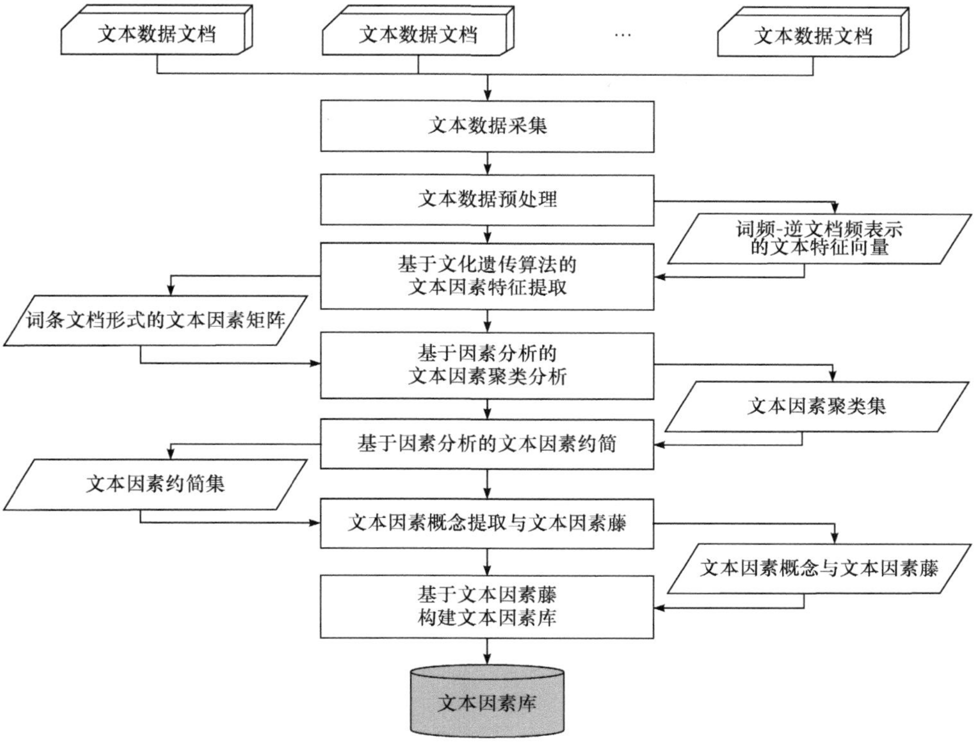

图 9.1 基于文本数据的循证因素工程体系

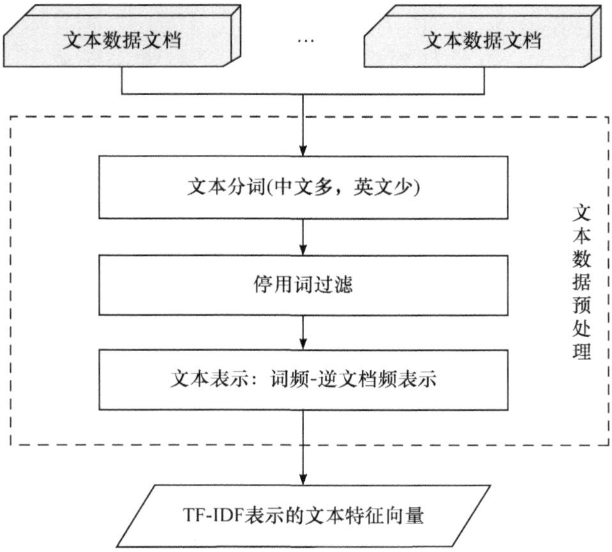

图 9.2 文本数据预处理流程

扫描和双面扫描等)将被分析字符序列与机器匹配字典条目，若字符序列能找到，则匹配成功，从而可分割为独立短语。

(2) 统计分词，是对句子中的全部词语进行随机砍分，逐一计算每个给定参数的概率，从结果中选取出现概率最高的砍分方案，作为分词处理结果。所用概率与文本内容背景领域密切相关，不便移植使用。

(3) 知识分词，是从词法、句法和语义的角度，利用人工智能推理进行汉字分割。建立一个有效解决推理过程中发生冲突和知识矛盾的推理机制，确定知识分词的效果(李兆钧，2016)。

2) 文本表示

原始文本数据在经过分词之后，得到一个个离散词条。为建立结构化数据，应使用便于系统识别的格式或模型来存储文本数据因素，对其进行文本特征表示。常用的文本模型有布尔模型、向量空间模型等。

(1) 布尔模型。因为粒度太粗而无法提供更多的信息，所以布尔模型使用词条在文档中是否出现作为文本特征，而且对于噪声难以避免。

(2) 向量空间模型。向量空间模型为特征文本条目集合，使用该文本权重向量表达特征。文本中出现特征项的顺序是不相关的，各特征项相对应的一维特征空间的特色是将文本内容表达为欧氏空间，在多维空间中，文档就是点。定义以下概念：

① 文档，指一个文本或段落、句子等组成部分。

② 特征，指单词、短语、句子和其他语言单元等，可记文本及其特征构成一个向量空间：$\text{Document} = D(t_1, t_2, \cdots, t_i)$。

③ 权重，指文本全部特征项都会被指定一个权重指标W，为特征项对文本总体贡献程度。

基于上面三个概念构建文本向量空间模型，其文本特征向量为：文档可用一条特征向量来表示，该特征向量由正交词条矢量构成。一般将特征项词条记作T_i，特征词条的权重记为W_i，文档可记为$D_i = (T_{i1}, W_{i1}, T_{i2}, W_{i2}, \cdots, T_{in}, W_{in})$。该向量在每个维度的值表示该文本输入的比例，以表征在内容中作用的文字输入的重要性。权重越大，被分配的权值越大，越能体现字的内容；权重越小，被分配的权值越小，越不能反映文本内容。使用表 9.1 中的矩阵来表示文本d及其特征t。

表 9.1　向量空间模型下的文本表示

特征	d_1	$\cdots$	d_i	$\cdots$	d_n
t_1	$W_{1,1}(d_1)$	$\cdots$	$W_{t,i}(d_i)$	$\cdots$	$W_{1,n-1}(d_{n-1})$
$\vdots$	$\vdots$		$\vdots$		$\vdots$
t_t	$W_{t,1}(d_t)$	$\cdots$	$W_{t,i}(d_i)$	$\cdots$	$W_{t,n}(d_n)$

④ 相似度，是指所有文本可被投影到目标文本矢量空间，任意两文本之间的似然程度，可用向量夹角余弦值来计算，即

$$\mathrm{Sim}(d_1,d_2)=\frac{d_1\cdot d_2}{\|d_1\|\cdot\|d_2\|}$$

向量空间模型主要有词频表示法和词频-逆文档频表示法两种类型。

(1) 向量空间模型-词频表示法。

向量空间模型-词频表示法使用词条在文档的词频作为文本特征，比如布尔模型包含更多的信息，但是对于文本长短的不一致，无法避免偏差的产生，而且没有考虑到各个词条的重要性。

(2) 向量空间模型-词频-逆文档频表示法。

词频-逆文档频表示法避开了布尔模型及词频模型的缺点，词频-逆文档频公式为

$$\mathrm{fidf}_{ij}=\mathrm{tf}_{ij}\cdot\mathrm{idf}_j$$

式中

$$\mathrm{tf}_{ij}=\mathrm{tf}'_{ij}/\sum_{j=1}^{T}\mathrm{tf}'_{ij},\quad \mathrm{idf}_j=\log_2(D/\mathrm{df}_j)$$

词频-逆文档频表示法的优点在于：词频以归一化的词频为基础，有效避免了长短文本的不一致导致的词频数偏差，可以在相同条件下进行比较。逆文档频考虑了各个词条的重要程度，逆文档频公式又称为逆文档频率，含义是：如果一个词条出现在绝大部分的原始文档中，如一些常用的“一个”“那么”“一般”等词条，那么说明该词条对于文档的区分度比较小；相反，如果一个词条只在不多的文档中出现，如“抑郁”等，那么一般只会在心理类文档中出现，其他文档一般不会出现该词条，这说明该词条对于文档具有比较大的区分度。

对词频-逆文档频表示法进行转换，以使得文本特征表示法可以适用于因素分析法。在因素分析表中，对象内涵的表示是使用定性值，但是现实的情况往往是定量值域先被确定，然后将定量值域进行定性化。

9.2.3 基于文化遗传算法的因素特征提取算法

为提高文本数据挖掘算法的执行效率，需要进行空间降维，本节选用特征提取和特征选择两种降维方法。特征选择是从完全特征空间中挑选效果最好、贡献最大的部分特征作为新的特征，从而得到小尺寸特征空间。目前，广泛采用的方法是选定评价函数，并用其设置判定阈值。常用的评价函数选用方法有：文档频率(document frequency，DF)、信息增益(information gain，IG)、互信息(mutual information，MI)、χ^2 统计法。对于文本数据因素特征的提取，可以归结为组合

优化问题，而遗传算法擅长解决组合优化问题，实验证明，使用移位 hash 函数更适合处理遗传算法中的数据，另外，考虑文本数据因素特征提取、因素聚类以及约简要用到人的经验和领域知识，而文化算法恰好能解决这个问题。因此，本节将 hash 函数、文化算法与遗传算法进行结合，提出文化遗传算法，基于文本数据因素特征提取研究文化遗传算法的特征选择算法。

1. 文化遗传算法

1) 遗传算法

(1) 染色体编码。

遗传算法最优解扫描之前，要先将解的数据表达形式转化为遗传算法能够识别的染色体线性结构数据，不同组成方式的线性结构染色体数据形成了不同的解。

(2) 生成初始种群。

随机产生种子线性结构染色体，一个个体就是单个线性结构染色体，一个种群由全部个体组成。遗传算法就是以这些种子线性结构染色体为基础开始进化的。

(3) 适应度函数。

个体的适应度代表个体的优劣度量。适应度函数是根据实际问题确定的。

(4) 选择。

从现有的种群中挑选出优秀的个体，让这些优秀的个体以更大的概率被选中产生后代，选择的判断依据是适应度值，适应度值较高的个体代表更优秀的个体，因此为下一代种群中贡献后代的概率比适应度值较低的个体大。遗传算法通过选择操作体现了达尔文的“适者生存”原则。

(5) 交叉。

遗传算法中产生新形式个体的最主要操作是交叉运算。为了使得后代个体结合父代个体的特征，遗传算法通过交叉运算把父代的染色体进行随机交换产生后代个体，后代个体既保留了父代个体相对优秀的特征，同时进行更新，以得到更优秀的个体。交叉运算体现了信息交换的思想。

(6) 变异。

为了模拟现实世界中个体染色体的生成可能会出现变异现象，遗传算法中通过变异操作体现基因变异的作用。变异操作对随机选中的个体以一定的概率随机地赋值该个体的线性结构染色体中某随机部位的取值。与现实世界中发生变异的可能性较小相似，遗传算法中发生变异的概率一般也设置得较小。

2) hash 遗传算法

实验证明，移位 hash 函数更适合处理进化算法中的数据。以种群个体信息为 Key，个体适应度值为 Value 保存在 hash 表中，在每次计算适应度值前，首先以个体信息为 Key 在 hash 表中查找该 Key 是否存在，相当于适应度值是否已计算。若已计算，根据个体信息 Key 从 hash 表中取出该个体的适应度值；若未计算，则计算该个体的适应度值，计算后将个体信息 Key 和个体适应度值 Value 保存在 hash 表中。这种用 hash 表高效地存取适应度值来计算历史数据不会影响优化结果。遗传算法编码方法的好坏直接关系到搜索效率及精度的高低。实数编码已被证实优于传统二进制编码，对种群节点参数更容易直观编码，因此本书采用实数编码。

hash 遗传算法的流程如图 9.3 所示。

算法 9.1

步骤 1　hash 表初始化。

步骤 2　种群初始化并计算各个个体的适应度值。

步骤 3　将初始化种群个体的适应度值存储到 hash 表。

步骤 4　使用某演化规则对个体进行演化，产生下一代种群。

步骤 5　调用算法 9.2 计算种群中个体适应度值。

步骤 6　判断是否满足终止条件，若满足，则结束，否则，返回步骤 4。

算法 9.2

步骤 1　以个体信息为 Key 在 hash 表中查找其是否存在。

步骤 2　若 Key 已存在，则说明已经计算过该个体适应度值，取该 Key 值对应的 Value 数据，并将该 Value 值作为该个体适应度值。

步骤 3　若 Key 不存在，则利用适应度值函数计算该个体的适应度值，并将该个体及其适应度值存储到 hash 表中。

3) 文化遗传算法

文化算法由种群空间和信仰空间组成。在微观层面，种群空间进行问题迭代求解形成知识；在宏观层面，信仰空间保存上述知识并通过与微观层面进行交流，对种群空间迭代过程进行指导，形成一种双重继承机制，种群空间可任选一种群体智能算法。文化算法是一种模拟人类社会进化过程的双层演化系统，其根据信仰空间的知识和经验指导种群空间的个体演化，使种群朝有利方向发展。任何满足文化算法结构的算法都能融入文化算法的种群空间中，通过相互融合可以弥补传统算法的不足，如遗传算法、进化规划、遗传规划、粒子群算法、差分进化算法等诸多智能计算策略可被引入文化算法的种群空间中。综合考察各类智能算法的性能指标、执行时间、鲁棒性等，同时考虑数据共享特点、算法优化能力及成熟度，最终选择遗传算法作为文化算法种群空间算法。遗传算法不依赖问题的相关领域知识，而是将每组数据视为一个个体，通过遗传算法的算子进化操作得到新个体，评价新旧个体，不断进化到最优。依据文化算法的特性，融合遗传算法，文化算法从种群中获取有用知识保存到信仰空间中，使用上述知识指导搜索过程，这是一种基于知识的全局优化搜索算法。将文化算法引入改造 hash 遗传算法，获得基于文化算法的 hash 遗传算法改进算法，即文化遗传算法。

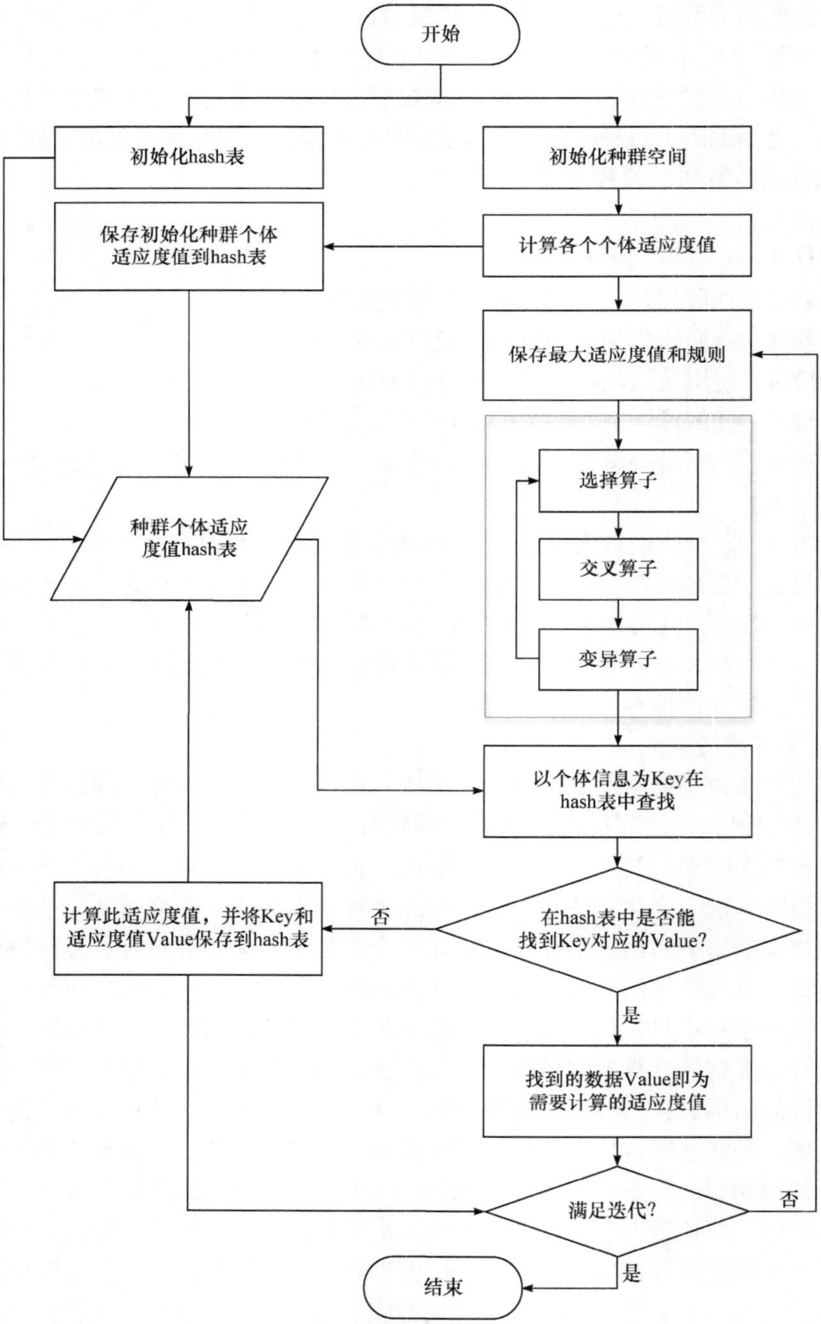

图 9.3　hash 遗传算法的流程

文化遗传算法的算法框图如图 9.4 所示。

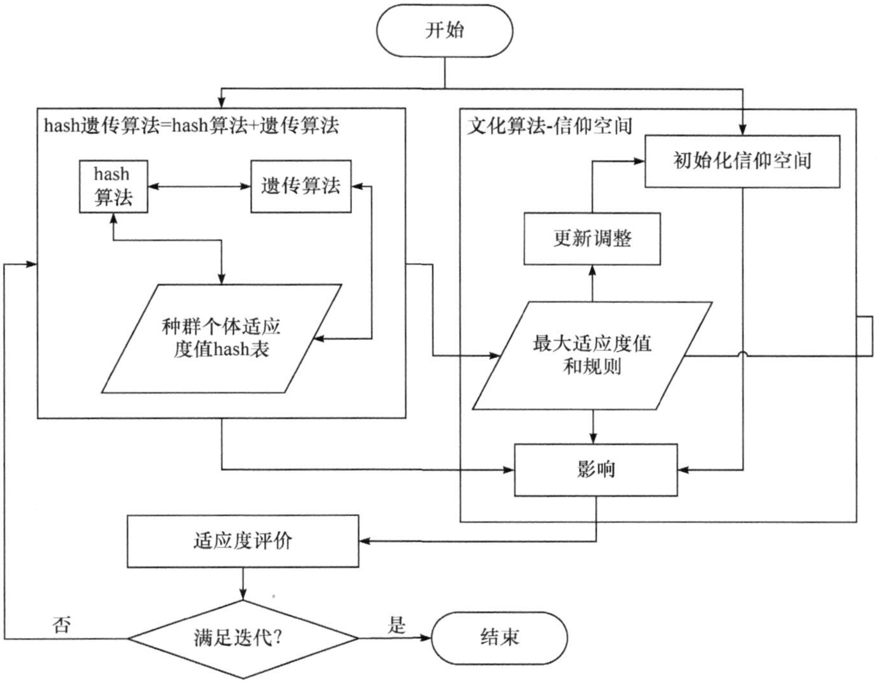

图 9.4　文化遗传算法的算法框图

(1) 初始化。将种群节点选优控制规则通过实数编码作为信仰空间初始形势知识，提供指导方向；规范知识为规则取值范围最大值和最小值。

(2) 更新。更新函数包含形势更新和规范知识更新。种群空间个体在进化过程中形成了个体经验，选适应度值大的个体更新信仰空间形势知识，以达到将个体经验传递到信仰空间，从而在信仰空间依据一定规则择优更新知识(包括更新形势知识和规范知识)的目的。

(3) 影响。影响函数是使用信仰空间中各类知识引导种群空间中的种群演化。信仰空间中的规范和形势知识处于控制地位，一是限定了探索区域，二是为种群演化提供了进化方向指引，在容易陷入局部区域早熟收敛下，帮助种群跳出局部较优区域。利用 f 对种群空间中的初始种群进行个体评价，选择适应度值高的个体来更新信仰空间形势知识。

4) 基于文化遗传算法的文本因素特征提取算法

首先根据文化遗传算法的一般流程，结合文本因素特征提取算法的特点设计基于文化遗传算法的文本因素特征提取算法。文本因素特征提取算法中的几个关键点设计如下。

(1) 编码。

采用实数编码，由于特征数目不固定，染色体编码长度是可变的，每个染色体分成前后两部分：前部是一个正整数，为截取后部位数；后部为特征编码，有 m 个特征，后部染色体再分为 m 段，每段为对应特征编码。解码时先把染色体分成前后两部分，再使用前部位数截取后部相应长度的染色体，以该截取染色体的特征编码为被选择的特征。

(2) 适应度函数。

适应度函数值越大意味着该染色体越优质，优化方向是朝着选择适应度函数值尽可能大的染色体，目标是要极大化文本数据因素分离度，同时极小化被选择的因素特征数目。故采用该染色体对应的文本数据因素分离度作为适应度函数，并将被选择的因素特征数目的倒数作为惩罚项，这代表在文本数据因素分离度相等的情况下，被选择的文本数据因素特征数目越少，适应度值越大。

(3) 算法过程的关键点。

在完成染色体编码之后，需要决定初始化种群的数目，然后产生一个初始种群作为起始解；选择操作，即从初始种群中以一定的可能性挑选个体进入新种群，个体被选中的概率与适应度值有关，个体适应度值越大，被挑选出的概率越大；交叉操作按照部分交叉方式进行，每两个父代染色体为一组，各组进行交叉操作，产生两个从开始直到染色体长度的整随机数，这样就得到两个随机点，将两个染色体的这两个随机点中间的数据进行交叉；变异操作产生两个从开始直到染色体长度的整随机数，这样就得到两个随机点，将该染色体的两个随机点所在的数据进行补位替换；逆转操作产生两个从开始直到染色体长度的整随机数，这样就得到两个随机点，将该染色体两个随机点中间的数据进行补位替换，经过逆转操作之后，只保留染色体的适应度值有所改善的逆转操作，否则，不保留该逆转操作。

(4) 基于文化遗传算法的因素特征提取算法流程。

算法 9.3

步骤 1　文化遗传算法参数初始化：种群数和迭代次数。

步骤 2　将证据因素提取参数进行转化，实数编码为文化遗传算法要求的染色体形式。

步骤 3　对种群中的染色体进行文化遗传算法中各算子操作。

步骤 4　输入得到的新种群染色体，进行适应度值评价函数的文本因素分离度计算，得到各个新种群染色体的适应度值，以获得文本因素分离度。

步骤 5　从新种群中挑选出适应度值较大的染色体，进行新一代种群文化遗传算法的算子操作。

步骤 6　若满足文化遗传算法的迭代数目，则转步骤 7；若不满足文化遗传算法的迭代数目，则转步骤 4。

步骤 7　对染色体进行解码，以获得最优文本因素特征提取，基于文化遗传算法的因素特征提取算法结束。

(5) 因素特征提取实验结果。

种群规模数目为 200，进化代数为 1000，对于各类别的基于文化遗传算法的因素特征提取算法计算的进化收敛如下：各类别适应度经过进化 1000 代后都进入收敛状态，各类别最大因素分离度分别为 0.9979、1.0000、0.9895、0.9991、0.9958、1.0000、0.9976、1.0000，都非常接近于 1，可以近似认为达到识别因素的目的。通过基于文化遗传算法的因素特征提取算法提取得到 3127 个因素，相比于原始的 26211 个因素，起到了有效的降维作用。

2. 基于因素空间理论的文本因素聚类算法

首先基于词向量模型的文本因素特征聚类算法，为后续文本因素聚类初步建立初步文本因素集；然后为度量文本间的相似性，建立文本因素相似向量及文本因素距离，使用层次文本因素聚类算法建立基于因素空间理论的文本因素聚类算法。

为解决因文本词条特征数量庞大带来巨大消耗和词条特征存在语义差距的问题，本节使用基于词向量模型的文本因素特征聚类算法构建初步文本因素集。

(1) 词向量模型概述。

词是承载语义的最基本单元。Harris(1954)提出分布假说：上下文相似的词，其语义也相似；Firth(1957)对分布假说进行了进一步明确：词的语义由其上下文决定。随着神经网络模型逐渐兴起，使用神经网络构造词表示方法可以更灵活地对上下文进行建模，成为词分布表示主流方法。

基于神经网络的分布表示一般称为词向量表示、词嵌入表示或分布式表示。词向量表示通过神经网络对上下文，以及上下文与目标词之间的关系进行建模。神经网络可以表示复杂的上下文，例如，上下文使用包含词序信息的 n 元语法模型，当 n 提高时，n 元语法模型的总数呈指数级增长，此时会遇到“维数灾难”问题。神经网络在表示 n 元语法模型时，可以对 n 个词进行组合，使得参数个数保持线性增长。这一优势使得神经网络可对更复杂的上下文建模，在词向量中包含更丰富的语义信息。词向量模型的核心是上下文表示以及上下文与目标词之间的关系建模。Mikolov 等(2013)提出了 Skip-Gram 模型，以高效的方法获取词向量。

$$\sum_{(w,c)\in D}\sum_{w_j\in c}\log_2 p(w\mid w_j),\quad j=1,2,\cdots,n$$

式中

$$p(w \mid w_j) = \frac{\exp(e'(w)^{\mathrm{T}} e(w_j))}{\sum_{w' \in V} \exp(e'(w)^{\mathrm{T}} e(w_j))}$$

Skip-Gram 模型每次从目标词 w 的上下文 c 中选择一个词，将其词向量作为模型的输入 x，也就是上下文的表示。Skip-Gram 模型通过目标词预测上下文，对于整个语料，优化目标为最大化。

(2) 基于词向量模型的文本因素特征聚类。

词向量模型可以通过机器学习从大规模无标注语料中得到词条的句法和语义，当词向量模型训练得比较充分时，词条的词向量之间的余弦相似度可反映词条之间的语义关系。从实验效果可以看出，词向量模型能够通过词条的词向量之间的余弦距离发现语义相关词条。因此，可使用词向量模型辅助构建初步文本因素集。使用 K-means 聚类算法对 21856 个词条的词向量进行聚类，选取 $K = 2000$，将词条按照词向量的余弦距离聚类为 2000 个词类簇，根据词向量模型的性质，词类簇内部具有一定的语义相关性。

(3) 基于因素空间理论的文本因素聚类算法。

前述用基于词向量模型的文本因素特征聚类算法进行初步文本因素集构建，使用初步文本因素集建立因素相似性向量及因素相似度模型，用于基于因素空间理论的文本因素聚类算法。

① 确定基本因素集。

确定基本因素集主要包括文本因素理解和建立初步文本因素集。在基于词向量模型的特征聚类辅助初步文本因素集构建后，得到的是一系列词类簇集合，需要在这些词类簇集合的基础上进一步提取文本因素。一般可采取人工和系统两种方式，甚至二者相结合进行。经过处置后保留更少量因素，其中各个因素对文本数据集表现度是不同的，例如，不少文本都在某个因素维度上存在投影，说明这个因素对文本数据集的表现度较好；相反，若只有为数不多的文本在某个因素维度上存在投影，则说明这个因素对文本数据集的表现度较差，去掉这个因素所损失的信息较小，而且起到简化运算的作用。去除初步文本因素集中对文本数据集表现度较差的因素，得到基本因素集。

② 人工理解分析获得基本因素集。

人工将系统所列举的词类簇进行分类，将对分类目标的区分有作用的词类簇因素进行保留，并将对分类目标的区分没有作用的词类簇因素去掉。

③ 基于文化遗传算法优化选择获得基本因素集。

根据人工理解的经验常识以及领域相关概念知识，构建文化遗传算法，利用文化遗传算法建立更完善的基本因素集，自动按照文化算法的领域知识和人工经验结合遗传算法将系统所列举的词类簇进行分类，将对分类目标的区分有作用的词类簇因素保留，并将对分类目标的区分没有作用的词类簇因素去掉。

④ 计算文本因素相似度。

为计算两文本之间的因素相似度，首先要构造两文本因素匹配向量：如果两文本在维度 d 上的取值都不是 0，而且是相等的，那么因素匹配向量在维度 d 上取值为 1；如果两文本在维度 d 上的取值都是 0，那么因素匹配向量在维度 d 上取值为 β；如果两文本在维度 d 上的取值不相等，而且在维度 d 上取值的两个值的交集非空，那么因素匹配向量在维度 d 上取值为 α；如果两文本在维度 d 上的取值不相等，而且在维度 d 上取值的两个值的交集为空，那么因素匹配向量在维度 d 上取值为 0。

文本之间的因素相似度主要体现在因素匹配向量中在该维度上非零取值的维度。因素匹配向量中的各取值对文本之间因素相似度的影响程度是不同的，需要分别考察取值为 1、取值为 β、取值为 α 对因素相似度计算因素相似度的影响，从而对各种不同取值赋予相应的权重。首先，取值为 1 的维度对相似度影响无疑是最大的，从而取值为 1 的维度赋予的权重是最大的；然后，取值为 β 的维度对相似度的影响是三者中最小的，相应地，取值为 β 的维度赋予的权重是最小的；最后，取值为 α 的维度对因素相似度的影响介于前两者之间，相应地，取值为 α 的维度赋予的权重同样介于前两者之间。最终，因素相似度定义为因素匹配向量中各个维度权重的总和，得到(刘影，2013)

$$x(T_1,T_2)=c_1^*\frac{D}{2}+c_\beta+c_\alpha^*\lambda$$

式中，$x(T_1,T_2)$ 代表文本 T_1 、T_2 之间的因素相似度；c_1^* 代表因素匹配向量中取值为 1 的维数；c_β 代表因素匹配向量中取值为 β 的维数；c_α^* 代表因素匹配向量中取值为 α 的维数；D 代表因素匹配向量总维数；λ 取值为 $1\sim D/2$。

在计算因素相似度时，利用上述方法所得的计算值是大于 1 的数值，为了后续转换为距离时处理方便，因素相似度应该在 0～1 取值。因此，为保证因素相似度在 0～1 取值，需要将因素相似度进行归一化，公式为

$$c(T_1,T_2)=\frac{2}{1+k^{-x(T_1,T_2)}}-1$$

式中，$c(T_1,T_2)$ 代表归一化后的因素相似度，把不在 0～1 的数值转化到 0～1。

设 k 为大于 1 的一个数，1 减去归一化后的因素相似度，得到 T_1 、T_2 文本之间的因素距离，即

$$d(T_1,T_2)=1-c(T_1,T_2)$$

经推导，可得到关于因素相似度及因素距离的若干性质。

性质 9.1　对于任意的文本 T ，当 $T_1=T$ 时，因素相似度 $x(T,T_1)$ 取最大值。

性质 9.2　对于任意的文本 T_1、T_2，有 $d(T_1,T_2)\geqslant 0$；当 $T_1=T_2$ 时，有 $d(T_1,T_2)=0$。

性质 9.3　对于任意的文本 T_1、T_2，有 $d(T_1,T_2)=d(T_2,T_1)$。

性质 9.4　对于任意的文本 T_1、T_2、T_3，有 $d(T_1,T_2)\leqslant d(T_1,T_3)+d(T_3,T_2)$。

综合性质 9.1～性质 9.4 可知，在文本集合上加上文本间因素距离 $d(T_1,T_2)$ 后满足距离空间定义(张为泰，2015)。

正定性：对于任意的文本 T_1、T_2，有 $d(T_1,T_2)\geqslant 0$；当 $T_1=T_2$ 时，有 $d(T_1,T_2)=0$。

对称性：对于任意的文本 T_1、T_2，有 $d(T_1,T_2)=d(T_2,T_1)$。

三角不等式：对于任意的文本 T_1、T_2、T_3，有 $d(T_1,T_2)\leqslant d(T_1,T_3)+d(T_3,T_2)$。

综上，选用因素距离 $d(T_1,T_2)$ 作为文本间距离的度量是合理的。

综合以上步骤可以得到基于因素空间理论的文本因素聚类算法：训练词向量模型，对语料库进行词向量模型的训练，得到文本各个特征词条的词向量；对词向量模型进行 K-means 聚类，对文本各个特征词条的词向量进行 K-means 聚类，得到一系列词类簇集合，作为初步的基本因素集；确定基本因素集，对于初步因素集，根据人工理解的结果，结合领域相关概念知识，筛选表征能力弱的因素，建立基本因素集；计算文本因素相似度，首先构造文本之间的因素匹配向量，然后根据因素匹配向量计算文本之间的因素相似度及文本之间的因素距离；使用文本之间的因素距离作为层次聚类算法的距离度量，对文本集进行层次聚类。文本数据因素聚类分析流程如图 9.5 所示。

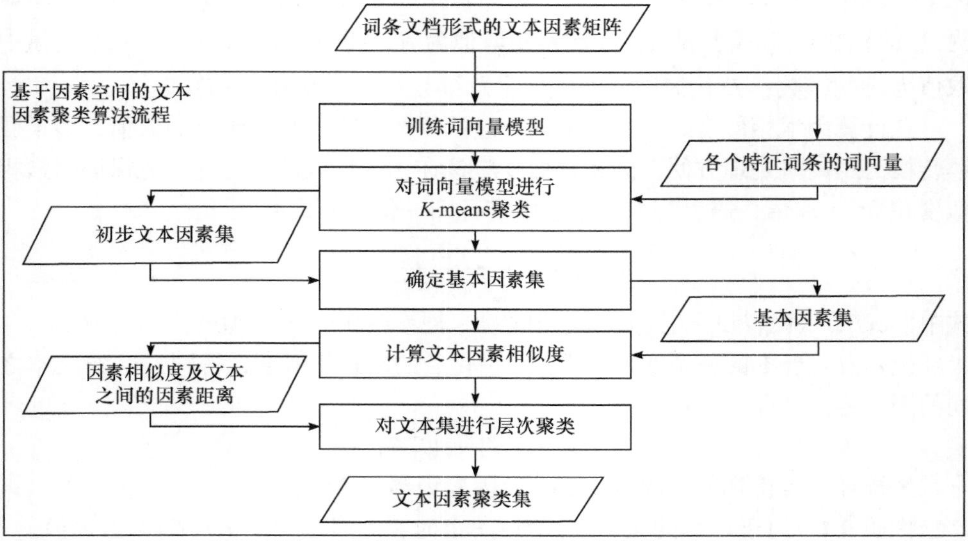

图 9.5　文本数据因素聚类分析流程

(4) 实验说明。

选取罪犯改造证据 6 类，从每一类中随机抽取 200 个文本文档，共 1200 个文本文档。实验数据如表 9.2 所示。

表 9.2　实验数据

实验来源种类	文本个数	数据来源
改造专业项目	200	中国 L 省和 S 省 35 所监狱改造项目
改造实际个案	200	中国 L 省和 S 省 35 所监狱改造个案
改造实务方案	200	中国 L 省和 S 省 35 所监狱改造方案
改造理论研究文献	200	知网论文
改造专业人员意见	200	中国 L 省和 S 省理论与实务专家
改造经验总结报告	200	中国 L 省和 S 省 35 所监狱调研数据
合计	1200	

隐藏分类标签作为后续聚类效果评价时的参考基准，使用基于因素空间理论的文本因素聚类算法进行文本分类实验。评价文本因素聚类效果指标的计算方式如下。

对于样本数据中经过人工标记的类别 P_j，如果聚类算法最终计算得到的聚类簇中存在某个聚类簇 C_i 与人工标记的类别可以建立对应的关系，那么为了寻找这个对应的聚类簇 C_i，循环搜寻聚类结果中的每一个簇 $C=\{C_1,C_2,\cdots,C_m\}$，然后计算 Precision、Recall 以及 F 值，从中选取对应类别的最优聚类簇。对于人工标记的类别 P_j 和聚类簇 C_i，计算 Precision、Recall 以及 F 值，具体计算公式为

$$\text{Precision}(P_j,C_i)=\frac{|P_j\cap C_i|}{|C_i|}$$

$$\text{Recall}(P_j,C_i)=\frac{|P_j\cap C_i|}{|P_j|}$$

$$F(P_j,C_i)=\frac{2P(P_j,C_i)\cdot R(P_j,C_i)}{P(P_j,C_i)+R(P_j,C_i)}$$

对于人工标记的类别 P_j，计算最优的聚类簇 $F(P_j)=\max\limits_{i=1,2,\cdots,m}\{F(P_j,C_i)\}$。

接下来计算 Class_F 值，即

$$\text{Class\_F}=\frac{\sum_{j=1}^{s}|P_j|\cdot F(P_j)}{\sum_{j=1}^{s}|P_j|}$$

Class_F 值指标能够较好地识别聚类簇与原类别对应的聚类效果的优劣。

由实验结果可知，基本因素集计算出的效果比未经处理的初步文本因素集计算出的效果更好，说明基于因素空间理论的文本因素聚类算法具备人工理解及人工参与调优的能力，这是文本因素聚类算法的优势。基于因素空间理论的文本因素聚类算法的Class_F值超过 70%，说明基于因素空间理论的文本因素聚类算法具有良好的识别文本集合中隐含结构的能力。基于因素空间理论的文本因素聚类算法与 *K*-means 聚类算法的运行时间对比如表 9.3 所示。

表 9.3　基于因素空间理论的文本因素聚类算法与 *K*-means 聚类算法的运行时间对比

算法	运行时间/s
K-means 聚类算法	3185
基于因素空间理论的文本因素聚类算法	72

从表 9.3 可以看出，基于因素空间理论的文本因素聚类算法的运行时间仅是 *K*-means 聚类算法的 2.26%。

基于因素空间理论的文本因素聚类算法是继承层次聚类算法的，具备层次聚类算法的优点，可进行任意粒度聚类簇的划分，且经过基本因素集降维，有效降低了层次聚类算法的计算复杂度，克服了层次聚类算法计算耗时的缺点。

9.2.4　因素约简

在一张因素分析表中，如果对于结果因素的一个等级或者一个状态 t，有一个条件因素 f_j 的一个状态 s，在因素 f_j 下状态为 s 的对象集，包含在结果因素某一个状态 t 所对应的对象集中，即 $[t]=\{u_i \mid g(u_i)=t\}\supseteq[s]$，根据定义 4.2，则称 $[s]$ 为因素 f_j 的一个决定类。第 i 个决定类所含对象个数记为 $\|[s]\|_i$，因素 f_j 所有决定类的并集称为它对结果的决定域。

因素 f_j 的决定域所包含的对象数 $\sum_{i=1}^{n}\|[s]\|_i$（n 为因素 f_j 构成决定类的属性个数）与全体对象个数 m 之比是其对结果的钻入决定度，在此记作 $d(f_j)=\sum_{i=1}^{n}\|[s]\|_i/m$。

1. 因素约简定义

划分是因素的职能，它体现了认识主体区别事物的能力。可以由多组因素得到同一种划分，要选择尽可能少的因素来完成这一任务，这就是因素约简。

定义 9.1　给定因素分析表 (U,F)，设 $A\subset B\subseteq F$，若有 $H(U,A)=H(U,B)$，则称因素集 A 为因素集 B 的一个约简，这里 $H(U,A)$ 和 $H(U,B)$ 分别是因素集 A

和 B 对论域 U 进行的划分。

2. 静态因素约简

静态因素约简(陈万景等，2018)，首先根据决策因素或结果因素状态进行分类，然后计算各个条件因素决定度，选决定度大的因素对论域进行删除，重复此过程，直到删空。没有被选用的因素就是冗余因素，选用因素则构成因素约简集。当某一步出现各个因素决定度都为 0 时，进行两个因素的“与”操作。若还为 0，则进行三个因素的“与”操作，以此类推。

3. 动态因素约简

当把一些新的因素加入因素分析表中时，若用前面的静态约简算法，则要重新算一遍每个因素的决定度，然后删除决定域。这样之前的约简结果得不到利用，造成重复计算。为此，陈万景等(2018)提出了因素空间理论下基于决定度的增加因素的动态约简算法。

算法 9.4　动态约简算法。

输入　原因素约简的因素约简集，增加的新因素分析表。

输出　新因素约简集。

步骤 1　计算原因素约简集中各因素和新增加因素的决定度。

步骤 2　如果原因素约简集中的因素最大决定度不为 0，且新增加因素集中各因素的最大决定度小于原因素约简集因素的最大决定度或者新增加因素集中各因素与原因素约简集中各因素的决定度相等且为 0，那么输出原因素约简集；如果新增加因素集中因素的最大决定度与原因素约简集中因素的最大决定度相等且不为 0，或者新增加因素集中因素的最大决定度大于原因素约简集中因素的最大决定度，那么转步骤 3。

步骤 3　将此因素加入新因素约简集，删除其决定域。

步骤 4　更新因素分析表，计算新一轮的决定度，选取决定度最大因素，转步骤 3。

步骤 5　重复步骤 3 和步骤 4，直到删空论域，得到新因素约简集。

4. 时空复杂度

因素约简算法比粗糙集分辨矩阵约简算法的时间复杂度 $O(m^2 \times n^2)$ 要低；因素约简算法直接在因素分析表上操作，因此空间复杂度也小于分辨矩阵约简算法。

9.2.5　因素空间的提取及文本因素库的构建

1. 因素分析表中因素空间的提取

给定因素分析表 (U,F) 之后，若 F_o 是 F 的一个因素约简集，则因素经过任意的合取、析取之后便可形成新的因素约简集，进而形成因素空间。

定义 9.2(由因素分析表提取的因素空间)　给定因素分析表(U,F)，若F_o是F的一个因素约简集，则称(U,F_o)是由表所提取的一个元因素空间，称$(U,P(F_o))$为相应的布尔因素空间。这里，$P(F_o)$是F_o的幂集，即F_o一切子集的集合。

显而易见，$P(F_o)=(P(F_o),\cup,\cap,c)$是一个布尔代数，其中，$\cup,\cap,c$运算根据定义 3.3 中的质根运算来解释。

因素空间就是一个坐标架，在给定的一个因素分析表上建立一个因素空间后，定义域中的主客观对象均可在该坐标架上呈现。

2. 因素空间藤的提取

按第 1 章所说的知识表达式，可以建立因素谱系，其中每一个图基元都是以一个上位概念为前节点，以一个因素为边，以一组下位概念为后节点。若有两个以上的图基元共用一个前节点，则这个前节点就称为一个蓓蕾。这个蓓蕾在一个论域上有多个因素对它进行划分，这就是一个因素空间。把一个因素谱系中的非蓓蕾去掉，保留的蓓蕾图就是一个因素空间藤。

3. 构建文本因素库

在 9.2.1 节～9.2.5 节的基础上，建构因素库。文本类数据往往是非结构化数据居多，而且是动态递增的，因此因素库的构建环境要优化选择。本节考虑适应性问题，以基于大数据的分布式系统构建因素库，具体细节将在 9.3 节进行阐述。

9.3　循证改造罪犯的证据因素空间分析工程

9.3.1　问题需求

监狱刑事执行的两大功能是：一做好监管且不出现安全问题；二做好教育改造罪犯工作，目标是使服刑罪犯在监期间以积极心态服刑改造，成为守法公民回归社会。罪犯教育改造与心理矫正是长期以来的理论与实务研究命题，但至今尚未找到普适性的有效方法。采用循证教育改造是很好的一个选择，理由如下：

(1) 经过国内外多年的循证医学成功运用，实践已经充分证明循证科学与实践在治病救人方面效果显著，改造一个罪犯类似于医治一个患者。研究表明，监狱罪犯教育改造属于复杂社会系统工程，具有高阶、多维、非线性、定性定量结合、模糊性、灰色性、不确定性等；动态化、不断进化、适合自然教育改造的规律，人思想的改造也是进化的，采用循证改造方式能够使再犯率降低 10%～20%。

(2) 国内外长期对监狱罪犯教育改造实践积累了大量改造个案和改造项目方案，学术界也有大量理论研究可供使用，这一笔财富需要很好的方法将其利用起来造福于之后的监狱罪犯教育改造研究与实践。通过大量同类研究的元分析或者大样本的随机对照实验而获得最佳证据，采取最佳证据方法，聚焦于监狱罪犯的犯因性需求，在充分考虑罪犯差异性和独特性的前提下，收集与罪犯犯因性需求相关的证据，制订出具有针对性、个性化的教育改造方案。

(3) 为何传统循证教育改造方法的理论研究和实务应用不太理想？究其原因是：因循证改造证据库是核心，故证据库是通过相对全域共享进行构建和使用才行，目前缺乏有效的表达与挖掘方法，难以实现其架构。循证证据建立在对既往文献、个案历史、理论与实务研究成果系统分析的基础上，追求大样本、多中心、随机对照实验的结果，是建立在大群体水平上的实证考察；大数据为循证提供了原动力，而循证为大数据应用保驾护航，两者不冲突；由于证据生产加工过程必须对历史案例进行加工，而历史案例构成多样化、不规范，因此只有大数据才可回应。

(4) 证据来源多，数据种类具备大数据 4V(volume，variety，velocity，value)特征；收集证据困难，效率低下；缺乏科学有效的证据表达方法；缺乏科学有效的证据关键要素的识别机制；缺乏科学有效的证据库构建方法；缺乏普适性证据检索与举荐 AI 方法；最突出的障碍是证据因素数据挖掘成为瓶颈。

如何打破证据的瓶颈呢？证据具有以下特点：随着智慧监狱的普及，各种形式的监狱改造罪犯数据资源爆发式增长。这些是循证证据的源泉，包括改造专业项目、改造实际个案、改造实务方案、改造理论研究文献、改造专业人员意见、改造经验总结报告等，对这些数据分析后发现，90%以上的信息数据呈现形式是文本格式的。证据本身就是大量属性数据构成的；证据的构成数据具备大数据特征；证据的来源多，且是异构的，不规范；刻画证据的数据中存有大量概念性的数据，尤其是法律实务中产生出大量定性和定量结合的数据；证据检索天然具有因果推理特性；具有相关性和预测性等；组成证据的数据大都是嵌套性的，上下位概念数据比比皆是。鉴于上述特点，本书认为作者及其所带领的研究团队研究出的因素空间理论和方法非常契合循证改造的证据表达和证据提取等，因此完全可以使用前述的循证因素工程技术解决循证改造罪犯证据库难题。

9.3.2　改造罪犯的循证因素工程

循证改造罪犯的证据因素空间分析如图 9.6 所示。

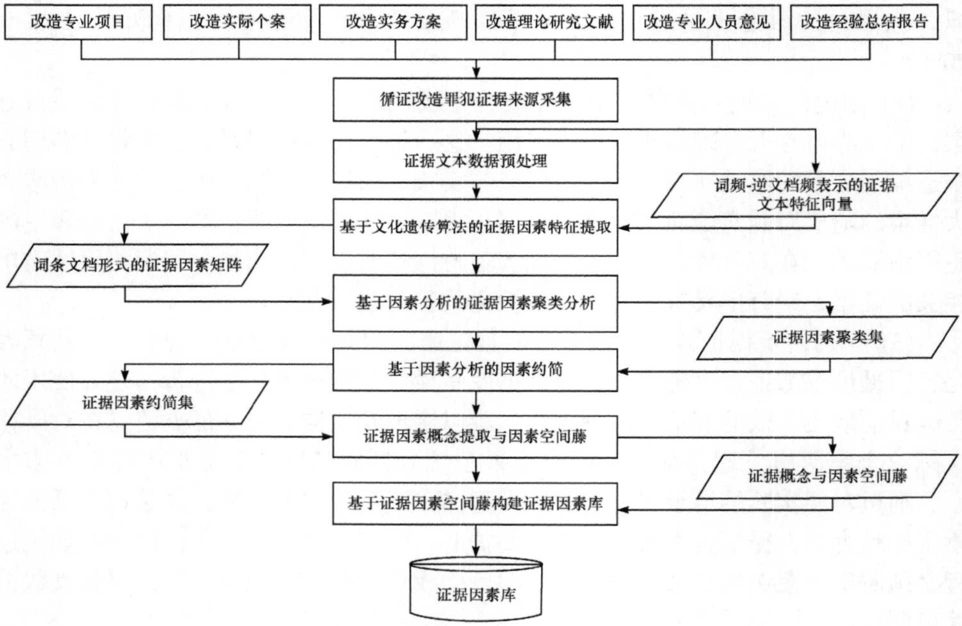

图 9.6　循证改造罪犯的证据因素空间分析

1) 证据来源

循证改造罪犯的证据数据来源统计如表 9.4 所示。

表 9.4　循证改造罪犯的证据数据来源统计

证据来源种类	文档个数/个	文本文档占比/%	数据来源
改造专业项目	51	100	中国 L 省和 S 省 35 所监狱改造项目
改造实际个案	90	98	中国 L 省和 S 省 35 所监狱改造个案
改造实务方案	376	96	中国 L 省和 S 省 35 所监狱改造方案
改造理论研究文献	511	91	专著、知网论文
改造专业人员意见	107	100	中国 L 省和 S 省理论与实务专家
改造经验总结报告	285	100	中国 L 省和 S 省 35 所监狱调研数据
合计	1420	均值：97.5	

可见，1420 个文档中，文本文档占比 97.5%。

2) 证据文本数据预处理

经过文本数据预处理，获得文本特征向量个数为 26211 的原始证据特征向量。

3) 基于文化遗传算法的证据因素特征提取

采用种群规模数目为 200，进化代数为 1000。对于各类别的因素特征提取文化遗传算法计算的进化收敛如下：各类别适应度进化 1000 代后都进入收敛状态。经过文化遗传算法的证据因素特征提取，获得 3127 个原始证据因素特征。

4) 基于因素分析的证据因素聚类分析

基于因素分析的证据因素聚类分析，获得 256 个证据基础因素集。

5) 基于因素分析的证据因素约简

基于因素分析的证据因素约简，获得 67 个证据因素约简集。

6) 证据因素概念提取与因素空间藤

基于因素分析的证据因素概念提取以及因素空间藤构建，获得个数为一个顶层父概念：改造证据；两个子概念(犯因性概念和积极心理概念)。犯因性概念又包含 9 个下位概念：反社会行为、反社会个性、犯罪观念、犯罪同伙、家庭功能不全、教育与工作、休闲与娱乐、物品滥用、侥幸心态。特别需要说明的是，本概念与国际上有关犯因性研究的犯因因素极其相容，本书的研究结果包含了国际通常研究的结论，国际上一般只是前 8 项，本书总结了多出来的侥幸心态概念，意义非凡，这是循证因素工程分析的结果。积极心理概念又包含 3 个下位概念：一般假设、病因学假设、实践启发假设，这与国际上的有关概念相容。循证改造的证据因素空间藤谱系如图 9.7 所示，证据因素空间与因素空间藤提取构建如图 9.8 所示。

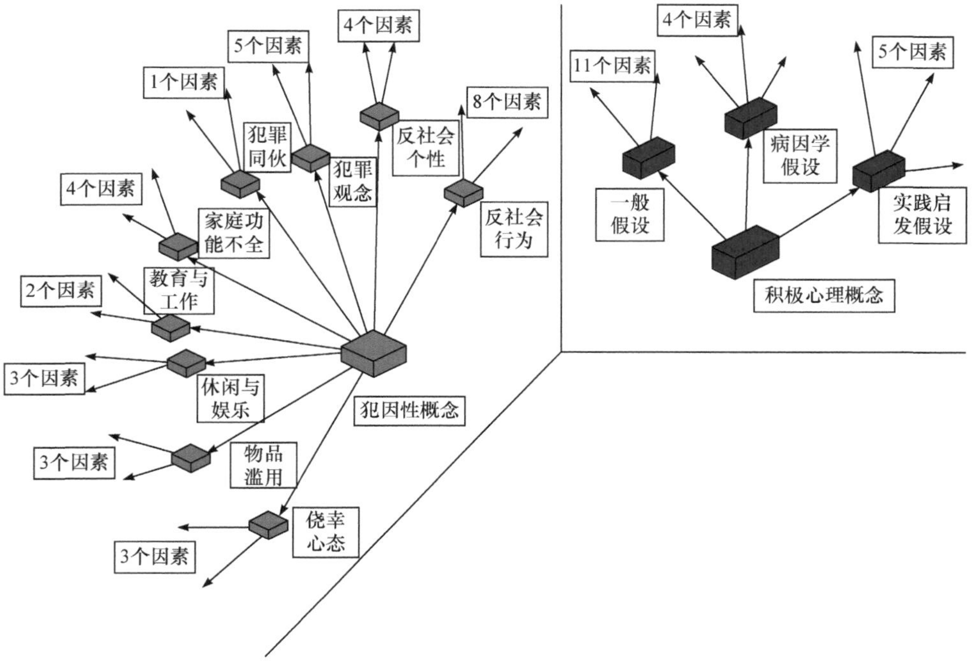

图 9.7　循证改造的证据因素空间藤谱系

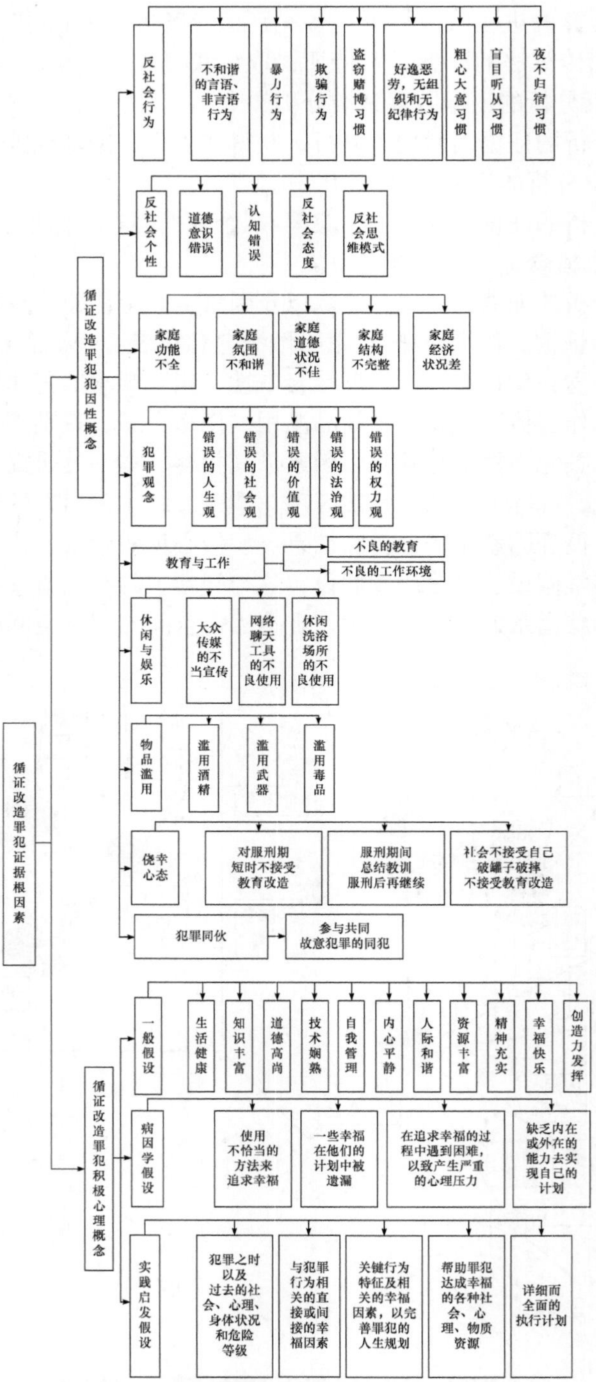

图 9.8　证据因素空间与因素空间藤提取构建

9.3.3　循证改造的证据因素库共建共享

鉴于中国监狱体制，大量案例在基层监狱，所以要调动全国监狱积极参与收集证据，共建共享证据因素空间。因此，本书提出采用区块链和智能合约与证据因素空间结合，构建证据因素的共享共建机制。为调动各单位对建立证据因素库的积极性，采用贡献积分制度，设置积分机理规则，向证据因素库提交案例可获得贡献分，在系统查询检索证据因素数据可获得更加专业的组合案例展示和证据因素查阅使用权利，基于区块链技术的共享机制保障各案例贡献者的案例数据确权和不可篡改。

随着证据库不断更新和吸收新证据，证据因素库数据量快速增长，传统集中式管理方法已不能应对大数据量挑战，采用分布式证据因素库与处理技术，基于 Hadoop 和 HBase 实现基于分布式数据库的海量证据因素存储管理与查询系统方案。HBase 是按列存储键值对的分布式数据库，能很好地支持各种结构化或者非结构化的海量数据存储；HBase 通过行键、列族、列名、时间戳四个维度定位一个值，即一个键值对{rowkey，columnfamily，columnname，timestamp}：value；HBase 表根据 Region 进行数据的传输调度，随着数据量的不断增大，Region 越来越大，最终 Region 会根据 Store 的阈值大小分裂成两个新的 Region；将证据因素数据转化成图模型，以图邻接表的形式表达，构建以实体、边属性标签为 rowkey 的两张表；对知识图进行基于深度搜索和基于跳数的语义相关子图的划分策略，将语义相关子图存放在一个 Region 中，减少查询时的网络通信开销；针对 LUBM(Lehigh University Benchmark)数据集，基于 Hadoop 分布式计算框架对 SPARQL 查询进行解析，将 SPARQL 查询转化成以邻接表表示的子图，在知识图上进行匹配查询，在复杂查询时的响应时间得到一定程度的缩短，简单查询也能很好地响应；在 FQL 能够开源、功能语句齐全且实用化的前提下，可以用 FQL 替代 SPARQL。证据因素编码可按照树状数据结构编码或研究更加高效的方法。

9.3.4　证据因素体系结构

循证改造的证据因素体系结构如图 9.9 所示。

基于 Hadoop、HBase 以及 Redis 和 Sparking 组成循证改造罪犯的证据因素库构建平台，在狱政内网构建，可以单个监狱或监狱局构建循证改造罪犯的实务平台。

9.3.5　分布式证据因素库研发

采取基于大数据 Hadoop 和 HBase 实现基于分布式数据库的海量证据数据存储管理与查询系统方案。证据平台的主要功能包括：改造项目管理；改造个案案

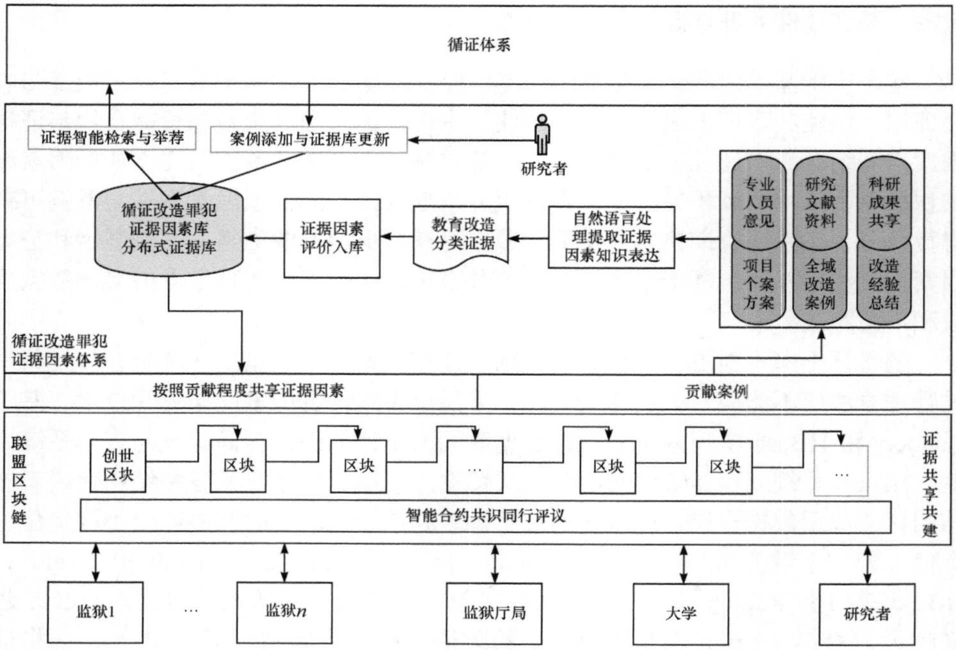

图 9.9 循证改造的证据因素体系结构

例库管理；改造方案管理；文献资料管理；改造理论研究综述；改造专业人员意见管理；改造经验总结管理；自然语言处理证据收集管理；证据大数据挖掘；证据评价；证据分类分级；证据更新管理；安全监管证据管理；改造证据管理；心理矫治证据管理；安置帮教证据管理；证据智能检索与举荐；共享共建区块链管理等。

9.4 小 结

姜斌祥(2019)是循证交叉学科工程的创始人，他所提出的循证因素工程是在因素空间框架下开展的循证交叉学科工程。大数据 85%以上都是基于文本的，本章着重介绍了文本循证因素工程，尤其是提出了基于文化遗传算法对文本处理进行有效的优化和降维，通过新的聚类进军人工经验和常识领域。循证因素工程技术有效地指导了监狱循证改造罪犯的实践。通过证据因素空间初步建立了证据因素空间藤谱系。今后将用因素谱系建立的规范与领域并构，深化文本循证因素工程和文本数据因素聚类算法，在实际运用中构建出有生命力的循证洛神天库。

参考文献

包研科, 陈然, 郑宏杰, 等. 2022. 指数平滑与自回归融合预测模型及实证[J]. 计算机工程与应用, 58(14): 269-281.

包研科, 金圣军. 2017a. 一种基于因素空间理论的群体整体优势的投影评价模型与实证[J]. 模糊系统与数学, 31(6): 94-101.

包研科, 茹慧英, 金圣军. 2014. 因素空间中知识挖掘的一种新算法[J]. 辽宁工程技术大学学报(自然科学版), 33(8): 1141-1144.

包研科, 茹慧英. 2017b. 差转计算的算法与实证[J]. 模糊系统与数学, 31(6): 177-184.

包研科, 汪培庄, 郭嗣琮. 2018. 因素空间的结构与对偶回旋定理[J]. 智能系统学报, 13(4): 656-664.

包研科, 赵凤华. 2012. 多标度数据轮廓相似性的度量公理与计算[J]. 辽宁工程技术大学学报(自然科学版), 31(5): 797-800.

包研科. 2021. 泛因素空间与数据科学应用[M]. 北京: 北京邮电大学出版社.

毕晓昱. 2023. 因素空间理论下的新背景基提取算法[D]. 阜新: 辽宁工程技术大学.

曹旭. 2014. 基于大数据分析的网络异常检测方法[J]. 计算机应用, 34(8): 2217-2220.

陈万景, 曾繁慧. 2018. 基于因素空间决定度的动态因素约简算法[J]. 辽宁工程技术大学学报(自然科学版), 37(2): 430-433.

陈永义, 刘云峰, 汪培庄. 1983. 综合评判的数学模型[J]. 模糊数学, 3(1): 60-70.

陈永义, 汪培庄. 1985. 最优 Fuzzy 蕴涵和近似推理的直接方法[J]. 模糊数学, 5(1): 29-40.

陈永义. 1982. Fuzzy 蕴涵算子探讨(I)[J]. 模糊数学, (2): 1-10.

崔铁军, 李莎莎. 2020a. SFN 结构化表示中事件的柔性逻辑处理模式转化研究[J]. 应用科技, 47(6): 36-41.

崔铁军, 李莎莎. 2020b. 安全科学中的故障信息转换定律[J]. 智能系统学报, 15(2): 360-366.

崔铁军, 李莎莎. 2021a. 空间故障网络的柔性逻辑描述[J]. 智能系统学报, 16(3): 552-559.

崔铁军, 李莎莎. 2021b. 基于因素空间的人工智能样本选择策略[J]. 智能系统学报, 16(2): 346-352.

崔铁军, 李莎莎. 2021c. 线性熵的系统故障熵模型及其时变研究[J]. 智能系统学报, 16(6): 1136-1142.

崔铁军, 李莎莎. 2021d. 因素空间与空间故障树[M]. 北京: 北京邮电大学出版社.

崔铁军, 李莎莎. 2021e. 系统故障因果关系分析的智能驱动方式研究[J]. 智能系统学报, 16(1): 92-97.

崔铁军, 马云东. 2014. 宏观因素影响下的系统中元件重要性研究[J]. 数学的实践与认识, 44(18): 124-131.

崔铁军, 马云东. 2015a. 基于因素空间中属性圆对象分类的相似度研究及应用[J]. 模糊系统与数学, 29(6): 56-63.

崔铁军, 马云东. 2015b. 基于因素空间的煤矿安全情况区分方法的研究[J]. 系统工程理论与实践, 35(11): 2891-2897.

崔铁军, 汪培庄, 马云东. 2016. 01SFT 中的系统因素结构反分析方法研究[J]. 系统工程理论与实践, 36(8): 2152-2160.

崔铁军, 汪培庄. 2019. 空间故障树与因素空间融合的智能可靠性分析方法[J]. 智能系统学报, 14(5): 853-864.
崔铁军. 2020. 系统故障演化过程描述方法研究[J]. 计算机应用研究, 37(10): 3006-3009.
丁海龙, 张大义, 孙兆青, 等. 2008. 辽宁省阜新农村成人高血压危险因素的人群归因危险度研究[J]. 中国医科大学学报, 37(1): 56-58.
冯嘉礼. 1990. 思维与智能科学中的性质论[M]. 北京: 原子能出版社.
桂丹萍, 李德清, 曾文艺, 等. 2021. 属性值为模糊数的变权综合决策方法[J]. 数学的实践与认识, 51(13): 1-9.
郭君, 汪培庄, 黄崇福. 2017. 因素空间与因素空间藤在智联网中的应用[J]. 模糊系统与数学, 31(6): 59-65.
郭君, 赵思健. 2016. 自然灾害风险的有效期及其评估[J]. 辽宁工程技术大学学报(自然科学版), 35(9): 983-988.
郭嗣琮, 孙晶. 2013. 复模糊函数与模糊复函数的微分及其性质[J]. 模糊系统与数学, 27(4): 6-12.
郭嗣琮, 赵小倩. 2019. 模糊数据样本统计中的联合扩张问题[J]. 模糊系统与数学, 33(3): 98-106.
郭嗣琮. 2004a. 基于结构元理论的模糊数学分析原理[M]. 沈阳: 东北大学出版社.
郭嗣琮. 2004b. 模糊实数空间与[−1, 1]上同序单调函数类的同胚[J]. 自然科学进展, 14(11): 1318-1321.
郭嗣琮. 2014. 因素空间与模糊数学[R]. 阜新: 智能工程与数学研究院研讨会.
郭亚军, 姚爽, 黄玮强. 2009. 基于变权的语言评价信息不完全的群组评价方法[J]. 控制与决策, 24(9): 1351-1355.
韩力群, 施彦. 2018. 人工神经网络理论及应用[M]. 北京: 机械工业出版社.
韩力群. 2022a. 类脑模型研究及应用[M]. 北京: 北京邮电大学出版社.
韩力群. 2022b. 机器智能与智能机器人[M]. 北京: 国防工业出版社.
韩颖, 黄小原, 李丽君. 2007. 多步变权组合预测法及其应用: 以预测我国邮政收入及从业人员为例[J]. 东北大学学报(自然科学版), 28(7): 1061-1064.
何波, 郭嗣琮. 2012. 企业节能减排绩效的模糊数学评价模型[J]. 能源技术经济, 24(5): 51-55.
何华灿, 张金成, 周延泉. 2021. 命题级泛逻辑与柔性神经元[M]. 北京: 北京邮电大学出版社.
何华灿. 2001. 泛逻辑学原理[M]. 北京: 科学出版社.
何华灿. 2018. 泛逻辑学理论: 机制主义人工智能理论的逻辑基础[J]. 智能系统学报, 13(1): 19-36.
何平. 2008. 犯罪空间分析理论及防控技术研究[M]. 北京: 现代教育出版社.
何平. 2013. 犯罪空间分析与治安系统优化[M]. 北京: 中国书籍出版社.
何清, 童占梅. 1999. 基于因素空间和模糊聚类的概念形成方法[J]. 系统工程理论与实践, 19(8): 99-104.
黄崇福, 汪培庄. 1992. 利用专家经验对活动断裂进行量化的模糊数学模型[J]. 高校应用数学学报 A 辑(中文版), 7(4): 525-530.
吉君, 江青茵, 曾志凯. 2005. 啤酒发酵过程的多变量开关控制仿真研究[J]. 厦门大学学报(自然科学版), 44(2): 246-249.
姜斌祥. 2019. 犯罪大数据 AI 模型与犯罪趋势预测研究[J]. 预防青少年犯罪研究, (1): 3-9.
金智新. 2012. 安全结构理论[M]. 北京: 科学出版社.
兰海, 史家钧. 2001. 灰色关联分析与变权综合法在桥梁评估中的应用[J]. 同济大学学报(自然科学版), 29(1): 50-54.
李春华, 曲国华, 张振华, 等. 2017. 基于因素空间的决策和评价理论[J]. 模糊系统与数学, 31(6): 87-93.
李德清, 崔红梅, 李洪兴. 2004a. 基于层次变权的多因素决策[J]. 系统工程学报, 19(3): 258-263.
李德清, 冯艳宾, 王加银, 等. 2003. 两类均衡函数的结构分析与一类状态变权向量的构造[J]. 北京师范大学学报(自然科学版), 39(5): 595-600.
李德清, 谷云东, 李洪兴. 2004b. 关于状态变权向量公理化定义的若干结果[J]. 系统工程理论与实践, 24(5): 97-102.
李德清, 谷云东. 2008. 一种基于可能度的区间数排序方法[J]. 系统工程学报, 23(2): 243-246.
李德清, 郝飞龙. 2009. 状态变权向量的变权效果[J]. 系统工程理论与实践, 29(6): 127-131.
李德清, 李洪兴. 2002. 状态变权向量的性质与构造[J]. 北京师范大学学报(自然科学版), 38(4): 455-461.
李德清, 李洪兴. 2004c. 变权决策中变权效果分析与状态变权向量的确定[J]. 控制与决策, 19(11): 1241-1245.
李德清, 王加银. 2010. 基于语言量词的变权综合决策方法[J]. 系统工程理论与实践, 30(11): 1998-2002.
李德清, 曾文艺, 马荣. 2020. 犹豫模糊环境下的变权综合决策方法及其在群决策中的应用[J]. 数学的实践与认识, 50(11): 191-198.
李德清, 曾文艺. 2016. 变权决策中均衡函数均衡效果[J]. 系统工程理论与实践, 36(3): 712-718.
李德清, 赵彩霞, 谷云东. 2005. 等效均衡函数的性质及均衡函数的构造[J]. 模糊系统与数学, 19(1): 87-92.
李德清. 2006. 语言值加权综合决策[J]. 系统工程理论与实践, 26(1): 141-143.
李德毅. 2015. 认知物理学[R]. 大连: 东方思维与模糊逻辑——纪念模糊集诞生五十周年国际会议.
李洪兴. 1995a. 因素空间理论与知识表示的数学框架(Ⅶ)——多重目标综合决策[J]. 模糊系统与数学, 9(2): 16-24.
李洪兴. 1995b. 因素空间理论与知识表示的数学框架(Ⅷ)——变权综合原理[J]. 模糊系统与数学, 9(3): 1-9.
李洪兴. 1996a. 因素空间理论与知识表示的数学框架——描述架中概念的结构[J]. 系统工程学报, 11(4): 7-16.
李洪兴. 1996b. 因素空间理论与知识表示的数学框架(Ⅰ)——因素空间的公理化定义与描述架[J]. 北京师范大学学报(自然科学版), 32(4): 470-475.
李洪兴. 1996c. 因素空间理论与知识表示的数学框架(Ⅲ) [J]. 系统工程学报, 11(4): 7-16.
李洪兴. 1996d. 因素空间理论与知识表示的数学框架(Ⅸ) ——均衡函数的构造与 Weber-Fecher 特性[J]. 模糊系统与数学, 10(3): 12-19.
李洪兴. 1996e. 因素空间理论与知识表示的数学框架(Ⅹ)[J]. 模糊系统与数学, 10(4): 10-18.
李洪兴. 1997a. 因素空间理论与知识表示的数学框架(Ⅱ)——因素的充分性与概念的秩[J]. 北京师范大学学报(自然科学版), 32(4): 151-157.
李洪兴. 1997b. 因素空间理论与知识表示的数学框架(Ⅳ)[J]. 系统工程学报, 12(4): 6-15.
李洪兴. 1997c. 因素空间理论与知识表示的数学框架(Ⅺ) ——因素空间藤的基本概念[J]. 模糊系统与数学, 11(1): 1-9.

李洪兴. 1997d. 因素空间理论与知识表示的数学框架(Ⅻ)——描述架中概念的结构(1)[J]. 模糊系统与数学, 11(2): 12-19.
李洪兴. 1998a. 因素空间理论与知识表示的数学框架(XIII)——描述架中概念的结构(2)[J]. 模糊系统与数学, 12(1): 1-9.
李洪兴. 1998b. 因素空间理论与知识表示的数学框架(Ⅴ)[J]. 系统工程学报, 13(1): 12-20.
李洪兴. 1999. 因素空间理论与知识表示的数学框架(Ⅵ): ASM_m-func 的生成与综合决策的一般模型[J]. 系统工程学报, 14(1): 1-8.
李洪兴. 2014. 因素空间理论[R]. 葫芦岛: 2014 年第一届智能科学与数学论坛.
李建中, 李英姝. 2016. 大数据计算的复杂性理论与算法研究进展[J]. 中国科学: 信息科学, 46(9): 1255-1275.
李晋. 2018. 因素分析表中因素空间藤的提取[D]. 郑州: 郑州大学.
李俊红, 曾文艺. 2015. 基于梯形模糊数的模糊最小一乘回归模型[J]. 系统工程理论与实践, 35(6): 1520-1527.
李梅琼, 董媛媛, 孙兆青, 等. 2009. 辽宁省阜新县农村老年人群冠心病患病率及危险因素调查[J]. 山西医药杂志, 38(2): 99-102.
李铁克, 王伟玲, 张文学. 2010. 基于文化遗传算法求解柔性作业车间调度问题[J]. 计算机集成制造系统, 16(4): 861-866.
李晓忠, 汪培庄, 罗承忠. 1994. 模糊神经网络[M]. 贵阳: 贵州科技出版社.
李兴森, 石勇, 张玲玲. 2010. 从信息爆炸到智能知识管理[M]. 北京: 科学出版社.
李兴森, 许立波, 刘海涛, 等. 2022. 因素空间与可拓学的互补性分析及问题处理融合模型[J]. 智能系统学报, 17(5): 990-998.
李兴森, 许立波, 刘海涛. 2019. 面向问题智能处理的基元-因素空间模型研究[J]. 广东工业大学学报, 36(1): 1-9.
李兆钧. 2016. 因素空间理论在文本挖掘中的应用[D]. 广州: 广州大学.
凌卫青, 耿海鹏, 谢友柏. 2003. 产品性能因素描述构架的建立[J]. 计算机辅助设计与图形学学报, 15(2): 144-149, 155.
刘海涛, 郭嗣琮, 戴宁, 等. 2017a. 因素空间与形式概念分析及粗糙集的比较[J]. 辽宁工程技术大学学报(自然科学版), 36(3): 324-330.
刘海涛, 郭嗣琮, 刘增良, 等. 2017b. 因素空间发展评述[J]. 模糊系统与数学, 31(6): 39-58.
刘海涛, 郭嗣琮. 2015. 因素分析法的推理模型[J]. 辽宁工程技术大学学报 (自然科学版), 34(1): 124-128.
刘海涛, 郭嗣琮. 2016. 集值 Markov 链及其随机集落影性质[J]. 数学的实践与认识, 46(20): 265-272.
刘萌伟, 黎夏. 2010. 基于 Pareto 多目标遗传算法的公共服务设施优化选址研究——以深圳市医院选址为例[J]. 热带地理, 30(6): 650-655.
刘文奇. 2000. 一般变权原理与多目标决策[J]. 系统工程理论与实践, 20(3): 1-11.
刘晓同, 曾繁慧, 刘晓娟. 2021. 因素空间理论下银行信用卡违约预测[J]. 辽宁工程技术大学学报(自然科学版), 40(6): 567-574.
刘影. 2013. 面向领域的隐性政策血缘关系挖掘方法研究[D]. 哈尔滨: 哈尔滨工程大学.
刘玉铭. 1995. 因素空间藤和知识的分类表示[D]. 北京: 北京师范大学.
刘云志, 郭嗣琮. 2013. 含弹性约束的多目标模糊线性规划求解[J]. 运筹与管理, 22(1): 59-64.

刘增良, 刘有才. 1992. 因素神经网络理论及实现策略研究[M]. 北京: 北京师范大学出版社.
刘增良. 1990. 因素神经网络理论[M]. 北京: 北京师范大学出版社.
刘增良. 2015. 因素神经网络[R]. 大连: 东方思维与模糊逻辑—纪念模糊集合论诞生 50 周年国际会议.
鲁晨光, 汪培庄. 1992. 从“金鱼是鱼”谈语义信息及其价值[J]. 自然杂志, 14(4): 265-269.
鲁晨光, 汪培庄. 2019. Zadeh 的隶属函数对似然方法、语义通信和统计学习的意义[J]. 模糊系统与数学, 33(2): 56-69.
鲁晨光. 2015. 基于模糊集理论的语义信息公式[R]. 大连: 东方思维与模糊逻辑—纪念模糊集诞生五十周年国际会议.
罗承忠, 于福生. 1992. 诊断识别问题的数学模型和专家系统开发工具[J]. 模糊系统与数学, 6(2): 20-30.
罗承忠. 1993. 模糊集引论(上) [M]. 北京: 北京师范大学出版社.
罗承忠. 2007. 模糊集引论(下) [M]. 北京: 北京师范大学出版社.
吕金辉, 郭嗣琮. 2021. 基于因素空间理论的犹豫模糊群决策[J]. 运筹与管理, 30(3): 71-75.
吕金辉, 刘海涛, 郭芳芳, 等. 2017. 因素空间背景基的信息压缩算法[J]. 模糊系统与数学, 31(6): 82-86.
孟祥福. 2021. 因素查询语言(FQL)——下一代智能数据库语言[R]. 阜新: 第六届全国智能科学与数学论坛.
米洪海, 闫广霞, 于新凯, 等. 2003. 基于因素空间的多层诊断识别问题的数学模型[J]. 河北工业大学学报, 32(2): 77-80.
聂茂林. 2006. 供应链合作伙伴选择的层次变权多因素决策[J]. 系统工程理论与实践, 26(3): 25-32.
聂银燕, 林晓焕. 2013. 基于 SDG 的压缩机故障诊断方法研究[J]. 微电子学与计算机, 30(3): 140-142, 147.
欧阳合. 2014a. 代数拓扑与大数据[R]. 北京: 中国科学院大数据高端论坛.
欧阳合. 2014b. 因素空间理论[R]. 葫芦岛: 第 2 届全国智能科学与数学论坛.
欧阳合. 2015a. 持续同调在大数据分析中的应用[R]. 广州: 中山大学国家自然科学基金双清论坛.
欧阳合. 2015b. 不确定性理论的统一理论: 因素空间的数学基础[R]. 大连: 东方思维与模糊逻辑—纪念模糊集诞生五十周年国际会议.
珀尔 J, 麦肯齐 D. 2019. 为什么——关于因果关系的新科学[M]. 江生, 于华, 译. 北京: 中信出版集团.
蒲凌杰, 曾繁慧, 郭嗣琮. 2019. 2-Flou 数的因素值离散化算法[J]. 辽宁工程技术大学学报 (自然科学版), 38(6): 573-576.
蒲凌杰, 曾繁慧, 汪培庄. 2020. 因素空间理论下基点分类算法研究[J]. 智能系统学报, 15(3): 528-536.
曲国华, 曾繁慧, 刘增良, 等. 2017a. 因素空间中的背景分布与模糊背景关系[J]. 模糊系统与数学, 31(6): 66-73.
曲国华, 李春华, 张强. 2017b. 因素空间中属性约简的区分函数[J]. 智能系统学报, 12(6): 889-893.
曲国华, 张汉鹏, 刘增良, 等. 2015. 基于环境信息和金融市场不对称博弈模型分析[J]. 中国管理科学, 23(12): 53-62.
曲国华, 张汉鹏, 刘增良, 等. 2016a. 基于直觉模糊 λ-Shapley Choquet 积分算子 TOPSIS 的多属性群决策方法[J]. 系统工程理论与实践, 36(3): 726-742.

曲国华, 张振华, 徐岭, 等. 2016b. 多 Agent 的复杂经济仿真系统构建策略[J]. 智能系统学报, 11(2): 163-171.
曲国华, 刘海涛, 郭嗣琮. 2017c. 因素空间中的多标准因果分析方法[J]. 模糊系统与数学, 31(6): 74-81.
任思行, 郭嗣琮, 曾繁慧. 2020. 结构元理论下的模糊 Markov 决策过程[J]. 辽宁工程技术大学学报 (自然科学版), 39(2): 180-183.
石勇. 2014. 大数据与科技新挑战[J]. 科技促进发展, (1): 25-30.
石勇. 2021. 数字经济大数据分析和因素空间[R]. 阜新: 第 6 届智能科学与数学论坛.
孙慧, 曾繁慧, 蒲凌杰. 2021. 因素空间理论下多目标因果分析的降维算法[J]. 辽宁工程技术大学学报(自然科学版), 40(5): 466-472.
孙慧, 曾繁慧. 2022. 因素显隐的分类学习算法[D]. 阜新: 辽宁工程技术大学.
孙旭东, 郭嗣琮, 张蕾欣. 2013. 模糊随机变量及其数字特征的结构元方法[J]. 模糊系统与数学, 27(3): 70-75.
谭彦华, 谷云东. 2005. 基于 min 型表现外延的反馈外延外包络[J]. 北京师范大学学报(自然科学版), 41(5): 473-476.
田艳君, 石莹, 帅艳民, 等. 2021. 基于遥感时序特征的地表覆被信息提取[J]. 干旱区地理, 44(2): 450-459.
万润君. 2021. 基于因素完整度的知识挖掘算法[D]. 阜新: 辽宁工程技术大学.
汪华东, 郭嗣琮, 岳立柱. 2014. 基于结构元理论的模糊多元线性回归模型[J]. 系统工程理论与实践, 34(10): 2628-2636.
汪华东, 郭嗣琮. 2015a. 基于因素空间反馈外延外包络的 DFE 决策[J]. 计算机工程与应用, 51(15): 148-152, 156.
汪华东, 郭嗣琮. 2015b. 因素空间反馈外延包络及其改善[J]. 模糊系统与数学, 1: 83-90.
汪华东, 汪培庄, 郭嗣琮. 2015c. 因素空间中改进的因素分析法[J]. 辽宁工程技术大学学报(自然科学版), 34(4): 539-544.
汪培庄, Sugeno M. 1982. 因素场与模糊集的背景结构[J]. 模糊数学, 2: 45-54.
汪培庄, 郭嗣琮, 包研科, 等. 2014. 因素空间中的因素分析法[J]. 辽宁工程技术大学学报(自然科学版), 33(7): 865-870.
汪培庄, 韩立岩. 1989. 应用模糊数学[M]. 北京: 北京经济学院出版社.
汪培庄, 李洪兴. 1994. 知识表示的数学理论[M]. 天津: 天津科学技术出版社.
汪培庄, 李洪兴. 1996. 模糊系统理论与模糊计算机[M]. 北京: 科学出版社.
汪培庄, 李晓忠. 1992. 一个新的研究方向——模糊神经网络[J]. 科学, 44(5): 39-40.
汪培庄, 刘海涛. 2021b. 因素空间与人工智能[M]. 北京: 北京邮电大学出版社.
汪培庄, 曾繁慧, 孙慧, 等. 2021a. 知识图谱的拓展及其智能拓展库[J]. 广东工业大学学报, 38(4): 9-16.
汪培庄, 张大志. 1986. 思维的数学形式初探[J]. 高校应用数学学报, 1(1): 85.
汪培庄, 周红军, 何华灿, 等. 2019. 因素表示的信息空间与广义概率逻辑[J]. 智能系统学报, 14(5): 843-852.
汪培庄. 1980. 马尔可夫过程与耗散结构理论[J]. 大连铁道学院学报, 1(S1): 49-66.
汪培庄. 1982. 模糊集与模糊集范畴[J]. 数学进展, 11(1): 1-18.

汪培庄. 1983. 模糊集合论及其应用[M]. 上海: 上海科学技术出版社.
汪培庄. 1985. 模糊集与随机集落影[M]. 北京: 北京师范大学出版社.
汪培庄. 1988. 网状推理过程的动态描述及其稳定性[J]. 镇江船舶学院学报, 2(S1): 156-163.
汪培庄. 1992. 因素空间与概念描述[J]. 软件学报, 3(1): 30-40.
汪培庄. 2013a. 模糊数学与优化: 汪培庄文集[M]. 北京: 北京师范大学出版社.
汪培庄. 2013b. 因素空间与因素库[J]. 辽宁工程技术大学学报(自然科学版), 32(10): 1297-1304.
汪培庄. 2015a. 因素空间与数据科学[J]. 辽宁工程技术大学学报(自然科学版), 34(2): 273-280.
汪培庄. 2015b. 逆向因果归纳推理[R]. 大连: 东方思维与模糊逻辑—纪念模糊集诞生五十周年国际会议.
汪培庄. 2018. 因素空间理论—机制主义人工智能理论的数学基础[J]. 智能系统学报, 13(1): 37-54.
汪培庄. 2020. 因素空间与人工智能[J]. 中国人工智能学会通讯, 10(1): 15-21.
汪培庄. 2021. 因素空间发展蓝图[R]. 阜新: 第六届全国智能科学与数学论坛.
王凯兴, 郭嗣琮. 2010. 模糊需求下的库存风险及最优库存决策[J]. 模糊系统与数学, 24(1): 98-102.
王磊, 郭嗣琮. 2012. 线性模糊微分系统的同伦摄动法[J]. 计算机工程与应用, 48(32): 30-32, 207.
王莹, 曾繁慧, 汪培庄, 等. 2022. 因素显隐的多分类学习算法[R]. 阜新: 因素空间进展线上会议.
王宇辉. 2007. 基于因素空间的学科分类研究[D]. 成都: 西南交通大学.
谢开贵, 周家启. 2000. 变权组合预测模型研究[J]. 系统工程理论与实践, 20(7): 36-40, 117.
薛冰莹. 2017. 因素空间上的知识发现与因素约简[D]. 郑州: 郑州大学.
薛珊珊. 2021. 因素空间理论下时间序列数据分类算法研究[D]. 阜新: 辽宁工程技术大学.
杨巨文, 何峰, 崔铁军, 等. 2015. 基于因素分析法的煤矿灾害安全性分析[J]. 中国安全生产科学技术, 11(4): 84-89.
姚炳学, 李洪兴. 2000. 局部变权的公理体系[J]. 系统工程理论与实践, 20(1): 106-109, 112.
于福生, 董克强, 蔡瑞琼. 2010. 模糊信息粒子平台与时间序列概要分析[C]//第十二届全国多值逻辑与模糊逻辑学术会议, 无锡.
于福生, 罗承忠. 1997. 在因素空间中建立诊断问题专家系统[C]//第六届全国电工数学学术年会论文集, 厦门.
于福生, 罗承忠. 1999a. 粒子因素空间与智能诊断专家系统[C]//第七届全国电工数学学术年会论文集, 乌鲁木齐.
于福生, 罗承忠. 1999b. 基于因素空间理论的故障诊断数学模型及其应用[J]. 模糊系统与数学, 13(1): 47-53.
于福生. 1998a. 反向推理型诊断问题专家系统通用构建模型[J]. 系统工程理论与实践, 18(5): 72-77.
于福生. 1998b. 基于落影化模糊规则的故障诊断专家系统[C]//1998 年中国智能自动化学术会议论文集(下册), 上海.
余高锋, 刘文奇, 李登峰. 2015a. 基于折衷型变权向量的直觉语言决策方法[J]. 控制与决策, 30(12): 2233-2240.
余高锋, 刘文奇, 石梦婷. 2015b. 基于局部变权模型的企业质量信用评估[J]. 管理科学学报, 18(2): 85-94.
袁学海, 李洪兴, 孙凯彪. 2011. 基于超群的粒计算理论[J]. 模糊系统与数学, 25(3): 133-142.
袁学海, 李洪兴. 1996. 基于落影表现理论下的模糊子群[J]. 模糊系统与数学, 10(1): 15-19.
袁学海, 汪培庄. 1995. 因素空间和范畴[J]. 模糊系统与数学, 9(2): 25-33.

岳磊, 孙永刚, 史海波, 等. 2010. 基于因素空间的规则调度决策模型[J]. 信息与控制, 39(3): 302-307.
张静. 2011. 基于粒度熵的故障模型约简与 SDG 推理方法研究[D]. 太原: 太原理工大学.
张丽娟, 张艳芳, 赵宜宾, 等. 2015. 基于元胞自动机的智能疏散模型的仿真研究[J]. 系统工程理论与实践, 35(1): 247-253.
张南纶. 1981a. 随机现象的从属特性和概率特性 I [J]. 武汉建材学院学报, 1: 11-18.
张南纶. 1981b. 随机现象的从属特性和概率特性 II[J]. 武汉建材学院学报, 2: 7-14.
张南纶. 1981c. 随机现象的从属特性和概率特性 III[J]. 武汉建材学院学报, 3: 9-24.
张倩, 郭嗣琮. 2014. 基于结构元理论的模糊合作博弈 Owen 联盟值[J]. 模糊系统与数学, 28(1): 152-157.
张为泰. 2015. 基于词向量模型特征空间优化的同义词扩展研究与应用[D]. 北京: 北京邮电大学.
张小红, 裴道武, 代建华. 2013. 模糊数学与 Rough 集理论[M]. 北京: 清华大学出版社.
张艳妮, 曾繁慧, 郭嗣琮. 2019. 因素空间理论的因素 Markov 过程[J]. 辽宁工程技术大学学报(自然科学版), 38(4): 385-389.
张友春, 魏强, 刘增良, 等. 2011. 信息系统漏洞挖掘技术体系研究[J]. 通信学报, 32(2): 42-47.
张忠桢. 1992. 线性方程组与线性规划的新算法[M]. 香港: 香港科技出版社.
章玲, 周德群, 张佳春. 2007. 基于 k-可加模糊测度的变权多属性决策分析[J]. 应用科学学报, 25(4): 402-406.
赵静. 2020. 基于因素空间理论的数据离散化方法和差转计算的融合[D]. 阜新: 辽宁工程技术大学.
赵曼, 崔铁军. 2014. 基于因素分析法的开发区人才激励条件推理研究[J]. 商场现代化, (21): 118-121.
郑宏杰. 2019. 因素空间与制造银行[R]. 葫芦岛: 第五届智能科学与数学论坛.
郑连清, 刘增良, 吴耀光. 2002. 战场网络战[M]. 北京: 军事科学出版社.
钟义信. 1988. 自然科学原理[M]. 北京: 北京邮电大学出版社.
钟义信. 2007. 机器知行学原理: 信息、知识、智能的转换与统一理论[M]. 北京: 科学出版社.
钟义信. 2018. 机制主义人工智能理论——一种通用的人工智能理论[J]. 智能系统学报, 13 (1): 2-18.
钟义信. 2020. 机制主义人工智能理论[M]. 北京: 北京邮电大学出版社.
钟义信. 2021. 范式革命: 人工智能基础理论源头创新的必由之路[N]. 人民日报, 学术前沿: 二十四个重大问题研究. 人民智库.
钟育彬, 邓文杰. 2020. 基于复杂适应度函数的因素遗传算法[J]. 广州大学学报(自然科学版), 19(5): 47-50.
钟育彬, 梁智林. 2022. 基于一种改进贴近度的因素蚁群算法的应用研究[J]. 运筹管理与模糊数学, 10(1): 1-7.
周红军, 王国俊. 2011. Borel 型概率计量逻辑[J]. 中国科学, 41(11): 1328-1342.
周红军. 2015. 概率计量逻辑及其应用[M]. 北京: 科学出版社.
周昭涛. 2005. 文本聚类分析效果评价及文本表示研究[D]. 北京: 中国科学院.
朱勇珍, 李洪兴. 1999. 状态变权的公理化体系和均衡函数的构造[J]. 系统工程理论与实践, 19(7): 116-118, 131.
曾繁慧, 胡光闪, 孙慧, 等. 2023. 因素空间理论下的因果概率推理分类算法研究[J/OL]. 智能系统学报[2023-12-9].
曾繁慧, 李艺. 2017. 因素空间理论的决策树 C4. 5 算法改进[J]. 辽宁工程技术大学学报(自然科学版), 36(1): 109-112.
曾繁慧, 王莹, 汪培庄, 等. 2024. 基于因素空间理论的扫类连环多分类算法研究[J]. 辽宁工程技术大学学报(自然科学版)(待发表).
曾繁慧, 郑莉. 2017. 因素分析法的样本培育[J]. 辽宁工程技术大学学报(自然科学版), 36(3): 320-323.
曾文艺, 罗承忠, 肉孜阿吉. 1997. 区间数的综合决策模型[J]. 系统工程理论与实践, 17(11): 48-50.
Bao Y K, Wang Y. 2022. Factor space: The new science of causal relationship[J]. Annals of Data Science, 9(3): 555-570.
Bruckstein A M, Donoho D L, Elad M. 2009. From sparse solutions of systems of equations to sparse modeling of signals and images[J]. SIAM Review, 51(1): 34-81.
Chen D Y, Huang J F, Jackson T J. 2005. Vegetation water content estimation for corn and soybeans using spectral indices derived from MODIS near- and short-wave infrared bands[J]. Remote Sensing of Environment, 98(2-3): 225-236.
Cheng Q F, Wang T T, Guo S C, et al. 2017. The logistic regression from the viewpoint of the factor space theory[J]. International Journal of Computers Communications & Control, 12(4): 492-502.
Cui T J, Li S S. 2019a. Deep learning of system reliability under multi-factor influence based on space fault tree[J]. Neural Computing and Applications, 31(9): 4761-4776.
Cui T J, Li S S. 2019b. Study on the relationship between system reliability and influencing factors under big data and multi-factors [J]. Cluster Computing, 22 (1): 10275-10297.
Cui T J, Wang P Z, Li S S. 2017. The function structure analysis theory based on the factor space and space fault tree[J]. Cluster Computing, 20(2): 1387-1399.
Cui T J, Wang P Z, Li S S. 2022. Research on uncertainty of system function state from factors data-cognition[J]. Annals of Data Science, 9(3): 593-609.
Dantzig G B. 1963. Linear Programming and Extensions[M]. Princeton: Princeton University Press.
Dantzig G B. 2002. Linear programming[J]. Operations Research, 50(1): 42-47.
Das S K. 2022. A fuzzy multi objective inventory model with production cost and set-up-cost dependent on population[J]. Annals of Data Science, 9(3): 627-643.
Edelsbrunner H, Kirkpatrick D, Seidel R. 1983. On the shape of a set of points in the plane[J]. IEEE Transactions on Information Theory, 29(4): 551-559.
Feng J L. 2006. Qualitative mapping orthogonal system induced by subdivision transformation of qualitative criterion and biomimetic pattern recognition[J]. Chinese Journal of Electronics: Special Issue on Biomimetic Pattern Recognition, 15(14): 850-856.
Feng J L. 2008. Attribute computing network based on qualitative mapping: A kind of model for fusing of artificial methods[J]. Journal of Computational Information System, 2(2): 747-756.
Feng J L. 2017. Entanglement of inner product, topos induced by opposition and transformation of contradiction, and tensor flow[C]//International Conference on Intelligence Science, Shanghai.
Firth J R. 1957. The technique of semantics[J]. Transactions of the Philological Society, 56(1): 36-73.
Ganter B, Stumme G, Wille R. 2005. Formal Concept Analysis, Theory and Applications[M]. Berlin:

Springer.

Gu Y D, Ma D F, Cui J W, et al. 2022. Variable-weighted ensemble forecasting of short-term power load based on factor space theory[J]. Annals of Data Science, 9(3): 485-501.

Guo J W, Liu H T, Wan R J, et al. 2022. Factorial Fuzzy Sets Theory[J]. Annals of Data Science, 9(3): 571-592.

Hall N G, Posner M E. 2015. Earliness-tardiness scheduling problems, I: Weighted deviation of completion times about a common due date[J]. Operations Research, 39(5): 836-846.

Harris Z. 1954. Distributional structure[J]. Word, 10(2-3): 146-162.

He P. 1986. Fuzzy non-optimal system theory and methods——The study of limiting factors in the optimum systems[C]//First Joint IFSA-UC and EURO-WG Workshop on Progress of Fuzzy Sets in Europe, Warsaw.

He P. 2008. Crime pattern discovery and fuzzy information analysis based on optimal intuition decision-making[J]. Advances in Soft Computing of Springer, 54: 426-439.

He P. 2010. Design of interactive learning system based on intuition concept space[J]. Journal of Computers, 5(3): 535-536.

He Q, Wang H C, Zhuang F Z, et al. 2015. Parallel sampling from big data with uncertainty distribution [J]. Fuzzy Sets & Systems, 258(1): 117-133.

Huete A, Didan K, Miura T, et al. 2002. Overview of the radiometric and biophysical performance of the MODIS vegetation indices[J]. Remote Sensing of Environment, 83(1-2): 195-213.

Jhaveri R H, Patel N M, Zhong Y B, et al. 2018. Sensitivity analysis of an attack-pattern discovery based trusted routing scheme for mobile ad-hoc networks in industrial IoT[J]. IEEE Access, 6: 20085-20103.

Jiang B X. 2022. Research on factor space engineering and application of evidence factor mining in evidence-based reconstruction[J]. Annals of Data Science, 9(3): 503-537.

Joo S Y, Kim Y K. 1968. Topological properties on the space of fuzzy sets[J]. Journal of Mathematical Analysis and Applications, 246: 576-590.

Kandel A, Peng X T, Cao Z Q, et al. 1990. Representation of concepts by factor spaces[J]. Cybernet and Systems, 21(1): 43-57.

Karmarkar N. 1984. A new polynomial time algorithm for linear programming[J]. Combinatorica, 4(4): 373-395.

Klee V, Minty G J. 1972. How Good is the Simplex Method[M]. New York: Academic Press.

Kong Q W, He J, Wang P Z. 2020. Factor space: A new idea for artificial intelligence based on causal reasoning[C]//2020 IEEE/WIC/ACM International Joint Conference on Web Intelligence and Intelligent Agent Technology, Beijing.

Li D Q, Zeng W Y, Li J H, et al. 2014a. Balance function analysis in variable weight decision making[C]// 2014 10th International Conference on Computational Intelligence and Security, Kunming.

Li D Q, Zeng W Y, Li J H. 2014b. Fuzzy group decision making based on variable weighted operator[C]//Proceedings of the 2014 IEEE International Conference on Fuzzy Systems, Beijing.

Li D Q, Zeng W Y, Li J H. 2015a. Note on uncertain linguistic Bonferroni mean operators and their application to multiple attribute decision making[J]. Applied Mathematical Modelling, 39(2): 894-900.

Li D Q, Zeng W Y, Li J H. 2015b. New distance and similarity measures on hesitant fuzzy sets and their applications in multiple criteria decision making[J]. Engineering Applications of Artificial Intelligence, 40: 11-16.

Li D Q, Zeng W Y, Li J H. 2016. Geometric bonferroni mean operators[J]. International Journal of Intelligent Systems, 31(12): 1181-1197.

Li D Q, Zeng W Y, Yin Q. 2018. Novel ranking method of interval numbers based on the Boolean matrix[J]. Soft Computing, 22(12): 4113-4122.

Li D Q, Zeng W Y, Zhao Y B. 2015c. Note on distance measure of hesitant fuzzy sets[J]. Information Sciences, 321: 103-115.

Li H X, Li L X, Wang J Y, et al. 2004. Fuzzy decision making based on variable weights[J]. Mathematical and Computer Modelling, 39(2-3): 163-179.

Li H X, Phillip Chen C L, Lee E S. 2000a. Factor space theory and fuzzy information processing: Fuzzy decision making based on the concepts of feedback extension[J]. Computers & Mathematics with Applications, 40(6-7): 845-864.

Li H X, Phillip Chen C L, Yen V C, et al. 2000b. Factor spaces theory and its applications to fuzzy information processing: Two kinds of factor space canes[J]. Computers & Mathematics with Applications, 40(6-7): 835-843.

Li H X, Wang P, Yen V C. 1998. Factor spaces theory and its applications to fuzzy information processing(I). The basics of factor spaces[J]. Fuzzy Sets and Systems, 95(2): 147-160.

Li H X, Yen V C, Lee E S. 2000c. Factor space theory in fuzzy information processing: Composition of states of factors and multi-factorial decision making[J]. Computers & Mathematics with Applications, 39(1-2): 245-265.

Li H X, Yen V C, Lee E S. 2000d. Models of neurons based on factor space[J]. Computers & Mathematics with Applications, 39(12): 91-100.

Li S S, Cui T J, Liu J. 2018. Research on the clustering analysis and similarity in factor space[J]. Computer Systems Science & Engineering, 33(5): 397-404.

Li S S, Cui T J. 2021. Research on the system function-structure analysis based on its implicit relation[J]. Journal of Ambient Intelligence and Humanized Computing, 12(1): 755-767.

Li X S, Liu H T, Chen C, et al. 2017. A hybrid information construction model on factor space and extenics[J]. Procedia Computer Science, 122: 1168-1174.

Li X S, Zeng J L, Liu H T, et al. 2022. Intelligent problem solving model and its cross research directions based on factor space and extenics[J]. Annals of Data Science, 9(3): 469-484.

Liu F T, Ting K M, Zhou Z H. 2008. Isolation forest [C]//Proceedings of the 2008 Eighth IEEE International Conference on Data Minin, Pisa.

Liu F, Shi Y. 2020a. Investigating laws of intelligence based on AI IQ research[J]. Annals of Data Science, 7: 399-416.

Liu H T, Chen Y X, Wang P Z, et al. 2016. A novel description of factor logic[J]. Advances in Intelligent Systems and Computing, 510: 9-20.

Liu H T, Dzitac I, Guo S C. 2018a. Factors space and its relationship with formal conceptual analysis: a general view[J]. International Journal of Computers Communications & Control, 13(1): 83-98.

Liu H T, Dzitac I, Guo S C. 2018b. Reduction of conditional factors in causal analysis[J]. International Journal of Computers Communications & Control, 13(3): 383-390.

Liu H T, Wan R J, Xue S S, et al. 2020b. Factor space is the adaptive and deepening theory of fuzzy sets[C]//2020 IEEE International Conference on Fuzzy Systems, Glasgow.

Liu H, Wang P Z. 2018c. The sliding gradient algorithm for linear programming[J]. American Journal of Operations Research, 8(2): 112-131.

Luo H C, Hayat S, Zhong Y B, et al. 2022. The IRC indices of transformation and derived graphs[J]. Mathematics, 10(7): 1111-1129.

Meng X F , Wen J, Shi J S, et al. 2022. Factor query language(FQL): A fundamental language for the next generation of intelligent database[J]. Annals of Data Science, 9(3): 539-554.

Mikolov T, Chen K, Corrado G, et al. 2013. Efficient estimation of word representa-tions in vector space[C]//International Conference on Learning Representations: Workshop Track, Scottsdale.

Minsky M L. 1986. The Society of Mind[M]. New York: Simon and Schuster.

Mukherjee A, Mukherjee A. 2022. Interval-valued intuitionistic fuzzy soft rough appro- ximation operators and their applications in decision making problem[J]. Annals of Data Science, 9(3): 611-625.

Olson D L, Shi Y. 2007. Introduction to Business Data Mining[M]. New York: McGraw-Hill College.

Ouyang H, Yi W. 1989. On fuzzy differential equations[J]. Fuzzy Sets and Systems, 32(3): 321-325.

Pawlak Z. 1991. Rough Sets: Theoretical Aspects about Reasoning of Data[M]. Boston: Kluwer Academic Publishers.

Peng X T, Kandel A, Wang P Z. 1991. Concepts, rules and fuzzy reasoning: A factor space approach [J]. IEEE Transactions on Systems, Man and Cybernetics, 21(1): 194-205.

Pinker S. 2007. The Language Instinct[M]. New York: Harper Perennial Modern Classics.

Qu G H, He H C, Wang P Z, et al. 2017. Factor neural network and information ecology[J]. Multidisciplinary Digital Publishing Institute Proceedings, 1(3): 135.

Shafer G. 1976. A Mathematical Theory of Evidence[M]. Priceton: Princeton University Press.

Shi Y, Tian Y J, Kou G, et al. 2011. Optimization Based Data Mining: Theory and Applications[M]. London: Springer.

Shi Y. 2022. Advances in Big Data Analytix: Theory, Algorithm and Practice[M]. Singapore: Springer.

Smale S. 1998. Mathematical problems for the next century[J]. The Mathematical Intelligencer, 20(2): 7-15.

Sun H, Zeng F H, Yang Y. 2022. Covert factor's exploiting and factor planning[J]. Annals of Data Science, 9(3): 449-467.

Thurstone L L. 1931. Multiple factor analysis[J]. Psychological Review, 38(5): 406-427.

Tien J M. 2017. Internet of things, real-time decision making, and artificial intelligence[J]. Annals of Data Science, 4(2): 149-178.

Wang H D, Shi Y, Wang P Z, et al. 2014. Improved factor analysis algorithm in factor spaces[C]// Informatics, Networking and Intelligent Computing: Proceedings of the 2014 International Conference on Informatics, Networking and Intelligent Computing, Shenzhen.

Wang P Z, Bao Y K. 2018. Factors space, a new frontier to fuzzy sets theory[J]. Fuzzy Information and Engineering, 10(1): 19-30.

Wang P Z, Chen Y C, Low B T. 2002a. Measure Extension From Meet-systems and Falling Measures

Representation[M]. Berlin: Springer.

Wang P Z, He J, Kong Q W, et al. 2021. Tri-skill variant simplex and strongly polynomial-time algorithm for linear programming[C]//WI-IAT 2021, IEEE Computer Society, Nanjing.

Wang P Z, Jiang A. 2002b. Rules detecting and rules-data mutual enhancement based on factors space theory[J]. Inter national Journal of Information Technology & Decision Making, 1(1): 73-90.

Wang P Z, Li H X, Ouyang H, et al. 2022. The blueprint of data intelligence based on factor space theory[J]. Annals of Data Science, 9(3): 431-448.

Wang P Z, Liu Z L, Shi Y, et al. 2014. Factor space, the theoretical base of data science[J]. Annals of Data Science, 1(2): 233-251.

Wang P Z, Loe K F. 1994. Between Mind and Computer[M]. Singapore: World Scientific Publishing.

Wang P Z, Lui H C, Liu H T, et al. 2017. Gravity sliding algorithm for linear program ming[J]. Annals of Data Science, 4(2): 193-210.

Wang P Z, Lui H C, Zhang X H, et al. 1993. Win-win strategy for probability and fuzzy mathematics[J]. The Journal of Fuzzy Mathematics, 1(1): 223-231.

Wang P Z, Zhang X H, Lui H C, et al. 1995. Mathematical theory of truth-valued flow inference[J]. Fuzzy Sets and Systems, 72(2): 221-238.

Wang P Z, Zhong Y X, He H C, et al. 2016. Cognition mathematics and factor space[J]. Annals of Data Science, 3(3): 281-303.

Wang P Z. 1982. Fuzzy contractibility and fuzzy variables[J]. Fuzzy Sets and Systems, 8(1): 81-92.

Wang P Z. 1990. A factor spaces approach to knowledge representation[J]. Fuzzy Sets and Systems, 36(1): 113-124.

Wang P Z. 1995. Factor Spaces and Fuzzy Tables[M]. Dordrecht: Springer.

Wang P Z. 2011. Cone-cutting: A variant representation of pivot in simplex[J]. International Journal of Technology &Decision Making, 10(1): 65-82.

Wang P Z. 2018. Factor space-mathematical basis of mechanism based artificial intelligence theory[J]. CAAI Transactions on Intelligent Systems, 13(1): 37-54.

Wang P Z. 2022. Special issue on factor space guest editor's introduction[J]. Annals of Data Science, 9(3): 429-430.

Wille R. 1982. Restructuring lattice theory: An approach based on hierarchies of concepts[C]// Proceedings of the 7th International Conference on Formal Concept Analysis, Dordrecht.

Xu X Y, Yu F S, Wan R J. 2023. A determining degree based method for classification problems with interval-valued attributes[J]. Annals of Data Science, 10(2): 393-413.

Yan P, Tan Y, Zhang J H. 2016. A method of using historical calculation data efficiently in evolutionary algorithms[J]. Computer Engineering & Science, 38(1): 62-66.

Ye L X, Keogh E J. 2009. Time series shapelets: A new primitive for data mining[C]//ACM SIGKDD International Conference on Knowledge Discovery & Data Mining, Paris.

Ye Y. 1989. Eliminating columns in the simplex method for linear programming[J]. Journal of Optimization Theory and Applications, 63(1): 69-77.

Yu F S, Huang C F. 2002. A Framework for Building Intelligent Information-processing Systems Based on Granular Factors Space[M]. Heidelberg: Springer-Verlag.

Yu G F, Fei W, Li D F. 2019. A compromise-typed variable weight decision method for hybrid multiattribute decision making[J]. IEEE Transactions on Fuzzy Systems, 27(5): 861-872.

Yuan X H, Lee E S, Wang P Z. 1994. Factor rattans, category FR (*Y*) and factor space[J]. Journal of Mathematical Analysis and Applications, 186(1): 254-264.

Yuan X H, Lee E S. 1997. A fuzzy algebraic system based on the theory of falling shadows[J]. Journal of Mathematical Analysis and Applications, 208(1): 243-251.

Yuan X H, Li H X, Lee E S. 2002. Categories of fuzzy sets and weak topos[J]. Fuzzy Sets and Systems, 127(3): 291-297.

Yuan X H, Li H X, Zhang C. 2008. The set-valued mapping based on ample fields[J]. Computers and Mathematics with Applications, 56(8): 1954-1965.

Yuan X H, Wang P Z, Lee E S. 1992. Factor space and its algebraic representation theory[J]. Journal of Mathematical Analysis and Applications, 171(1): 256-276.

Zadeh L A. 1965. Fuzzy sets[J]. Information and Control, 8(3): 338-353.

Zeng F H, Wang P Z, Sun H. 2022. Multi-objective dimensionality reduction algorithm[J]. (Working Paper).

Zeng W Y, Feng S. 2014a. Approximate reasoning algorithm of interval-valued fuzzy sets based on least square method[J]. Information Sciences, 272: 73-83.

Zeng W Y, Feng S. 2014b. An improved comprehensive evaluation model and its application[J]. International Journal of Computational Intelligence Systems, 7(4): 706-714.

Zeng W Y, Li D Q, Gu Y D. 2018. Monotonic argument-dependent OWA operators[J]. International Journal of Intelligent Systems, 33(8): 1639-1659.

Zeng W Y, Li D Q, Wang P Z. 2016a. Variable weight decision making and balance function analysis based on factor space[J]. International Journal of Information Technology & Decision Making, 15(5): 999-1014.

Zeng W Y, Li J H. 2014. Fuzzy logic and its application in football team ranking[J]. The Scientific World Journal, 2014: 291650.

Zeng W Y, Xi Y, Yin Q, et al. 2021. Weighted dual hesitant fuzzy sets and its application in group decision making[J]. Neurocomputing, 458: 714-726.

Zeng W Y, Zhao Y B, Yin Q. 2016b. Sugeno fuzzy inference algorithm and its application in epicentral intensity prediction[J]. Applied Mathematical Modelling, 40(13-14): 6501-6508.

Zhang H M. 1990. Introduction to an expert system shell-STIM[J]. Fuzzy Sets and Systems, 36(1): 167-180.

Zhang X G, Sun Z Q, Zhang D Y, et al. 2008. High prevalence of the metabolic syndrome in hypertensive rural Chinese women[J]. Acta Cardiologica, 63(5): 591-598.

Zhang X G, Sun Z Q, Zhang D Y, et al. 2009. Prevalence and association with diabetes and obesity of lipid phenotypes among the hypertensive Chinese rural adults [J]. Heart & Lung, 38(1): 17-24.

Zhang Y. 2012. Design and structure analysis of fuzzy controllers based on multi- factorial functions in factor spaces[J]. ICIC Express Letters, 6(10): 2601-2609.

Zhong Y B, Hayat S, Khan A. 2022. Hamilton-connectivity of line graphs with application to their detour index[J]. Journal of Applied Mathematics and Computing, 68: 1193 -1226.

Zhong Y B, Li T, Chen S C, et al. 2016a. The application and predictive models base on bayesian classifier in electronic information industry[J]. Advance in Intelligent Systems and Computing, 443: 163-176.

Zhong Y B, Li Z J, Zhao M H, et al. 2016b. An optimized algorithm for text clustering based on *F*-space[J]. Advance in Intelligent Systems and Computing, 443: 465-476.

Zhong Y B, Liu Y P, Xu M S, et al. 2017. Application of fuzzy comprehensive evaluation model in mentality adaptive research of college freshmen[J]. Advance in Intelligent Systems and Computing, 513: 165-176.

Zhong Y B, Xiao G, Yang X P. 2019. Fuzzy relation lexicographic programming for modelling P2P file sharing system[J]. Soft Computing, 23: 3605-3614.

后　记

因素空间四十年所走过的道路，是一条数学为人工智能服务的道路。

数学早就已经为人工智能服务了，首当其冲的是数理逻辑，它促成了电子计算机的诞生；再就是集合论，著名的 Stone 表现定理证明集合论与布尔逻辑同构，两者分别从外延和内涵两个方面来表示概念和推理；现代概率论和数理统计在不确定现象中探讨广义的因果律，成为人工智能进行因果分析不可缺少的工具；优化理论、运筹学、离散数学等都为人工智能进行预测、控制、决策提供了基本手段；最后要强调的是，1965 年扎德所提出的模糊集合论，可用来描述人类日常生活中所使用的概念，为人工智能铺设了一座定性分析与定量计算相互转换的桥梁。

然而，前面提到或者没提到的数学分支都只是与智能数学有关，但还不是专门的智能数学。智能数学必须明确而自觉地为信息与智能科学服务；而且，它要与经典数学有所区别：经典数学只适于描述物质科学，智能数学必须描述信息与智能科学。信息科学与物质科学的区别在于：信息科学有认识主体的参与，认识主体有目的性，有根据目的而产生的注意方向性。

尽管扎德没有明确宣布模糊集合论是一门智能数学，但他的实际倾向十分明显，模糊集与模糊逻辑的研究先后引发了一批智能数学的幼芽，主要有：Topos 范畴、因素空间、形式概念分析、粗糙集、可拓学、中介逻辑、计量逻辑、格值逻辑、概率逻辑、软集、褶集、思维数学、哲理数学、属性论、因素神经网络、粒计算、云模型、商空间、非优理论、相位理论、三支理论、结构元理论、直觉模糊集、犹豫直觉模糊集、集对分析等，这些分支都明确地为人工智能服务，又具有智能数学的特色，都在某方面有其独特的不可取代的前卫性，显示了蓬勃的生机。

有这样多的探索者前行，何须为智能数学的发展发愁？因素空间所做的事就是要为所有这些前卫的智能数学理论提供一个公共平台，把各方的力量汇聚起来。因素是因果分析的要素，是智能理论的根本；因素是认识主体观察事物的视角，是信息科学区别于物质科学的起点；因素是广义的基因，因素空间是思维与事物描述的普适性框架。它理应也能够承担起为智能数学铺路搭桥的历史使命。

人工智能是皮，智能数学是毛，皮之不存，毛将焉附？人工智能尽管有 AlphaGo 这样的惊人成就，但还不能称为一门科学。理论不成熟拖了实际的后腿。至今还不见自上而下的全民性的智能运动，有的只是作坊经营，自下而上地自发拼比，拼识别率，靠实验和经验定输赢。面对这种局面，一个统一的人工智能理论已在我国诞生。中国人工智能学会巨擘钟义信教授和何华灿教授积三四十年的辛勤耕耘，分别提出了机制主义人工智能理论和泛逻辑理论。他们指出：西方分而治之的还原论在物质科学研究中辉煌了数百年，现在平移到信息与智能学科，南辕北辙而无人察觉。物质结构细分而后可以还原，生命体拆分以后不可复原，人的气息与经络在解剖学中是看不见的，认识主体意识现象也是还原论的盲区。中医的整体论把人体放到宇宙和日月运行的背景下，用阴阳平衡的整体观来诊治局部症状，这才是信息和智能科学应当采取的方法论。机制主义人工智能理论强调智能活动的目的性，目的决定效用，效用选择形式；强调形式信息与效用信息相结合才能产生全面的语义信息，由此钟义信提出了智能生成的统一机制。它将突破知识领域的局限，将生成机制孵化于各个不同的知识领域，自上而下地开展一场智能孵化的全民工程，推广到各行各业；同时又自下而上地联成智慧网络，人机互动，虚实结合，营造理性发展的生态，其威力将不亚于千万只AlphaGo。因素空间是智能孵化的平台，为社会数字化制定标准，将坚持智能、逻辑、数学相结合的方向，为社会做出贡献。